LE DERNIER CARRÉ

Les charbonniers belges, libres entrepreneurs face à la CECA (1950-1959)

P.I.E. Peter Lang
Bruxelles · Bern · Berlin · Frankfurt am Main · New York · Oxford · Wien

EUROCLIO est un projet scientifique et éditorial, un réseau d'institutions de recherche et de chercheurs, un forum d'idées. EUROCLIO, en tant que projet éditorial, comprend deux versants : le premier versant concerne les études et documents, le second versant les instruments de travail. L'un et l'autre visent à rendre accessibles les résultats de la recherche, mais également à ouvrir des pistes en matière d'histoire de la construction/intégration/unification européenne.

La collection EUROCLIO répond à un double objectif : offrir des instruments de travail, de référence, à la recherche ; offrir une tribune à celle-ci en termes de publication des résultats. La collection comprend donc deux séries répondant à ces exigences : la série ÉTUDES ET DOCUMENTS et la série RÉFÉRENCES. Ces deux séries s'adressent aux bibliothèques générales et/ou des départements d'histoire des universités, aux enseignants et chercheurs, et dans certains cas, à des milieux professionnels bien spécifiques.

La série ÉTUDES ET DOCUMENTS comprend des monographies, des recueils d'articles, des actes de colloque et des recueils de textes commentés à destination de l'enseignement.

La série RÉFÉRENCES comprend des bibliographies, guides et autres instruments de travail, participant ainsi à la création d'une base de données constituant un « Répertoire permanent des sources et de la bibliographie relatives à la construction européenne ».

LE DERNIER CARRÉ

Les charbonniers belges, libres entrepreneurs face à la CECA (1950-1959)

Roch HANNECART

Euroclio n° 51

Cet ouvrage, basé sur une thèse de doctorat réalisée à l'Institut universitaire européen, est publié avec le concours de la Fondation universitaire de Belgique et avec le concours de l'Institut universitaire européen.

Éditions scientifiques internationales
Bruxelles, 2010
1 avenue Maurice, B-1050 Bruxelles, Belgique
pie@peterlang.com ; www.peterlang.com

ISSN 0944-2294
ISBN 978-90-5201-574-3
D/2010/5678/04

Imprimé en Allemagne

« Die Deutsche Nationalbibliothek » répertorie cette publication dans la « Deutsche Nationalbibliografie » ; les données bibliographiques détaillées sont disponibles sur le site http://dnb.d-nb.de.

Table des matières

Liste des abréviations

AIR	Autorité internationale de la Ruhr
ATIC	Association technique pour l'importation de charbons
BNB	Banque Nationale de Belgique
CCE	Conseil Central de l'Économie
CCI	Comité Central de l'Industrie
CdF	Charbonnages de France
CDT	Convention relative aux dispositions transitoires
CEPCEO	Comité d'Étude des Producteurs de Charbons d'Europe Occidentale
CFIE	Conseil des Fédérations Industrielles d'Europe
CICE	Comité des Industries Charbonnières d'Europe
CISC	Confédération Internationale des Syndicats Chrétiens
CISL	Confédération Internationale des Syndicats Libres
CNC	Conseil National des Charbonnages
CNMM	Commission Nationale Mixte des Mines
Cobéchar	Comptoir Belge des Charbons
CSC	Confédération des Syndicats Chrétiens
ECA	Economic Cooperation Administration
ECO	European Coal Organization
Fédéchar	Fédération Charbonnière de Belgique
FGTB	Fédération Générale des Travailleurs de Belgique
FIB	Fédération des Industries de Belgique
SDN	Société des Nations
SNCI	Société Nationale de Crédit à l'Industrie

Avant-propos

Cet ouvrage est le résultat de six années de recherches menées dans le cadre d'un doctorat auprès du département d'histoire et civilisation de l'Institut Universitaire Européen, à Florence. Comme c'est souvent le cas dans ce genre d'entreprise, les ambitions et les objectifs fixés au début de cette recherche ont rapidement dû être revus à la baisse : soit que les questions posées ne semblaient pas pouvoir trouver réponse à l'aide des sources alors disponibles, soit que ces sources étaient trop abondantes pour pouvoir être toutes considérées. L'abondance, la taille et la localisation des archives à consulter pour reconstituer l'histoire d'un secteur aussi important que l'a été l'industrie charbonnière en Belgique expliquent sans doute que le sujet n'ait encore jamais fait l'objet d'une recherche systématique. Et ce n'est pas encore le présent ouvrage qui permettra de combler le vide : il laisse derrière lui d'énormes zones d'ombre auxquelles, encore une fois, les archives empêchent d'une façon ou d'une autre d'accéder.

Ceci étant dit, nous avons la conviction d'apporter ici une contribution utile pour la recherche future. Certains aspects de la gestion du problème charbonnier belge dans le cadre de la CECA demeuraient très largement méconnus, en raison principalement de leur technicité, de leur complexité et aussi de la confusion qui y était restée attachée depuis les années 1950, en dépit ou en partie à cause des travaux publiés sur le sujet. Nous nous sommes donc efforcés de clarifier et de résumer certains de ces aspects, pour notre propre compréhension mais également dans le but de laisser le moins d'équivoques et de confusion possible pour les futurs chercheurs. Le lecteur trouvera notamment les résultats de cet exercice dans des excursus, intégrés de façon bien distincte dans le corps du texte.

Mes dettes de reconnaissance relatives à ce travail sont nombreuses. J'ai eu l'occasion au cours de ces années de recherche de rencontrer de nombreuses personnes aussi intéressantes qu'enthousiastes qui m'ont, chacune à leur façon, aidé dans l'élaboration de ce travail, par des informations personnelles, par des autorisations données et, bien souvent aussi, par leurs encouragements. Je songe naturellement aux professeurs qui ont suivi ces recherches jusqu'à leur terme ou qui ont donné de leur temps pour en éprouver la qualité. Il s'agit des professeurs Harold James (University of Princeton), Michel Dumoulin (Université catholique de Louvain), Yves Mény (Institut Universitaire Européen) et

Éric Bussière (Université de Paris-Sorbonne). Qu'ils soient tous quatre remerciés à nouveau pour leur indispensable et inestimable contribution.

Je remercie également chaleureusement Monsieur René Brion, Monsieur Daniel Cardon de Lichtbuer, Monsieur Olivier de Crombrugghe, Madame Léon Dubois, Monsieur Philippe Duvieusart, Monsieur Jean-Claude Eeckoudt, Monsieur Paul Hatry, Monsieur Léopold Janssens, Madame Brigitte Kröner-Coppé, Madame Ginette Kurgan-Van Hentenryk, Monsieur Jean Medaets, le professeur Alan S. Milward, Madame Françoise Nicod (Fondation Jean Monnet, Lausanne), Monsieur Jean-Marie Palayret (Archives historiques de l'Union européenne, Florence), Monsieur Roger Pâquet, Monsieur Marcel Peeters (aujourd'hui décédé), Madame Régine Perron (Université de Cergy-Pontoise), le professeur Ruggiero Ranieri (Università di Peruggia), le professeur Ph. C. Schmitter, Monsieur Pierre Urbain, Monsieur Pierre Tilly (Université catholique de Louvain), Chantal Van Coppennolle (Archives Générales du Royaume, Bruxelles), Michel Van Der Eycken (Archives Générales du Royaume, Hasselt), la professeure Pascaline Winand (Monash University) et, enfin, Monsieur Ivan Wijnens (Universiteit Antwerpen).

Parmi mes amis florentins, bruxellois ou berlinois, qui m'ont apporté amitié et encouragements au fil de ce travail et qui surtout m'ont permis de ne jamais tout à fait égarer le sens des priorités, j'éprouve une reconnaissance sans limite pour Thomas Fetzer, pour Arnout Mertens et pour Ruth Slomski qui ont été pour moi les critiques les plus exigeants et les plus secourables. Enfin, je rends grâce à ma famille, à ma grand-mère, à mes parents, frères et belles-sœurs, jusqu'à mes neveux et nièce, pour leur soutien et l'intérêt qu'ils n'ont cessé de porter à mon emploi du temps. À mes parents, je dois la persévérance et la ténacité qui, autant que la patience et la bienveillance de Ruth, m'ont permis de garder le cap et de « ne pas laisser inachevé ce que l'on a un jour entamé ».

Berlin, le 21 juillet 2009.

INTRODUCTION

Historiographie et méthodologie

I. Superlatifs et paradoxe dans l'industrie charbonnière belge

Lorsque l'on se penche sur l'histoire de l'industrie charbonnière belge, on ne peut qu'être frappé par les nombreux superlatifs qu'elle rassemble et qui, d'une façon ou d'une autre, se rejoignent dans le paradoxe suivant : dans l'après-guerre, le pays le plus charbonnier du monde occidental – la Belgique – était également celui dont le charbon était le plus malade.

Quant à souligner le caractère charbonnier de la Belgique, il suffit de traverser de part en part le territoire national et d'observer les centaines de terrils qu'il compte pour s'en convaincre. On a estimé qu'en deux siècles, de 1792 à 1992, deux milliards sept cent millions de tonnes de charbon ont été sorties du sol belge. Si l'on transformait ces tonnes en volume, on obtiendrait un cube dont les arêtes auraient 1 200 mètres de long, soit quatre fois la Tour Eiffel[1]. Don de la nature, la houille des régions méridionales de la Belgique fit d'elle la première nation du continent à engager sa révolution industrielle au début du XIXe siècle et contribua largement à porter ce petit et jeune État européen parmi les premières puissances industrielles mondiales au début du siècle suivant. La découverte en 1902 puis la mise en exploitation progressive de vastes gisements charbonniers en Campine limbourgeoise, dans le nord du pays, furent accueillies comme une nouvelle jeunesse pour le secteur et du pain béni pour l'économie nationale. Enfin, après la Seconde Guerre mondiale, alors que l'Europe peinait à renaître de ses cendres, ce fut encore et toujours à la faveur du précieux charbon national, et grâce à ses mineurs, qu'un « miracle belge » fut rendu possible. Tout cela pour dire que l'histoire nationale de la Belgique s'est longtemps confondue avec celle de son charbon, partageant chacune de ses misères et chacune de ses fortunes.

Jusqu'au début des années 1950, le charbon est demeuré pour la Belgique ce que sont aujourd'hui le nucléaire, les produits pétroliers et le gaz naturel réunis, c'est-à-dire la couverture de plus des neuf dixièmes

---

1 Delmer, A., « La houille : moteur du développement de notre pays durant deux siècles », *Bulletin de la Classe des Sciences*, 7-12, 1996, p. 499.

des besoins énergétiques du pays. Certes, au cours des précédentes décennies et principalement au cours de la Seconde Guerre mondiale, le pétrole était parvenu à s'affirmer comme un concurrent respectable, jusqu'à faire bientôt tomber de son trône le roi charbon[2]. Mais, seule ressource minérale en Belgique, celui-ci pouvait encore se targuer en 1950 de représenter à lui seul quelque 12 % du produit intérieur brut du pays[3]. Avec plus de 100 000 ouvriers depuis la seconde moitié du XIXe siècle, il était devenu par ailleurs le premier employeur du pays : en 1950, la Belgique comptait 160 000 mineurs, soit environ 10 % de sa main-d'œuvre industrielle[4]. Dicté en amont par les salaires des mineurs, le prix du charbon influençait en aval l'ensemble de la chaîne industrielle : il comptait pour 30 % dans le coût de l'acier et du ciment et jusqu'à 50 % dans certaines industries chimiques. Aussi, pour un pays industriel dont l'étroitesse du territoire faisait dépendre la croissance économique de l'obtention de marchés à l'exportation, le prix du charbon constituait une donnée essentielle : de la santé du charbon belge semblait devoir dépendre la prospérité de l'économie nationale tout entière.

Or, au fil de la première moitié du XXe siècle, pour diverses raisons, l'industrie charbonnière belge s'était sérieusement affaiblie. Ses mines, vieillissantes, étaient les plus anciennes et les plus profondes d'Europe et les gisements qu'elles exploitaient étaient particulièrement ingrats. Tour à tour, des priorités économiques, sociales et militaires avaient cependant justifié de passer sous silence le diagnostic et le moment d'entreprendre les mesures d'assainissement et de modernisation des mines, aussi urgentes qu'indispensables, fut sans cesse remis au lendemain. La Seconde Guerre mondiale n'eut d'autre effet que de prolonger cette situation. De même, alors qu'ailleurs en Europe, les exploitations charbonnières purent généralement consacrer les premières années de l'après-guerre à panser leurs plaies, quitte à devoir pour cela retarder le redressement de leurs économies nationales respectives, la Belgique, au contraire, mit tout en œuvre pour assurer un retour rapide de sa production aux niveaux de la fin des années 1930. Au nom de la reconstruction nationale, le charbon belge, moribond mais plus que jamais indispensa-

---

2 Beltran, A., « La question de l'énergie en Europe occidentale », *Histoire, Économie et Société*, 2, 1999, p. 380 ; Evalenko, R., *Le régime économique de la Belgique*, Bruxelles : Vander, 1968, p. 258.

3 Meade, J. E. *et al.*, *Case studies in European Economic Union. The Mechanics of Integration*, London-New York-Toronto : Oxford University Press, 1962, p. 290. Seule la région de la Sarre enregistrait une proportion plus élevée.

4 Demeure de Lespaul, C., « Le freinage des importations de charbons et ses résultats », *Bulletin de l'Institut de Recherches Économiques et Sociales de Louvain*, XVI, 1, 1950, p. 125 ; Jaumain, S., *Industrialisation et sociétés, 1830-1970 : La Belgique*, Paris : Ellipses, 1998, p. 28.

ble au pays, fut placé sous perfusion ; ses tarifs, étroitement contrôlés ; et les conditions de travail et de vie de ses mineurs, considérablement améliorées afin d'assurer une force productive suffisante. À court terme, le 'miracle belge' permit de croire au bien-fondé des choix posés. À moyen terme, par contre, après quelques années de pénurie généralisée et le retour dans l'arène de leurs concurrents traditionnels, les charbonnages belges, vieux et essoufflés, renouèrent avec la crise, la mise en stocks et le spectre des faillites que l'économie de guerre et les subsides d'État leur avait fait un temps oublier[5]. Face à la concurrence européenne, le charbon belge devait bientôt apparaître comme un géant aux pieds d'argile, aussi vital qu'embarrassant pour l'économie nationale.

Au printemps 1950, dans la perspective d'un marché commun du charbon et de l'acier auquel les États d'Europe avaient été conviés par la France – la future Communauté Européenne du Charbon et de l'Acier ou CECA –, le paradoxe, tel qu'il a été énoncé au début de cette introduction, apparut dans toute son ampleur. Et inévitablement, parce qu'un refus de la Belgique eût risqué de tuer dans l'œuf l'initiative française, ce paradoxe devait peser lourdement sur la mise en forme du traité-fondateur de la CECA. Une aide transitoire fut en effet reconnue nécessaire à la Belgique, aide qui, sur la base d'un principe de solidarité internationale sans précédent, devait permettre au pays d'adapter sa production aux nouvelles conditions du marché. Ainsi, ce qui n'avait constitué jusqu'au début des années 1950 qu'un problème national devint du même coup, pour des raisons économiques mais aussi diplomatiques et politiques, un problème pour la CECA tout entière. Ce n'est donc pas un hasard si, à maintes reprises dans la littérature, charbon belge et CECA ont été étudiés en vis-à-vis.

En dépit des engagements, des moyens mis à disposition et des pressions exercées pour procéder à une rationalisation du secteur charbonnier belge, un temps précieux fut perdu et lorsque le régime d'aide toucha à son terme, en février 1958, le marché mondial du charbon, notamment sous le coup des produits pétroliers, entrait dans la plus grave crise de son histoire. En plus de plonger dans l'embarras le Gouvernement belge, régulièrement accusé de mener une politique de « gaspillage » et de complaisance à l'égard des patrons charbonniers, et en plus de faire chanceler sur leurs bases la première communauté européenne et les principes sur lesquels elle avait été établie en 1953, la crise des années 1958-1959 devait entraîner dans son sillage de nombreuses exploitations belges et enfoncer certaines régions du sud de la Belgique dans un retard structurel, encore manifeste aujourd'hui.

---

5 Hannecart, R., « La Belgique face au problème charbonnier belge de la Libération à la grande crise de 1958 », mémoire de licence, Université Libre de Bruxelles, 2000.

Il faut constater que c'est principalement au travers de ce scénario d'échec que l'histoire de l'industrie charbonnière belge de l'après-guerre a été étudiée jusqu'à aujourd'hui[6]. Et sans aucun doute, l'accumulation des superlatifs au fil de cette histoire, reflétée dans le sensationalisme de certains discours tenus à l'époque, contribue à lui donner des allures de tragédie. Une tragédie faite en l'occurrence d'autant d'opportunités gâchées que de mauvaise fortune et dans laquelle à la fois l'aveuglement et la persévérance des acteurs, publics ou privés, semblent avoir poussé un secteur entier tout droit à la ruine. Mais alors que ce destin industriel pose à lui seul de très nombreuses questions pour l'histoire nationale, il faut bien constater que le sujet a jusqu'à présent été abordé moins pour lui-même qu'en guise d'illustration ou d'angle d'approche dans l'analyse du processus d'intégration d'européenne : faire la lumière sur la gestion du problème charbonnier belge devait permettre de comprendre ou de caractériser ce processus d'intégration et ses errements. L'historien A. S. Milward, dans l'analyse qu'il fournit de la nation belge et du charbon dans *The European Rescue of the Nation-State* et qu'il inscrit dans le sillage des travaux de W. Jr. Diebold et de J. E. Meade, offre indéniablement l'exemple le plus explicite de ce choix[7].

L'historiographie du charbon belge a par ailleurs souffert d'un deuxième biais. Si on a pu s'intéresser aux syndicats de mineurs et à la façon dont ils ont vécu la crise[8], les dirigeants de l'industrie charbon-

---

6 Diebold, W. Jr., *The Schuman Plan. A Study in Economic Cooperation, 1950-1959*, New York : Praeger, 1959 ; Meade *et al.*, *Case studies in European Economic Union. The Mechanics of Integration* ; Sexter, D. A., « The Belgian Coal Mines in the European Coal and Steel Community », PhD in History, University of California, 1969, [Ann Arbor : 1986] ; et sur la base d'archives : Milward, A. S., *The European Rescue of the Nation-State*, London : Routledge, 1992 ; et Spierenburg, D. et Poidevin, R., *Histoire de la Haute Autorité de la CECA. Une expérience supranationale*, Bruxelles : Bruylant, 1993.

7 Milward, A. S., « Coal and the Belgian nation », in A. S. Milward, *The European Rescue of the Nation-State*, London : Routledge, 1992, p. 47-118.

8 Michel, J., « Les réactions syndicales à la régression charbonnière en Europe occidentale : France, Grande-Bretagne, Belgique, Allemagne fédérale de 1958 à 1974 », *Revue Belge d'Histoire Contemporaine*, XIX, 1988 ; Delaet, J.-L., « La Centrale Syndicale des Travailleurs des Mines de Belgique et la fermeture des charbonnages wallons (1947-1960) », *Revue Belge d'Histoire Contemporaine*, XIX, 1988 ; Morelli, A., « L'appel à la main-d'œuvre italienne pour les charbonnages et sa prise en charge à son arrivée en Belgique dans l'immédiat après-guerre », *Revue Belge d'Histoire Contemporaine*, XIX, 1-2, 1988 ; Bruwier, M., « Que sont devenus les mineurs des charbonnages belges ? Une première approche : problématique et méthodologie », *Revue Belge d'Histoire Contemporaine*, XIX, 1-2, 1988 ; Dumoulin, M., « Les mineurs italiens en Belgique (1945-1957). Des relations bilatérales à la dimension européenne », *Relations internationales*, 54, été 1988 ; Pequet, M., « De houding van de vakbonden tegenover de struktuur-hervorming van de Kempische steenkoolnijverheid. 1940-1967 », mémoire de licence, Katholieke Universiteit Leuven, 1989.

nière sont, par contre, longtemps restés dans la pénombre de cette histoire. Ce n'est que vers la fin des années 1980 que l'on a vu paraître les premiers travaux de fond réalisés sur la base d'archives. En cessant de voir le patronat charbonnier uniquement au travers de son association nationale et de ses publications officielles mais davantage au travers des entrepreneurs, ces travaux opéraient un saut quantique[9].

Parmi ceux-ci, la contribution conjointe de G. Kurgan-Van Hentenryk et J. Puissant est, à notre connaissance, la première à avoir adopté une approche qui ne privilégiât dans l'analyse aucun des trois pôles des relations industrielles (patronat-syndicat-État). Mais si cette contribution a retenu notre attention, c'est également pour une autre raison : tout en signalant la persistance d'une certaine méconnaissance du patronat charbonnier dans l'historiographie (relativement aux deux autres pôles), elle laisse entendre que la question du maintien ou non des principes de la libre entreprise privée a occupé une place centrale dans l'histoire du charbon belge. Et le paradoxe ne s'arrête pas là car si le rôle des pouvoirs publics dans le secteur charbonnier, en Belgique comme ailleurs en Europe, s'était considérablement amplifié depuis le XIXe siècle (notamment pour pallier un affaiblissement structurel du charbon), il apparaît que, parmi les différentes productions européennes, le charbon belge est celui dont la gestion directe demeura le plus longtemps aux mains de ses producteurs privés traditionnels. Or, c'est là un aspect des choses qui jusqu'à présent n'a pas suscité beaucoup d'attention.

II. Charbonniers belges, libre entreprise et CECA : un état de la question

Les débats en cours dans la Belgique de l'après-guerre concernant le statut privé de son industrie charbonnière et son mode de gestion ont, plusieurs fois déjà, fait l'objet de recherches, notamment en histoire[10].

---

9 Caulier-Mathy, N., « Les dirigeants de l'industrie houillère belge de 1935 à 1955. Essai d'étude des comportements », *Revue Belge d'Histoire Contemporaine*, XIX, 1-2, 1988 ; Milward, A. S., « The Belgian Coal and Steel Industries and the Schuman Plan », in Schwabe, K. (ed.), *Die Anfänge des Schuman-Plans 1950/51. Beiträge des Kolloquiums in Aachen, 28.-30. Mai 1986*, Baden-Baden : Nomos Verlagsgesellschaft, 1988 ; et Devos, E., *Le patronat belge face au Plan Schuman (9 mai 1950-5 février 1952)*, Louvain-la-Neuve : Ciaco, 1989 ; Kurgan-Van Hentenryk, G. and Puissant, J., « Industrial Relations in the Belgian Coal Industry since the End of the Nineteenth Century », in Feldman, G. D. and Tenfelde, K. (eds.), *Workers, Owners, and Politics in Coal Mining. An International Comparison of Industrial Relations*, New York : Berg, 1990.

10 CRISP, « Les projets de réformes structurelles dans les mines belges », *Courrier Hebdomadaire du CRISP*, 8, 1959 ; Wauters, P., « De "Steenkoolslag" : Krisis in de Belgische steenkoolindustrie na Wereldoorlog II (1945-1948) », mémoire de licence, Vrije Universiteit Brussel, 1981 ; Pequet, « De houding van de vakbonden tegenover de struktuurhervorming van de Kempische steenkoolnijverheid. 1940-1967 » ;

Au début des années 1950, ces débats avaient déjà derrière eux de nombreuses décennies et se déclinaient aussi bien en termes concrets de gouvernance qu'en termes idéologiques. Deux visions divergentes des ressources charbonnières et de leur exploitation s'étaient en effet affrontées dès la fin de l'Ancien Régime : d'une part, une vision collectiviste considérant le caractère de bien commun de ces ressources et, par conséquent, la nécessité d'une participation, voire d'un contrôle, de l'État dans le secteur ; et d'autre part, une vision libérale qui, sur la base de la primauté de la libre entreprise et de l'initiative privée, déniait à l'État tout droit d'intervention, à dater de la mise en concession des gisements.

En termes de gouvernance, les efforts déployés par la puissance publique pour organiser, réorganiser, voire pour prendre le contrôle de l'industrie charbonnière peuvent être observés à des degrés divers dans tous les pays industrialisés producteurs de charbon, en Europe ou aux États-Unis. Tirant ses origines du souci régalien de contrôler la propriété et l'exploitation du sous-sol du territoire national, cette prétention des États s'était trouvée justifiée, tout au long du XIXe siècle et jusqu'au début du XXe, par le caractère primordial du charbon dans la chaîne de production industrielle ainsi que par la forte dimension sociale de son exploitation. En effet, compte tenu des relations industrielles tendues qui ont longtemps caractérisé l'industrie houillère, la prospérité et la puissance des États passaient par la paix sociale dans les mines. Après la Première Guerre mondiale, le charbon était entré dans une période de crise chronique, les États pouvant alors justifier leurs interventions par la déliquescence d'un secteur dont il n'était pas loisible de se débarrasser rapidement, et ce en raison de l'importance de la main-d'œuvre qu'il employait et du contexte de tensions internationales mais surtout en raison du monopole charbonnier sur le marché énergétique[11].

C'est après la Seconde Guerre mondiale que le glissement entre contrôle privé et contrôle public dans la gestion de l'industrie charbonnière fut le plus net : conditions *sine qua non* à toute reconstruction nationale, la production et l'approvisionnement de charbon devaient plus que jamais répondre à des critères d'intérêt général. À l'heure où, un peu partout en Europe occidentale, les bases d'une économie capitaliste mixte étaient établies, le contexte de pénurie provoqua une remise

Tilly, P., *André Renard. Biographie*, Bruxelles : Le Cri, 2005. Voir aussi : Brion, R. et Moreau, J.-L., *La Société Générale de Belgique. 1822-1997*, Anvers : Fonds Mercator, 1998.

11 Feldman, G. D., « Industrial Relations in Coal Industry in Twentieth-Century Europe and in the USA : A Historical and Comparative Perspective », in Feldman, G. D. and Tenfelde, K. (eds.), *Workers, Owners and Politics in Coal Mining. An International Comparison of Industrial Relations*, New York-Oxford-Munich : Berg, 1990, p. 362-364.

en cause, plus intense que jamais, du caractère privé des capacités de production de charbon et de leur gestion. Chacune à leur façon, les expériences de nationalisation des mines en Grande-Bretagne, en France mais également dans une moindre mesure aux Pays-Bas, puis l'imposition à l'industrie lourde allemande de la loi de co-détermination illustrent cette étape ainsi que la variété des formes qu'elle a pu prendre d'un pays à l'autre[12].

Or, à cet égard, en plus d'être le secteur le plus important dans l'économie nationale et le plus faible sur le marché européen, l'industrie charbonnière belge offrait également un exemple à part. Certes, des projets portant sur une réforme du secteur furent plusieurs fois débattus au Parlement, mais les mesures prises concrètement restèrent minimes. Tout au plus parvint-on à faire accepter la mise en place d'une institution incolore et inoffensive à l'égard des intérêts privés : le Conseil National des Charbonnages (CNC). Si dans les faits l'industrie charbonnière belge subissait ou bénéficiait de certaines interventions de l'État (contrôle des tarifs, subventions, législation sociale, ou encore recrutement de la main-d'œuvre), il faut constater qu'en termes de gestion proprement dite, on était encore loin en Belgique de ce qui avait été réalisé ailleurs en Europe. Une chose est de s'interroger sur le pourquoi

---

12 Au sujet de la nationalisation en Grande-Bretagne, voir : Ashworth, W., *The History of the British Coal Industry.* vol. V. *1946-82, The Nationalized Industry*, Oxford : Clarendon Press, 1986 ; Supple, B., « Ideology and necessity : the nationalisation of coal mining 1916-46 », in McKendrick, N. and Outhwaite, R. B. (eds.), *Business Life and Public Policy*, Cambridge : Cambridge University Press, 1986 ; Greasley, D., « The coal industry : images and realities on the road to nationalisation », in Millward, R. and Singleton, J. (eds.), *The Political Economy of Nationalisation in Britain. 1920-1950*, Cambridge : Cambridge University Press, 1995. Au sujet de la nationalisation en France, voir : Michel, J., « Industrial Relations in French Coal Mining from the Late Nineteenth Century to the 1970s », in Feldman, G. D. and Tenfelde, K. (eds.), *Workers, Owners and Politics in Coal Mining. An International Comparison of Industrial Relations*, New York-Oxford-Munich : Berg, 1990 ; Andrieu, C. *et al.*, *Les nationalisations de la Libération. De l'utopie au compromis*, Paris : Presses de la Fondation Nationale des Sciences Politiques, 1987 ; Holter, D., *The Battle For Coal : Miners and The Politics of Nationalization in France, 1940-1950*, DeKalb : Northern Illinois University Press, 1992. Aux Pays-Bas, un charbonnage contrôlé par des intérêts belges fut temporairement mis sous le contrôle de l'État à la suite de la Seconde Guerre mondiale. Ce cas à part n'a, semble-t-il, encore jamais été étudié. La codétermination ou cogestion (*Mitbestimmung* en allemand ou *co-decision* en anglais) est un système de gestion qui prévoit la participation des ouvriers aux décisions de l'entreprise. En mai 1951, après plusieurs années de débats, il fut instauré dans les industries lourdes de la République Fédérale Allemande. Voir à ce sujet : Weisbrod, B., « Entrepreneurial Politics and Industrial Relations in Mining in the Ruhr Region : From Managerial Absolutism to Co-determination », in Feldman, G. D. and Tenfelde, K. (eds.), *Workers, Owners, and Politics in Coal Mining*, 1990 ; Thum, H., *Mitbestimmung in der Montanindustrie : der Mythos vom Sieg der Gewerkschaften*, Stuttgart : Deutsche Verlags-Anstalt, 1982.

de cette situation sur la base, par exemple, d'une étude comparative[13] ; une autre est de mettre en perspective cette particularité belge et le scénario d'échec décrit précédemment. C'est cette seconde voie qui sera adoptée dans cet ouvrage.

Cette perspective semble d'autant plus opportune que l'exception belge n'a pas toujours été reconnue à sa juste valeur dans la recherche et qu'à défaut de cela, ses implications n'ont pas encore fait l'objet d'un examen spécifique. Un exemple flagrant de ce défaut est fourni par R. Perron qui, dans une étude sur l'association européenne des charbonniers (le Comité d'Étude des Producteurs de Charbons d'Europe Occidentale ou CEPCEO), parle des mines belges comme étant partiellement sous contrôle de l'État belge[14], ce qui est tout à fait erroné, ainsi qu'il sera montré dans le premier chapitre. Et s'il faut bien admettre avec elle qu'en raison du poids de leur industrie dans l'économie nationale, les charbonniers belges – pas plus que leurs homologues européens – ne pouvaient prétendre jouir d'une parfaite indépendance vis-à-vis de leur gouvernement[15], il faut constater aussi que ces mêmes charbonniers belges n'ont jamais totalement renoncé à leur prétention à garder en main toutes les rênes du pouvoir de gestion dans leurs entreprises.

L'historien A. S. Milward apporte quant à lui un exemple plus significatif[16]. Et compte tenu de l'importance de sa contribution dans l'historiographie, il importe de s'y arrêter quelques instants. Dans *The European Rescue of the Nation-State*, il entend démonter l'idée, fortement ancrée dans la recherche tant théorique qu'historique, selon laquelle le processus d'intégration européenne constituerait l'antithèse du concept d'État-nation, à la fois la cause et la conséquence de son obsolescence. Tout au contraire, Milward soutient que l'évolution de la Communauté européenne depuis 1945 a directement contribué à sauvegarder l'État-nation comme réalité de terrain et donc aussi comme outil théorique :

> [...] without the process of integration the western European nation-state might well not have retained the allegiance and support of its citizens in the way that it has. The European Community has been its buttress, an indispensable part of the nation-state's post-war construction. [...] After 1945 the European nation-state rescued itself from collapse, created a new political consensus as the basis of its legitimacy, and through changes in its response

13 Dans une certaine mesure, l'ouvrage de G. D. Feldman et de K. Tenfelde (déjà cité) permet de répondre à cette question.

14 Perron, R., « Divergences, front uni : l'organisation européenne des producteurs de charbon face à la Haute Autorité de la CECA », in Bussière, É. Et Dumoulin, M. (dir.), *Milieux économiques et intégration européenne en Europe occidentale au XXe siècle*, Arras : Artois Presses Université, 1998.

15 *Ibid.*, p. 252.

16 Milward, A. S., *The European Rescue of the Nation-State.*

to its citizens which meant a sweeping extension of its functions and ambitions reasserted itself as the fundamental unit of political organization[17].

Pour se redresser et assurer son maintien dans l'après-guerre, l'État-nation n'aurait eu pour seul recours que d'accepter de transférer un certain nombre de ses compétences vers un niveau de pouvoir supranational.

Cette lecture novatrice de l'intégration européenne a ses limites. Car tout en rejetant une conception dominante de la discipline, A. S. Milward ne fait que perpétuer son corollaire méthodologique qui consiste à ne considérer que les pouvoirs politiques institutionnels et laisser dans l'ombre des acteurs privés tels que les syndicats ou les patrons. En l'occurrence, en traitant le patronat charbonnier belge comme une quantité négligeable, Milward fait un choix tout à fait conscient et délibéré. Ainsi entend-il rappeler d'emblée qu'à dater de la signature du traité-fondateur de la CECA, la gestion du charbon belge s'est retrouvée entre les mains de deux autorités, ultimes responsables de son avenir : le Gouvernement belge et la Haute Autorité, dépositaire du pouvoir supranational. Très explicitement, il soutient que le Plan Schuman et la mise en forme du traité CECA eurent pour effet d'imposer au Gouvernement et aux industriels belges l'idée qu'il n'était plus possible, dans l'Europe de l'après-guerre, de laisser les secteurs lourds de l'économie nationale évoluer en-dehors de tout contrôle des pouvoirs publics. Et, plus précisément, il affirme dans un travail antérieur que cette première étape de la construction européenne força l'industrie lourde en Belgique à accepter enfin « a role in the post-war mixed capitalist economy similar to its Western European partners, a role which before 1950 it was still anachronistically resisting »[18].

Or, si la résistance des charbonniers belges contre les velléités réformatrices de l'État ou des syndicats n'a pas encore fait l'objet d'une étude systématique, l'opportunité de s'attarder sur ce sujet a été maintes fois insinuée dans l'historiographie. Outre le fait avéré que la polémique concernant les réformes structurelles est restée d'actualité tout au long des années 1950[19], l'intransigeance avec laquelle les patrons charbonniers belges ont prétendu conserver la haute main dans la gestion de leurs mines a été, quant à elle, plusieurs fois signalée. Ainsi, dans la thèse qu'elle a consacrée au patronat belge face au Plan Schuman,

---

[17] Milward, *The European Rescue of the Nation-State*, p. 2.

[18] Milward, « The Belgian Coal and Steel Industries and the Schuman Plan », p. 453.

[19] Divers travaux en ont apporté la preuve : Pequet, « De houding van de vakbonden tegenover de struktuurhervorming van de Kempische steenkoolnijverheid. 1940-1967 » ; Kurgan-Van Hentenryk and Puissant, « Industrial Relations in the Belgian Coal Industry since the End of the Nineteenth Century » ; Brion et Moreau, *La Société Générale de Belgique. 1822-1997* ; Tilly, *André Renard. Biographie*.

E. Devos met en lumière la campagne menée par l'association patronale charbonnière belge, la Fédéchar, contre les pouvoirs alloués à la future Haute Autorité et contre le dirigisme induit par le traité CECA[20]. Dans son article sur le CEPCEO, R. Perron fait remarquer le comportement contradictoire des charbonniers belges, et ce tout au long des années 1950[21] : selon elle, ceux-ci furent partagés entre la défense des vertus de l'économie libérale et de l'entreprise privée, d'une part, et leur plaidoyer en faveur d'une politique interventionniste sur le marché charbonnier européen, d'autre part[22].

À la lumière de ces deux contributions, il s'impose de relire celle de A. S. Milward, non sans prendre le soin de recadrer l'analyse sur les acteurs patronaux et de réévaluer leur influence dans la gestion du problème charbonnier belge. Si elle était étudiée du point de vue des patrons, cette gestion continuerait-elle de se décliner et de se résumer en termes d'État-providence, ainsi qu'il ressort du travail d'A. S. Milward ? L'avenir du charbon belge continuerait-il de ne présenter pour enjeux que la sauvegarde du plein emploi et du consensus social, sur la base desquels l'État-nation belge se serait refait une légitimité dans l'immédiat après-guerre ? Le fait de reconsidérer le rôle des patrons charbonniers n'est-il pas susceptible d'entraîner une remise en cause du raisonnement de Milward concernant le sauvetage de l'État-nation belge par la CECA ? Une chose au moins paraît acquise à ce stade, compte tenu des observations faites par E. Devos et par R. Perron : si effectivement l'analyse d'A. S. Milward devait être revue et corrigée, c'est grâce notamment à une observation attentive des structures représentatives des intérêts professionnels charbonniers belges, au niveau national et européen.

III. La Fédéchar et le CEPCEO pour la libre entreprise

A. La représentation des intérêts à deux niveaux

Il ne serait pas exagéré de soutenir qu'en dépit de la profusion d'études réalisées en science politique sur le sujet, le tableau que l'on peut se faire aujourd'hui de la représentation des intérêts dans la structure communautaire européenne demeure largement inégal et fragmentaire. Une faiblesse parmi d'autres tient à la tendance, plus ou moins implicite, qui consiste à étudier de façon distincte et isolée les structures de représentation nationale et européenne d'une même profession. Ainsi,

20 Devos, *Le patronat belge face au Plan Schuman (9 mai 1950-5 février 1952)*.

21 Perron, « Divergences, front uni : l'organisation européenne des producteurs de charbon face à la Haute Autorité de la CECA ».

22 *Ibid.*, p. 253-254.

en l'occurrence, la Fédéchar et le CEPCEO n'ont encore jamais fait l'objet d'une analyse combinée.

Au début des années 1980, les politologues E. Kirchner et K. Schwaiger ont plaidé pour que la représentation et la défense des intérêts d'un même groupe, professionnel par exemple, soient davantage étudiées de façon conjointe sur les plans national et européen[23]. En effet, selon eux, par le biais des individus qui les animent, les groupes d'intérêts présents aux uns et aux autres niveaux (local, régional, national et/ou international) peuvent se contredire, se compléter ou s'influencer mutuellement et, dès lors, n'être pas assez autonomes pour pouvoir être isolés dans l'analyse. Mais alors qu'au sein de la science politique, l'appel semble avoir été entendu et que des études combinées se sont accumulées au cours de ces dernières années[24], il faut constater que la discipline historique ne s'est encore que rarement engagée sur cette voie[25]. Et si l'on s'en tient au seul cadre de la CECA, une telle recherche n'a, à notre connaissance, encore jamais été entreprise : soit l'analyse est centrée sur un groupe d'intérêts national et néglige son correspondant européen[26] ; soit c'est le groupe européen qui est observé et ses compo-

---

23 Kirchner, E. J. and Schwaiger, K., *The Role of Interest Groups in the European Community*, Adershot : Gower, 1981, p. 1.

24 Ces travaux ont pour la plupart été réalisés sur la base de l'observation de groupes contemporains : Bennett, R., « The Impact of European Economic Integration on Business Associations : The UK Case », *West European Politics*, 20, 1997 ; Kohler-Koch, B. and Eising, R., *The Transformation of Governance in the European Union*, London-New York : Routledge, 1999 ; Pappi, F. U. and Henning, C. H., « The Organisation of Influence on The EC's Common Agricultural Policy : A Network Approach », *European Journal of Political Research*, 36, 1999, p. 257-281 ; Falkner, G., « Policy Networks in a Multi-Level System : Convergence towards Moderate Diversity ? », *West European Policy*, 23, 2000 ; Lehmkuhl, D., *The Importance of Small Differences. The Impact of European Integration on Road Haulage Associations in Germany and the Netherlands*, Den Haag : Thela Thesis, 2000 ; Eising, R. and Jabko, N., « Moving Targets : National Interests and European Union Electricity Liberalization », *Comparative Political Studies*, 34, 2001 ; Beyers, J., « Gaining and Seeking Access : The European Adaptation of Domestic Interest Associations », *European Journal of Political Research*, 41, 5, 2002, p. 585-612 ; Bouwen, J., « Corporate Lobbying in The European Union : The Logic of Access », *Journal of European Public Policy*, 9, 2002 ; and Eising, R., « Multilevel Governance and Business Interests in the European Union », *Governance : An International Journal of Policy, Administration, and Institutions*, 17, 2, 2004.

25 Fetzer, T., « Driven towards internationalisation : British trade union politics at Ford and Vauxhall, 1960-2001 », PhD in History and Civilization, European University Institute, Florence, 2005.

26 Pour le charbon : Milward, « The Belgian Coal and Steel Industries and the Schuman Plan » ; et Devos, *Le patronat belge face au Plan Schuman (9 mai 1950-5 février 1952)*. Pour l'acier : Mioche, P., « Le patronat de la sidérurgie française et le Plan Schuman en 1950-1952 », in Schwabe, K. (ed.), *Die Anfänge des Schuman-Plans 1950/51. Beiträge des Kolloquiums in Aachen, 28.-30. Mai 1986*, Baden-Baden :

santes nationales, grossièrement résumées[27]. Ainsi, le CEPCEO apparaît dans le travail de R. Perron comme une résultante insipide, informe et incolore des quatre points de vue nationaux qu'il rassemble (belge, allemand, néerlandais et français). À décharge de R. Perron et, au-delà, à décharge des historiens, il faut bien admettre que le défi auxquels ils font face est de taille et qu'il serait périlleux de vouloir mener une recherche qui, sans le moindre coup de sonde, prétendrait se pencher sur des acteurs multiples (nationaux et européens) dans des environnements multiples (national et communautaire). Et compte tenu des dimensions imparties à son article, R. Perron pouvait difficilement se focaliser sur un point de vue national parmi les quatre représentés ; elle s'est donc limitée à une analyse sommaire sur le plan européen.

Mais qu'en est-il aujourd'hui ? Dès lors que des recherches ont été menées tant sur la Fédéchar que sur le CEPCEO, comment serait-il possible à présent de combiner les résultats obtenus de part et d'autre ? Suffirait-il de les coller bout à bout, comme les pièces d'un puzzle ? À en croire E. Kirchner et K. Schwaiger, la plus-value d'une telle étude conjointe irait au-delà d'une simple extension du champ d'analyse et il s'agirait plutôt de déceler, par la fusion des angles de vision, une dimension supplémentaire qui autrement ne nous apparaîtrait pas. Ceci impose de se pencher quelques instants sur le concept de *groupe d'intérêts.*

B. La Fédéchar et le CEPCEO comme groupes d'intérêts

L'étude des groupes d'intérêts s'est globalement partagée, jusqu'à aujourd'hui, entre deux approches[28]. La plus ancienne, fondée sur la

---

Nomos Verlagsgesellschaft, 1988 ; Marichal, A.-C., « Débuts et réalités de la CECA : les réactions de la sidérurgie belge (10 août 1952-1 mai 1953) », mémoire de licence, Université de Liège, 1989 ; Mioche, P., « L'adaptation du patronat de la sidérurgie française à l'intégration européenne de 1945 à 1967 », in Dumoulin, M. *et al.* (dir.), *L'Europe du patronat. De la guerre froide aux années soixante. Actes du colloque de Louvain-la-Neuve des 10 et 11 mai 1990*, Bruxelles : PIE Peter Lang, 1993 ; Kipping, M., « Les tôles avant les casseroles. La compétitivité de l'industrie française et les origines de la construction européenne », *Entreprises et histoire*, 5, 1994 ; Berger, F., « Les patrons de l'acier en France et Allemagne face à l'Europe (1930-1960) », in Bussière, É. et Dumoulin, M. (dir.), *Milieux économiques et intégration européenne en Europe occidentale au XXe siècle*, Arras : Artois Presses Université, 1998 ; et Trausch, G., « Le Luxembourg face au Plan Schuman : la poids de la sidérurgie », in Catala, M. (dir.), *Histoire de la construction européenne : cinquante ans après la déclaration Schuman. Colloque international de Nantes. 11, 12 et 13 mai 2000*, Nantes : Presses Académiques de l'Ouest, 2001.

27 Perron, « Divergences, front uni : l'organisation européenne des producteurs de charbon face à la Haute Autorité de la CECA » ; Funck, C., *Une Europe... un quart de siècle... une sidérurgie... un club (1952-1977)*, Luxembourg, 1977.

28 Voir à ce sujet : Presthus, R., « The pluralist framework », in Kariel, H. S. (ed.), *Frontiers of Democratic Theory*, New York : Random House, 1970 ; Winkler, J. T., « Corporatism », *European Journal of Sociology*, 1976 ; Lehmbruch, G., « Liberal

pensée libérale, a longtemps dominé le champ de recherche. Fortement influencée par l'observation du modèle démocratique des États-Unis, elle envisage un système sociopolitique dans lequel le pouvoir de l'État est partagé entre un grand nombre de groupes privés, organisations d'intérêts et individus représentés par ces organisations, assurés d'un accès plus ou moins égal au jeu politique (d'où le terme *pluraliste* pour qualifier cette approche). Au cours des années 1970, pour rendre compte d'une évolution spécifique à certains États européens, une approche alternative fut développée, dite *néo-corporatiste*, suivant laquelle les intérêts sont centralisés et pris en charge par un nombre réduit d'organes de représentation qui, reconnus par le gouvernement et jouissant ainsi d'un accès privilégié au jeu politique, se voient attribués par l'État des pouvoirs de régulation et de contrôle social ainsi qu'un statut semi-public.

Dans le cadre du présent travail, il semble pertinent de définir le groupe d'intérêts d'une manière qui ne relève pas explicitement de l'un ou de l'autre des deux modèles, et ce pour différentes raisons. La première tient à la difficulté qu'il y aurait à opter pour une définition unique valable pour deux organismes distincts (la Fédéchar et le CEPCEO) évoluant dans deux structures institutionnelles et politiques fondamentalement différentes (l'État belge et la CECA). La deuxième raison tient à l'imperfection des modèles proposés et au fait que leur application à une réalité plus complexe, belge ou communautaire, ne peut être totalement satisfaisante[29].

La politologue B. Marques-Pereira a notamment mis en avant le fait que, s'il peut être commode de concevoir pluralisme et néo-corporatisme comme les extrémités d'un même continuum lorsqu'il s'agit d'établir une typologie statique, cela devient totalement contreproductif lorsque l'on entre dans une perspective dynamique, comme c'est le cas

---

Corporatism and Party Government », *Comparative Political Studies*, 10, 1, 1977 ; Schmitter, P. C., « Still the Century of Corporatism ? », in Schmitter, P. C. and Lehmbruch, G. (eds.), *Trends Toward Corporatist Intermediation*, London-Beverly Hills : SAGE, 1979 ; Moe, T. M., « Toward a Broader View of Interest Groups », *Journal of Politics*, 43, 1981 ; Schmitter, P. C., « Neo-Corporatism and the State », in Grant, W. (ed.), *The Political Economy of Corporatism*, London : Macmillan, 1985 ; Berry, J. M., *The Interest Group Society*, New York : Longman, 1997 ; Marques-Pereira, B., « Mort du néo-corporatisme ? », in Claeys, P. H. *et al.* (eds.), *Lobbyism, Pluralism and European Integration = Lobbyisme, pluralisme et intégration européenne*, Bruxelles : Presses interuniversitaires européennes, 1998.

[29] Arcq, E. et Marques-Pereira, B., « Néo-corporatisme et concertation sociale en Belgique », *Politiques et Management Public*, 9 (3), 1991 ; Grunert, T., « Le processus de décision dans la politique sidérurgique de la CEE : tendances néocorporatistes ou intégrationnistes ? », in Mény, Y. et Wright, V. (dir.), *La crise de la sidérurgie européenne, 1974-1984*, Paris : Presses universitaires de France, 1985.

ici[30]. Au risque de soulever un lieu commun, il faut bien convenir en effet qu'à supposer que le néo-corporatisme offrît un cadre utile pour appréhender l'organisation socioéconomique belge dans l'après-guerre[31], la transition d'une forme d'organisation à une autre n'a pas pu se faire du jour au lendemain. A. Van den Brande soutient ainsi que la Belgique n'aurait connu effectivement un régime néo-corporatiste qu'à partir de 1968, la période allant de 1945 à 1960 ne correspondant, selon lui, qu'à « une phase de construction et de mise en place des fondements institutionnels du néo-corporatisme »[32]. Cette opinion est partagée par B. Marques-Pereira selon qui le fondement consensuel du modèle ne permet pas de rendre compte de l'ambiguïté des principaux éléments du système socioéconomique belge d'après-guerre et ne permet pas d'expliquer notamment les situations conflictuelles qui ont marqué le cours de l'histoire sociale à cette même époque[33].

On se contentera donc ici d'une définition la plus sommaire possible pour parler de la Fédéchar et du CEPCEO comme s'agissant de *groupes d'intérêts*, soit un ensemble d'individus qui, parce qu'ils ont des intérêts communs et qu'ils en ont conscience, décident de s'organiser pour présenter et défendre ensemble ces intérêts. Cette définition a deux implications. Tout d'abord, elle entraîne nécessairement un risque d'hétérogénéité : par leur nature (taille, organisation, etc.) et par le contexte dans lequel ils évoluent (régional, national ou international), les membres d'un groupe peuvent varier fortement et, outre leurs intérêts communs, poursuivre des objectifs propres différents (ce qui ne veut pas dire divergents). Dès lors, ce qui véritablement justifie et fait fonctionner le groupe d'intérêts a de grandes chances de n'être que le plus petit commun dénominateur de l'ensemble des intérêts effectivement rassemblés.

En second lieu, cette définition implique que le groupe ne peut pas véritablement être considéré comme étant un acteur à part entière mais plutôt comme un outil, conçu et forgé suivant les attentes et les objectifs de ses utilisateurs. Certes, la fédération des intérêts individuels confère une forme d'autonomie au groupe vis-à-vis de ses membres, autonomie

---

30 Marques-Pereira, « Mort du néo-corporatisme ? », p. 51-57.

31 Meynaud, J. *et al.*, *La décision politique en Belgique*, Paris : Presses de la Fondation nationale des Sciences politiques, 1965 ; Vanderstraeten, A., « Neo-corporatisme en het Belgische sociaal-economisch overlegsysteem », *Res Publica*, 4, 1986, p. 671 ; Van den Brande, A., « Neo-corporatism and functional-integral power in Belgium », in Scholten, I. (ed.), *Political Stability and Neo-Corporatism. Corporatist Integration and Societal Cleavages in Western Europe*, London-Beverly Hills : SAGE, 1987.

32 Van den Brande, A., « Neo-corporatism and functional-integral power in Belgium », p. 95-119 ; Pasture, P., « The April 1944 'Social Pact' in Belgium and its Significance for the Post-War Welfare State », *Journal of Contemporary History*, 58, 1993.

33 Arcq et Marques-Pereira, « Néo-corporatisme et concertation sociale en Belgique » ; Marques-Pereira, « Mort du néo-corporatisme ? », p. 51-57.

plus ou moins prononcée d'ailleurs selon le mode de décision appliqué au sein du groupe[34]. Mais il n'en est pas moins vrai que l'existence de ce dernier est conditionnée par la volonté des entités individuelles de s'entendre un minimum entre elles ; sans consensus, aussi petit soit-il, le groupe ne pourrait ni exister ni fonctionner.

C. Deux outils au service de la libre entreprise

Par cette façon de concevoir le groupe d'intérêts, il ne s'agit pas de compliquer le tableau pour le seul plaisir du détail. Mais si l'on considère l'opportunité de fondre l'une dans l'autre l'analyse de la Fédéchar et celle du CEPCEO, il serait certainement plus commode d'envisager ces deux associations non pas comme deux acteurs en tant que tels (ce qui, compte tenu de l'affiliation de l'une à l'autre, tendrait d'ailleurs à fortement compliquer les choses) mais effectivement plutôt comme deux outils distincts, utilisés par les patrons charbonniers belges au bénéfice d'un ou de plusieurs intérêts communs.

En l'occurrence, plusieurs intérêts pourraient être envisagés. Ainsi on pourrait considérer la Fédéchar et le CEPCEO sous l'angle de la défense du charbon, en Belgique et dans la CECA, face aux sources concurrentes d'énergie ; sous l'angle de la lutte contre une législation sociale jugée trop ambitieuse et trop coûteuse ; ou encore sous l'angle d'une politique tarifaire la plus profitable possible pour les entrepreneurs. R. Perron a ainsi mis en évidence toute une série d'objectifs poursuivis par les producteurs européens au sein du CEPCEO que l'on trouve également sur le plan national, poursuivis par le biais de la Fédéchar[35]. Ces différents angles d'approche n'ont pas les mêmes implications et ne présentent pas les mêmes avantages ou inconvénients pour le chercheur et, d'un champ d'investigation à l'autre, les cadres institutionnel, légal, politique, économique et social peuvent s'avérer fort différents. Ainsi, pour ne donner qu'un seul exemple, le partage des compétences entre sphère nationale et sphère communautaire en matière de tarifs charbonniers n'était pas le même qu'en matière de politique sociale, en vertu du traité CECA : alors que les prix passaient sous la compétence de la Haute Autorité, les conditions de vie et de travail des mineurs restaient globalement sous la responsabilité des États-membres.

---

34 van Outrive, L. et Moons, A., « Les organisations professionnelles patronales », *Revue Synopsis*, 1969.

35 Nous renvoyons le lecteur à sa thèse : Perron, R., *Le marché du charbon, un enjeu entre l'Europe et les États-Unis de 1945 à 1958*, Paris : Publications de la Sorbonne, 1996 ; ainsi qu'à l'article déjà cité sur le CEPCEO. Voir également : Haas, E. B., *The Uniting of Europe : Political, Social, and Economic Forces 1950-1957*, Stanford, Calif.: Stanford University Press, 1958 ; ainsi que Röndigs, U., *Globalisierung und europäische Integration. Der Strukturwandel des Energiesektors und die Politik der Montanunion, 1952-1962*, Baden-Baden : Nomos Verlagsgesellschaft, 2000.

On perçoit aisément les complications que l'addition et le chevauchement des paramètres propres à l'un et l'autre de ces angles d'approche entraîneraient pour l'analyse.

Parmi les différents intérêts à envisager, le maintien des principes de la libre entreprise privée dans l'industrie charbonnière en Belgique devait très naturellement retenir toute notre attention, et ce pour trois raisons au moins. Tout d'abord, comme G. Kurgan-Van Hentenryk et J. Puissant l'ont mis en évidence, les débats relatifs à cette question ont duré tout au long des années 1950, au moins jusqu'en 1960-1961. Ensuite, la recherche a plusieurs fois montré d'une part le rôle moteur joué par le patronat belge dans la mise en place du CEPCEO entre 1951 et 1953 et d'autre part les raisons politiques et idéologiques qui semblent avoir justifié cette organisation[36] : la défense de la libre entreprise contre l'emprise du dirigisme que faisait craindre la nouvelle structure institutionnelle et légale de la CECA. Enfin, la question de la libre entreprise se trouve au centre de ce que R. Perron présente, nous l'avons vu, comme une « contradiction belge »[37].

Pour R. Perron, ce comportement contradictoire ne fait pas grand mystère : compte tenu des positions traditionnellement libérales du patronat belge et de la protection dont le charbon belge devait jouir, même temporairement, en vertu du Traité CECA, les charbonniers belges étaient pratiquement contraints à la contradiction. Ainsi qu'il apparaîtra au fil de ce travail, cette analyse se vérifie dans une certaine mesure. Cependant, il semble que le point de vue adopté par R. Perron pour observer le CEPCEO non seulement ne permet pas de caractériser clairement l'organisation – « Chantre de l'entreprise libre, forum européen, antichambre des revendications nationales, le CEPCEO est tout cela à la fois »[38] – mais tend également à brouiller les cartes.

En effet, les divergences récurrentes entre les délégations nationales, dont R. Perron fait état au sein de l'association européenne – « divergences exprimées lors des moments cruciaux pour l'avenir de la CECA »[39] –, ne s'expliquent pas uniquement par des différences entre les conditions techniques, économiques, sociales et politiques rencontrées par chacune d'elles dans le cadre de leurs activités, ainsi que le

---

36 Dichgans, H., *Montanunion : Menschen u. Institutionen*, Düsseldorf-Wien : Econ-Verlag, 1980 ; Devos, *Le patronat belge face au Plan Schuman (9 mai 1950-5 février 1952)* ; Kurgan-Van Hentenryk and Puissant, « Industrial Relations in the Belgian Coal Industry since the End of the Nineteenth Century » ; Milward, *The European Rescue of the Nation-State*.

37 Perron, « Divergences, front uni : l'organisation européenne des producteurs de charbon face à la Haute Autorité de la CECA », p. 253-254.

38 *Ibid.*, p. 260.

39 *Idem.*

laisse entendre son article. Elles peuvent également se comprendre par le fait que les délégations n'ont pas forcément adhéré au CEPCEO pour les mêmes raisons. Très simplement, un producteur fort et un producteur faible ne sont pas logés à la même enseigne face à un marché commun et l'opportunité qu'ils trouvent l'un et l'autre à associer leurs efforts au sein d'une organisation commune ne se conçoit donc pas nécessairement dans les mêmes termes. Or, pour accéder à ce niveau d'analyse, il s'impose d'aller chercher plus bas dans l'échelle les craintes et les espoirs qui sont nourris par chaque membre ou affilié et qui précisément fondent les raisons de leur adhésion au groupe.

En répondant à l'appel lancé par E. Kirchner et K. Schwaiger, ce dernier point permet d'ailleurs de boucler la boucle : afin de comprendre le CEPCEO, en ce compris les divergences entre délégations nationales, il conviendrait d'étudier de plus près, c'est-à-dire au niveau national, les tergiversations belges entre libéralisme économique et protectionnisme, dont R. Perron signale l'existence. Inversement, l'outil CEPCEO constitue un élément parmi d'autres de ce qui devrait permettre de comprendre la position des charbonniers belges sur le thème de la libre entreprise dans le cadre national. Par ailleurs, en nous éclairant sur l'état des pouvoirs d'influence des patrons charbonniers belges dans la gestion de leur industrie, cette analyse combinée de la Fédéchar et du CEPCEO devrait également nous permettre de revenir sur l'idée de départ d'A. S. Milward selon laquelle ces mêmes patrons se seraient rapidement résignés face à l'affermissement des principes de l'économie mixte à la faveur du Plan Schuman.

IV. Le dernier carré

Dans le langage militaire, un *carré* ou *carré d'infanterie* se rapporte à une troupe, un régiment d'infanterie disposé de manière à faire face de quatre côtés à l'ennemi, soit intérieurement pour empêcher toute fuite, soit extérieurement pour vendre chèrement sa peau. Aussi, lorsqu'une armée est réduite à son *dernier carré*, c'est signe généralement que, « fors l'honneur », tout est perdu.

L'industrie charbonnière se prête fort opportunément au langage militaire. Au fond de la mine, dans la chaleur et l'obscurité, dans le bruit et la poussière, la sécurité de tous dépend du respect par chacun des consignes de travail. Outre un sens prononcé de la discipline, auquel les cadres sont formés dès les premiers jours de leur apprentissage au sein de la société minière, cela induit une forte hiérarchisation du personnel et une responsabilisation des rapports entre ouvriers et ingénieurs. Mais il y a plus : le fait que les États ont longtemps été tributaires du charbon, national ou importé, pour assurer leur prospérité économique et leur indépendance politique explique également l'usage récurrent de termes empruntés au registre patriotique ou militaire. Ainsi, l'expression consacrée « soldats de la mine » pour parler des ouvriers-mineurs. Ou celle de « bataille du charbon » qui fut donnée aux mesures productivistes lancées dans les premiers mois de l'après-guerre, en Belgique et ailleurs en Europe, pour assurer au plus vite le redressement des économies nationales. Destinés à mobiliser tous les efforts nécessaires, comme si la guerre n'avait pas encore été totalement gagnée, le discours de campagne et le champ symbolique qu'il charriait devaient couvrir l'industrie charbonnière et ses mineurs d'une aura particulière, nourrie de tant de sacrifices consentis que de victoires remportées.

Il n'est donc pas étonnant qu'à leur tour, les patrons charbonniers belges puisèrent dans ce registre, non seulement pour la promotion de leur charbon mais également pour défendre leur statut d'entrepreneurs libres et privés. En plus d'être des ingénieurs réputés, ils se vantaient d'être, par le caractère privé de leurs mines, les derniers spécimens d'une espèce en voie de disparition dans l'Europe de la CECA.

V. Structure de l'ouvrage

La partie narrative de ce travail est précédée, dans le premier chapitre, d'une description du patronat charbonnier belge dans les années 1950. Il s'agit de donner à la Fédéchar davantage de contenu et de vie qu'on ne lui en a donnés jusqu'à présent. Outre une description du secteur charbonnier belge lui-même, cela implique de considérer ses dirigeants sous deux angles d'approche distincts : en tant que propriétaires et en tant que producteurs. Ce premier chapitre permet de souligner la profonde diversité de ce groupe professionnel et la difficulté d'en tracer nettement les contours. Il permet également de faire un état des lieux des débats en termes de statut et de gestion, privée ou publique, des charbonnages belges en 1950.

La partie narrative proprement dite ne commence qu'au deuxième chapitre. Cette première étape permet de revenir tout d'abord sur le lancement du Plan Schuman. En mettant l'accent sur la dimension politique de la campagne des industriels belges contre ce plan et contre les dispositions du Traité CECA, nous nuançons, en les confrontant aux recherches effectuées pour le présent travail, les analyses d'E. Devos et d'A. S. Milward concernant la contribution des charbonniers à cette campagne. À ce titre, le troisième chapitre permet de revenir sur la mise en place de l'association charbonnière européenne (le CEPCEO) et sur le rôle particulier joué à cet égard par les charbonniers belges. Ces deux chapitres permettent de mettre en lumière l'ambiguïté sur laquelle se fondait leur défense de la libre entreprise face à la CECA.

Le quatrième chapitre aborde un aspect plus technique : le régime d'aide transitoire dont l'industrie charbonnière belge bénéficiait dans le cadre de la CECA pour s'adapter aux standards du marché commun. Plus exactement, il s'agit de se pencher sur les circonstances qui ont mené à la réforme de ce régime entre l'automne 1953 et le printemps 1955. La Fédéchar y apparaît impuissante, tiraillée de l'intérieur, à la fois minée par l'individualisme de certains de ses membres et fortifiée contre une seule et même menace, réelle ou supposée : la nationalisation des mines. Que ce soit par le biais de la Fédéchar ou par le biais du CEPCEO, la lutte des charbonniers belges pour la libre entreprise semble bel et bien d'actualité, malgré d'indéniables contradictions, tout particulièrement sur le plan communautaire.

Enfin, le cinquième chapitre permet de décrire les circonstances dans lesquelles les patrons charbonniers belges ont été poussés à accepter pour la première fois de leur histoire un partage des pouvoirs de décision dans la gestion de leur secteur. À la suite de la catastrophe de Marcinelle en août 1956, les charbonniers apparurent de plus en plus seuls à défendre le *statu quo* et, dans le contexte de la crise charbonnière, alors que des voix de plus en plus nombreuses et pressantes se levaient pour dénoncer une structure de gestion archaïque et sclérosée, principale responsable du désastre, les charbonniers n'eurent plus d'autre issue que d'accepter la confrontation avec les syndicats sur la question d'une réorganisation du secteur charbon.

CHAPITRE 1

Clair-obscur du patronat charbonnier belge

Le constat fait par G. Kurgan-Van Hentenryk et J. Puissant il y a plus de quinze ans au sujet de l'historiographie de l'industrie charbonnière belge reste valable : selon les acteurs considérés, cette historiographie offre un visage inégal[1]. Si les mineurs et leurs centrales syndicales ont fait l'objet de plusieurs études[2], les propriétaires charbonniers et les gérants des exploitations minières demeurent encore largement dans l'ombre. On peut d'ailleurs constater une tendance dans la littérature à appréhender ces patrons principalement au travers de leur association, la Fédéchar[3]. Un tel artifice n'est pas injustifié : en effet, depuis 1926, cette association professionnelle réunit officiellement l'ensemble des producteurs de charbon en Belgique et fait office d'interlocuteur reconnu auprès du Gouvernement, dans les négociations sociales ainsi qu'au sein des autres associations professionnelles, sectorielles ou intersectorielles. Mais le fait de laisser ainsi le devant de la scène au groupe d'intérêts en tant que tel, sans en envisager les composantes internes, revient à négliger certains de ses aspects les plus fondamentaux.

L'objectif de ce chapitre est tout d'abord de dresser un portrait collectif du patronat charbonnier belge en dépassant le cadre purement formel de la Fédéchar (I). Notamment en envisageant ce patronat sous l'angle de la propriété et sous l'angle de la production, ce chapitre permet de rendre compte de la profonde diversité de ce groupe professionnel. Dans un second temps, l'objectif sera de comprendre comment la Fédéchar s'accommodait de cette diversité, soit en la reflétant, soit en l'étouffant (II). Ce sera l'occasion d'aborder la question des réformes de

---

1 Feldman, « Industrial Relations in Coal Industry in Twentieth-Century Europe and in the USA : A Historical and Comparative Perspective », p. 366.

2 Le mouvement ouvrier mineur était divisé en deux grandes mouvances : la *Centrale des Francs-Mineurs*, affiliée à la *Confédération des Syndicats Chrétiens* (CSC), particulièrement implantée dans le bassin campinois ; et la *Centrale Syndicale des Travailleurs des Mines de Belgique*, affiliée au syndicat socialiste, la *Fédération Générale des Travailleurs de Belgique* (FGTB). Notons que le mouvement communiste avait une assise solide parmi les ouvriers-mineurs au point de lui valoir une certaine autonomie au sein de la FGTB jusqu'à son expulsion en 1950, dans le contexte de Guerre Froide.

3 Cette abréviation tient pour *Fédération des Associations Charbonnières de Belgique* qui devient, à partir de 1953, *Fédération Charbonnière de Belgique*.

structures et les positions adoptées à ce sujet par les patrons charbonniers belges.

I. Le patronat charbonnier belge dans sa diversité

A. Une industrie régionale par essence

L'industrie charbonnière belge était constituée de cinq bassins : une série de quatre dans le sud du pays, répartis dans le sillon Haine-Sambre-Meuse (d'ouest en est, le Borinage, le Centre, Charleroi et Liège) et un dans le Limbourg. Ces bassins présentaient entre eux de grandes disparités[4].

Figure 1 : Localisation des cinq bassins charbonniers belges

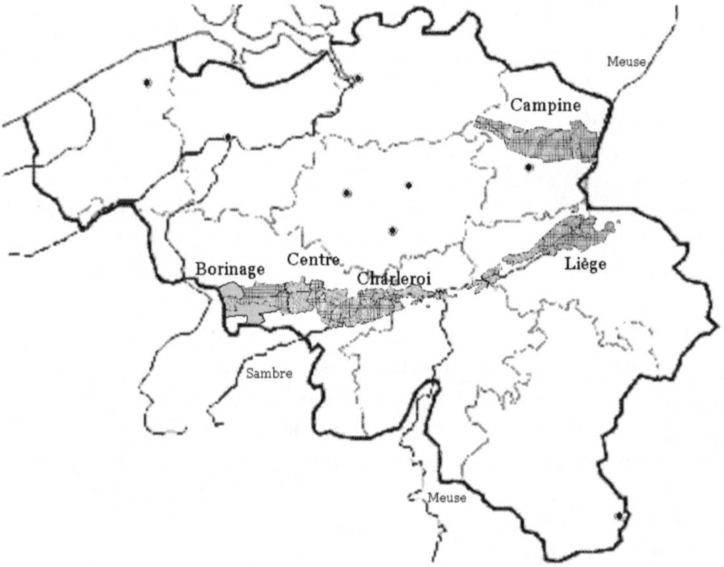

Les mines wallonnes comptaient tout à la fois parmi les unités les plus vieilles, les plus profondes et les plus dangereuses d'Europe. L'irrégularité, la faible épaisseur des veines qu'elles exploitaient et les températures du fond (allant de pair avec la profondeur du puits) avaient rendu le travail de plus en plus difficile et périlleux. La plupart de ces mines étaient longtemps parvenues à compenser ces handicaps grâce aux types de gisements qu'elles exploitaient : près des deux tiers de la houille extraite en Wallonie étaient en effet constitués d'anthracites et de

4 Evalenko, *Le régime économique de la Belgique*, p. 274-276.

charbons maigres, des qualités fort recherchées en Europe. Ces charbons étaient surtout produits dans les bassins de Liège et de Charleroi[5]. À mesure que l'on se dirigeait vers l'ouest, le charbon devenait de plus en plus gras, le Borinage se caractérisant par un charbon à coke de qualité exceptionnelle[6] (voir ci-dessous, excursus 1). Tant que la sidérurgie était en expansion, le bassin borain pouvait espérer tirer parti de ce charbon à coke. Mais inversement, cela rendait le bassin fort vulnérable au moindre creux conjoncturel, un problème que ne rencontrait pas l'anthracite. Notons que la vieillesse des mines wallonnes entraînait que, lors de son extraction, la houille était nécessairement accompagnée d'une grande quantité de matières dites *inertes*, signe patent de l'épuisement des gisements. Et en dépit de la mécanisation des travaux de fonds, cette situation ne pouvait que s'aggraver au fil des années[7].

Excursus 1 : La diversité du charbon[8]

En matière de charbon, il faut distinguer différents types qui répondent à des caractéristiques propres et impliquent des contraintes particulières. La typologie des charbons se décline à la fois en *catégories* et en *sortes*. Alors que les sortes se distinguent en fonction du volume (dans l'ordre : poussiers, fines et menus, grains et braisettes, classés, criblés et tout-venants, schlamms et enfin mixtes), les catégories se distinguent les unes des autres par leur teneur en matières volatiles. Le charbon peut ainsi être dit plus ou moins *gras* ou *maigre* et être classé en trois grandes catégories. Selon les utilisations que l'on pouvait en faire et en raison de leurs différents prix de revient, dans l'après-guerre, ces catégories n'étaient donc pas également sujettes aux changements conjoncturels.

Au plus haut de l'échelle, on trouve les charbons *gras* qui, en raison de leur haute teneur en matières volatiles, peuvent être, après cokéfaction (on parle ainsi de *charbon à coke*), utilisés dans les industries sidérurgique et chimique. À l'époque, la position de ces charbons sur le marché était étroitement liée à la conjoncture sidérurgique et leur écoulement dépendait principalement de la demande et des prix de l'acier.

Les charbons *demi-gras*, dits aussi *charbons-vapeur*, servaient principalement aux chemins de fer et à la production électrique. Ils étaient cependant menacés, d'une part, par l'utilisation croissante de diesel dans les transports

5 Au sujet du bassin de Charleroi, voir : CRISP, « La réforme de l'industrie charbonnière belge », *Courrier hebdomadaire du CRISP*, 27, 17 juillet 1959, p. 5-6.

6 Une teneur élevée en matières volatiles impliquait un dégagement plus important de gaz dans la mine lors du travail de creuse. Ce gaz, appelé communément *grisou*, était hautement inflammable dans une certaine fourchette de concentration dans l'air et constituait un risque important pour les mineurs.

7 Haute Autorité de la CECA, *C.E.C.A. 1952-1962. Résultats. Limites. Perspectives*, Luxembourg : Office des Publications des Communautés Européennes, 1963, p. 203.

8 Gardent, P., *Le charbon. Panorama économique*, Paris : Presses universitaires de France, 1962.

ferroviaires et, d'autre part, par l'usage que les centrales électriques allaient faire de plus en plus de produits moins nobles et moins coûteux (les schistes de terrils).

Les charbons *maigres*, dont l'anthracite, à usage domestique, étaient plus rares que les précédents et offraient de plus grandes marges bénéficiaires. Davantage liée à la conjoncture, l'utilisation de ce charbon était saisonnière, mais une fois de plus, c'est des combustibles de substitution tels que le mazout que venait le danger.

Les mines de Campine étaient beaucoup plus jeunes que leurs grandes sœurs wallonnes puisque leur exploitation n'avait été entamée véritablement qu'après la Première Guerre mondiale[9]. Le développement de ce bassin avait alors soulevé tous les enthousiasmes car il laissait présager pour la Belgique et surtout pour son industrie sidérurgique de disposer de tout le charbon gras à usage industriel dont elles pouvaient avoir besoin et de ne plus devoir troquer le charbon domestique, rare, contre du charbon industriel français[10]. Depuis la fin du XIXe siècle, le bassin du Borinage, jusqu'alors principal producteur de charbon à coke, avait éprouvé de plus en plus de peine à soutenir le rythme de l'industrie sidérurgique, alors en pleine expansion. Cela explique la forte emprise du secteur sidérurgique sur le bassin campinois dès les débuts de son exploitation[11]. Au cours des années 1950 et tout particulièrement dans le cadre de la grande crise charbonnière de la fin de la décennie, les bassins campinois et borain allaient donc se trouver de fait engagés dans une rude compétition pour l'écoulement de leur charbon industriel.

Dès le départ, les mines de Campine avaient pu profiter de méthodes d'extraction plus rationnelles que celles qui jusqu'alors été utilisées en Wallonie. Les sous-sols s'y présentaient de telle sorte qu'on ne pouvait procéder à l'extraction que moyennant de gros investissements : les veines étaient profondément enfouies au-dessous d'épaisses et lourdes couches de mort terrain (entre 500 et 800 m pour la première veine,

9 Soete, A., « Le bassin houiller limbourgeois, 1901-1992 », in Herrmann, H. W. et Wynants, P. (dir.), *Huit siècles de charbonnages*, Namur : CERUNA, 2002.

10 Hogg, R. L., *Structural Rigidities and Policy Inertia in Inter-War Belgium*, Bruxelles : AWLSK, 1986, p. 82.

11 Sur le bassin campinois, voir Van Meulder, G., « Sociale geschiedenis van de Limburgse mijnen, 1917-1985. 1. Arbeidsverhoudingen en syndicalisme », in De Rijck, T. en Van Meulder, G. (ed.), *De ereburgers. Een sociale geschiedenis van de Limburgse mijnen*, Berchem : EPO, 2000 ; Coppieters, G., « Sociale geschiedenis van de Limburgse mijnen. 2. « Waren we maar Walen of Kongolezen », in Arbeid en lonen, Bruxelles, 1999 », in De Rijck, T. en Van Meulder, G. (eds.), *De ereburgers...*, 2000.

entre 1 200 et 1 500 m pour la seconde)[12]. Le principe de concentration des ressources avait donc du être directement appliqué, impliquant un nombre limité de centres d'extraction[13]. Ces mines disposaient en outre de précieux avantages sur le plan géologique : les veines étaient de loin plus régulières et en moyenne plus épaisses et plus larges que dans les bassins wallons, ce qui permettait de travailler en longue taille (de 150 à 400 m) et de mettre à profit des méthodes et du matériel qu'on n'aurait jamais imaginé utiliser dans le sud. Ces différences entre charbonnages wallons et campinois se reflétaient dans les rendements : ainsi, en juin 1950, le rendement moyen par poste des mines wallonnes était estimé à 1 052 kg, en Campine, il était estimé à 1 420 kg[14].

Les bassins du sud étaient caractérisés par leur morcellement en un grand nombre de concessions et par une grande dispersion des résultats d'une exploitation à l'autre. Au début des années 1960, François Vinck[15], alors fonctionnaire européen, décrivait ainsi la situation qui avait prévalu jusqu'alors :

> Un nombre impressionnant de compagnies individuelles exploitaient en ordre dispersé un gisement difficile, sans tenir compte des impératifs d'une saine rationalisation de l'ensemble et en se faisant par surcroît une concurrence sauvage se permettant le luxe d'un alourdissement du prix de revient du charbon et d'une diminution de leurs recettes. […] Lors de la proposition Schuman, l'industrie charbonnière belge se trouvait avec une industrie char-

12 Pequet, « De houding van de vakbonden tegenover de struktuurhervorming van de Kempische steenkoolnijverheid. 1940-1967 », p. 4-10 ; Kurgan-Van Hentenryk, G., « Structure and Strategy of Belgian Business Groups (1920-1990) », in Takao, S. and Masahiro, S. (eds.), *Beyond the Firm. Business Groups in International and Historical Perspective*, Oxford : Oxford University Press, 1997, p. 97. Le *mort terrain* est le terrain inexploitable qu'il est nécessaire de traverser pour accéder aux veines de charbon.

13 Au total, douze concessions furent octroyées entre 1906 et 1947, dont huit au cours de la première année. D'emblée, des concessionnaires choisirent de faire face ensemble aux frais de mise en exploitation ; au bout du compte, le nombre de sièges avait ainsi pu être tenu à sept : Helchteren-Zolder, Beringen, Zwartberg, Waterschei, Eisden, Winterslag et Houthalen.

14 Archives MAEB, 5212, Note de la Fédéchar « L'industrie charbonnière belge en face du Plan Schuman », le 16 juin 1950 ; Meade *et al.*, *Case studies in European Economic Union. The Mechanics of Integration*, p. 290.

15 François Vinck (1906-n.c.), directeur de l'Office d'Allocation de Charbon entre 1945 et 1947 puis directeur l'Administration du Combustible et de l'Énergie au sein du ministère belge des Affaires économiques (1948-1952) ; après quoi, il allait devenir Directeur-adjoint de la Division du Marché à la Haute Autorité (jusque 1960). Notons au passage qu'en dépit de la forme francisée de son prénom, Vinck lui-même se présentait comme Flamand (son intervention devant le CNC, le 9 février 1959).

bonnière morcelée, devant des concurrents monolithiques ou fortement structurés[16].

Tableau 1 : Répartition des entreprises charbonnières belges en 1952

Production	Sociétés		Production		Moyenne par société (t)
	#	%	t	%	
0 < 100 000 t	9	14,8	408 000	1,3	45 000
100 000 t < 250 000 t	19	31,1	3 454 000	11,4	182 000
250 000 t < 500 000 t	12	19,7	4 333 000	14,3	361 000
500 000 t < 1 000 000 t	14	23,0	10 683 000	35,1	763 000
1 000 000 t < …	8[17]	13,1	11 506 000	37,9	1 438 000
TOTAL	61	100,0	30 384 000	100,0	490 000

(Source : Haute Autorité de la CECA, *C.E.C.A. 1952-1962. Résultats. Limites. Perspectives*, p. 220).

Comme l'illustre le tableau 1, près de la moitié des charbonnages belges étaient de petites exploitations et ne produisaient ensemble qu'un peu plus que 11 % de la production totale. À l'inverse, les huit plus grosses entreprises, parmi lesquelles la totalité du bassin de Campine, représentaient ensemble 38 % de la production totale en Belgique.

On le verra, cet aspect de l'industrie charbonnière belge faisait, depuis l'entre-deux-guerres et les premiers signes de faiblesse du secteur, l'objet de débats politiques et de récriminations récurrentes adressées aux patrons charbonniers. Une Commission d'étude du problème charbonnier, fut mise en place en décembre 1927 afin de trouver les moyens de renforcer l'industrie houillère belge, mais n'eut pour résultat tangible que de se prononcer pour une réduction des taxes afférant à la fusion des entreprises. La loi qui s'ensuivit, valable pour tous les secteurs économiques, occasionna une vague de concentrations industrielles mais, dans le secteur minier, des voix s'élevèrent pour mettre en doute son efficacité pour améliorer la productivité. Ainsi, Alexandre Galopin, directeur du secteur charbonnier au sein de la Société Générale de Belgique[18], considérait que « la concentration de la production d'un charbonnage sur un nombre de sièges plus petit [était] généralement trop coûteuse pour être effectuée avec avantage ». Et jusqu'à la fin des années 1950, la Fédéchar continua de justifier le foisonnement d'exploitations par des impératifs

16 Vinck, F., « Le problème charbonnier », *Les régions du Borinage et du Centre à l'heure de la reconversion. XXIXe Semaine Sociale Universitaire du 6 au 10 novembre 1961*, 1962, p. 159.

17 Il s'agit de sept entreprises de Campine et de Monceau-Fontaine dans le bassin de Charleroi.

18 Les charbonnages belges, on le verra, étaient en très grande partie contrôlés par des holdings, tels que la Société Générale de Belgique, où Alexandre Galopin occupait la direction du département des charbonnages.

géologiques : « à chaque concession, sinon à chaque siège, correspond le plus souvent un gisement aux caractéristiques bien déterminées »[19]. Selon elle, la concentration n'était donc pas la panacée : tout d'abord, petit charbonnage ne rimait pas forcément avec faibles résultats, bien au contraire ; ensuite, le mode d'exploitation appliqué au cours des cent cinquante dernières années avait eu pour effet de déchiqueter certains gisements, rendant difficiles voire impossibles les soudures entre exploitations ; enfin, compte tenu des investissements nécessaires et des amortissements correspondants, une concentration n'avait réellement de sens que si le gisement avait encore devant lui un long avenir, et non quelque vingt à trente années tout au plus comme c'était le cas, par exemple, pour le bassin de Liège[20]. Dans les faits, le nombre de puits en activité avait diminué cependant de près de 30 à 40 % entre 1919 et 1939[21], principalement suivant les besoins de la sidérurgie, et devait encore diminuer après la Seconde Guerre mondiale. Notons que, comme il sera montré, les débats concernant la structure d'exploitation des mines de charbon en Belgique n'étaient pas purement techniques mais également à haute teneur politique, sinon idéologique, par leur lien étroit avec les questions de leur structure de propriété et du caractère privé de leur gestion.

Dès l'entre-deux-guerres, l'industrie charbonnière avait constitué le secteur de l'économie belge qui rencontrait les plus graves problèmes[22]. Outre les handicaps géologiques propres au sous-sol belge, le marché du charbon s'était trouvé, dès après la Première Guerre mondiale, dans un état de crise chronique dépassant largement le cadre belge et qui allait se prolonger pratiquement sans ressaisissement jusqu'aux années 1960-1970 et dont les causes, successives ou combinées, étaient nombreuses : instabilité monétaire, vues à court terme des producteurs ou des décideurs politiques, absence de concertation entre agents économiques ou

---

19 Fédéchar, *L'industrie charbonnière belge*, Bruxelles : Fédération charbonnière de Belgique, 1959, p. 15.

20 Archives SGB, 740, « Réforme de structure de l'industrie charbonnière », le 7 mars 1955.

21 Besson, J.-F., *Les groupes industriels et l'Europe. L'expérience de la CECA*, Paris : PUF, 1962, p. 193. Plus généralement, sur le processus de rationalisation des charbonnages belges dans l'entre-deux-guerres, voir Geerkens, É., « La rationalisation dans les charbonnages belges pendant l'entre-deux-guerres », in Wynants, P. et Herrmann, H. W. (dir.), *Huit siècles de charbonnages*, Namur : CERUNA, 2002.

22 Hogg, *Structural Rigidities and Policy Inertia in Inter-War Belgium*, p. 81 ; Jaumain, *Industrialisation et sociétés, 1830-1970 : La Belgique*, p. 65 ; Milward, *The European Rescue of the Nation-State*, p. 50. Durant la guerre, un dénommé Hostertz, officier allemand des troupes d'occupation mais ingénieur des mines à Walsum dans la Ruhr dans la vie civile, avait d'ailleurs été chargé d'établir un rapport sur l'industrie charbonnière belge dont la conclusion fut qu'il ne fallait plus rien attendre des mines wallonnes (entretien avec monsieur Roger Pâquet, août 2000).

encore, raréfaction de la main-d'œuvre. Pour ne rien arranger, l'industrie charbonnière belge connaissait un manque cruel d'investissements qui, selon certains, remontait au lendemain de la Première Guerre mondiale lorsque, par les accords Jaspar-Loucheur, la Belgique s'était engagée à livrer sa houille en France à des prix largement sous-évalués[23]. Les chiffres donnés par le député Gaston Eyskens en novembre 1956 parlent d'eux-mêmes : selon lui, dans les mines du sud, 50 % des machines existantes dataient d'avant 1914 et 80 %, d'avant 1930[24]. Avec sa productivité faible, ses bas salaires, sa production en stagnation et ses relations industrielles houleuses, le secteur houiller montra dès cette époque tous les symptômes d'une industrie en déclin[25]. La désorganisation du système monétaire international, la politique de réarmement, mais surtout le poids social et économique du secteur charbonnier avaient justifié coup sur coup des mesures protectionnistes de la part du Gouvernement, faisant du charbon belge le secteur « protégé » par excellence[26], et avaient contribué à en occulter plus encore les défaillances structurelles. Parmi celles-ci, il en était une au moins qui paraissait de plus en plus manifeste : le déficit chronique de main-d'œuvre, la principale force productive dans ce secteur que, dès cette époque, il fallut aller chercher en quantité croissante à l'étranger[27].

Bouleversant le cours de l'histoire énergétique à l'échelle mondiale en assurant au charbon un nouveau répit[28], le déclenchement de la Seconde Guerre mondiale avait eu pour effet, en Belgique, de retarder à

23 « 65 FB la tonne alors que l'Angleterre en obtenait 250 », selon Gérard Delarge, qui après avoir été gérant d'un charbonnage borain, passa à la Division de Production à Luxembourg (archives Van Acker, 1016, « Comptes-rendus de conversations à Luxembourg, le 16 novembre 1953 », le 18 novembre 1953). Voir au sujet des investissements : Geerkens, « La rationalisation dans les charbonnages belges pendant l'entre-deux-guerres », p. 358. En novembre 1939, Yernaux et Tschoffen, deux experts du Gouvernement belge, remettant un « Rapport sur le problème charbonnier belge » dans lequel ils signalent le retard pris par les charbonnages belges dans la modernisation de leurs installations.

24 *Annales parlementaires. Chambre des représentants*, le 14 novembre 1956.

25 Perron, *Le marché du charbon, un enjeu entre l'Europe et les États-Unis de 1945 à 1958* ; Trempé, R., *Les trois batailles du charbon. 1936-1947*, Paris : La Découverte, 1989.

26 Hogg, *Structural Rigidities and Policy Inertia in Inter-War Belgium*, p. 81 ; Milward, *The European Rescue of the Nation-State*, p. 52.

27 Voir à ce sujet : Dumoulin, « Les mineurs italiens en Belgique (1945-1957). Des relations bilatérales à la dimension européenne » ; Morelli, « L'appel à la main-d'œuvre italienne pour les charbonnages et sa prise en charge à son arrivée en Belgique dans l'immédiat après-guerre ».

28 Feldman, « Industrial Relations in Coal Industry in Twentieth-Century Europe and in the USA : A Historical and Comparative Perspective », p. 363.

nouveau le moment de moderniser et de rationaliser les mines[29]. Après cinq ans de conflit, c'est techniquement, financièrement et humainement à bout de souffle que les mines belges durent faire face à la reconstruction nationale. De même, alors qu'ailleurs en Europe, les exploitations charbonnières purent généralement consacrer les premières années de l'après-guerre à panser leurs plaies, quitte à devoir pour cela retarder le redressement de leurs économies nationales respectives, la Belgique, au contraire, mit tout en œuvre pour assurer un retour rapide de sa production aux niveaux de la fin des années 1930. Au nom de la reconstruction nationale, le charbon belge, moribond mais plus que jamais indispensable au pays, fut placé sous perfusion ; ses tarifs, étroitement contrôlés ; et les conditions de vie et de travail, considérablement améliorées afin de ramener à la mine les nombreux ouvriers qui l'avaient désertée, dégoûtés et épuisés par cinq longues années de privations et de labeur[30]. À court terme, le 'miracle belge', ainsi que l'on a bien vite qualifié le redressement de l'économie belge dans l'après-guerre, permit de croire au bien-fondé des choix posés. À moyen terme, par contre, une fois révolue la pénurie généralisée qui avait prévalu depuis la fin de la Seconde Guerre mondiale, une fois les concurrents de retour dans l'arène, les charbonnages belges, vieux et essoufflés, refirent l'expérience de la crise, de la mise en stocks et du spectre des faillites, que l'économie de guerre et les subsides d'État leur avait fait oublier[31]. Face à la concurrence européenne, le charbon belge devait bientôt apparaître comme un géant aux pieds d'argile, aussi indispensable qu'embarrassant pour l'économie nationale.

Mais le moment est venu de se pencher plus avant sur ces hommes qui présidaient, en première ligne, aux destinées de l'industrie charbonnière en Belgique : qui étaient-ils ? ; quelles étaient leurs caractéristiques communes, leurs spécificités ?; en somme, comment les reconnaître ? Le lecteur s'en rendra bien vite compte : il n'est pas facile de répondre à cette question.

B. Un patronat multiforme

À partir de quand commence-t-on ou cesse-t-on d'être un patron charbonnier ? À quel stade de la hiérarchie d'une société minière peut-on se dire patron ? Être patron charbonnier implique-t-il de n'avoir d'autres intérêts que ceux liés à la production de charbon ? Peut-on être

29 Ainsi, par exemple, après avoir été fermé en 1939, le charbonnage de Flénu avait été remis en exploitation dès février 1940 avec l'aide financière de l'État (Baudhuin, F., *L'économie belge sous l'occupation. 1940-1944*, Bruxelles : Bruylant, 1945, p. 105).

30 Milward, *The European Rescue of the Nation-State*, p. 50-51.

31 Hannecart, « La Belgique face au problème charbonnier belge de la Libération à la grande crise de 1958 ».

patron dans l'acier, dans la chimie, dans la verrerie et toujours être un véritable patron charbonnier ? Faut-il avoir des connaissances techniques particulières pour le devenir ? Faut-il avoir fait ses armes dans le fond de la mine ? Voici autant de questions qu'il est possible d'éluder si l'on s'en tient à la façade de Fédéchar. Mais, à y regarder de plus près, c'est la diversité qui frappe et la difficulté de donner des limites claires à ce qu'on entend par « patronat charbonnier ».

Globalement, deux angles d'approche doivent être envisagés : les charbonniers en tant que propriétaires et/ou gestionnaires (1) et les charbonniers en tant que producteurs, actifs sur le terrain (2). Dans un troisième point, on verra cependant que ces deux angles d'approche, tout pertinents soient-ils, tendent à compliquer le tableau plutôt qu'à le simplifier.

1. Le patron charbonnier propriétaire

Dès les débuts de la législation en la matière, la question de la propriété de la mine fut partagée entre deux approches : une première, collectiviste, rappelait le caractère de bien commun de ces ressources et, par conséquent, la nécessité d'une participation et d'un contrôle de l'État dans le secteur ; une seconde, libérale celle-là, déniait à l'État tout droit d'intervention, à dater de la mise en concession des gisements. D'emblée, lorsqu'en 1810 la Commission du Corps législatif avait préconisé un régime de domanialité publique, l'empereur Napoléon 1er s'y était opposé. Par la suite, la loi qui en résulta fut plusieurs fois remise en cause[32], jusqu'à ce qu'une ambiguïté y fût introduite en juin 1911, lors de la mise en exploitation des mines de Campine.

La nouvelle législation confirmait celle de 1810 tout en y greffant une limitation de droit de cession des concessions : le propriétaire de mine était désormais chargé d'exploiter la concession minière dans l'intérêt général et occupait donc une fonction publique[33]. Par ailleurs, le Gouvernement belge se *réservait* trois concessions dans le nouveau bassin campinois[34], ce qui n'empêchait pas la totalité du charbon belge d'être effectivement produit par des acteurs privés. Conjugué au morcellement des exploitations, le statut privé des mines fut souvent jugé responsable des maux dont souffrait l'industrie charbonnière belge, jusqu'à être sérieusement remis en question. À diverses reprises, des projets de réformes de structure[35] furent ainsi déposés au-devant du

32 CRISP, « Les projets de réformes structurelles dans les mines belges », p. 4.

33 Meynaud *et al.*, *La décision politique en Belgique*, p. 269.

34 Stratégiquement localisées à l'ouest, au centre et à l'est du bassin, leur superficie représentait au total un sixième de l'ensemble du bassin.

35 Notons que l'appellation *réformes de structure* n'avait pas de signification univoque. Elle se référait à l'origine à la rationalisation des structures d'exploitation (fermetu-

Parlement, dont certains allaient jusqu'à la nationalisation pure et simple du secteur charbonnier belge. Il sera davantage question de ce point, plus loin dans ce chapitre.

Pour l'heure, penchons-nous sur la structure de propriété des charbonnages belges. Celle-ci est appréhendable de diverses manières. La première consiste à passer en revue les conseils d'administration des différentes sociétés charbonnières et tâcher d'en identifier les membres. Une deuxième méthode, particulièrement appropriée à la Belgique, consiste à analyser plus largement l'économie nationale en reconstituant les structures financières dont elle est composée. Ce travail a été fait de nombreuses fois et le constat auquel il mène est bien connu : la prépondérance de ce qu'on appelle sociétés de holding (ou holdings) dans la propriété des mines belges[36].

a) L'analyse des conseils d'administration (CA)

Cette méthode, utilisée à diverses reprises par le passé[37], a permis de répertorier plusieurs centaines d'individus, plus ou moins facile à identifier. Le Centre de recherche et d'information sociopolitique (CRISP) a ainsi pu recenser 320 administrateurs pour la seule année 1959[38]. N. Caulier-Mathy a, pour sa part, tenté de reconstituer une image plus dynamique de ces administrateurs en les répertoriant dans la durée, entre 1935 et 1955 : son objectif était notamment d'évaluer leur confiance vis-à-vis de l'industrie houillère. Ces deux études – les seules du genre à notre connaissance – bien que superficielles, apportent des informations

---

res, fusions, concentrations ou remembrements). Cependant, compte tenu de la dimension politique que certaines voies de réforme ont pu contenir (nationalisation des structures de production ou cogestion), le terme a lui-même fini par intégrer cette dimension. Et il semble bien, à en croire Jean Duvieusart, que c'est dans ce sens que l'on parlait habituellement de réformes de structure : « les réformes organiques [par lesquelles] les représentants de travailleurs devraient intervenir dans la gestion de leur profession ou des entreprises » (Duvieusart, J., « Le problème charbonnier », *Revue Générale Belge*, 1956, p. 1810, n° 1).

36 CRISP, *Morphologie des groupes financiers*, Bruxelles : CRISP, 1966 ; Scott, J., « Intercorporate structures in Western Europe : a comparative historical analysis », in Mizruchi, M. S. and Schwartz, M. (eds.), *Intercorporate Relations. The Structural Analysis of Business*, Cambridge-New York : Cambridge University Press, 1987 ; Vanthemsche, G., « State, banks and industry in Belgium and the Netherlands, 1919-1939 », in James, H. *et al.* (eds.), *The role of banks in the interwar economy*, Cambridge-New York : Cambridge University Press, 1991. Nous donnons plus loin une définition du holding (note 52 de ce chapitre).

37 CRISP, « L'organisation du patronat charbonnier belge et son influence politique », *Courrier hebdomadaire du CRISP*, 7, 1959 et Caulier-Mathy, « Les dirigeants de l'industrie houillère belge de 1935 à 1955. Essai d'étude des comportements ».

38 Cette appellation d'*administrateur* s'entend au sens large, comme membre du CA. Il peut donc s'agir d'un président, vice-président, administrateur-délégué, administrateur-conseiller ou d'un commissaire.

utiles et complémentaires. Pour notre part, nous avons établi la liste des administrateurs dans les années 1950[39] et, en nous aidant de biographies collectives ou d'ouvrages de références biographiques, nous sommes parvenus à identifier un certain nombre d'entre eux[40].

La pertinence de cette analyse, lorsqu'il s'agit d'avoir un aperçu de la structure de propriété des charbonnages, doit être nuancée. Premièrement, un CA ne regroupe pas nécessairement l'ensemble des actionnaires mais est constitué d'un certain nombre d'entre eux, élus par l'assemblée générale des actionnaires (AG) pour assurer la gestion de l'entreprise[41]. Deuxièmement, parmi les participants à un CA, tous ne sont pas des actionnaires à proprement parler ; certains, qu'il n'est pas toujours facile d'identifier, ne sont que des représentants d'actionnaires (en tant qu'agents de change ou notaires). Une analyse dans la durée (faisant notamment appel à la généalogie) permet par contre de repérer avec certitude certaines familles actionnaires et leurs membres.

Un simple coup d'œil sur les CA laisse en effet deviner l'importance du facteur familial. Et il n'est pas indispensable d'aller jusqu'au cas extrême des Charbonnages de la Grande Bracnure, dans la bassin de Liège, très nettement contrôlés par la famille Braconier[42]. On note ainsi de très nombreuses récurrences : les Misonne, largement représentés dans les Charbonnages du Centre de Jumet mais également dans ceux du Trieu-Kaisin et, dans une moindre mesure, dans ceux de Noël-Sart-Culpart (tous situés dans le bassin de Charleroi) ou encore dans ceux du Maurage (dans le bassin du Centre) ; les Paquot, fortement impliqués dans l'exploitation des Charbonnages d'Espérance et Bonne-Fortune, dans le bassin de Liège ; les Lamarche et David, apparaissant çà et là dans le bassin de Liège, notamment par le biais d'alliances matrimoniales ; les Goffinet et les Brasseur de Warisoux à Charleroi ; les familles de Meeûs d'Argenteuil et d'Oultremont ; les de Briey, les Lambert ; et bien d'autres encore. Notons avec A. Lamfallussy que le caractère

39 Tout comme N. Caulier-Mathy, sur la base du *Recueil financier*, une publication annuelle destinée aux investisseurs à la Bourse de Bruxelles.

40 *Who's who in Belgium and the Grand-Duchy of Luxembourg*, Bruxelles, 1962 ; Coomans de Brachène, O. *et al.*, *État présent de la noblesse belge*, Bruxelles : Collection « État présent », 1971 ; Dugast Rouillé, M., *Le nobiliaire de France*, Nantes, 1975-1976 ; Kurgan-Van Hentenryk, G. *et al.* (dir.), *Dictionnaire des patrons en Belgique : les hommes, les entreprises, les réseaux*, Bruxelles : De Boeck Université, 1996.

41 CRISP, *Morphologie des groupes financiers*, Bruxelles : CRISP, 1962.

42 En 1951, six membres sur les dix sont des Braconier, dont le président et le directeur-gérant ; deux le sont par alliance.

familial de certaines exploitations pouvait entraîner un certain conservatisme parmi leurs dirigeants et freiner leur esprit d'initiative[43].

Un autre aspect qui ne passe pas inaperçu est la forte présence de personnalités issues de la noblesse. À la fin des années 1950, l'étude du CRISP évaluait leur proportion à quelque 20 % : un prince, deux ducs, deux marquis, quatorze comtes, deux vicomtes et vingt-quatre barons. Une certaine part de l'ancienne noblesse avait en effet placé ses capitaux dans cette industrie parce qu'elle comportait des risques réduits de moins-value[44]. Certains CA se distinguent par une concentration très élevée des titres tels que les Charbonnages d'Aiseau-Presles ; ceux du Boubier ; ou encore les Charbonnages Réunis de Roton-Farciennes et Oignies-Aiseau. Outre que la plupart d'entre eux sont souvent parfaitement identifiables au travers de l'État présent de la noblesse belge, il est possible de reconstituer des noyaux d'actionnaires, mis en lumière par des liens matrimoniaux : ainsi le Bon Dieudonné Ancion, membre du CA de la Grande Bacnure cité plus haut, gendre d'un Braconier et d'une Lamarche ; Josse Wittouck, commissaire d'Aiseau-Presles et gendre du président d'Aiseau-Presles, le Bon Carlo Henin ; ou encore, toujours à Aiseau-Presles, les familles d'Oultremont et de Liedekerke étroitement liées par le mariage de deux frères et de deux sœurs. Les exemples sont nombreux. N. Caulier-Mathy soulignait que ces vieilles familles nobles restaient assez insensibles aux prédictions des économistes et se contentaient de toucher, au jour le jour, leurs dividendes. D'aucuns allaient voir dans ces investissements une façon de se soustraire à la pression fiscale. Cela expliquerait en partie une certaine permanence pour la majorité des mandataires, signe d'une relative confiance au moins jusqu'à la crise du secteur à la fin des années 1950[45]. Toujours selon N. Caulier-Mathy, la décision d'une famille charbonnière de se désengager du secteur pour réinvestir ailleurs constituait un événement « sen-

---

43 « […] they may also have an 'irrational' preference for the line of production they have been working in for generations » (Lamfalussy, A., *Investments and Growth in Mature Economies. The Case of Belgium*, London-New York : Macmillan-St. Martin's Press, 1961, p. 42, n° 1).

44 Caulier-Mathy, « Les dirigeants de l'industrie houillère belge de 1935 à 1955. Essai d'étude des comportements », p. 53-54.

45 *Ibid.*, p. 53. Malgré une situation jugée précaire depuis la proposition Schuman en mai 1950, il semble d'après les dividendes versés (510 millions de FB en 1954 ; 671 millions en 1955) que le secteur était encore bénéficiaire. Pour l'exercice 1952, sur soixante-et-une sociétés considérées, quarante-huit étaient bénéficiaires et treize étaient déficitaires. Le capital en actions s'élevait pour l'ensemble à 7 077 millions de FB (6 749 pour les entreprises bénéficiaires ; 1 328 pour les déficitaires). Les bénéfices prouvés des sociétés minières belges s'élevaient à 1,2 milliard de FB, contre des pertes totales de 65 millions, les sociétés bénéficiaires distribuant 1 007 millions de FB de dividendes, soit presque 15 % de leur capital en actions (*C.E.C.A. 1952-1962. Résultats. Limites. Perspectives*, p. 220).

sationnel », source de remous dans le milieu, et exposait ses membres à des reproches de désertions.

Troisième fait remarquable : la présence de nombreuses personnalités étrangères et/ou résidant à l'étranger[46], présence principalement liée aux contrôles de groupes sidérurgiques étrangers. C'est le cas, par exemple, des Charbonnages de Beringen dont dix administrateurs sur dix-sept résidaient en France (parmi lesquels le président et l'administrateur-délégué) ; du Boubier (où cinq administrateurs sur sept sont issus de la noblesse française[47]) ; ceux de Limbourg-Meuse, de Winterslag ; de Bonne-Espérance à Lambusart (dont le président) ; ou encore, les Charbonnages Réunis du Roton-Farciennes et Oignies-Aiseau (dont le président).

En 1959, le CRISP allait épingler le fait que parmi les administrateurs, certains étaient actifs dans le domaine politique : Philippe le Hodey et Maurice Schot. Pour les années précédentes (1951 et surtout 1940), la liste semble pouvoir être allongée (entre autres, Pierre David, le Bon J. van Zuylen, Léon Gendebien, le Bon A. de Montpellier de Vedrin ou encore le Bon E. de Meester). Il serait difficile d'établir l'importance de cette présence en termes de représentation des intérêts mais, selon le CRISP, « ce n'est pas par ce biais que s'opère la principale pression politique des charbonniers ». Pour notre part, nous avons surtout remarqué une part importante d'administrateurs actifs en politique locale en tant que conseiller communal ou, plus souvent, en tant que bourgmestre.

Une remarque doit être faite quant au pouvoir des membres de ces CA. Selon les règlements d'une société anonyme (SA), ils dépendent de l'AG des actionnaires : élus par eux, ils doivent leur rendre des comptes. Cependant, en pratique, c'était très souvent le conseil d'administration qui détenait le pouvoir réel dans la SA[48]. En effet, en raison de l'absentéisme massif des petits actionnaires lors des réunions de l'AG, les plus importants actionnaires avaient le champ plus ou moins libre pour s'entendre entre eux dans la répartition des sièges du CA : « Les gros actionnaires se nomment eux-mêmes [...], ils gèrent la société et se rendent compte à eux-mêmes de leur gestion, ils se donnent décharge et

46 En 1959, selon le CRISP, un huitième des administrateurs résidaient à l'étranger (CRISP, « L'organisation du patronat charbonnier belge et son influence politique »).

47 Le bassin de Charleroi présentait la caractéristique d'avoir attiré des intérêts français et ce dès la Révolution française (Delaet, J.-L., « Les charbonnages du pays de Charleroi aux XIXe et XXe siècles », in Herrmann, H. W. et Wynants, P. (dir.), *Huit siècles de charbonnages*, Namur : CERUNA, 2002, p. 117). Le Boubier en est un exemple.

48 CRISP, *Morphologie des groupes financiers*, p. 52.

se réélisent »[49]. Dans de telles conditions, l'AG ne constituait qu'une simple formalité, destinée davantage à informer les actionnaires qu'à leur faire prendre des décisions : dans les faits, celles-ci étaient prises en CA.

Or, une caractéristique majeure d'une grande part de ces CA est qu'un bon nombre de leurs membres étaient liés plus ou moins directement à des sociétés de holding belges, la Société Générale de Belgique et le groupe de Launoit principalement. Ainsi, les grands commis de ces groupes financiers : Edgard Stein, Max Nokin, Gaston Blaise ou Edouard Leblanc mais également les membres des principales familles actionnaires de ces holdings telles que les Lippens, les van Zuylen van Nyevelt, les barons Fierlant-Dormer ou les comtes d'Oultremont, ou encore les Janssen, Lambert et tant d'autres[50]. À ce titre, l'étude du CRISP montait en épingle le fait que ces personnalités siégeaient à la fois dans les mines et dans les usines consommatrices de charbon, en ajoutant : « Il est impossible d'analyser, dans chaque cas, quel est le mandat dominant et à quels intérêts de secteur est donnée la primauté »[51]. En tout état de cause, cela démontre la nécessité d'un second niveau d'analyse, concernant cette fois la structure financière de l'industrie charbonnière belge.

b) La part des holdings

Le contrôle des holdings[52] sur les charbonnages est un phénomène traditionnel qui trouve son explication dans la nécessité d'une garantie d'approvisionnement en énergie pour les activités industrielles sous leur contrôle. Dans l'immédiat après-guerre, plus de 80 % de la production de charbon en Belgique étaient contrôlés directement par des holdings : *la Société Générale de Belgique* (SGB) et le groupe de Launoit se partageaient la moitié ; pour le reste, la production était contrôlée par quatre ou cinq autres holdings entretenant entre eux des relations plus ou moins étroites (les groupes Évence Coppée, Solvay-Boël, Sidélor-

---

[49] *Ibid.*, p. 52.

[50] Voir notamment : « Qui contrôle la Société Générale de Belgique ? », *Courrier hebdomadaire du CRISP*, 17, 8 mai 1959, p. 9.

[51] « L'organisation du patronat charbonnier belge et son influence politique », p. 9.

[52] Un *holding* est « une société qui, n'ayant dans son actif que des actions d'autres sociétés ou ayant la plus grande partie de son actif composée d'actions d'autres sociétés, accomplit les opérations financières intéressant les sociétés contrôlées et en même temps, dirige ou contrôle leur activité industrielle et commerciale » (*Morphologie des groupes financiers*, p. 30). À la différence d'une *banque d'affaires*, dont l'activité est principalement financière, le holding a une activité surtout technique. Par ailleurs, le holding travaille avec ses capitaux propres.

Wendel, Sofina et Empain[53]). En annexe, on trouvera une liste des charbonnages belges et des groupes dont ils dépendaient.

Pour moitié, la participation de ces groupes dans l'industrie charbonnière était étroitement liée à leurs activités sidérurgiques[54]. Bien que très différentes (notamment quant à leur marché), les deux industries étaient très dépendantes l'une de l'autre : la sidérurgie dépendait presque entièrement du charbon belge, subsidié par l'État belge et, puisqu'il était impératif pour les producteurs d'acier de trouver rapidement les tonnages supplémentaires de charbon de qualité, un grand nombre d'entre eux se sont intéressés à l'exploitation de charbonnages « en apparence non rentables mais qui leur [assuraient], en période de boom, un approvisionnement certain »[55]. Inversement, les exploitations minières étaient approvisionnées en produits de la sidérurgie belge et surtout, en cas de dépression sur le marché charbonnier, étaient assurées d'un écoulement prioritaire de leur production vers les entreprises sidérurgiques auxquelles elles étaient liées. La cartellisation des deux secteurs au sein des groupes financiers communs répondait donc à des intérêts de rationalité, ainsi que l'a résumé G. Kurgan-Van Hentenryk[56]. Avec cependant ce bémol qu'il est essentiel de souligner : la relation charbon-acier au sein des holdings présentait une réelle asymétrie. Ainsi que l'a souligné A. S. Milward, la haute valeur ajoutée liée à la cokéfaction, qui aurait très opportunément pu relever les profits des exploitants charbonniers, ne leur bénéficiait en réalité que marginalement puisque 80 % du coke consommé par la sidérurgie belge était produit par des cokeries sous contrôle des hauts-fourneaux[57].

---

53 Parallèlement à la notion de holding, celle de *groupe* est également très importante dans l'économie belge. Il s'agit d'un « ensemble des entreprises entre lesquelles il existe un lien quelconque mais suffisamment fort et durable [par exemple, sous le contrôle d'un même holding, n.d.r.] pour permettre une certaine politique économique commune, soit dans le domaine des prix, de la production, des investissements, des salaires, etc. ». L'économie belge était dominée par un petit nombre de ces groupes, plus ou moins spécialisés (*ibid.*, p. 31).

54 Besson, *Les groupes industriels et l'Europe. L'expérience de la CECA*, p. 192-193.

55 Archives CEAB, 03 485, Note de Joseph Martens « Note des utilisateurs de charbon sur l'aménagement de la péréquation », le 13 avril 1954.

56 Kurgan-Van Hentenryk and Puissant, « Industrial Relations in the Belgian Coal Industry since the End of the Nineteenth Century », p. 205.

57 Milward, *The European Rescue of the Nation-State*, p. 53, à la différence des charbonnages allemands qui assuraient autant l'exploitation du charbon que sa cokéfaction.

Tableau 2 : Contrôle de la production charbonnière belge en 1955

	Campine		Wallonie		Belgique	
	1000 t	%	1000 t	%	1000 t	%
SGB	3 802	37	5 354	27	9 156	30
Groupe de Launoit	1 601	16	4 513	23	6 114	20
Groupe Évence Coppée	1 262	12	994	5	2 256	8
Sofina	-	-	572	3	572	2
Sidérurgie française	3 450	35	-	-	3 450	12
Propriétaires indépendants[58]	-	-	8 385	42	8 385	28
TOTAL	10 205	100	19 818	100	30 023	100

(Source : Zirps, C., « The significance of Belgian coal in the European Coal and Steel Community », PhD The American University, 1965, [Ann Arbor : UMI, 1989], p. 44).

Le tableau 2 montre la place respective des groupes financiers dans l'industrie charbonnière belge, en Campine, en Wallonie et en Belgique. L'envergure de ce contrôle, tous holdings confondus, n'était pas la même d'un bassin à l'autre. Alors qu'en Campine, toutes les concessions étaient exploitées par des groupes financiers et industriels (rappelons ici le rôle joué par les sidérurgistes dans la mise en exploitation des gisements campinois), et ce de façon relativement partagée[59], dans le sud, on pouvait trouver des exploitations dites *indépendantes* (surtout dans les bassins de Liège et de Charleroi). Quant aux rôles respectifs des holdings, le bassin du Centre était principalement exploité par les groupes Évence Coppée et de Launoit ; le Borinage était principalement exploité par la SGB et par le groupe de Launoit. La mesure dans laquelle chacun de ces groupes exerçait effectivement son pouvoir dans la gestion de ses entreprises reste vague, notamment en raison du mode de coopération, davantage que de concurrence, qu'ils pouvaient adopter entre eux[60].

Le plus important holding belge était sans conteste la Société Générale de Belgique (SGB) dont l'histoire s'identifie quasiment à celle de la Belgique[61]. Créée en 1822, huit ans avant l'indépendance du pays, elle présentait, dès l'origine, un actionnariat constitué de grandes familles

58 Les propriétaires dits *indépendants* sont ceux qui ne se trouvaient sous le contrôle d'aucun holding. Pour preuve du lien étroit entre sidérurgie et producteurs de charbon gras au sein des holdings, ces charbonnages indépendants étaient essentiellement producteurs de charbons maigres.

59 Voir à ce sujet Van Meulder, « Sociale geschiedenis van de Limburgse mijnen, 1917-1985. 1. Arbeidsverhoudingen en syndicalisme », p. 475-477.

60 CRISP, *Morphologie des groupes financiers*, p. 33.

61 Voir : Lambert, N., « La féodalité technicienne ou la culture d'entreprises contrôlées par la Société Générale », *La Revue Nouvelle*, LVI, 11, 1972 ; Cvetkov, P., « Le contrôle de la Société Générale sur les principales entreprises belges et ses mécanismes », *La Revue Nouvelle*, LVI, 11, 1972.

financières ou industrielles[62]. À l'époque qui nous intéresse, cette situation restait inchangée et sept familles belges contrôlaient encore le holding. La SGB se trouvait au centre d'un large ensemble d'entreprises au sort desquelles elle avait lié le sien. J.-F. Besson estimait en 1961 que 10 % de l'économie belge étaient sous son contrôle du fait de ses participations dans le secteur financier (assurances, établissements de crédit, etc.), dans l'énergie (charbonnages, électricité et gaz, secteur nucléaire, secteur pétrolier), dans la métallurgie, la chimie et autres secteurs industriels (verrerie, papeterie, ciment, etc.), poussant d'aucuns à voir dans la SGB un État dans l'État[63]. La très importante participation du holding dans le secteur du charbon remontait aux origines de la société. Concentrée dans un premier temps dans les bassins du Hainaut, elle s'était étendue à partir du début du XXe siècle au nouveau bassin campinois. La SGB contrôlait directement plus d'un tiers de la production belge (tant dans le nord que dans le sud du pays), principalement du charbon industriel. Cette proportion s'agrandit si l'on considère l'influence qu'elle exerçait par le biais de sociétés consommatrices de charbon (comme le sidérurgiste S.A. John Cockerill puis Cockerill-Ougrée, ou Providence). Tout comme dans d'autres secteurs (sidérurgie et électricité), les années 1950 allaient être caractérisées par des mouvements de concentration, accentués à la fin de la décennie sous l'effet de la crise dans le secteur[64].

Le deuxième groupe, le groupe de Launoit, était en réalité un ensemble de trois sociétés dont l'origine remontait à la fondation, en 1871, de la Banque de Bruxelles, une banque de dépôt. Celle-ci s'était peu à peu intéressée à différents secteurs industriels (transports, électricité, charbon) devenant ainsi une banque d'affaires. En 1934, elle fut contrainte par la loi de scinder ses activités de banque de dépôts et de banque d'affaires et créa, face à la Banque de Bruxelles, une Société de Bruxelles pour la Finance et l'Industrie ou Brufina. Vers le milieu des années 1930, celle-ci se lia à la Compagnie financière et industrielle ou Cofinindus, un holding constitué sur la base des activités d'une importante entreprise sidérurgique : la S.A. Ougrée-Marihaye[65], contrôlée par

---

62 Les familles royales successives (les Orange-Nassau sous le régime néerlandais entre 1815 et 1830, puis les Saxe-Cobourg-Gotha dans la Belgique indépendante) acquirent également de nombreuses actions.

63 Besson, *Les groupes industriels et l'Europe. L'expérience de la CECA*, p. 340 ; voir également FGTB, *Holdings et démocratie économique*, Liège, 1956.

64 Mabille, X. *et al.*, *La Société Générale de Belgique, 1822-1998 : le pouvoir d'un groupe à travers l'histoire*, Bruxelles : CRISP, 1997, p. 86. Après la formation des Charbonnages Mambourg, Sacré-Madame et Poirier réunis (fin 1948), les sept charbonnages campinois créèrent en 1952 l'Union des centrales électriques de Campine.

65 Groupe sidérurgique constitué en 1935 sur la base des Hauts-Fourneaux et des Charbonnages d'Ougrée et des Charbonnages de Marihaye.

la famille de Launoit. En 1937, alors qu'à la faveur de la crise, la Cofinindus prenait une position dominante, le baron de Launoit prit la direction de l'ensemble du conglomérat. La Brufina et la Confininus apportèrent au groupe de Launoit d'importants actifs dans le secteur charbonnier. Par la seule Brufina, le groupe détenait le contrôle sur huit charbonnages belges qui extrayaient ensemble plus de 20 % de la production du pays[66]. Les activités charbonnières du groupe de Launoit représentaient au total un actif de 5,5 milliards de francs en 1956[67]. Le groupe était également fort actif dans la sidérurgie (notamment par Ougrée-Marihaye ou Cockerill-Ougrée à partir de 1955), l'électricité et le nucléaire.

À la différence des deux premiers qui s'étaient développés autour d'une banque, le groupe Évence Coppée s'était constitué au début du siècle sur une base industrielle, Évence Coppée ayant mis au point au milieu du siècle précédent un procédé de four à coke. À la suite du fondateur, son fils Évence Coppée II avait résolument tourné ses activités vers le charbon en créant l'usine à coke de Ressaix, en rachetant les Charbonnages de Ressaix et la concession de Mont-Sainte-Aldegonde et, surtout, en entamant la prospection géologique en Campine. Alors qu'en 1914 la *société Évence Coppée & Cie avait* été constituée, son président Évence Coppée III diversifia ses activités, par son entrée dans le capital de la Banque de Bruxelles (citée plus haut), en se tournant vers la sidérurgie, la mécanique, la chimie, l'électricité et l'énergie nucléaire ou encore l'industrie alimentaire. En sidérurgie, la société contrôlait, par voies directes et indirectes, la Société Métallurgique d'Espérance-Longdoz, qui allait devenir le deuxième producteur belge d'acier après Cockerill-Ougrée de la SGB[68]. Une partie des intérêts charbonniers du groupe Évence Coppée était peu à peu passée sous le contrôle de la Brufina mais, dans l'après-guerre, outre des participations minoritaires, elle tenait toujours le contrôle de ses activités de Ressaix, Leval, Péronnes, Sainte-Aldegonde et Genck et de Winterslag.

La place prépondérante de ces trois holdings belges dans l'industrie charbonnière belge ne doit pas faire oublier trois autres aspects. Premièrement, il ne faut pas sous-estimer l'importance des sociétés indépendantes, qui avaient recours à l'autofinancement et à des capitaux locaux pour le maintien ou l'amélioration de leurs activités. Tant par leur résistance que par leurs initiatives, ces sociétés étaient parvenues à se ména-

---

66 Besson, *Les groupes industriels et l'Europe. L'expérience de la CECA*, p. 194 ; FGTB, *Holdings et démocratie économique*, Bruxelles, 1956, p. 123. Certains parmi eux avaient été jusque 1946 sous le contrôle du groupe Coppée et les deux groupes conservaient ainsi des liens.

67 FGTB, *Holdings et démocratie économique*, p. 123.

68 Espérance-Longdoz exploitait directement le charbonnage de Winterslag.

ger une place aux côtés des grands, sans relever de la « discipline des grands groupes financiers »[69]. Notons que la concentration de ces sociétés dans le bassin de Liège et, dans une moindre mesure, dans celui de Charleroi[70], n'était pas sans conséquence sur le fonctionnement de la Fédéchar (nous y reviendrons). Deuxièmement, il convient de tenir compte des filiations financières transfrontalières. Des entreprises sidérurgiques françaises et luxembourgeoises contrôlaient près d'un cinquième de la production belge (participations du Français USINOR dans les Charbonnages du Levant de Mons ; du groupe français Wendel dans Orange-Nassau et dans Beringen ; de la S.A. Hauts-fourneaux et Fonderies de Pont-à-Mousson dans Beringen ; du groupe français Schneider dans Winterslag et dans Helchteren-Zolder ; des ARBED luxembourgeoises-Aciéries Réunies de Burbach-Eich-Dudelange dans Helchteren-Zolder). Rappelons que les mines de Campine s'étaient développées avec une importante participation de banques françaises[71]. À l'inverse, les holdings belges participaient à la production d'environ 2,5 millions de tonnes de houille aux Pays-Bas et en Allemagne[72]. Enfin, troisièmement, le rôle des holdings n'est pas sans poser d'importantes questions sur la gestion des charbonnages et sur l'identité réelle de leurs gestionnaires. Nous aurons l'occasion de revenir sur ce point.

c) L'empreinte du passé

Tout autant que la structure d'exploitation (par le découpage des concessions), la structure de propriété semble donc fortement marquée par le passé. L'analyse des CA met en évidence un actionnariat familial d'autant mieux implanté qu'il se renforce par le biais d'alliances matrimoniales. On y constate également le rôle incontournable joué par les holdings dans la gestion de la grande majorité des charbonnages belges. Ces caractéristiques suggèrent une structure lourde et rigide, davantage tournée vers la tradition que vers l'innovation. On peut dès lors

---

69 CRISP, « Structure de l'industrie charbonnière belge. Reprise des négociations », *Courrier hebdomadaire du CRISP*, 11, 1959, p. 3 ; voir aussi : Caulier-Mathy, « Les dirigeants de l'industrie houillère belge de 1935 à 1955. Essai d'étude des comportements », p. 36.

70 La présence à Charleroi de la plus grande exploitation wallonne (les Charbonnages de Monceau-Fontaine), la seule à produire plus d'un million de tonnes (1 600 000 tonnes en 1957) avait sans doute pour effet d'éclipser les charbonnages indépendants du bassin dans la course à la présidence de son association.

71 Hogg, *Structural Rigidities and Policy Inertia in Inter-War Belgium*, p. 82 : « Flemish opinion bitterly resisted the fact that 'Flemish' mines were owned by elements seen as alien to Flemish interests ».

72 Ainsi la SGB contrôlait-elle les Charbonnages Réunis Laura & Vereniging, aux Pays-Bas. Elle participait également au capital des Charbonnages Dahlbusch, en Allemagne.

s'interroger quant à la place prise dans ce tableau par la technique et la science, toutes deux du ressort du producteur ?

2. *Le patron charbonnier producteur*

Pour être producteur, il s'entend que le patron charbonnier doit s'y connaître en exploitation charbonnière : « […] dans notre industrie houillère, tout se tient : la Science, le laboratoire, la technique, le sens des affaires », déclarait Noël Dessard[73]. Or, parmi les membres des CA, si une partie étaient bel et bien des ingénieurs – une majorité selon N. Caulier-Mathy –, ils ne semblent pas tous avoir une compétence technique et scientifique, loin s'en faut[74]. Et en ce qui concerne les activités professionnelles, la diversité, telle qu'elle apparaît, est frappante : sans compter les nombreux administrateurs qui semblent avoir été actifs dans la politique (locale ou nationale), la palette s'étend du Bon Jacques del Marmol, maître des fêtes et cérémonies du ministère belge de l'Intérieur, au photographe impressionniste Léonard Misonne (diplômé ingénieur des mines, notons-le), en passant par Josse Wittouck, consul d'Autriche à Bruxelles ou Maurice de Patoul, maréchal de la Cour du roi Léopold III (ce dernier était un des représentants des intérêts de la dynastie belge, au sein de la SGB)[75].

Outre l'article de N. Caulier-Mathy, deux études ont, à leur manière, apporté la preuve de la forte empreinte des ingénieurs sur l'industrie charbonnière. La première a été réalisée en 1953 par un Centre de documentation et de renseignement sur les carrières universitaires sur la base de l'observation du secteur charbonnier belge[76]. La quasi-totalité (94 %) des universitaires actifs dans ce secteur sont des ingénieurs, parmi lesquels on ne compte pratiquement que des ingénieurs des mines (93 %), armés parfois d'une spécialisation en électricité ou en géologie. Cinq ans plus tard, la Fondation Industrie-Université et l'Office Belge pour l'Accroissement de la Productivité apportaient

---

73 Archives Fédéchar, 259/42, Allocution prononcée par Nicolas Dessard lors du Congrès de Brest du Syndicat Central des Négociants Importateurs de Charbons en France et du Comité Central des Fabricants d'Agglomérés de Houille du Littoral français, les 17 et 18 juin 1955, p. 4.

74 Caulier-Mathy, « Les dirigeants de l'industrie houillère belge de 1935 à 1955. Essai d'étude des comportements », p. 45-46 et 49. Une affirmation que nous n'avons cependant pas pu confirmer. Pour nombre de membres des CA, nous n'avons pas pu établir la formation. Y eût-il eu des ingénieurs parmi eux, est-il vraisemblable que cette qualité n'ait pas été mentionnée, notamment dans Coomans de Brachène *et al.*, *État présent de la noblesse belge* ? Notons que certains parmi eux apparaissent comme officiers de réserve et peuvent donc avoir obtenu un diplôme de polytechnique à l'École Royale Militaire.

75 CRISP, « Qui contrôle la Société Générale de Belgique ? », p. 15.

76 Archives Fédéchar, 264/137, « Les universitaires dans l'industrie charbonnière de Belgique ».

conjointement leur contribution en adressant plus spécifiquement leur analyse aux cadres de l'industrie, à dessein d'établir les besoins de formation des dirigeants dans l'économie privée en Belgique. Il en résultait que près de 60 % des dirigeants charbonniers étaient des universitaires et que 30 % des cadres étaient des ingénieurs techniciens, des chiffres inégalés ailleurs dans l'industrie belge[77]. Ce phénomène, vérifié dans tous les charbonnages, était imputable à la part occupée par les services de production dans l'industrie charbonnière[78]. Cette étude mettait également en avant le déficit de cadres intermédiaires (35-50 ans) dans le secteur et la difficulté d'assurer le remplacement de la troisième classe d'âge (plus de 50 ans). Ce creux sociologique parmi les cadres s'explique vraisemblablement par la césure causée par la Seconde Guerre mondiale. Dès après le conflit, comme le confirme l'étude, les recrutements avaient d'ailleurs repris, entraînant une arrivée massive de jeunes ingénieurs dans le secteur charbonnier belge. Tant et si bien qu'en 1957, la structure sociologique des cadres et dirigeants charbonniers semblait avoir retrouvé un équilibre[79].

Si la place prépondérante de l'ingénieur dans l'industrie minière n'est pas plus étonnante que le serait celle de l'officier dans un état-major militaire, elle appelle bien quelques remarques. À notre connaissance, les ingénieurs, comme groupe professionnel ou groupe social, n'ont pas encore fait l'objet d'une étude approfondie en Belgique[80]. Dans la vieille Wallonie industrielle, le fait d'être ingénieur n'avait pas une connotation uniquement technique mais était également accompagné d'une « image sociale symboliquement très chargée »[81] : « [...] dans les usines wallonnes, on dit 'Monsieur l'Ingénieur' comme on dit 'Monsieur le Professeur' à l'université et comme on disait 'Monsieur le Baron' au Quartier Léopold [...] ». Le statut de l'ingénieur reposait par ailleurs « sur une idéologie latente selon laquelle l'entreprise est le principe vital d'une région et l'ingénieur l'animateur privilégié de

77 *Les dirigeants de l'industrie belge. Structure quantitative et besoins de formation*, Centre de perfectionnement dans la direction des entreprises, Louvain, 1958, graphique II-2. Pour le reste, 25 % avaient une autre formation supérieure ; près de 7 % avaient une formation moyenne supérieure ; et autant étaient autodidactes.

78 *Ibid.*, p. 71 et 77.

79 *Ibid.*, p. 84 et 101.

80 Nous renvoyons le lecteur à : Brion, R., « La querelle des ingénieurs », in Grelon, A. (ed.), *Les ingénieurs de la crise : titre et profession entre les deux guerres*, Paris : Éditions de l'École des Hautes Études en Sciences Sociales, 1986, qui traite du développement du statut d'ingénieur ; Baudet, J.-C., « Pour une histoire de la profession d'ingénieur en Belgique », *Technologia*, 7, 2, 1984 ; et *idem*, *Les ingénieurs belges. De la machine à vapeur à l'an 2000*, Bruxelles : A.P.P.S., 1986.

81 Lambert, « La féodalité technicienne ou la culture d'entreprises contrôlées par la Société Générale », p. 355.

l'entreprise ». De ce point de vue, le pouvoir de l'ingénieur ne se confinait pas au domaine technique ; « l'ingénieur est aussi un chef, [...] »[82], une image sans doute d'autant plus forte dans les petits charbonnages « où généralement seul le directeur général est ingénieur et se fait aider de collaborateurs 'sortis du rang' et praticiens éprouvés [...] »[83].

Quant au statut d'ingénieur des mines en Belgique, il ne devait pas être très différent de celui des ingénieurs du Corps des Mines en France ou des *Bergassessoren* allemands, constituant dans les deux cas une élite incontestée et exclusive au sein des ingénieurs[84]. En Belgique également, il semble que, parmi les diplômes d'ingénierie, celui d'ingénieur civil des mines était entouré d'un prestige particulier dont l'aura survécut longtemps aux mines elles-mêmes[85]. Que les patrons gérants de charbonnages en tirèrent une certaine fierté, à la fois personnelle et corporative, ne serait pas étonnant. Et la description faite par l'historien britannique J. Gillingham au sujet des exploitants charbonniers allemands semble bien pouvoir s'appliquer à leurs collègues belges :

> Coal was run by technicians of a rather special type. [...] They had been schooled in the virtues of technical excellence and an authoritarian approach to management. Believing coal-mining to be a quasi-sacred task, they viewed themselves as custodians of a precious and depletable asset[86].

Pour nous en convaincre, il convient de citer un des principaux patrons charbonniers belges de l'époque, Robert Dessard, dans un texte de l'automne 1956 intitulé « La voix des ingénieurs des Charbonnages »[87]:

---

82 *Ibid.*, p. 355.

83 Archives Fédéchar, 264/137, « Les universitaires dans l'industrie charbonnière de Belgique ».

84 Il faisait l'objet d'un concours dans ces pays. En Allemagne, les *Bergassessoren* jouissaient d'un quasi-monopole pour les positions dirigeantes des entreprises minières et, par extension, étaient fortement représentés dans les directions des entreprises sidérurgiques. Depuis plusieurs décennies, ils apparaissaient comme les « maîtres de la Ruhr » (Joly, H., *Patrons d'Allemagne. Sociologie d'une élite industrielle. 1933-1989*, Paris : Presses de la Fondation Nationale des Sciences Politiques, 1996, p. 79-81).

85 Entretiens avec O. de Crombrugghe et avec J. Medaets, juillet 2000.

86 Gillingham, J. R., *Industry and Politics in the Third Reich*, Stuttgart : Steiner, 1985, p. 164.

87 Dessard, R., « La voix des ingénieurs des Charbonnages », *L'Industrie Charbonnière*, n° 1, décembre 1956, p. 15. Au cours de l'automne 1956, les ingénieurs de mines de Belgique prirent la décision de se grouper en *Unions Professionnelles des Ingénieurs de Charbonnages*, fédérées sur le plan national, sous la présidence de Robert Dessard. Confrontés aux remous de la catastrophe de Marcinelle dans laquelle 262 mineurs perdirent la vie (voir Chapitre 5), les ingénieurs des mines belges voulurent de cette manière plaider pour une délimitation claire de leurs responsabilités pénales en cas d'accident minier.

> [...] Se destiner à la carrière d'ingénieur des mines, c'est en même temps renoncer à une vie facile et confortable. Car cette profession implique non seulement des qualités intellectuelles et morales communes à toutes les branches où l'ingénieur peut exercer son activité, mais aussi le don du commandement, le tempérament d'un chef décidé à prêcher par son exemple et à affronter courageusement les dangers du métier. N'oublions pas non plus qu'une santé robuste est nécessaire à l'accomplissement d'un travail physique pénible. C'est pourquoi l'ingénieur des charbonnages est, plus que tout autre, un homme idéal de dévouement, animé de la volonté de servir son pays et de se rendre utile aux travailleurs dont il mesure le dur et dangereux labeur.

Ce n'est pas à un exploitant de charbonnage qu'il fallait apprendre son métier. Quant à débattre de l'exploitation d'une mine avec un charbonnier, le fait de n'avoir jamais travaillé au fond d'une galerie, le fait de n'avoir jamais fait de boisage ou encore de ne pas pouvoir reconnaître le schlamm de la tête de moineau (deux types de charbon maigre) vous auraient d'avance disqualifié. À nouveau, suivant les termes J. Gillingham : « One cannot overlook a distinct closed-mindedness. Industry spokesmen reacted with neuralgic hypersensitivity to all advice or criticism from 'mine-foreign' (*Bergfremde*) persons »[88]. Ce n'est pas pour rien que se sont créés, au sein des ministères de l'Industrie ou de l'Économie, des départements spécialisés dans l'exploitation minière (l'Administration des Mines en Belgique), au sein desquels travaillaient des ingénieurs des mines (le Corps des Mines belge) : ceux-ci ont bien souvent servi d'intermédiaires voire de porte-parole, entre les exploitants charbonniers et leurs ministres. Nous verrons dans les chapitres suivants que la relation entre la Fédéchar et l'Administration des Mines fut marquée à cette époque par une certaine instabilité, le Directeur général des mines André Meyers et son adjoint Joseph Martens oscillant entre deux formes d'allégeance : l'administration d'État et l'ingénierie des mines. En septembre 1953, les producteurs allaient pour leur part déclarer avoir une « totale confiance » en Meyers, « représentant attitré des producteurs »[89].

En passant en revue les annuaires de la Fédération des Associations Belges d'Ingénieurs (FABI), nous avons pu répertorier, pour la période qui nous occupe, *grosso modo* 730 ingénieurs actifs dans les charbonnages[90]. Constatons tout d'abord que si l'écrasante majorité des notices

---

88 Gillingham, *Industry and Politics in the Third Reich*, p. 164.

89 Archives Fédéchar, 264/137, « Conseil National des Charbonnages. Projet de loi Leemans. Observations de l'Association Charbonnière de la Province de Liège », s.d.

90 Nous avons consulté les années 1950 et 1958. Chaque ingénieur membre y a fait insérer une notice qui comporte le type de diplôme, l'année de son obtention, l'université où il a été attribué, la situation professionnelle et l'adresse.

sont rédigées en français, on trouve ça et là des individus introduits en flamand (quarante-cinq en tout, dont quarante-deux actifs en Campine). Plus intéressant à remarquer : il existait un lien quasi systématique entre le fait d'avoir fait ses études à l'Université de Liège et le fait de travailler dans le bassin de Liège, lien qui devait très certainement contribuer au particularisme provincial, perceptible dans de nombreux autres domaines. Léon Dubois, ancien ingénieur des mines aux Charbonnages de Winterslag en Campine, confirmait l'existence de tels liens entre bassins et universités :

> En Campine, l'influence de Louvain et Mons était prépondérante, à l'exception de Beringen où les ingénieurs de Liège dominaient largement. Dans les autres bassins, les ingénieurs de Mons avaient la suprématie au Borinage, ceux de Mons et de Louvain se partageaient le Centre et Charleroi, quant à la Principauté [de Liège], elle appartenait aux Liégeois – qui s'en étonnerait ?[91]

Outre l'attachement d'étudiants à leur province d'origine, Léon Dubois faisait remarquer l'attachement des ingénieurs à leur université, mettant notamment en avant les clivages idéologiques entre institutions. Ce lien semble surtout intéressant en ce qui concerne le recrutement au sein des groupes industriels : il semble en effet que les Coppée, catholiques (« surtout Évence III »), avaient une certaine préférence, non exclusive, pour les ingénieurs de Louvain alors qu'à la SGB, « la tradition voulait qu'on respecte du haut en bas de la hiérarchie un savant équilibre entre catholiques et libres-penseurs »[92].

3. *Des zones d'ombre du portrait*

À défaut de pouvoir appréhender le patronat charbonnier belge dans toute sa diversité, la littérature a généralement eu tendance, vraisemblablement par souci de commodité, à se servir du contrôle des holdings comme d'un raccourci. Cependant, dès lors que celles-ci n'étaient pas intéressées qu'à produire du charbon mais également à en consommer, un tel artifice comporte le risque de compliquer considérablement le portrait au lieu de le simplifier. On peut en effet légitimement penser que pour défendre ses « intérêts charbonniers », un holding devait nécessairement procéder à un arbitrage entre toutes ses branches intéressées, tant productrice que consommatrices. Jusqu'à quel point cet arbitrage, externe au secteur houiller proprement dit, influençait voire déterminait-il la position des charbonnages patronnés et, au-delà, du secteur charbonnier dans son ensemble[93] ? Dans quelle mesure cet arbi-

---

[91] Dubois, L., *Mémoire de houilleur, 1943-1959*, 2001, p. 182-183.

[92] *Ibid.*, p. 183.

[93] S'agissant des exploitations contrôlées par les holdings, on parlait en effet des charbonnages sous patronage de la SGB ou du groupe Évence Coppée.

trage contribuait-il à façonner, voire à biaiser, le plus petit dénominateur commun des intérêts charbonniers, auquel nous nous référions dans le chapitre introductif ?

Ces questions sont bien loin d'être anecdotiques puisqu'il s'agit ni plus ni moins que de savoir ce que les intérêts charbonniers des holdings, mais également du secteur tout entier, avaient de véritablement charbonnier. L'historien V. Dujardin fournit un exemple particulièrement parlant de la confusion qui pouvait résulter de la superposition des intérêts : il rapporte ainsi que, coup sur coup, deux délégations de la SGB, l'une pour les charbonniers, l'autre pour les sidérurgistes, rendirent visite à Jean Duvieusart, alors ministre des Affaires économiques, toutes deux sous la conduite d'une seule et même personne et portant des doléances diamétralement opposées[94]. Le problème devient véritablement crucial lorsqu'il s'agit de reconstituer les choix stratégiques des holdings en termes d'investissements, de reconversion industrielle et de désengagement d'un secteur traditionnel, tel que les charbonnages, pour d'autres plus neufs et plus porteurs[95].

Comme l'ont décrit R. Hogg pour l'entre-deux-guerres puis M. Dumoulin pour l'après-guerre, la structure industrielle belge, dessinée pour une large part au sein des holdings, s'est cristallisée et raidie autour de secteurs traditionnels moins porteurs, voire en perte de vitesse[96]. L'intérêt pour ces secteurs, tels que le charbon précisément, ne s'est pas démenti dans l'après-guerre, du moins pas avant le début des années 1960 lorsque les holdings, pressés depuis 1954-1956 de prendre des initiatives, se mirent à investir dans des secteurs neufs (les dérivés du pétrole, l'énergie atomique, l'aluminium ou la recherche pétrolière) et à recourir davantage aux ressources financières et techniques étrangères, délaissant dans le même temps les secteurs plus anciens, à commencer par les charbonnages wallons. Suivant quel type de critères, les holdings ont-ils géré l'avenir de leurs différentes branches, en l'occurrence celui de leurs charbonnages : des critères techniques ou financiers ? Plusieurs fois abordée dans la littérature, cette question n'a pas encore trouvé de réponse univoque[97]. Mais ces deux types de critères sont-ils les seuls qu'il conviendrait d'envisager ?

---

94 Dujardin, V., *Jean Duvieusart (1900-1977). Europe, Wallonie-Bruxelles, Léopold III*, Gerpinnes : Quorum, 2000, p. 67-68.

95 Dumoulin, M., « La Belgique et les débuts de la construction européenne : zones d'ombre et de lumière », in Dumoulin, M. (dir.), *La Belgique et les débuts de la construction européenne*, Louvain-la-Neuve : CIACO, 1987, p. 23-24.

96 *Ibid.*, p. 23-24.

97 Ainsi le CRISP selon lequel la gestion par les holdings de leurs entreprises avait pris un caractère de plus en plus financier, alors que la part technique s'était réduite au fil des années (CRISP, *Morphologie des groupes financiers*, p. 33). À l'inverse,

Selon M. Dumoulin, l'inertie qui marquait la gestion des industries belges depuis l'entre-deux-guerres et à laquelle la CECA n'apporta aucun changement immédiat, trouve notamment son explication dans le fait que les secteurs charbonnier et sidérurgique constituaient des « monstres sacrés de la première révolution industrielle sur laquelle la Belgique 'petit pays mais grande puissance' avait non seulement construit son développement mais s'était forgée une certaine idée d'elle-même »[98]. Il y a là manifestement une dimension irrationnelle qui, en complément des critères techniques ou financiers, a dû peser sur les choix posés dans l'après-guerre en termes de stratégie industrielle au sein des holdings. Une dimension irrationnelle sans doute doublée d'un aspect chronologique ou générationnel à ne pas négliger. Nous aurons l'occasion de revenir sur cet aspect au sujet de la Fédéchar ; voyons pour l'heure comment il a pu jouer au sein des holdings. Certains de ceux-ci – la SGB mais également le groupe Évence Coppée – ont bel et bien, dans des sens divers, été les cadres de réorganisation dans le courant de l'après-guerre.

Les transformations au sein du groupe Évence Coppée, moins bien connues, nous sont rapportées par l'ingénieur des mines Léon Dubois dans son autobiographie. Faisant référence à l'adoption progressive de méthodes de gestion inspirées du modèle américain au cours des années 1950, il évoque le passage entre deux régimes différents dans les rapports entre le holding et ses entreprises, en l'occurrence les Charbonnages de Winterslag en Campine. Dans le premier temps, ces rapports passaient par trois points de contact : une visite hebdomadaire du gérant à Bruxelles « où il était beaucoup question d'administration et de politique commerciale, en concertation avec les autres charbonnages au sein de la Fédéchar et du Cobéchar »[99] ; les liens entre chef comptable de l'entreprise et direction financière du groupe, auprès de laquelle il prenait ses instructions ; et, enfin, un suivi technique par des visites régu-

---

N. Lambert mettait en avant ce qui, selon lui, constituait un point caractéristique de la SGB : avant d'atteindre la direction d'un secteur déterminé du holding, les dirigeants du groupe avaient généralement travaillé au sein de ce secteur en tant qu'ingénieurs. Ce phénomène, qu'il appelait *féodalité technicienne*, permettait d'expliquer que la gestion de la SGB fût définie sur la base de paramètres davantage techniques qu'économiques (Lambert, « La féodalité technicienne ou la culture d'entreprises contrôlées par la Société Générale », p. 353). Plus récemment, G. Coppieters laissait entendre au sujet des mines de Campine que les décisions importantes les concernant étaient prises en Wallonie, à Bruxelles ou en France, rendant les décideurs anonymes (Coppieters, « Sociale geschiedenis van de Limburgse mijnen. 2. « Waren we maar Walen of Kongolezen », in Arbeid en lonen, Bruxelles, 1999 », p. 475-476).

98 Dumoulin, « La Belgique et les débuts de la construction européenne : zones d'ombre et de lumière », p. 24.

99 Dubois, *Mémoire de houilleur, 1943-1959*, p. 175-176.

lières des travaux du fond par l'ingénieur-inspecteur de Bruxelles. Les Schneider, également actionnaires de Winterslag, participaient activement au CA et déléguaient deux fois par an au charbonnage, en tournée d'inspection, un de leurs administrateurs, ingénieur des mines.

> Dans ce système, on peut dire que le charbonnage était suivi de près, du moins par les Coppée, responsables de la gestion ; mais d'une façon tridimensionnelle et limitée au sommet de la hiérarchie. Le corps des ingénieurs était malgré cela proche des grands patrons qu'ils rencontraient lors des événements de l'entreprise ou ceux de la famille (mariage ou enterrements). Détail révélateur du paternalisme ambiant, le portrait du futur chef du Groupe, Évence IV, était accroché dans les bureaux[100].

La mise en place d'un département des relations humaines à Bruxelles eut pour effet de réorganiser ces contacts entre l'entreprise et le holding, à différents niveaux du groupe[101]. L'aspect dynastique de la gestion des holdings cultivé jusque sur les murs des entreprises, le paternalisme ambiant et les formes d'allégeance qu'il impliquait n'étaient certainement pas des gages de dynamisme et de remise en cause.

Le cas de la SGB a été décrit de façon plus explicite. À mesure que ses directeurs s'impliquaient dans la gestion de leurs secteurs respectifs, le holding perdit peu à peu sa structure monolithique de banque multifonctionnelle et se trouva davantage segmentée. J.-L. Moreau et R. Brion constatent que cette tendance fut accompagnée d'un brusque changement générationnel parmi les dirigeants de la SGB. Dès janvier 1952, le nouveau gouverneur du holding, Paul Gillet, sanctionna cette évolution en compartimentant le groupe en quinze secteurs[102]. Tout en maintenant entre eux des contacts directs ou indirects par le biais du gouverneur, les directeurs devaient désormais concentrer leur attention sur leurs secteurs respectifs et sur les entreprises qu'ils patronnaient. Cette nouvelle structure, qui allait occasionner par la suite des conflits d'intérêts entre secteurs, devait s'accentuer encore au cours des années 1950, notamment parce que les investissements ne passaient plus uniquement par le holding lui-même mais également, de façon plus auto-

---

[100] *Ibid.*, p. 176.

[101] Voir également à ce sujet : Kurgan-Van Hentenryk and Puissant, « Industrial Relations in the Belgian Coal Industry since the End of the Nineteenth Century », p. 265-266.

[102] Kurgan-Van Hentenryk, G., *Gouverner la Générale de Belgique. Essai de biographie collective*, Bruxelles : De Boeck Université, 1996, p. 203-204 ; Brion et Moreau, *La Société Générale de Belgique. 1822-1997*, p. 388.

nome, par la Banque de la SGB[103]. Cela permet d'expliquer que les tentatives du holding à reconvertir ses activités industrielles, au cours des années 1950, échouèrent largement : les directeurs préféraient investir dans la diversification de leur propre secteur au lieu d'en créer de nouveaux[104]. Cette évolution allait d'ailleurs provoquer une division entre les partisans de cette décentralisation, d'un côté, et, de l'autre, ceux qui regrettaient l'époque durant laquelle encore on « pensait Société Générale de Belgique ». Nous verrons par ailleurs, dans la section suivante, que cette tendance centrifuge eut pour effet de déplacer les centres de gravité au profit des associations sectorielles, les entreprises des holdings se concertant davantage au sein de leur secteur qu'avec les autres entreprises du même groupe[105]. Au fil des chapitres de cet ouvrage, nous montrerons par ailleurs que les rapports entre charbonniers et consommateurs, au sein même de ces holdings, n'étaient pas au beau fixe : que ce soit au sein de la Fédération des Industries de Belgique[106] (FIB) ou que ce soit au sein des holdings eux-mêmes, la cherté du charbon belge eut très naturellement pour effet d'isoler les charbonniers face à leurs collègues. Et, à ce titre, c'est également l'assainissement du secteur charbonnier qui constitua une pomme de discorde entre producteurs et consommateurs, les seconds voulant forcer les premiers à faire l'effort nécessaire, et les premiers voulant faire porter aux seconds le poids financier de leur retard structurel.

Mais la question se pose, plus bas encore, au niveau individuel dans les termes suivants : est-il possible d'isoler, au sein de ces grands ensembles industriels, un groupe de charbonniers purs et durs ? Le concept de *charbonnier-consommateur*, introduit par le CRISP à la fin des années 1950, reflète tout à la fois la difficulté et l'intérêt qu'il y aurait à répondre à cette question. Les exemples de ces charbonniers-consommateurs sont particulièrement liés aux holdings : ainsi Max Nokin, directeur charbonnier à la SGB et l'un des instigateurs de l'association charbonnière européenne, le CEPCEO, occupait de hautes fonctions dans la cimenterie ; son successeur, Paul Renders, fut en même temps administrateur dans la sidérurgie, dans la construction électrique et dans

---

103 Brion et Moreau, *La Société Générale de Belgique. 1822-1997*, p. 389-390. Ce qui donnerait raison à la thèse soutenue par Lambert, « La féodalité technicienne ou la culture d'entreprises contrôlées par la Société Générale ».

104 Ainsi, 80 % des investissements avalisés par la SGB furent utilisés à cette fin, les 20 % restant étant utilisés pour la création de nouvelles entreprises.

105 *Ibid.*, p. 390.

106 Organisation patronale intersectorielle créée en 1895, appelée *Comité Central de l'Industrie* (CCI) jusqu'au printemps 1946, et regroupant des entreprises de l'industrie lourde, parmi lesquelles principalement des grosses entreprises. Voir à ce sujet : Brion, R. *et al.*, *Cent ans pour l'entreprise (1895-1995) : La Fédération des Entreprises de Belgique*, Bruxelles : Éditions Racine, 1995. Il en sera encore question.

la chimie ; Félix Chômé, personnalité de premier plan au sein de l'entreprise sidérurgique belgo-luxembourgeoise ARBED fut également vice-président des charbonnages d'Helchteren-Zolder. Mais si la variété des mandats au sein des groupes financiers paraît bien naturelle si l'on songe à la diversification de leurs intérêts, elle ne leur est pas propre : ainsi, Noël Dessard, patron charbonnier indépendant de Gosson-Kessales, avait lui aussi des intérêts dans l'électricité, dans la sidérurgie, ainsi que dans la chimie.

Dans quelle mesure les dits « intérêts charbonniers » étaient-ils des intérêts de producteurs ou de consommateurs de charbon ? Dans quelle mesure, la marche des entreprises charbonnières devait-elle tenir compte des intérêts du groupe industriel ? Si on a peine à croire le charbonnier Edouard Leblanc[107] lorsqu'il prétendait, face aux syndicats, que le rôle de la SGB dans le secteur charbonnier se limitait « à l'inspection technique des sociétés qu'elle patronne »[108], nous ne pouvons offrir au fil de ce livre que des morceaux de réponse. Et il faut bien admettre que le problème paraît crucial pour comprendre l'histoire de l'industrie charbonnière belge.

II. La Fédéchar, façade monolithique[109]

Compte tenu du tableau que nous venons de dresser des patrons charbonniers belges, une action concertée au sein d'un groupe d'intérêts professionnel aussi monolithique que la Fédéchar ne peut qu'interpeller le chercheur. L'association s'était développée peu à peu au fil des décennies pour devenir une des plus complètes et variées en Belgique.

A. La représentation des patrons charbonniers belges

Si, comme l'a écrit B. S. Chlepner, la Fédéchar a su profiter d'un développement tout particulier du mouvement syndical (au sens large) dans l'entre-deux-guerres[110], ses racines remontent au début du XIXe siècle. Et comme beaucoup d'associations professionnelles nationales, les origines sont à rechercher sur le plan régional, des structures de bassin existant depuis les années 1831-1840 (voire 1809 pour le bassin de Mons)[111]. La concurrence que s'étaient longtemps livrée entre

[107] Voir notice biographique en annexe.

[108] Archives Fédéchar, 263/112, Compte rendu des conversations entre représentants des organisations patronales et syndicales, les 20, 21 et 23 février 1959.

[109] Archives Fédéchar, 440/170, « L'organisation et le fonctionnement de Fédéchar. Exposé fait par Marcel Peeters, directeur général de Fédéchar, le 12 octobre 1964 ».

[110] Chlepner, B. S., *Cent ans d'histoire sociale en Belgique*, Bruxelles : Éditions de l'Université de Bruxelles, 1972.

[111] Archives Fédéchar, 440/171, « Industrie charbonnière. Organisation professionnelle sur le plan national. Évolution ». La première structure nationale, le Comité Général

eux les bassins avait été peu à peu dépassée pour faire face à des défis communs : la montée en force de la concurrence étrangère ; les progrès de la législation sociale en Belgique ; mais aussi l'apparition d'organisations nationales dans d'autres secteurs industriels[112]. Cependant, le découpage traditionnel entre bassins ne fut pas abandonné pour autant : rassemblés au sein d'une Fédération des Associations Charbonnières de Belgique (1926), chacun des cinq bassins belges conservait sa propre Association Charbonnière Régionale, juridiquement indépendante de la structure nationale[113].

La structure, basée au niveau régional sur le libre consentement des entreprises charbonnières, était solide et conféra rapidement à la fédération une réelle puissance face aux pouvoirs publics. Sans but lucratif, elle avait l'ambition de se pencher sur toutes les questions concernant l'intérêt général de l'industrie charbonnière belge et de représenter les intérêts charbonniers sur les plans national et international. En 1951, elle rassemblait 99,7 % de la capacité de production nationale[114]. L'ensemble des membres affiliés à la Fédéchar, c'est-à-dire les cinq associations et les entreprises charbonnières, étaient rassemblés dans une Assemblée générale qui se réunissait obligatoirement un minimum de deux fois par an. Sur proposition faite par les associations, elle nommait en son sein les membres d'un Comité de direction, chargé de l'administration générale de la Fédéchar. Du reste, l'AG devait décider du budget de la

de l'Industrie Charbonnière Belge créée en 1870, ne compte pas vraiment tellement elle semble avoir été faible. Par la suite, les étapes du processus demeurent vagues : Vanthemsche, G., « De geschiedenis van de Belgische werkgeversorganisaties », *NEHA-Bulletin*, 9, 1, 1995, p. 7-8, fait remonter à 1908 la structure finale de 1926 et semble faire ainsi l'impasse sur des structures intermédiaires citées dans les archives de Fédéchar : un Groupement charbonnier belge (en 1918) puis une Fédération des Charbonnages de Belgique. Voir aussi à ce sujet : Dumoulin, M., « Milieux patronaux belges et construction européenne autour de 1960 », in Bussière, É. et Dumoulin, M. et Schirmann, S. (dir.), *Europe organisée, Europe du libre-échange ?*, Bruxelles : PIE Peter Lang, 2006, p. 149-150.

112 *Ibid.*, p. 7.

113 On trouvera une bonne description de l'organisation de Fédéchar dans Daems, H., *The Holding Company and Corporate Control*, Leiden-Boston : Martinus Nijhoff Social Sciences Division, 1978, p. 9-10 ; Hogg, *Structural Rigidities and Policy Inertia in Inter-War Belgium*, p. 81 ; voir aussi archives Fédéchar, 440/170, « Statuts de la Fédération des Associations Charbonnières de Belgique », annexe au Moniteur belge du 24 décembre 1926. Au sujet des associations régionales, voir archives Fédéchar, 440/176 : une correspondance entre la Fédéchar et Fernand Baudhuin dans laquelle on trouve des descriptions de ces associations ; *idem*, 440/170, « Notice sur les organismes charbonniers belges », le 23 janvier 1951.

114 Archives Fédéchar, 440/170, « Notice sur les organismes charbonniers belges », le 23 janvier 1951.

fédération ainsi que du montant des cotisations[115] et devait entendre le rapport du Comité de direction. En 1950, les décisions y étaient prises à la majorité de 85 % des voix présentes.

Les membres du Comité de direction, nommés pour trois années (renouvelables), étaient en pratique le président de chaque association de bassin accompagné, en fonction de la production assurée dans le bassin, d'un ou de plusieurs membres supplémentaires, dont obligatoirement le vice-président de l'association[116]. Le Comité se réunissait une fois par semaine (avec interruption au mois d'août) mais pouvait également se réunir à titre extraordinaire à l'appel d'un de ses membres ou d'une association. Les décisions y étaient prises à la majorité des voix. Le Comité pouvait déléguer tout ou partie de ses pouvoirs à certains de ces membres ou à des tiers. Notamment, il pouvait déléguer au Collège des présidents (voir ci-dessous) la mission de représenter le secteur auprès de toutes les institutions et de toutes les autorités et lui donner éventuellement les pouvoirs de négociations. Lors de questions urgentes et importantes, nécessitant l'avis de l'ensemble des producteurs, le Comité de direction pouvait convoquer l'Assemblée générale, notamment à la demande d'une des associations. Enfin, notons qu'un système de présidence tournante était prévu entre associations de bassin et conçu de façon à assurer une certaine continuité dans la gestion des affaires : le vice-président devenait automatiquement président l'année suivante. La présente recherche s'est notamment basée sur les procès-verbaux des réunions de ce comité.

---

[115] Celles-ci étaient fixées en fonction de la production de l'année écoulée, au mois de décembre.

[116] Un membre supplémentaire par tranche (complète ou incomplète) de production annuelle de 2 millions de tonnes au-dessus de 750 000 tonnes, tranche réalisée au cours de l'année civile précédente par les producteurs affiliés à l'association considérée.

Excursus 2 : Quels liens entre la Fédéchar et les associations de bassin ?

Comme reflété par sa structure, la Fédéchar s'était construite sur la base des cinq associations charbonnières de bassins. En théorie, leur rôle se limitait à un droit de vote symbolique au sein de l'Assemblée générale de la Fédéchar, à la présentation de leurs candidats au Comité de direction et indirectement à la désignation des membres du Collège des présidents. Ni au sein du Comité de direction, ni au sein du Collège, les membres n'avaient de compte à rendre à leur association respective, du point de vue juridique tout au moins. Si certains des sièges sociaux étaient situés dans le bassin (c'était au moins le cas du bassin campinois), les réunions régionales se déroulaient à Bruxelles au siège de la Fédéchar[117].

Si pour différentes raisons, nous avons dû laisser dans l'ombre le fonctionnement propre de ces associations, le poids des associations de bassin ne doit pas être sous-estimé. Une note datant de 1952 soulevait ainsi un inconvénient des rapports entre elles et la fédération nationale. Les statuts de celle-ci prévoyaient en effet que les décisions prises au niveau national ne pouvaient pas porter préjudice aux prérogatives et aux responsabilités des organes d'administration et de direction de ses membres, parmi lesquels les associations régionales. Par conséquent, le risque existait qu'en dépit de leur faible influence sur le fonctionnement de la fédération, les associations puissent « annihiler les décisions de cette dernière en prenant en leur sein d'autres dispositions »[118]. Cette crainte était d'autant plus fondée que chaque association avait ses propres procédures de vote ainsi que ses propres modalités de délégation envers leurs mandataires. Un risque existait donc de voir l'action de la structure nationale bloquée par le désaccord d'un bassin, voire d'une entreprise. Ainsi, par exemple, dans le bassin de Liège, les statuts étaient conçus de telle manière que le plus petit charbonnage, produisant exclusivement de l'anthracite, « voire même un charbonnage qui a cessé sa production pendant l'année en cours », pouvait théoriquement paralyser le fonctionnement de la Fédéchar. Ce risque théorique n'était pas à négliger compte tenu du puissant esprit de clocher qui semble avoir régné tout particulièrement à Liège et à Charleroi : alors que dans les autres bassins, il était possible de s'accorder entre holdings à Bruxelles, dans ces deux-là, il fallait s'assurer l'adhésion de nombreux patrons indépendants.

Le Collège des Présidents constituait le sommet de la structure nationale. Composé des cinq présidents d'association, il était chargé de suivre les affaires courantes, de faire exécuter les décisions du Comité

[117] Coppieters, « Sociale geschiedenis van de Limburgse mijnen. 2. « Waren we maar Walen of Kongolezen », in Arbeid en lonen, Bruxelles, 1999 », p. 478. Ce qui faisait dire à l'auteur que les décisions importantes étaient prises loin des charbonnages concernés.

[118] Archives Fédéchar, 440/170, note du Cobéchar « Compatibilité des statuts des associations avec ceux de la Fédération », le 26 décembre 1952. Il est possible, mais nous n'avons pas pu l'établir, que c'est sur la base de ce constat, que la Fédéchar allait changer ses statuts quelques mois plus tard.

de direction et d'exercer en son nom un contrôle permanent du fonctionnement de la Fédéchar. Les échanges de vue au sein de cet organe ne semblent pas avoir fait l'objet du même soin que pour le Comité et les procès-verbaux, lorsqu'ils existent, sont plus que sommaires[119]. Le fait est d'autant plus regrettable pour l'analyse de la Fédéchar que ce collège, dont les cinq membres étaient quasiment tous des représentants des holdings (voir tableau 3, ci-dessous), constituait l'« organe-moteur »[120] de la Fédéchar.

Notons que les cinq présidents se trouvaient à la tête de chaque échelon de l'organisation charbonnière en Belgique, de l'association de bassin au Collège, en passant par le Comité et que, d'année en année, ils se transmettaient la présidence du Comité de direction. Au sein de l'AG, ils avaient (avec les gros producteurs) une influence réelle notamment parce qu'ils avaient avec eux l'ensemble des charbonnages contrôlés par leur groupe financier. Cela nous ramène à la remarque faite précédemment quant au caractère bicéphale d'un patronat charbonnier qui agirait suivant une double impulsion d'ordre professionnel et d'ordre financier. Cette question paraissait essentielle aux yeux du CRISP : « [...] car cela porte sur la nature du comportement de la Fédéchar dans la coordination, la représentation et la défense des intérêts charbonniers. L'organisation subit par la tête des impulsions extérieures à la profession par les groupes financiers dont les intérêts dépassent évidemment le cadre des mines »[121].

Tableau 3 : Liens des membres du Collège des présidents avec les holdings en 1950 (1er) et 1958 (2e)[122]

Nom	Bassin	Holding
Léon Canivet Jean Ligny	Association Charbonnière du Bassin de Charleroi	SGB SGB
Louis Dehasse Paul Culot	Association Charbonnière du Couchant de Mons	Dehasse-Sofina Brufina
Noël Dessard Guy Paquot	Association Charbonnière de la Province de Liège	Indépendant Indépendant
Pierre Delville *Idem*	Association Charbonnière du Bassin du Centre	E. Coppée *Idem*
Edgard Stein Edmond Leblanc	Association Charbonnière du Bassin de Campine	SGB SGB

119 Archives Fédéchar, 7 (nouvelle numérotation).

120 CRISP, « L'organisation du patronat charbonnier belge et son influence politique », *Courrier hebdomadaire du CRISP*, 9, 1958, p. 5.

121 *Idem*, p. 4

122 Pour une description plus générale des liens entre Fédéchar et les holdings, voir : CRISP, « L'organisation du patronat charbonnier belge et son influence politique ».

La thèse avancée par R. Brion et J.-L. Moreau concernant une certaine autonomisation des entreprises par rapport à leurs holdings[123] ne vaudrait-elle pas tant pour les charbonniers que pour les autres secteurs ? L'empreinte des holdings sur le secteur charbonnier, en ce compris son association professionnelle, ses organes et son personnel, est pourtant indéniable et Édouard Leblanc ne convainc pas lorsqu'il prétend, devant les syndicats, qu'il n'accepterait pas d'être président de la Fédéchar, si ce n'était pas « en toute liberté »[124] (s'entend, sans être un homme de la SGB). Cette déclaration laisse au moins entendre une chose : il était parfois préférable de minimiser le rôle joué par les holdings dans la gestion des intérêts charbonniers.

Les services administratifs de la Fédéchar, installés dans le voisinage immédiat de la SGB, étaient assurés sous la direction d'un directeur-général (Camille Legrand jusque janvier 1951, remplacé par Edgard Van Lander, remplacé à son tour par Marcel Peeters à partir de l'été 1958) et d'un secrétaire général (Henri Goudaillier), nommés par le Comité de direction. Le travail était réparti de façon thématique entre différentes sections ou commissions *ad hoc*[125]. Les frais de fonctionnement (représentation, recherches, etc.) étaient assurés par un prélèvement par tonne produite (au maximum 1 FB, ce qui devait assurer des ressources d'environ 28-30 millions annuels).

La Fédéchar laissait aux associations charbonnières un certain nombre de responsabilités secondaires (par exemple, les décisions concernant les jours fériés). Les problèmes décisifs concernant le secteur dans son ensemble étaient à charge de la fédération : c'est donc elle qui était habilitée à représenter la profession au sein des organes consultatifs nationaux, tels que le Conseil Central de l'Économie (CCE), la Commission Nationale Mixte des Mines (CNMM) et le Conseil National des Charbonnages[126], ou supranational à partir de 1953, tel que le Comité Consultatif auprès de la Haute Autorité ; c'est elle qui avait la responsabilité de négocier les subventions, les prix, les conditions de recrutement et d'embauche des travailleurs. Enfin, une dernière remarque impor-

---

123 Brion et Moreau, *La Société Générale de Belgique. 1822-1997*, p. 390.

124 Archives Fédéchar, 263/112, Compte rendu des conversations entre représentants des organisations patronales et syndicales, les 20, 21 et 23 février 1959.

125 Notamment : « problèmes sociaux et juridiques », « main-d'œuvre et formation professionnelle », « statistiques », « information et presse », « administration et personnel » et, à partir de 1953, un service de liaison avec l'association européenne des charbonniers, le CEPCEO (voir chapitre suivant).

126 Le CCE est un organisme d'État mis en place par la loi du 20 septembre 1948 portant sur l'organisation de l'économie belge, parallèlement aux conseils d'entreprise et aux conseils professionnels. Il s'agit donc d'un instrument de concertation socio-économique que Gouvernement et Chambres parlementaires peuvent consulter. Au sujet du CNMM, voir plus loin (p. 75).

tante : le rôle de représentation joué par la Fédéchar était relativement étendu puisqu'elle siégeait avec les syndicats de mineurs auprès de nombreuses institutions étatiques ou paraétatiques. Ses rapports avec les autres secteurs se déroulaient principalement au sein de la Fédération des Industries de Belgique ou au sein du Conseil Économique Wallon[127]. Ce rôle de représentation allait être étendu au niveau européen.

Il n'est pas possible de parler de l'organisation patronale charbonnière en Belgique sans dire quelques mots du Comptoir Belge des Charbons (Cobéchar)[128]. Cette organisation de vente, mise en place en 1937 pour une durée de trente ans, sous l'impulsion de grands groupes industriels mais également de l'État[129], avait le contrôle sur l'ensemble de la production ainsi que sur l'ensemble de l'écoulement. Durant l'après-guerre, il avait pris une grande importance en devenant un interlocuteur privilégié pour le Gouvernement qui le chargeait, d'une part, de la répartition des quantités importées et avec lequel, d'autre part, il négociait les prix de vente du charbon belge. En période de pénurie, cela avait rendu le Cobéchar absolument incontournable. Par la suite, nous verrons que dans le cadre de la CECA, cette position-clé allait être mise à l'examen des services de la Haute Autorité, en charge de libérer le marché commun de toutes les entraves à la liberté du commerce et au même titre que le comptoir allemand de la Ruhr (le *Gemeinschafts-organisation Ruhrkohle* ou GEORG) et l'organisation française pour l'achat de charbons (l'Association Technique pour l'Importation de

---

127 CRISP, « Défense et représentation des intérêts économiques wallons. Le Conseil Économique Wallon », *Courrier hebdomadaire du CRISP*, 34, 2 octobre 1959, p. 7-10.

128 Daems, *The Holding Company and Corporate Control*, p. 11-12 ; Fédéchar, *L'industrie charbonnière belge*, p. 125 ; Wauters, « De "Steenkoolslag" : Krisis in de Belgische steenkoolindustrie na Wereldoorlog II (1945-1948) », p. 19.

129 Sur le long processus de mise en forme d'une organisation commerciale des charbonniers belge, nous renvoyons le lecteur aux sources et travaux suivants : archives CEAB, 04 93, Note de Jaeger de la Division Entente et Concentrations, « Considérations sur la demande d'autorisation de Cobéchar », le 12 septembre 1953 ; archives Cobéchar, 244/20, « Le Comptoir Belge des Charbons », le 28 mars 1963 ; Daems, *The Holding Company and Corporate Control* ; Vanthemsche, G., « De Belgische overheid en de kartels tijdens het interbellum. Situering en analyse van de wetgeving op de verplichte kartelvorming », *Revue Belge de Philologie et d'Histoire*, 4, 1983 ; Vanthemsche, G., « De economische actie van de Belgische Staat tijdens de crisis van de jaren 1930 », *Res Publica*, 2, 1987 ; Hogg, *Structural Rigidities and Policy Inertia in Inter-War Belgium* ; Brion et Moreau, *La Société Générale de Belgique. 1822-1997*. Notons simplement ici que ce comptoir de vente ne fut pas facile à mettre en place en raison notamment de la dissidence de nombreux exploitants. Ainsi, le premier comptoir, mis en place en 1929 et auquel les charbonniers étaient libres d'adhérer ou non, fut un échec. En 1935, avec l'aide du Gouvernement, un accord fut trouvé par l'ensemble des exploitants pour créer un comptoir obligatoire : l'Office National des Charbons, futur Cobéchar.

Charbon ou ATIC), le Cobéchar allait devoir entamer des négociations avec Luxembourg afin de se conformer aux exigences du nouveau traité. Mais il allait néanmoins conserver une position importante en servant d'interlocuteur auprès des fonctionnaires de la Haute Autorité pour l'élaboration des tarifs belges.

Le Cobéchar avait charge de déterminer les barèmes de prix ; il constituait le vendeur unique pour les gros producteurs c'est-à-dire les cokeries, la sidérurgie, les centrales électriques de distribution, les chemins de fer, le secteur du gaz, les cimenteries, les glaceries et verreries, les fabriques d'agglomérés, les administrations publiques. Dans la répartition des commandes entre les associés, le comptoir s'engageait officiellement à tenir compte d'une répartition équitable de l'emploi en période de basse conjoncture et de la non-discrimination des consommateurs en période de pénurie. De même, conformément aux conditions posées par la Haute Autorité en mai 1954, il n'était pas question pour le Cobéchar d'influencer le niveau de la production.

En ce qui concerne la structure du comptoir, notons brièvement qu'elle se démarquait de celle de la Fédéchar par une division transversale en rassemblant au sein de Commissions consultatives de classes tous les producteurs d'une même classe de charbon, indépendamment du bassin. Chacune de ces commissions était responsable d'élaborer les propositions relatives à sa classe (barèmes, exportation, mesures d'écoulement de la production, etc.). Par ailleurs, un Conseil d'administration, organe de gestion courante, était chargé d'exécuter les décisions prises par les organes décisionnels de la société et, mis à part une compétence d'arbitrage interne, n'avait aucun pouvoir de décision. Un Comité de direction, composé des présidents et des vice-présidents des Commissions consultatives des classes, détenait le pouvoir réel au sein du comptoir : de ratifier, négocier ou rejeter les propositions soumises en termes de barème, d'importations ou d'exportations. Les membres devaient se conformer aux stipulations du Comité de direction en matière de prix. Nombreux de ses membres siégeaient également au sein du Comité de direction de la Fédéchar. Les frais de fonctionnement du comptoir étaient assurés par un prélèvement sur la production et par une redevance sur les ventes. Enfin, le Cobéchar était constitué de deux assemblées générales : la première, le Conseil général des Producteurs rassemblait les représentants des associés au comptoir, était l'organe souverain du comptoir et était compétent dans toutes les matières importantes regardant la production, les prix, les régimes de stockage ou encore l'ensemble des importations ; la seconde, l'Assemblée générale proprement dite, n'avait de compétences qu'administratives[130].

Remarquons qu'à l'instar de la Fédéchar, le Cobéchar était sous l'emprise de groupes industriels et financiers, les sièges au sein du Comité de direction se partageant entre groupes[131] et la présidence de ce Comité passant alternativement, d'une année à l'autre, à la SGB et au groupe de Launoit[132]. Cette situation ne fit pas que des heureux parmi les associés au comptoir, notamment parce que, par le biais de modalités de vote particulières, elle donnait à ces groupes un levier d'influence important dans la fixation des barèmes. Or, précisément, en raison d'un système de barème unique pour toute la Belgique, le Cobéchar se vit reprocher son « dirigisme » tarifaire en ne tenant pas compte de la dispersion des coûts de revient entre bassins et entre exploitations du pays[133]. Jean Meynaud *et al.* décrivaient ainsi le comptoir comme étant

> une chambre de compensation entre les mines, par le mécanisme des prix et de la répartition des commandes, compensation déterminée par les groupes dominants, et plus particulièrement par ceux qui avaient intérêt à la fois à des prix rentables pour leurs mauvaises mines et à une rente permanente assurée aux meilleures mines (ceci visait principalement la SGB)[134].

Ce système profitait à des groupes qui, tels que la SGB, contrôlaient à la fois des bons et des mauvais charbonnages[135]. Il existait bien un droit de regard pour le Gouvernement dans les activités du comptoir (en vertu même de ces statuts), mais il ne semble pas avoir été exercé, un état des choses symptomatique du pouvoir dont jouissait le Cobéchar jusqu'au-devant de l'État belge. Cependant, au sein même du comptoir, en raison de la frustration de certains producteurs, la fragilisation mena-

---

130 Théoriquement du moins car en pratique elle semblait prendre des décisions dans des domaines bien plus larges (tels que des répartitions de vente) (archives CEAB, 04 93, Note de Jaeger de la Division Ententes et Concentrations « Comptoir Belge des Charbons. Étude faite sur la base des renseignements fournis par Cobéchar », le 12 septembre 1953).

131 Outre trois sièges « indépendants », quatre revenaient à la SGB ; deux, à la Brufina-Cofinindus ; deux, au groupe de Launoit ; et un, au groupe Évence Coppée.

132 De même que pour la Fédéchar, les bureaux du Cobéchar se trouvait quasiment dans les bureaux de la SGB.

133 Daems, *The Holding Company and Corporate Control*, p. 12 ; CRISP, « L'organisation du patronat charbonnier belge et son influence politique », *Courrier hebdomadaire du CRISP*, 7, 20 février 1959, p. 12.

134 Meynaud *et al.*, *La décision politique en Belgique*, p. 273.

135 À la fin des années 1950, alors que la crise charbonnière mettait sérieusement en question l'existence du Cobéchar, la direction des charbonnages de la SGB, c'est-à-dire Paul Renders, allait se montrer particulièrement désireuse de maintenir le comptoir. (CRISP, « L'organisation du patronat charbonnier belge et son influence politique », p. 12).

çait. Il n'échappa d'ailleurs pas à cette règle qui veut qu'en période de mauvaise conjoncture, les ententes industrielles aient à faire face à des dissidences et à un affaiblissement de leur autorité : plusieurs sociétés allaient ainsi se désolidariser du comptoir à partir du 1er janvier 1959, pour des raisons évoquées dans le cinquième chapitre[136].

B. Les membres du Comité de direction

Si les contours à donner au « patronat charbonnier » paraissent flous, il est cependant possible de trouver, au sein de la Fédéchar, un groupe bien déterminé de personnes qui soit un tant soit peu représentatif de la profession dans son ensemble : les membres du Comité de direction. L'observation eût sans doute pu se porter plus judicieusement sur le Collège des présidents qui était le véritable moteur de la Fédéchar. Mais, rappelons-le, outre que les présidents n'étaient qu'au nombre de cinq, les réunions de leur collège ne semblent pas avoir fait l'objet d'un archivage aussi rigoureux et systématique que celles du Comité de direction. Chacun à sa façon, les trente-quatre individus qui, à un moment ou un autre de la période ici considérée (1950-1959), ont siégé au sein du Comité de direction en tant que délégué de leur bassin, contribuent à la diversité mise en évidence ci-dessus[137]. En annexe, nous avons tenté de reconstituer le parcours professionnel de chacun de ces patrons charbonniers.

Ainsi, les cinq bassins belges et tous les types de charbon étaient représentés. À l'exception notable de Philippe le Hodey (juriste), l'écra-

---

136 Kurgan-Van Hentenryk and Puissant, « Industrial Relations in the Belgian Coal Industry since the End of the Nineteenth Century », p. 269.

137 Notons la présence aux côtés des charbonniers proprement dits des membres administratifs que nous avons déjà cités (Camille Legrand, Edgard Van Lander et Marcel Peeters, successivement à la direction générale de la Fédéchar ; Henri Goudaillier, secrétaire général de la Fédéchar, ainsi que Herman Capiau et Joseph Laffineuse, successivement à la direction générale du Cobéchar). Mais également : Léonce Waha (avocat, secrétaire de l'Association Charbonnière de la Province de Liège), Eugène Lagage (docteur en droit de Louvain, conseilleur juridique pour l'Association Charbonnière du Bassin de Charleroi et de la Basse-Sambre, mais aussi administrateur-délégué de la S.A. Houillères Unies du Bassin de Charleroi), Fernand Moiny (secrétaire de l'Association Houillère du Couchant de Mons), Marcel Deschamps (secrétaire de l'Association Charbonnière du Centre), André Byvoet (avocat, conseiller juridique de l'Association Charbonnière de la Campine), Edgard Stein (homonyme du charbonnier liégeois de la SGB, avocat, conseiller juridique de l'Association Charbonnière des Bassins de Charleroi et de la Basse-Sambre), Marcel Brun (administrateur-délégué des Charbonnages de Beeringen), Henry Carlier (directeur de l'Association Charbonnière de la Campine). Quant aux personnes que nous ne sommes pas parvenus à identifier (Rongy, Soudon et Nerinckx), il pourrait s'agir de délégués d'autres industries (voir archives Fédéchar, 440/204, Liste de personnes à inviter pour l'inauguration des nouveaux locaux de la Fédéchar et du Cobéchar, le 5 juillet 1956).

sante majorité de ces patrons étaient des ingénieurs et, parmi eux, les ingénieurs des mines formaient la quasi-totalité. Ces derniers avaient entamé leur carrière professionnelle dans le secteur charbonnier et y étaient demeurés jusqu'à atteindre, pour la plupart, la fonction de directeur-gérant d'un charbonnage. Ceux qui n'étaient pas directeurs-gérants étaient administrateurs d'un ou de plusieurs charbonnages. Certains avaient une carrière largement déployée sur l'industrie, d'autres n'étaient intéressés qu'à la production de charbon. Une majorité de directeurs-gérants (vingt-et-un sur vingt-sept) étaient liés à l'un ou l'autre groupe financier ou industriel (SGB, Coppée, de Launoit, Solvay, Verhaegen-de Mérode, etc.), les autres étant indépendants. Enfin, siégeaient également au sein du Comité de direction des personnes qui représentaient très explicitement les holdings : il s'agissait soit d'« inspecteurs des charbonnages patronnés » par ces holdings, tels qu'Albert Anciaux et Paul Culot (groupe de Launoit) ainsi qu'Edouard Leblanc (SGB) ; soit des membres de la direction de ces holdings : c'était le cas de Philippe le Hodey et Pierre Delville (groupe Évence Coppée) ainsi que de Paul Renders et Edgard Stein (SGB)[138].

Tableau 4 : Présidents et vice-présidents de la Fédéchar, 1950-1959

	Présidence	Vice-présidence
1949-1950	Louis Dehasse	Noël Dessard
1950-1951	Noël Dessard	Léon Canivet
1951-1952	Léon Canivet	Pierre Delville
1952-1953	Pierre Delville	Edgard Stein
1953-1954	Edgard Stein	Louis Dehasse
1954-1955	Louis Dehasse	Noël Dessard
1955-1956	Noël Dessard	Léon Canivet
1956-1957	Léon Canivet	Pierre Delville
1957-1958	Pierre Delville	Edouard Leblanc
1958-1959	Edouard Leblanc	Paul Culot

Dès le début des années 1950, alors qu'ils menaient une violente campagne contre « un tournant de l'histoire » (la ratification par la Belgique du Traité CECA)[139], les charbonniers belges durent subir des assauts répétés concernant leur manque de dynamisme et leur refus de la modernité : plus explicitement, un article pointait du doigt « un conflit

[138] Il est à noter qu'aucune différence n'était faite explicitement entre ce dernier type de membres et les directeurs-gérants cités plus haut, actifs quotidiennement dans l'exploitation et dans la gestion d'un charbonnage particulier. Parmi les membres du Comité, seuls les cinq présidents d'association, siégeant par ailleurs au Collège, semblent avoir fait l'objet d'une distinction ; et celle-ci n'est d'ailleurs pas toujours explicite.

[139] Discours de van Zeeland devant le Sénat, pour obtenir sa ratification du Traité CECA (cité par Milward, *The European Rescue of the Nation-State*, p. 85).

de générations » dans l'industrie charbonnière belge pour expliquer cet état de fait[140]. À la fin de la décennie, au beau milieu de la crise charbonnière, on allait à nouveau faire le reproche aux charbonniers de constituer un groupe professionnel « sociologiquement vieilli »[141]. Pour comprendre ces reproches, il suffit sans doute de ne considérer que les anciens, accrochés à la Fédéchar comme des capitaines à leur navire : Noël Dessard, lorsqu'il quitta le Comité en 1958, avait atteint les 76 ans ; Edgard Stein, le « grand Stein » comme certains se le rappellent encore aujourd'hui, figure centrale du patronat charbonnier à cette époque, resta au Comité jusqu'aux dernières semaines de sa vie, alors qu'il approchait des 80 ans ; de même, Léon Canivet, délégué de la Fédéchar au sein de la FIB, décéda à 79 ans, juste avant le début de la crise charbonnière ; ou encore, Louis Dehasse, en 1959, alors qu'il avait 79 ans, participait encore aux réunions ! Or, ces quatre charbonniers comptent parmi ceux qui ont accédé à la fonction de président de la Fédéchar au cours des années 1950.

Parmi ces présidents, le jeune Pierre Delville, âgé de 46-47 ans lorsqu'il accède pour la première fois à la présidence, fait assurément figure d'exception[142]. Mais si l'on considère le Comité dans son ensemble, le rajeunissement des patrons charbonniers est tout aussi remarquable. En effet, par le renouvellement des sièges, l'âge moyen des membres du Comité reste stable au fil des années 1950 et, par une faible baisse, viendrait même confirmer les observations faites en 1958 par la Fondation Industrie-Université concernant le rajeunissement sociologique des cadres et dirigeants dans le secteur charbonnier[143]. Outre Pierre Delville, on peut citer ainsi le très jeune Philippe le Hodey (36 ans en 1950), Guy Paquot (45 ans en 1950) ou encore Paul Meilleur (42 ans en 1951). Mais mis à part Delville, qui dès les négociations du Traité CECA put acquérir une grande notoriété au sein de l'opinion publique et dans les milieux industriels et politiques, ses congénères étaient nettement moins connus.

---

140 Article de *La Libre Belgique*, « La nouvelle bataille du charbon : À propos de deux brochures », le 16 mai 1951 (cité par Devos, *Le patronat belge face au Plan Schuman (9 mai 1950-5 février 1952)*, p. 81).

141 Meynaud *et al.*, *La décision politique en Belgique*, p. 273, qui rapportait une accusation des électriciens, avec lesquels, il faut le dire, les charbonniers eurent des rapports de plus en plus difficiles au fil des années 1950.

142 Edouard Leblanc était âgé de 67-68 ans lorsqu'il accéda à la présidence et Paul Culot d'environ 64.

143 Notons qu'il pouvait exister une limite au-delà de laquelle un membre du Comité des directeurs était amené à laisser son siège : lorsqu'il atteignait la limite d'âge étant atteinte, il quittait son poste de directeur-gérant de son charbonnage. Les cas sont fréquents vers la fin des années 1950 : ainsi, par exemple, Alphonse Soille en janvier 1958 (archives Fédéchar, 548, Procès-verbal du Comité de direction, le 15 janvier 1958).

En dépit de sa jeunesse (qui, semble-t-il, suscita une certaine méfiance dans le chef des anciens[144]), Pierre Delville était considéré à la fin des années 1950 comme étant une des personnalités les plus influentes au sein du patronat charbonnier : ses prises de positions en faveur d'un assainissement des mines (par fusions ou concentrations) « bouleversèrent certaines traditions » et « mirent en cause certaines situations acquises »[145]. Il dut faire face à des résistances au sein des différents bassins (de la part de gérants) mais également au sein de la SGB (Paul Renders, notamment[146]). Au début des années 1960, il allait écrire à un collègue néerlandais que sa non-réélection au sein du Comité Consultatif auprès de la Haute Autorité était imputable, selon lui, au fait d'« avoir introduit [en tant que président de la Fédéchar], la notion d'assainissement et avoir posé des actes pour que cet assainissement devienne une réalité »[147]. Et il ajoutait : « Si ce sont là les seuls griefs que l'on ait pu faire à mon égard, j'avoue très sincèrement que je m'en sens personnellement honoré ».

Remarquons que, parmi les membres de ce comité, plusieurs siégeaient également au sein du Comité de direction du Cobéchar, en qualité soit de président, soit de vice-président, soit encore de membre suppléant de différentes Commissions consultatives de classes[148]. Cette fonction permettait bien entendu de donner davantage de corps et de sens aux positions que les uns et les autres avaient pris au sein de la Fédéchar au fil de ces années.

Enfin, une dernière remarque : outre son siège parmi les membres du Comité de direction, Philippe le Hodey tenait un siège à la Chambre des Représentants. Le CRISP avait déjà mis en évidence sa présence parmi les administrateurs de charbonnages. Quant à sa présence au sein de l'organe directeur de la Fédéchar, il est difficile d'en évaluer la valeur : la rareté de ses apparitions laisse penser en effet que les questions charbonnières n'avaient pas sa priorité[149]. Mais il n'est pas à exclure que

---

144 Voir Devos, *Le patronat belge face au Plan Schuman (9 mai 1950-5 février 1952)*, p. 132, n° 83.

145 CRISP, « L'organisation du patronat charbonnier belge et son influence politique », p. 5.

146 Brion et Moreau, *La Société Générale de Belgique. 1822-1997*, p. 384.

147 Archives Coppée, 9651, Lettre de Delville à Wemmers, le 6 février 1961. Delville parle vraisemblablement de sa présidence de la Fédéchar entre 1957 et 1958.

148 Anthony Allard, Albert Bonnet, Léon Braconier, Joseph Cappellen, Paul Culot, Louis Dehasse, Gérard Delarge, Pierre Delville, Noël Dessard, Marcel Hulin, R. Jaumet, Pierre Ledru (à partir de 1953), Paul Meilleur, Joseph Michaux, Henri Pilette (à partir de 1953), Auguste Soille, Maurice Therasse, Paul Vankerkove, Maurice Van Pel, Verdeyen (à partir 1956).

149 Dans les procès-verbaux du Comité de direction de la Fédéchar, Philippe le Hodey apparaît bien davantage comme membre « excusé » que comme membre « présent »

c'est au titre de député qu'il siégeait au sein du Comité, afin de tenir la Fédéchar informée des débats tenus à la Chambre. Les contacts entre charbonniers et monde politique pouvait également se faire par le biais des structures de parti, comme l'illustre la participation de Pierre Delville et de Pierre Ledru à des réunions du Centre d'Études du Parti Social-Chrétien (PSC).

C. La Fédéchar, gardienne de la libre entreprise

À quoi, à qui servait l'outil Fédéchar ? Il suffit de jeter un coup d'œil aux procès-verbaux du Comité de direction pour se rendre compte de la variété des domaines couverts par le travail de l'association[150]. On peut cependant s'interroger sur la formation de l'agenda d'une association qui, composée d'acteurs fort différents, n'en est pas moins resté dominée par les holdings tout au long de la période envisagée ici. Et outre le caractère bicéphale du patronat charbonnier et ses implications dans l'adoption d'une ligne politique plutôt qu'une autre, le caractère peu docile des bassins indépendants (Charleroi et Liège) et, plus précisément, les signes de désolidarisation montrés, de façon récurrente, par les producteurs de charbon maigre à l'égard de leurs homologues du charbon gras semblent confirmer la pertinence de la question. Une étude minutieuse de l'agenda de la Fédéchar permettrait certainement d'illustrer concrètement l'ampleur de son contrôle par les holdings. Pour l'heure, il s'agira ici de se pencher sur un des aspects de l'association qui sans aucun doute constitua l'une des finalités principales de la Fédéchar : la défense du statut privé de leur industrie. Cette finalité n'apparaît pas clairement dans les statuts ou dans l'organigramme de la fédération (du moins pas directement, nous le verrons), mais elle fut certainement pour les exploitants charbonnier un de leurs dénominateurs communs les moins contestés.

1. Un patronat conservateur

Ce n'est pas un fait du hasard si c'est au charbonnier que l'imagerie populaire attribue d'être *maître chez lui*. Constatons d'ailleurs que l'équivalent allemand (*Herr im Haus*) de cette expression française, qui traduit une séparation stricte entre sphères publique et privée en termes de souveraineté, fut explicitement utilisé pour décrire l'attitude des exploitants charbonniers allemands face à l'État jusqu'au début du

---

(voir archives Fédéchar, 547 et 548). À noter également, que si parmi les députés sociaux-chrétiens, le Hodey comptait parmi les plus opposés au Plan Schuman au sein de son parti (Gérard-Libois, J. et Lewin, R., *La Belgique entre la Guerre Froide et l'Europe, 1947-1953*, Bruxelles : Politique et histoire, 1992, p. 165), il ne fit pas davantage que s'abstenir lors de la mise au vote.

[150] Archives Fédéchar, 440/170, « L'organisation et le fonctionnement de Fédéchar. Exposé fait par Marcel Peeters, directeur général de Fédéchar, le 12 octobre 1964 ».

XXe siècle[151]. Si, entre la Ruhr des années 1880 et la Belgique des années 1950, il y a une marge (à commencer par les progrès réalisés sur le plan de la législation sociale), le parallèle ne manque pas de fond : outre un individualisme lié à une exploitation irrémédiablement ancrée au bassin et lié au découpage des concessions, les patrons charbonniers belges semblent s'être distingués par leur conservatisme.

L'historiographie de la concertation économique et sociale en Belgique a pu mettre en évidence le caractère relativement rétrograde du patronat charbonnier[152] qui, depuis les débuts du mouvement syndical ouvrier, avait montré face à celui-ci une farouche opposition, refusant de lui reconnaître la moindre légitimité : outre la défense de leurs intérêts d'employeurs, ses principaux objectifs étaient de faire obstacle à tout type d'ingérence de l'État dans la gestion de ses affaires, d'une part, et à une quelconque participation des ouvriers dans le fonctionnement de l'entreprise (ou cogestion), d'autre part[153]. La mise en place d'une Commission Nationale Mixte des Mines (CNMM), dès après la Première Guerre mondiale, impliquant une intervention directe de l'État dans la résolution des différends sociaux dans le secteur et une reconnaissance de fait du rôle des syndicats, s'était heurtée à la

151 Weisbrod, « Entrepreneurial Politics and Industrial Relations in Mining in the Ruhr Region : From Managerial Absolutism to Co-determination », p. 120 et p. 130-131.

152 Slomp, H. en van Mierlo, T., *Arbeidsverhoudingen in België. 1 en 2*, Utrecht-Antwerpen : Spectrum, 1984 ; Pasture, « The April 1944 'Social Pact' in Belgium and its Significance for the Post-War Welfare State » ; Pasture, P., « Redressement et expansion (1945-1960) », in Gerard, E. et Wynants, P. (dir.), *Histoire du mouvement ouvrier chrétien en Belgique*, Leuven : University Press Leuven, 1994 ; Vanthemsche, G., *La sécurité sociale : les origines du système belge, le présent face à son passé*, Bruxelles : De Boeck Université, 1994 ; Luyten, D., *Sociaal-economisch overleg in België sedert 1918*, Bruxelles : VUBpress, 1995 ; Luyten, D. en Vanthemsche, G., *Het Sociaal Pact van 1944 : Oorsprong, betekenis en gevolgen, Acta van het historisch luik van het colloquium '50 Jaar Sociaal Pact', VUB, 8-9 december 1994*, Bruxelles : VUBpress, 1995 ; Kurgan-Van Hentenryk and Puissant, « Industrial Relations in the Belgian Coal Industry since the End of the Nineteenth Century », p. 243-255 ; Puissant, J., « De l'intervention de l'État dans la mise en place des conventions collectives d'industries charbonnières en Belgique », in Kourchid, O. et Trempé, R. (dir.), *Cent ans de conventions collectives. Arras, 1891/1991. Revue du Nord*, hors-série, n° 8, Lille : Université Charles-de-Gaulle, Lille III, 1994, p. 94-96.

153 Kurgan-Van Hentenryk and Puissant, « Industrial Relations in the Belgian Coal Industry since the End of the Nineteenth Century », p. 237. D. Luyten souligne cependant le fait que les patrons charbonniers disposaient dès cette époque d'une marge de manœuvre limitée en raison de la pénurie chronique de main-d'œuvre. En comparaison avec ce qui se passait dans d'autres secteurs-clés de l'économie belge (comme la sidérurgie ou les constructions métalliques), le comité paritaire de l'industrie charbonnière (la Commission Nationale Mixte des Mines) fonctionnait relativement mieux, les relations du travail y étant davantage institutionnalisées, avec des réunions fréquentes abordant des sujets plus divers que l'unique question des salaires (Luyten, *Sociaal-economisch overleg in België sedert 1918*, p. 49).

mauvaise volonté manifeste des patrons charbonniers[154]. S'ils avaient faire preuve d'une certaine modération dans leur attitude, c'était uniquement dû au manque croissant de main-d'œuvre disponible pour l'exploitation des mines[155]. Les charbonniers jouissaient, avec les sidérurgistes, d'un réel ascendant sur les autres patronats industriels, réunis au sein de la fédération intersectorielle des industries de Belgique, le Comité Central de l'Industrie (CCI), qu'ils étaient parvenus à entraîner dans leur opposition à toute institutionnalisation du système de concertation sociale en 1938[156].

Comptant parmi les plus réactionnaires ou revanchards (pour utiliser une expression de D. Luyten[157]) au cours de la Seconde Guerre mondiale, les charbonniers étaient parvenus à convaincre le CCI de dénier aux syndicats toute légitimité à prendre part à la concertation. Vers la fin de la guerre, ce sont encore eux qui, en juin 1944, avec l'appui de la SGB, s'étaient catégoriquement opposés au Pacte social[158] : plus doctrinaires ou plus déterminés que leurs homologues, ils refusaient de reconnaître aux syndicats traditionnels le monopole de la représentation ouvrière au sein des organes de concertation. Alors qu'on put percevoir par la suite davantage d'ouverture à l'égard des syndicats dans le discours patronal dominant de l'après-guerre, il semble que les progrès

154 Réunie à la demande de l'une ou de l'autre des deux parties, ou à la demande du ministre du Travail, la CNMM était constituée de dix représentants patronaux et syndicaux, présidée par le Secrétaire-Général de l'Administration des Mines (une division du Ministère de l'Économie) ou parfois même par le ministre du Travail en personne. Au sujet de la réaction des patronats charbonniers et sidérurgistes, voir Luyten, *Sociaal-economisch overleg in België sedert 1918*, p. 20, 32-34 et 53-54 ; Slomp en van Mierlo, *Arbeidsverhoudingen in België. 1 en 2*, p. 34.

155 Kurgan-Van Hentenryk and Puissant, « Industrial Relations in the Belgian Coal Industry since the End of the Nineteenth Century », p. 244.

156 Luyten, D., « Un corporatisme belge, réponse à la crise du libéralisme », in Dard, O. et Deschamps, É. (dir.), *Les relèves en Europe d'un après-guerre à l'autre. Racines, réseaux, projets et postérités*, Bruxelles : PIE Peter Lang, 2005, p. 212. À partir de 1946, le CCI allait devenir la FIB.

157 Luyten, *Sociaal-economisch overleg in België sedert 1918*, p. 103.

158 Le dit *Pacte social* fut conclu en avril 1944 entre certains représentants patronaux (progressistes) et syndicaux avec pour objectif de poser les bases nécessaires à un rapide redressement de l'économie belge, une fois que la paix serait revenue. Un système de sécurité sociale obligatoire financée par la collectivité constituait la principale innovation de cet accord, outre la reconnaissance officielle des syndicats ouvriers. Le Pacte social jetait les bases d'une nouvelle organisation des relations industrielles dans l'après-guerre. (Van den Wijngaert, M. et Dujardin, V., « La Belgique sans Roi. 1940-1950 », in Dumoulin, M. *et al.* (dir.), *Nouvelle Histoire de Belgique. Volume 2 : 1905-1950*, Bruxelles : Éditions Complexe, 2006, p. 49). Voir à ce sujet : Brion et Moreau, *La Société Générale de Belgique. 1822-1997*, p. 348-351. À noter la présence de Noël Dessard au sein de la Commission Bekaert, chargée de coordonner la politique des employeurs sur les questions sociales (p. 349).

sociaux et les mesures prises pour institutionnaliser les relations industrielles (dont la reconnaissance du rôle des syndicats) continuèrent de poser problème pour les charbonniers[159] et ne les encouragea pas à infléchir fondamentalement leur attitude face à la cause ouvrière en général. Tout comme le CCI, son successeur à partir de 1946, la Fédération des Industries de Belgique (FIB), connaissait une fracture croissante entre progressistes et traditionnels qui correspondait *grosso modo* à ce qui séparait les vieilles industries lourdes, sous contrôle des holdings, au sein desquels tout particulièrement les charbonnages, et les industries plus récentes et innovantes[160]. Dominant l'association intersectorielle, les patrons charbonniers avaient traditionnellement donné le ton face aux augmentations salariales et à tout ce qui ressemblait de près ou de loin à une reconnaissance des syndicats[161]. Leur stratégie consistait principalement à confiner les représentants ouvriers dans les questions purement sociales, au sein des conseils d'entreprises à partir de l'après-guerre, et à ne leur reconnaître aucune compétence sur le domaine économique[162], c'est-à-dire sur toute question relative à la gestion de la production et du commerce. Ils craignaient en effet d'ouvrir la boîte de Pandore et de susciter tôt ou tard une remise en cause concrète de la gestion privée de leurs entreprises. Notons cependant que le conservatisme social des charbonniers n'était pas exclusivement lié à la sauvegarde de la libre entreprise : ainsi, pour ne citer qu'un exemple, en décembre 1953, le directeur général de la Fédéchar, Edgard Van Lander, allait encore s'offusquer de ce que certains réclament, à cette même époque, « de faire passer la silicose pour maladie professionnelle ! »[163] En France, le pas avait été franchi près de huit ans auparavant avec la nationalisation des mines…

159 Van Meulder, « Sociale geschiedenis van de Limburgse mijnen, 1917-1985. 1. Arbeidsverhoudingen en syndicalisme », p. 584. Sur le discours patronal dans l'après-guerre, voir Chlepner, *Cent ans d'histoire sociale en Belgique*, p. 402-411.

160 Luyten, *Sociaal-economisch overleg in België sedert 1918*, p. 113-115 ; voir également Coppieters, « Sociale geschiedenis van de Limburgse mijnen. 2. « Waren we maar Walen of Kongolezen », *Arbeid en lonen*, Bruxelles, 1999 », p. 584.

161 Slomp en van Mierlo, *Arbeidsverhoudingen in België. 1 en 2*, p. 84 ; Luyten, *Sociaal-economisch overleg in België sedert 1918*, p. 33 et 91.

162 Kurgan-Van Hentenryk and Puissant, « Industrial Relations in the Belgian Coal Industry since the End of the Nineteenth Century », p. 266 ; voir aussi : Pasture, « The April 1944 'Social Pact' in Belgium and its Significance for the Post-War Welfare State », p. 704.

163 Archives Fédéchar, 814, Compte rendu d'un entretien de la délégation de Fédéchar avec Meyers, le 28 décembre 1953. La *silicose*, appelée aussi la maladie du mineur, est une maladie pulmonaire irréversible provoquée par l'inhalation de particules de poussière de silice, notamment dans les mines.

2. *La gestion privée des mines remise en cause*

La question du statut de l'industrie charbonnière en Belgique remontait au début du XIXe siècle lorsque fut établie la loi régissant la mise en concession et l'exploitation des mines du pays[164]. En vertu de cette législation, confirmée par la suite, les propriétaires de mine devaient être considérés comme des intendants, occupant une fonction publique[165]. Depuis lors, cependant, deux visions divergentes des ressources charbonnières et de leur exploitation s'étaient affrontées : d'une part, une vision collectiviste considérant le caractère de bien commun de ces ressources et, par conséquent, la nécessité d'une participation et d'un contrôle de l'État dans le secteur ; et d'autre part, une vision libérale qui, sur la base de la primauté de la libre entreprise et de l'initiative privée, déniait à l'État tout droit d'intervention, à dater de la mise en concession des gisements. En quelque sorte à mi-chemin entre ces deux extrêmes, une troisième solution s'était développée dans l'après-guerre qui consistait pour l'État à intervenir dans la structure de production en forçant la concentration des exploitations minières en un nombre réduit d'entreprises.

Les débats sur le statut et sur la structure du secteur charbonnier étaient plusieurs fois revenus animer la vie politique belge (tout particulièrement lors de la découverte des gisements de Campine au début du XXe siècle ou durant la crise des années 1930) mais ils avaient repris de plus belle dans l'immédiat après-guerre lorsque différents projets de réforme furent portés au-devant du Parlement, prétendant poser les bases d'une solution adéquate et légitime à la pénurie dramatique de charbon et de main-d'œuvre[166]. Ces projets appelaient soit à une nationalisation

---

164 Delforge, P., « Modifications et compléments aux lois des 21 avril 1810 et 2 mai 1837 sur les mines en Belgique : la loi du 5 juin 1911 », *Les lois de et régissant les concessions de mines en Belgique. Journée d'études organisée à l'occasion du bicentenaire de ces lois fondatrices, Mons, octobre 1991*, Mons : SAICOM, 1993.

165 Meynaud *et al.*, *La décision politique en Belgique*, p. 269. En 1931, le Producteur Général Leclercq avait ainsi déclaré devant la Cour de Cassation : « [...], le propriétaire de la mine n'est qu'accessoire ; la chose principale, c'est l'exploitation de la mine, exploitation que veut l'intérêt général et qui doit être fait dans cet intérêt ». (CRISP, « Les projets de réformes structurelles dans les mines belges », p. 1-2).

166 À ce sujet : Sunou, P., *Prisonniers de guerre allemands en Belgique et la bataille du charbon. 1945-1947*, Bruxelles : Musée royal de l'Armée, 1980 ; Wauters, « De "Steenkoolslag" : Krisis in de Belgische steenkoolindustrie na Wereldoorlog II (1945-1948) » ; Pequet, « De houding van de vakbonden tegenover de struktuurhervorming van de Kempische steenkoolnijverheid. 1940-1967 » ; Kurgan-Van Hentenryk, G., « Les projets d'organisation économique en Belgique et en France : des nationalisations à la reconstruction libérale », *Revue du Nord*, 2, 1987 ; Kurgan-Van Hentenryk and Puissant, « Industrial Relations in the Belgian Coal Industry since the End of the Nineteenth Century » ; Hannecart, « La Belgique face au problème charbonnier belge de la Libération à la grande crise de 1958 ». Nous renvoyons également aux annales parlementaires de cette époque.

pure et simple du secteur (ainsi la proposition de loi des députés communistes Henri Glineur et de Julien Lahaut d'août 1945), soit à une concentration des mines (en une société unique, tel que proposé par le socialiste Achille Delattre[167] en août 1945 et en avril 1946 ou en cinq sociétés de bassin, projet des socialistes Achille Van Acker[168], Premier ministre, et de son ministre du Rééquipement national, Albert De Smaele[169]).

Si tous ces projets avaient en commun d'appeler à un accroissement du rôle de l'État et des travailleurs dans la gestion générale de l'industrie charbonnière et étaient, pour cette raison, inacceptables pour les charbonniers, la nationalisation constituait bien entendu la pire issue imaginable à leurs yeux. Or, chacun des projets comportait nécessairement sinon la preuve du moins la menace, claire ou déguisée, d'une nationalisation et aucun d'eux n'avait donc la moindre chance d'obtenir leur faveur. Ainsi, même la solution d'une concentration des charbonnages en cinq sociétés de bassin, solution qui ne remettait absolument pas en cause le statut juridique des entreprises, constituait, à leurs yeux, une forme inacceptable de dirigisme et était par ailleurs jugée totalement irréalisable compte tenu des facteurs géologiques et techniques en présence.

La fièvre nationalisatrice de l'après-guerre était d'autant plus forte que les exemples à l'étranger ne manquaient pas pour fonder une telle réforme. La plupart des sources et l'historiographie retiennent généralement les cas de la France et de la Grande-Bretagne. Moins connue est la mise sous contrôle de l'État néerlandais, par décret royal du 8 juin 1945, de certaines exploitations du Limbourg néerlandais afin de faire face à la pénurie de combustible. Cette mesure fut vivement contestée par le CA des Charbonnages Laura & Vereniging (c'est-à-dire en grande partie la SGB), qui comptaient parmi les exploitations visées : il fut notamment soutenu que la diminution de la production n'était pas due à

[167] Achille Delattre (1879-1964), originaire du Borinage, ouvrier-mineur et syndicaliste belge, il s'engagea en politique au niveau local et national, en tant que député du Parti Ouvrier belge, puis ministre dans cinq gouvernements d'après-guerre.

[168] Achille Van Acker (1898-1975), homme politique flamand, député socialiste, il dirigea quatre gouvernements de l'après-guerre. Connu comme le père de la sécurité sociale en Belgique, son engagement dans la question charbonnière lui valut le surnom d'Achille Charbon.

[169] Vivement critiqué par les sociaux-chrétiens mais aussi par les milieux communistes (selon lesquels l'idée n'allait pas assez loin), le projet ne fut soutenu que par les milieux socialistes (Sunou, *Prisonniers de guerre allemands en Belgique et la bataille du charbon. 1945-1947*, p. 9). Si la chute du Gouvernement, en juillet 1946, eut pour conséquence de le faire passer aux oubliettes, il allait cependant être repris à différentes reprises, notamment par la Centrale Syndicale des Francs-Mineurs (aux Congrès de 1949 et de 1956).

la gestion de la société mais aux circonstances de la guerre et à leurs suites. Cette gestion par l'État dura jusqu'au 31 décembre 1948[170]. Si l'exemple ne semble pas avoir alimenté autant d'espoir auprès des tenants de la nationalisation en Belgique, c'est qu'il était sans doute moins spectaculaire. Mais n'était-il pas une raison supplémentaire pour les dirigeants charbonniers de craindre une concrétisation des revendications syndicales en Belgique ?

Il n'est pas du tout certain qu'ils eussent pu tenir bon, jusqu'à la fin des années 1940, sans l'assurance de soutiens externes. Ainsi, soutenus au sein du Parlement par les groupes catholiques et libéraux, ils pouvaient également compter sur la solidarité du patronat belge dans son ensemble, par la voix notamment de la Fédération des Industries de Belgique[171]. Il faut ajouter à cela le contexte politique de l'immédiat après-guerre et l'institutionnalisation de la concertation sociale à laquelle s'étaient ralliés les syndicats tant chrétiens que socialistes. Enfin, le rapide redressement de la Belgique contribua à faire perdre au débat son intensité[172].

Une autre explication mérite une certaine attention : comme l'a indiqué G. D. Feldman, l'ironie veut que les nationalisations des mines (dans les sociétés capitalistes) ont été davantage des « socialisations des pertes » que des mesures d'« expropriation des expropriateurs »[173]. L'économiste Fernand Baudhuin avait lui-même dit redouter que la nationalisation ne permette « de masquer les résultats des mines déficitaires, et ainsi de prolonger leur existence aux dépens de la collectivité »[174]. La situation financière de l'industrie charbonnière belge n'était pas des plus fameuses, en conséquence notamment de la Seconde Guerre mondiale, et s'il ne pouvait encore être question, en pleine crise de pénurie, d'abandonner des mines, nombre d'entre elles ne laissaient pas présager un avenir brillant. L'attitude de Paul-Henri Spaak face à la nationalisation de l'industrie charbonnière (« On ne nationalise pas des cadavres »[175]) est à cet égard plus que symptomatique.

---

170 Brouns, G., *Uit de geschiedenis van Laura & Vereniging*, Eygelshoven, 1975.

171 Chlepner, *Cent ans d'histoire sociale en Belgique*, p. 404-408. Il cite le premier bulletin de la Fédération des Industries de Belgique.

172 Kurgan-Van Hentenryk, « Les projets d'organisation économique en Belgique et en France : des nationalisations à la reconstruction libérale », p. 357-362.

173 Feldman, « Industrial Relations in Coal Industry in Twentieth-Century Europe and in the USA : A Historical and Comparative Perspective », p. 362.

174 Baudhuin, F., *Histoire économique de la Belgique. 1957-1968*, Bruxelles : Bruylant, 1970, p. 262.

175 Defrecheux, N., « La structure de l'industrie houillère et son évolution économique », in Gaier, C. (dir.), *Huit siècles de houillerie liégeoise. Histoire des hommes et du charbon à Liège*, Liège : Éditions du Perron, 1988, p. 123.

Jamais on ne parvint à trouver la majorité parlementaire nécessaire pour que soit voté l'un ou l'autre projet de réforme structurelle[176]. Trop différents les uns des autres, les projets n'avaient offert aucune prise pour amorcer un débat constructif. Les deux partis conservateurs (catholiques et libéraux) s'étaient montrés de fervents alliés des charbonniers en s'y opposant invariablement[177]. La gauche, quant à elle, était divisée de façon permanente, socialistes et communistes se reprochant mutuellement qui le radicalisme, qui la collaboration au capitalisme. L'idéologie régnant sur les débats, les positions en présence s'étaient avérées inconciliables et le Parlement ne put finalement s'accorder que sur un projet sans couleur, établissant une institution paritaire : le CNC[178]. Cet organisme, conçu comme provisoire, extérieur à la réforme proprement dite et devant uniquement servir à la promotion de celle-ci, fut chargé de mettre à l'étude la faisabilité des différentes suggestions en la matière.

Une des attributions de la section « Production » du CNC était de faire un rapport endéans les dix-huit mois sur les possibilités de restructuration dans l'industrie charbonnière. Le rapport qui fut remis en septembre 1949 ne fut que partiellement mis en application[179] : parmi les bassins qui, de l'avis du CNC, devaient subir une restructuration, seul le Borinage fut effectivement rationalisé (pour s'assurer l'octroi de subsides, il convient de le préciser). Dans les deux autres bassins poussés à se rationaliser, Charleroi et Liège, les exploitants avaient tenu tête au CNC : l'anthracite qu'ils produisaient était bien assez rare pour pouvoir s'en passer (quitte à reporter sur le consommateur le manque à gagner d'une structure de production archaïque). Purement consultatif, il n'allait cependant pas apporter les résultats escomptés et n'eut d'autre effet que de prolonger la frustration des ouvriers et la méfiance des patrons.

Excursus 3 : Principaux points de la réforme De Groote.

Le *Conseil National des Charbonnages* constituait un cas particulier des conseils d'entreprise que la Conférence Nationale du Travail de juin 1947 avait mis en place, dans le cadre de l'économie de concertation. Organe consultatif et paritaire (composé de vingt-quatre membres nommés par l'État,

176 Sunou, *Prisonniers de guerre allemands en Belgique et la bataille du charbon. 1945-1947*, p. 9.

177 Kurgan-Van Hentenryk and Puissant, « Industrial Relations in the Belgian Coal Industry since the End of the Nineteenth Century », p. 259.

178 La première proposition qui fut faite en ce sens était celle d'Albert Coppé, en mai 1946, mais c'est finalement sur la base des travaux d'une Commission parlementaire, sous la direction du ministre du Rééquipement national, P. De Groote, qu'en janvier 1947, le principe d'un CNC fut avancé (Hannecart, « La Belgique face au problème charbonnier belge de la Libération à la grande crise de 1958 »).

179 Toubeau, R., « Problèmes charbonniers », *Socialisme*, novembre 1957, p. 624-625.

dont sept représentants patronaux et sept représentants ouvriers), il était divisé en deux sections distinctes : une section « Production » et une section « Prix ».

La première était chargée de contrôler l'activité des charbonnages et d'étudier tous les aspects du problème charbonnier. Elle devait uniformiser la comptabilité des charbonnages ; les conseiller en matière de rééquipement ; recommander et promouvoir des mesures de fusion ; soumettre, endéans les dix-huit mois, des propositions de restructuration du secteur ; documenter le Gouvernement, pour les questions générales, ainsi que la Commission Nationale Mixte des Mines pour toutes les questions d'ordre social.

La deuxième section devait assister le Gouvernement dans sa politique des prix, formuler des directives pour l'établissement des barèmes, pour la tenue de la comptabilité et donner son avis sur les prix à l'importation et à l'exportation. En outre, elle devait étudier le secteur de la distribution du charbon dans le pays. Par cet organe, l'État pouvait finalement exercer un contrôle sur l'industrie charbonnière. Contrôle fort étendu puisque par la section des prix, l'État se réservait les principaux leviers de commande du marché du charbon.

Au côté du CNC fut également établi un *Institut National de l'Industrie Charbonnière*, un organe d'étude scientifique et technique. Il était composé de dix-huit membres nommés par l'État (dont cinq représentants issus de la direction des charbonnages, deux issus de leur personnel) et devait s'atteler à l'amélioration du travail dans les charbonnages, tant du point de vue de la production et du rendement que celui de l'hygiène et de la sécurité[180].

À de nombreux égards et depuis bien des années déjà, l'industrie charbonnière belge avait connu une intervention croissante des pouvoirs publics. Les exemples les plus remarquables en sont, pour ne considérer que les vingt dernières années, la mise en place d'un comptoir obligatoire de vente (le Cobéchar) et la protection des frontières depuis l'entre-deux-guerres, le contrôle des prix et la compensation des pertes depuis 1941 ; la construction de maisons ouvrières et l'aide au recrutement de la main-d'œuvre depuis l'après-guerre ; ou encore, la programmation des investissements par le CNC depuis septembre 1949. Peut-on pour autant en conclure, comme le fait A. S. Milward[181], que les charbonniers n'avaient déjà plus de raison concrète de défendre les principes de la libre entreprise ?

Il est vrai que les charbonniers eux-mêmes semblent avoir eu une appréciation très souple de ces principes et ne rejetaient pas *a priori* toute intervention de l'État. Tant qu'il s'agissait de dégrèvement fiscal,

[180] Demeure de Lespaul, C., « L'avenir de notre production de houille », *Bulletin de l'Institut de Recherches Économiques et Sociales de Louvain*, XIII, 3, 1947, p. 326-327.

[181] Milward, « The Belgian Coal and Steel Industries and the Schuman Plan », p. 443 et 445.

de recrutement de travailleurs ou de construction de maisons ouvrières, la main de l'État était la bienvenue[182]. Par contre, ils rejetaient catégoriquement le contrôle des prix qu'ils subissaient depuis la Libération. Alors que les prix plafonds freinaient la modernisation des mines, les subsides compensatoires, selon eux, ne bénéficiaient réellement qu'aux consommateurs[183]. Cet argument allait être régulièrement utilisé par la Fédéchar au fil des années 1950, principalement pour répondre à la critique du mauvais usage fait des subsides dont ils avaient bénéficié depuis la Libération : « Pour éviter toute confusion sur le terme 'subsides', il convient d'informer la presse et le public que l'industrie charbonnière a toujours été hostile à la politique des subsides et de démontrer qu'il ne s'agit pas de subsides dont bénéficient les charbonnages, mais de sommes leur attribuées soit au profit des ouvriers (charges salariales), soit au profit des consommateurs (péréquation), soit de prêts en vue de rééquipement (Crédits Marshall, etc.) »[184].

Outre le contrôle des prix, on peut citer également le sabotage par les charbonniers du système de compensation des pertes entre mines ou encore le semi-échec des activités du CNC, dont les recommandations se heurtaient à l'intransigeance de nombreux producteurs wallons. Les interventions de l'État sur les prix du charbon et sur les bénéfices des charbonnages, jumelées à la menace latente d'une nationalisation des mines, avaient eu pour effet de faire fuir les actionnaires, de repousser les investisseurs potentiels et de freiner l'indispensable modernisation de l'appareil de production.

En conséquence, lorsqu'il fut question à partir de 1949, de payer des subsides dégressifs pour le rééquipement des mines, notamment par le biais de fonds Marshall, mais également par des garanties ou des aides d'État, ce n'était que justice aux yeux des charbonniers : c'était le prix à payer pour avoir faussé le jeu normal du marché. Cela explique que, dans une conférence donnée par le président de la Fédéchar en novembre 1950, on pouvait l'entendre dire que l'industrie charbonnière belge,

182 Kurgan-Van Hentenryk and Puissant, « Industrial Relations in the Belgian Coal Industry since the End of the Nineteenth Century », p. 263.

183 Notons d'ailleurs que les sidérurgistes, à leur tour, se défendaient bien d'être les bénéficiaires de ces subsides : « [L'industrie sidérurgique] a toujours estimé, même avant le Plan Schuman, que tout réajustement des prix des charbons doit être réalisé au niveau de l'industrie charbonnière et qu'il ne peut être présenté comme une aide à une industrie consommatrice » (archives MAEB, 5216, « Plan Schuman. Remarques de l'industrie sidérurgique belge concernant la note du 13.12.1950 sur la péréquation. (Document Vinck-Hirsch) », le 13 janvier 1951).

184 Archives Fédéchar, 548, Procès-verbal du Comité de direction, le 10 octobre 1956.

« abstraction faite du reliquat des subsides dégressifs »[185], était pratiquement la seule qui fût restée libre face à des mines qui, ailleurs en Europe occidentale, avaient déjà été nationalisées ou semi-étatisées. Ainsi qu'il sera démontré, les subsides qui devaient bientôt être alloués dans le cadre de la CECA ne devaient rien changer à ce point de vue puisque, début 1952, les charbonniers allaient à nouveau insister sur ce qui, selon eux, faisaient leur spécificité : ils faisaient partie du dernier carré des charbonniers libres de l'Europe libre[186].

III. Conclusion

Il faut bien admettre qu'en mettant ainsi en évidence l'imprécision des contours, en insistant sur la diversité des formes et en maintenant des zones d'ombre au portrait, les fondements et les résultats de la présente analyse s'exposent d'emblée à la critique. Mais eût-il fallu nier ou sous-estimer ces inconvénients ? Nous pensons tout au contraire que tant la diversité que la confusion constituent des éléments essentiels du portrait. Et elles sont précisément ce qui oblige à considérer la Fédéchar comme un outil au service d'intérêts individuels, plutôt que comme un acteur à part entière.

D'un bassin à l'autre, d'un gisement à l'autre, d'une concession à l'autre, voire d'un puits à l'autre ; d'une entreprise à l'autre, en fonction de ses structures d'exploitation, de ses clients et de ses fournisseurs, de sa direction financière et de son actionnariat ; de cette diversité naît la confusion des intérêts : ainsi, ceux des producteurs se mêlant à ceux des consommateurs et leur faisant perdre leur pureté. L'existence d'acteurs que l'on peut qualifier de *charbonniers-consommateurs*, face aux producteurs charbonniers est emblématique de cette confusion. Or, compte tenu du contrôle exercé sur la majeure partie du charbon belge par de puissants groupes financiers et industriels, fondés sur l'exploitation de charbon mais enrichis par la production d'acier, cette confusion tend à s'inscrire dans des sphères qu'il n'est pas aisé d'atteindre par la recherche.

Maintenant, au-delà de cette diversité et des risques de confusion, n'est-il pas possible de dégager certaines récurrences ? À travers différentes perspectives adoptées pour présenter le patronat charbonnier belge, nous avons tâché de mettre en évidence l'ancrage dans le passé de ce groupe professionnel : des gisements exploités, parfois depuis plusieurs siècles, par des entreprises familiales ou par de grands groupes

---

[185] Archives Van Acker, 1016, « *Coup d'œil sur l'horizon charbonnier. Causerie donnée au cercle Mars et Mercure (section liégeoise), le 18 novembre 1950, par Noël Dessard* ».

[186] Archives CEPCEO, Compte rendu de l'Assemblée plénière, le 25 janvier 1952.

dont l'histoire s'identifie quasiment à celle de la Belgique ; l'ancrage géographique des exploitations qui, conjuguant l'obscurité des galeries à la clarté du cadastre, faisait se développer chez les charbonniers un fort esprit de clocher ; mais encore le conservatisme qui les distinguait au sein du patronat industriel belge, tout particulièrement vis-à-vis des revendications ouvrières. Ce poids du passé ne prédisposait pas les charbonniers à accepter le Plan Schuman et ses innovations avec beaucoup d'enthousiasme. Face à tant de changement en si peu de temps, ils allaient d'ailleurs manifester leur immobilisme en faisant de la défense de la libre entreprise privée leur cheval de bataille. Nous verrons cependant que cette attitude ne fut pas dénuée d'ambiguïté.

CHAPITRE 2

Le Plan Schuman suscite craintes et espoirs (1950-1952)

La campagne menée par la Fédéchar contre le Plan Schuman, de la Déclaration du 9 mai 1950 à la ratification du Traité de Paris au cours du premier semestre 1952, a été plus d'une fois abordée dans la littérature et lui a valu au charbon belge une place réservée au sein de l'historiographie de la CECA[1]. Les deux études qui traitent spécifiquement de ce sujet, réalisées à un an d'intervalle, laissent cependant planer un doute.

La thèse d'E. Devos, tout d'abord, montre la forte teneur politique de l'opposition menée conjointement par les charbonniers et par les sidérurgistes belges face au Plan Schuman[2]. Certes, les deux secteurs n'étaient pas logés à la même enseigne dans la perspective d'un marché commun : l'acier belge était fortement dépendant de ses marchés à l'exportation et se devait d'être de la partie s'il voulait survivre ; les

---

1 Ainsi dans : Diebold, *The Schuman Plan. A Study in Economic Cooperation, 1950-1959* ; Meade *et al.*, *Case studies in European Economic Union. The Mechanics of Integration* ; Byl, P., « La Belgique et la C.E.C.A. : la phase des négociations (9 mai 1950-18 avril 1951) », mémoire de licence en histoire contemporaine, Université Catholique de Louvain, 1986 ; Dumoulin, M., « La Belgique et les débuts du Plan Schuman (mai 1950-février 1952) », in Schwabe, K. (ed.), *Die Anfänge des Schuman-Plans 1950/51. Beiträge des Kolloquiums in Aachen, 28.-30. Mai 1986*, Baden-Baden : Nomos Verlagsgesellschaft, 1988 ; Griffiths, R. T., « De Benelux-landen en het Schuman-Plan », in Bloemen, E. S. A. (ed.), *Het Benelux-effect. België, Nederland en Luxemburg en de Europese integratie, 1945-1957*, Amsterdam : NEHA, 1992 ; Spierenburg et Poidevin, *Histoire de la Haute Autorité de la CECA. Une expérience supranationale*. Voir plus spécifiquement, Milward, « The Belgian Coal and Steel Industries and the Schuman Plan » ; Devos, *Le patronat belge face au Plan Schuman (9 mai 1950-5 février 1952)* ; et Milward, *The European Rescue of the Nation-State*.

2 Notons que les craintes suscitées par la future Haute Autorité et par le caractère dirigiste des mesures qu'elle pourrait être amenée à prendre furent partagées bien au-delà des frontières belges : Ranieri, R., « The Italian Steel Industry and the Schuman Plan Negotiations », in Schwabe, K. (ed.), *Die Anfänge des Schuman-Plans 1950/51. Beiträge des Kolloquiums in Aachen, 28.-30. Mai 1986*, Baden-Baden : Nomos Verlagsgesellschaft, 1988 ; Krier, E., « L'industrie lourde luxembourgeoise et le Plan Schuman », in Schwabe, K. (ed.), *Die Anfänge des Schuman-Plans 1950/51...*, 1988 ; Mioche, « Le patronat de la sidérurgie française et le Plan Schuman en 1950-1952 » ; Roth, F., « Les milieux sidérurgiques lorrains et l'annonce du Plan Schuman », in Schwabe, K. (ed.), *Die Anfänge des Schuman-Plans 1950/51...*, 1988 ; Trausch, « Le Luxembourg face au Plan Schuman : la poids de la sidérurgie ».

charbonniers belges avaient par contre des raisons sérieuses de craindre de perdre jusqu'à leur marché national et d'être rapidement balayés par la concurrence européenne. Cependant, le fait pour ces deux groupes professionnels d'être, pour une large part, rassemblés, mélangés et liés sous le contrôle d'un petit nombre de holdings, induisait un minimum de solidarité entre eux. Et à moins de vouloir passer pour des schizophrènes et risquer ainsi de perdre sur les deux fronts, il était difficile, voire impossible, pour les holdings de prendre scrupuleusement en compte les intérêts spécifiques de chacune de leurs deux branches[3]. E. Devos part donc de ce constat : les holdings ont été contraints d'adopter un discours unique, plus petit dénominateur commun des intérêts des deux secteurs, impliquant entre ceux-ci une attitude solidaire dans la défense des principes de la libre entreprise contre toute prétention des pouvoirs publics sur le domaine privé, qu'il s'agisse du charbonnage ou du haut-fourneau[4].

L'article d'A. S. Milward offre, quant à lui, une vision beaucoup plus déséquilibrée des deux patronats belges en campagne ; déséquilibrée dans le sens où, selon l'historien, les charbonniers se seraient montrés nettement moins entreprenants et intéressés que leurs homologues sidérurgistes à dénoncer le contenu dirigiste du Plan Schuman. Milward soutient en effet qu'en dépit de leurs liens de parenté au sein des holdings, ils avaient connu des destins différents face à l'interventionnisme des pouvoirs publics : ainsi, alors que les charbonnages avaient dû se résigner et subir la main de l'État belge, les hauts-fourneaux étaient parvenus à se maintenir globalement hors d'atteinte. D'où cette hypothèse de départ : face à la menace interventionniste qui planait sur leurs activités (que celle-ci vienne de l'État belge ou du futur pouvoir exécutif européen), les sidérurgistes auraient eu davantage à perdre que les charbonniers. Milward distingue ainsi deux campagnes, tout aussi anachroniques l'une que l'autre au regard des principes sur lesquels se fondait le Plan Schuman : alors que les sidérurgistes se chargeaient de gonfler le poitrail dans une ultime bataille au nom de la libre entreprise, les charbonniers, eux, se contentaient de serrer les poings pour que le marché national belge continue de leur être réservé en exclusivité[5]. En tout état de cause, sur le plan de l'organisation de l'économie, le Plan Schuman aurait eu pour effet, selon A. S. Milward, de convaincre tout le

---

3 Devos, *Le patronat belge face au Plan Schuman (9 mai 1950-5 février 1952)*, p. 99.

4 *Ibid.*, p. 26. Notons que cette interprétation fut également celle d'Albert Coppé, qui à l'époque des négociations, était ministre belge des Affaires économiques et qui à partir d'août 1952 devait devenir vice-président de la Haute Autorité. Voir également à ce sujet : Dumoulin, « La Belgique et les débuts de la construction européenne : zones d'ombre et de lumière », p. 23-24.

5 Milward, « The Belgian Coal and Steel Industries and the Schuman Plan », p. 450.

monde (Gouvernement, sidérurgistes et charbonniers belges) qu'il n'était plus possible désormais d'exempter les secteurs lourds de l'économie nationale des contraintes de l'économie mixte de l'après-guerre[6], ainsi qu'ils y étaient largement parvenus au cours des premières années de l'après-guerre.

Comment départager ou combiner les analyses d'E. Devos et de A. S. Milward ? La question qu'elles suggèrent de se poser est de savoir si, oui ou non, les charbonniers belges ont perçu le Plan Schuman comme un danger pour leur liberté d'entreprendre. L'objectif de ce second chapitre, outre de revenir sur le contexte des négociations du Traité CECA, est de mettre en lumière les raisons qui ont mené les producteurs belges à dénoncer – non sans ambiguïté, nous le verrons –, le Plan Schuman comme étant une nationalisation qui ne disait pas son nom.

À mesure que les négociations de Paris avançaient et que ses principaux résultats étaient couchés sur papier, le Traité CECA fit l'objet de critiques acerbes de la part des milieux industriels, en Belgique et ailleurs. Ceux-ci accusaient les promoteurs du Plan Schuman d'exposer les secteurs intéressés « aux plus graves dangers »[7], en voulant leur imposer un « dirigisme international »[8], un « dirigisme intégral de la Haute Autorité équivalent, en fait, à une nationalisation déguisée »[9], une « internationalisation *sans* indemnité, alors que, en politique intérieure, la Belgique se refuse à procéder à une nationalisation *avec* indemnité »[10], ou enfin « une sujétion totale à un pouvoir irresponsable armé du

---

6 *Ibid.*, p. 453 : « *In elevating the interdependence between public national and supranational economic authority to the role of guarantor of the Franco-German peace settlement* [Monnet] *forced Belgian industry to accept a role in the post-war mixed capitalist economy similar to its Western European partners, a role which before 1950 it was still anachronistically resisting* ».

7 Archives Eisden, 709, « Les industriels belges devant le Plan Schuman », conférence au Cercle d'Études inter-écoles « Technique de la chaleur » par Fritz Michotte van den Berck, le 28 janvier 1952).

8 Archives FIB, CD 1950-2, Procès-verbal du Comité de direction, le 13 juillet 1950.

9 Archives MAEB, 5216, Note de Biernaux à van Zeeland, 22 décembre 1950. A. Biernaux était membre de la délégation belge à Paris, à titre d'expert pour l'État des questions sidérurgiques.

10 Archives Fédéchar, 547, « Note préparatoire à l'entretien de la Fédération Charbonnière avec M. Eyskens, ministre des Affaires économiques, le 25 juillet 1950 » (en annexe du procès-verbal du Comité de direction du 26 juillet 1950) (nous soulignons). Voir aussi : archives Fédéchar, 294/145, « Conversations sur le Plan Schuman. Groupe de travail : Production-Prix-Investissements. Deuxième réunion : le 7 juillet 1950 » (réunion au cours de laquelle la délégation belge défend le principe de cette indemnisation) ; *idem*, 294/145, « Communication téléphonique pour MM. les Présidents, de Paris, le 19 juillet 1950 ».

droit d'imposer des décisions vraiment catastrophiques et dont la charte est devenue l'équivalent d'un décret international de nationalisation »[11].

En l'occurrence, il ne s'agit pas tant de démontrer si, oui ou non, l'initiative française cachait effectivement une forme de nationalisation « *through the back door* »[12] (pour reprendre les termes d'A. S. Milward) que de comprendre comment les patrons charbonniers belges ont pu nourrir une telle suspicion. Dans un premier temps, nous reviendrons donc ici sur leur campagne contre le Plan Schuman en insistant sur ce qui faisait son caractère politique et idéologique (I et II). Dans un second temps, pour répondre aux doutes émis par A. S. Milward, il convient de se poser la question de savoir si les charbonniers belges ne voyaient pas de raisons bien concrètes, tout aussi concrètes d'ailleurs que celles des sidérurgistes, de s'inquiéter et quelles étaient ces raisons (III).

I. Les réactions à la Déclaration Schuman

Compte tenu de l'originalité de la proposition faite, le 9 mai 1950, par Robert Schuman, ministre français des Affaires étrangères, de créer un pool européen du charbon et de l'acier, on imagine sans peine qu'il fallut quelques jours aux chancelleries européennes ainsi qu'aux principaux milieux intéressés pour en mesurer toute la portée. En l'occurrence, contrairement à ce qu'en dit E. Devos, la réaction des charbonniers ne fut pas immédiate. Rétrospectivement, au regard de l'événement, la réunion hebdomadaire du Comité de direction de la Fédéchar du 10 mai 1950 peut même paraître bien insipide : ce n'est qu'en fin de séance qu'un membre du comité attira l'attention de ses collègues sur le projet français d'une « mise en commun des productions de charbon et d'acier de la France et de l'Allemagne »[13]. Si l'on pouvait s'attendre à de « probables incidences » pour les activités charbonnières belges, incidences auxquelles il n'était pas inutile de réfléchir, il n'était encore question que d'un « accord d'exploitation des mines Ruhr-France »[14] auquel rien ne disait que la Belgique devrait s'associer. À notre connaissance, les charbonniers n'exprimèrent aucun sentiment avant le début du mois de juin 1950[15].

---

11 Devos, *Le patronat belge face au Plan Schuman (9 mai 1950-5 février 1952)*, p. 26.

12 Milward, *The European Rescue of the Nation-State*, p. 77.

13 Archives Fédéchar, 547, Procès-verbal du Comité de direction, le 10 mai 1950.

14 C'est sous cet intitulé qu'apparaît la discussion dans le procès-verbal du Comité de direction.

15 Archives Fédéchar, 547, Procès-verbal du Comité de direction, le 10 mai 1950 ; *idem*, 547, Procès-verbal du Comité de direction, le 31 mai 1950 ; quant aux holdings, les premières réactions que citent E. Devos pour démontrer leur implication

Il eût même été illusoire d'attendre d'eux qu'ils se positionnent au lendemain de la Déclaration Schuman : même en supposant qu'ils aient eu connaissance exacte des termes de l'invitation française, l'idée lancée était encore trop vague, à ce stade, pour véritablement les inquiéter ou les enthousiasmer. Un point au moins était acquis : le projet « ne préjugeait en rien du régime de propriété des entreprises »[16]. Mais était-ce suffisant pour les rassurer sur la Déclaration dans son ensemble, au demeurant plutôt obscure ? Que fallait-il penser de cette « mise en commun des productions de charbon et d'acier » ; ou de ce concept d'Haute Autorité « commune », « chargée du fonctionnement de tout le régime », « composée de personnalités indépendantes désignées sur une base paritaire par les Gouvernements », « à l'opposé d'un cartel international tendant à la répartition et à l'exploitation des marchés nationaux par des pratiques restrictives et le maintien de profits élevés » ; Haute Autorité dont les décisions « exécutoires » « lieront la France, l'Allemagne et les autres pays qui y adhéreront » ? Il faut bien admettre que, sans même parler des aspects économiques et sociaux, la portée de l'invitation française ne se laissait pas jauger d'un simple coup d'œil. Les charbonniers furent-ils aussi prompts que leurs homologues sidérurgistes, dont leur leader Pierre van der Rest, à suspecter le Plan Schuman de cacher des intentions « dirigistes »[17] ? Il est très probable que oui, compte tenu des contacts étroits entre les deux secteurs au sein des holdings, mais nous n'en avons aucune preuve.

En tout état de cause, il faut constater qu'à ce stade, les informations sur les intentions françaises manquaient encore. Si l'on en croit les échanges de vues lors d'une réunion conjointe des milieux industriels concernés auprès du ministre des Affaires économiques, Jean Duvieusart, le 1er juin, tous semblent avoir été logés à la même enseigne : c'est tellement vrai que les participants à cette réunion, ministre compris, espéraient obtenir quelques éclaircissements de Pierre van der Rest, tout juste rentré d'une rencontre avec ses homologues français : « Absolument rien. Nos Collègues français ne savent rien »[18]. Tout juste les avait-il entendus parler d'« un vaste marché unique et inconcurrentiel [*sic*] », mais il les suspectait de ne pas avoir bien compris eux-mêmes.

---

datent d'octobre 1951 (Devos, *Le patronat belge face au Plan Schuman (9 mai 1950-5 février 1952)* p. 26).

16 Extraits du texte de la Déclaration Schuman, le 9 mai 1950 (http://europa.eu/abc/symbols/9-may/decl_fr.htm).

17 Archives FIB, CD N 1950, Procès-verbal du Comité de direction, le 12 mai 1950.

18 Archives Fédéchar, 547, « Compte rendu de la réunion 1er juin 1950 » (annexe au procès-verbal du Comité de direction, le 7 juin 1950). Il est à noter que la discussion du 24 mai entre États du Benelux et Jean Monnet ne portait que sur la Haute Autorité (Spierenburg et Poidevin, *Histoire de la Haute Autorité de la CECA. Une expérience supranationale*, p. 13).

Quoi qu'il en soit, constatant l'extrême gravité de la situation pour les producteurs charbonniers (« En réalité, les choses se présenteraient comme si les pays contractants constituaient un seul et même territoire »), le vice-président de la Fédéchar, Noël Dessard offrit d'emblée le concours de la Fédéchar pour étudier la question. Pour le gouvernement, il semble que la question d'une association des industriels aux négociations n'ait pas fait beaucoup de doute : après s'être enquis auprès des promoteurs du Plan Schuman de ce qu'il n'existât aucune objection à ce qu'on « [cause] avec les milieux nationaux intéressés et notamment avec les industriels », Jean Duvieusart allait bientôt demander officiellement aux industriels d'apporter leur concours en « exerçant leur imagination ». Mais, sans nul doute, en offrant sa collaboration, Noël Dessard n'entendait pas simplement régler un point d'organisation. Il entendait clairement distinguer le rôle du Gouvernement et celui des experts : si les aspects politiques des négociations à venir constituaient « exclusivement l'affaire des Gouvernements », la gravité de la décision à prendre à l'égard du Plan Schuman en termes économiques justifiait de recourir à la participation des producteurs. Et cette façon de rendre à César ce qui est à César n'était pas destinée seulement à réaffirmer une position traditionnelle du patronat belge, toute théorique fût-elle, consistant à délimiter clairement les sphères d'influence entre pouvoirs publics et acteurs privés. En réalité, comme il allait apparaître par la suite, Dessard adressait à demi-mots la revendication d'une stricte répartition des tâches. D'ailleurs, les charbonniers en attendaient davantage que d'être simplement associés aux négociations : forts de leur poids dans l'économie et de ce qu'ils voyaient comme un monopole de l'expertise, ils ne concevaient tout simplement pas d'être tenus à l'écart des discussions, même s'il convient de noter l'absence d'un quelconque précédent[19].

[19] Si les milieux industriels avaient certes déjà été associés aux travaux d'organisations internationales (notamment la Société des Nations dans l'entre-deux-guerres, la European Coal Organization puis l'Organisation Européenne de Coopération Économique dans l'après-guerre), jamais encore ils n'avaient pris part à l'élaboration concrète d'une telle organisation et les négociations du Benelux ne constituaient en rien un précédent (Grosbois, T., « L'influence des groupes patronaux sur la prise de décision au sein du Benelux (1946-1950) », in Dumoulin, M. *et al.* (dir.), *L'Europe du patronat. De la guerre froide aux années soixante. Actes du colloque de Louvain-la-Neuve des 10 et 11 mai 1990*, Bruxelles : PIE Peter Lang, 1993, p. 116-117). Sur la participation des charbonniers belges au sein des travaux de la Société des Nations : Duboscq, A., *Le conflit contemporain des houillères européennes. Perspectives d'ententes*, Paris : Librairie Technique et Économique, 1936 ; au sein de l'ECO, *Comité Européen du Charbon. 1945 à 1947*, European Coal Organisation, Londres, 1948. Aussi, pour mieux justifier leur requête, les charbonniers durent-ils aller trouver ailleurs l'exemple d'un précédent : les négociations commerciales belgo-allemandes dans l'entre-deux-guerres, durant lesquelles la délégation gouvernementale allemande s'était systématiquement faite accompagner de représentants du Syndicat Rhénan, organisation patronale charbonnière d'outre-Rhin (archives Fédéchar,

La note remise quinze jours plus tard par la Fédéchar au Gouvernement pour exposer son point de vue face à la Déclaration Schuman allait être très explicite à ce sujet. D'emblée, elle soulignait que le succès du projet était subordonné à la réalisation de deux conditions : premièrement, compte tenu du but poursuivi, c'est-à-dire « l'instauration *dans la liberté* d'un régime de saine concurrence »[20], « toute pensée de dirigisme » devait en être exclue ; deuxièmement, l'application du Plan Schuman devait être confiée aux seuls milieux industriels, un droit de veto pouvant être, à la rigueur, reconnu aux délégués des États, voire éventuellement un droit de regard aux organisations ouvrières. Cette délégation des pouvoirs à une institution privée s'entendait parfaitement compte tenu de « la complexité des problèmes à résoudre non seulement au point de départ, mais encore au jour le jour » et aussi de ce que seuls les exploitants étaient « à même de posséder » les connaissances nécessaires. Deux jours auparavant, la même revendication avait été faite par Louis Dehasse au sein du Comité de direction de la FIB[21]. Les charbonniers pouvaient-ils sincèrement nourrir de telles prétentions ?

Pour tenter une réponse à cette question, il faut rappeler qu'entre les pouvoirs publics belges et les milieux industriels, des lignes de convergence existaient au sujet de la libre entreprise, celles-là même qui, en dépit des attaques répétées depuis la Libération, avaient épargné à l'industrie charbonnière belge de tomber sous le coup d'une nationalisation. Ainsi, on semble s'être un moment inquiété, au sein de l'administration, de ce que le Plan Schuman puisse remettre en cause le régime de propriété des entreprises belges ; une crainte vite apaisée par Jean-Charles Snoy et d'Oppuers qui rappelait que tant la Déclaration Schuman que le Document de travail remis aux délégations le 24 juin 1950 assuraient qu'il n'était pas question de cela[22]. Quant à déléguer des pouvoirs nationaux à une autorité internationale indépendante, le ministre des Affaires étrangères Paul van Zeeland avait explicitement donné pour consigne aux diplomates envoyés à Paris de s'opposer à toute délégation de prérogatives dont l'État belge lui-même ne disposait pas[23]. Certes, il s'agissait surtout d'une question de principe relative à la

547, « Compte rendu d'une réunion entre le ministre des Affaires économiques et les délégations charbonnière et métallurgique, le 1er juin 1950 » (annexe au procès-verbal du Comité de direction, le 7 juin 1950)).

20 Archives MAEB, 5212, « L'industrie charbonnière belge en face du Plan Schuman », le 16 juin 1950 (nous soulignons). Une note similaire avait été rédigée par les milieux sidérurgistes.

21 Archives FIB, CD N 1950, Procès-verbal du Comité de direction, le 30 juin 1950.

22 Byl, « La Belgique et la C.E.C.A.: la phase des négociations (9 mai 1950-18 avril 1951) », p. 25.

23 Archives MAEB, 5212, « Compte rendu de la réunion de la délégation belge », le 29 juin 1950.

souveraineté exclusive de la nation : à cette même époque, la Belgique et ses partenaires de Benelux avaient d'ailleurs déjà accordé leurs violons en vue d'exiger que la Haute Autorité soit contrebalancée par un pouvoir intergouvernemental[24]. Mais la consigne de Paul van Zeeland n'est pas non plus sans évoquer le maintien d'un *statu quo* : aucun empiètement sur la sphère de compétences des industriels ne se ferait sans l'accord du gouvernement[25].

À supposer que les charbonniers en aient eu connaissance avant de poser leurs conditions, une telle attitude du Gouvernement eût-elle été suffisante pour éveiller à leur esprit l'espoir d'une autorité internationale privée, au fonctionnement de laquelle les États participeraient de leur droit de veto et les ouvriers d'un éventuel droit de regard ? Venant des charbonniers belges, compte tenu du conservatisme doctrinaire dont ils avaient donné l'habitude, cette position n'étonne pas. Et, somme toute, elle ne faisait que reprendre leur conception de l'entreprise libre et privée. Mais elle n'en pose pas moins une question importante : comment les charbonniers, ainsi que leurs collègues sidérurgistes, se figuraient-ils la structure supranationale proposée par Jean Monnet ? Compte tenu de sa nouveauté, on peut légitimement imaginer que le concept ne leur inspira pas que de la méfiance mais également quelques illusions comme celles revendiquées dans leur note du 16 juin : puisqu'elle serait à la fois éloignée des pressions politiques nationales et plus proche des fondamentaux du marché et de l'économie charbonnière, ne pouvait-on pas légitimement attendre de la Haute Autorité qu'elle émane directement des intérêts industriels nationaux ? Il faut bien admettre cependant que ce ne sont là que des suppositions difficilement vérifiables et nous n'avons trouvé aucun élément supplémentaire pour nous conforter dans cette idée.

En tout état de cause, on imagine que dès les premiers pourparlers à Paris, au cours desquels les patrons charbonniers furent amenés à partager les bancs avec des syndicalistes et surtout, dès la lecture du Document de travail, les charbonniers durent se rendre à l'évidence que leurs attentes allaient largement au-delà des intentions de Jean Monnet[26] : la Haute Autorité serait toute puissante, habilitée à influencer la politique économique des États mais également à intervenir directement dans la gestion des entreprises, par le biais notamment de groupements régio-

---

24 Spierenburg et Poidevin, *Histoire de la Haute Autorité de la CECA. Une expérience supranationale*, p. 13-14.

25 Nous verrons cependant que cette position de départ devait changer au fil des négociations.

26 Spierenburg et Poidevin, *Histoire de la Haute Autorité de la CECA. Une expérience supranationale*, p. 17-18.

naux de producteurs[27]. Manifestement, la question à Paris n'était pas tant de savoir de quelle marge de manœuvre les industriels pouvaient espérer jouir au sein de la Haute Autorité que celle de savoir quelles libertés ils pourraient conserver dans leur cadre national. Du reste, très vite, les charbonniers belges eurent à s'attaquer à des aspects bien plus terre-à-terre du Plan Schuman dont le principal enjeu, en ce qui les concernait, était de s'assurer une portion la moins petite possible d'un marché que, selon toute vraisemblance, ils auraient bientôt à partager avec d'autres. Il ne s'agissait pas moins que de leur avenir et de leur survie. Et, dans une telle perspective, on imagine sans peine que le pragmatisme eut vite fait de prendre le pas sur les illusions.

II. La campagne anti-dirigiste

Au terme des premières rencontres à Paris, vers la fin juin 1950, les charbonniers reprirent à leur compte le principe défendu par le chef de la délégation belge, Max Suetens, selon lequel il fallait concevoir la Haute Autorité à travers les problèmes nationaux et non l'inverse[28] : il convenait, avant tout, de savoir quelles seraient « la nature et l'étendue des engagements »[29] qu'impliquerait de leur part une adhésion au Plan Schuman et régler, pour cela, des questions techniques essentielles telles que l'égalisation vers le progrès des salaires et des charges patronales, la réalisation du marché unique, la détermination des prix, la réglementation de la production et, enfin, les modalités d'un régime d'aide en faveur du charbon belge.

Du traité-cadre prévu par Jean Monnet, les délégations belge et néerlandaise voulaient faire un traité-loi, où tout fût réglé dans le moindre détail, des aspects techniques aux aspects institutionnels : Monnet dut donc accepter que l'on discute parallèlement de la Haute Autorité et des

---

27 Ces groupements devaient rassembler les producteurs sur la base d'entités régionales cohérentes dont les limites ne devaient plus tenir compte des frontières nationales. Par le biais de ces groupements régionaux, Jean Monnet entendait donner à la Haute Autorité la possibilité de surveiller de près la production sur la base d'une programmation avalisée par elle (Griffiths, R. T., « The Schuman Plan Negotiations : the Economic Clauses », in Schwabe, K. (ed.), *Die Anfänge des Schuman-Plans 1950/51. Beiträge des Kolloquiums in Aachen, 28.-30. Mai 1986*, Baden-Baden : Nomos Verlagsgesellschaft, 1988, p. 44).

28 Archives MAEB, 5212, Note de M. Suetens, le 22 juin 1950. Ainsi avait-il déclaré aux promoteurs du Plan Schuman : « Vous voyez la solution de nos problèmes à travers la Haute Autorité. Nous voyons la Haute Autorité à travers nos problèmes et leurs solutions ».

29 Archives MAEB, 5212, Note de la Fédéchar « Plan Schuman. Observations de l'industrie charbonnière belge à l'issue de la première semaine de négociation », le 27 juin 1950.

questions techniques[30]. Compte tenu de ce qu'ils étaient confinés à l'examen des aspects techniques, il ne faut pas s'étonner du fait que les charbonniers belges restèrent relativement silencieux sur les aspects institutionnels, ne les abordant plus, dès juillet 1950, qu'en rapport avec des implications très concrètes du Plan Schuman. Ainsi, en-deçà de toute considération idéologique, la perspective de voir s'instaurer « un dirigisme à l'échelle internationale »[31], à travers la Haute Autorité, présentait déjà à leurs yeux un risque très concret : celui de voir cet organisme décider un jour aveuglément et arbitrairement d'une réduction des capacités de production de charbon en Belgique, sans que personne ne puisse y faire quoi que ce soit.

En dépit de la difficulté de certaines discussions (comme celles relatives aux fonds de péréquation et de reconversion, au sujet desquels les négociateurs allemands surtout se montraient intraitables[32]), il ne semble pas que les charbonniers belges aient trouvé, au cours des trois premiers mois, la moindre raison concrète de s'insurger. Alors qu'ils étaient inhibés dans une certaine mesure par la haute conjoncture de réarmement[33] – la guerre de Corée avait éclaté le 25 juin dernier –, on devine par ailleurs que c'est avec satisfaction qu'ils accueillirent l'obtention par les États du Benelux d'un pouvoir intergouvernemental pour servir de contrepoids à la Haute Autorité : le Conseil spécial des Ministres[34]. Pour les milieux industriels, ce contre-pouvoir devait permettre d'atténuer les prérogatives que Monnet entendait attribuer au pouvoir supranational envers les groupements régionaux des producteurs. Du reste, il semble que les industriels belges entretenaient avec les délégués gouvernementaux de bons rapports, suffisamment du moins pour louer la qualité de leur travail et les en remercier[35].

30 Spierenburg et Poidevin, *Histoire de la Haute Autorité de la CECA. Une expérience supranationale*, p. 17.

31 Archives Fédéchar, 547, Procès-verbal du Comité de direction, le 19 juillet 1950.

32 Griffiths, « The Schuman Plan Negotiations : the Economic Clauses », p. 55-57.

33 Dumoulin, M., « La Belgique et les débuts du Plan Schuman (mai 1950-février 1952) », in *ibid.*, p. 275. Ce qui le fait parler d'une partie de cache-cache avec les réalités compte tenu de ce que l'industrie charbonnière était manifestement remise en question.

34 Spierenburg et Poidevin, *Histoire de la Haute Autorité de la CECA. Une expérience supranationale*, p. 19-21.

35 Archives MAEB, 5216, Lettre de Delville à Vinck, le 27 septembre 1950 ; archives CCE, Procès-verbal de la Commission chargée de l'étude du Plan Schuman du Conseil Central de l'Économie, le 3 janvier 1951 ; archives Fédéchar, 439/132, Note de la Fédéchar « Communication de Monsieur Canivet au Conseil Central de l'Économie au sujet du Plan Schuman, le 1er février 1951 ». Voir aussi : Devos, *Le patronat belge face au Plan Schuman (9 mai 1950-5 février 1952)*, p. 59. Dans une note à van Zeeland, Biernaux, le pendant sidérurgique de Vinck, écrivait : « Les délégués gouvernementaux se sont efforcés d'obtenir satisfaction pour tous les *deside-*

Parmi eux, il convient de s'arrêter quelques instants sur la personnalité de François Vinck. Haut-fonctionnaire au sein du ministère des Affaires économiques, cet expert en questions énergétiques avait été envoyé à Paris pour prendre part aux négociations. Outre son expertise, sa couleur politique – il était socialiste et, de surcroît, proche de Max Buset, président du Parti Socialiste Belge – devait permettre, aux yeux du Gouvernement, de faire porter la responsabilité du Plan Schuman par l'ensemble de la classe politique belge. Compte tenu des contacts qu'il avait avec les patrons charbonniers, sa position présente donc un intérêt certain. À titre privé, dans une lettre à Max Buset, il s'était dit prudent, disant craindre que le Plan Schuman ne puisse cacher un « petit cartel capitaliste sur le dos des consommateurs », tout en déclarant qu'en dépit d'une « position personnelle […] pas très aisée », il faisait de son mieux « pour obtenir des sauvegardes indispensables pour nos deux industries de base : charbon-acier »[36]. À titre plus officiel, dans une note à son ministre Albert Coppé, il expliquait, sans équivoque, que la délégation belge était partie « de l'idée que le maximum d'initiative et de responsabilité devrait rester aux entreprises et que le rôle de la Haute Autorité devrait être limité à la supervision »[37]. Par la suite, à ce sujet précisément, François Vinck allait se montrer très critique face au cours pris par les négociations.

En effet, à partir du mois de septembre, l'ambiance des négociations se modifia sensiblement, notamment dans le cadre des débats sur les groupements régionaux de producteurs. En juin 1950, les promoteurs du Plan Schuman avaient suggéré qu'à ces groupements soit donnée la responsabilité d'établir des programmes de production et d'investissement[38]. À la différence des premiers, les programmes d'investissement devraient être revus par la Haute Autorité. Dans le cas où celle-ci devait émettre un avis négatif, Monnet entendait distinguer les entreprises privées, libres de risquer leur capital comme bon leur semblerait, et les entreprises d'État, tenues quant à elle par les recommandations de la Haute Autorité. Alors qu'au cours des négociations de l'été 1950, ce

---

rata raisonnables exprimés par les représentants de l'industrie. Ils ont abouti, pour de nombreux points, à des résultats extrêmement satisfaisants et ils comptent maintenir fermement leur point de vue sur les questions encore en litige » (archives MAEB, 5216, Note de Biernaux, membre de la délégation, à van Zeeland, 22 décembre 1950).

36 Dans une lettre à l'attention de Max Buset citée par Tilly, *André Renard. Biographie*, p. 435.

37 Archives Fédéchar, 294/146, Note de Vinck à Coppé « Plan Schuman. Note à Monsieur le ministre », le 12 octobre 1950.

38 La Haute Autorité n'intervenant dans ces programmes qu'au cas où elle jugeait qu'ils présentaient une menace pour l'organisation de la production (Griffiths, « The Schuman Plan Negotiations : the Economic Clauses », p. 44).

principe (favorable aux industriels belges et allemands) n'avait pas été remis en question, la situation s'était brusquement modifiée au début du mois de septembre lorsque les Néerlandais avaient demandé qu'afin d'éviter toute discrimination (pour leurs mines d'État notamment), la Haute Autorité soit chargée d'évaluer chaque programme d'investissement, qu'il soit privé ou public. Cette idée, accueillie favorablement par Jean Monnet, avait immédiatement provoqué de vives protestations chez les délégués belges. Une solution de compromis put être dégagée sur ce point précis, mais les Belges n'étaient pas au bout de leurs peines.

Au début du mois d'octobre, dans un mémorandum de synthèse, Monnet entendit revenir sur certains acquis des dernières semaines sous prétexte qu'ils ne correspondaient pas à l'esprit des documents initiaux, en ce compris feu les groupements régionaux. Ce mémorandum provoqua autant de stupéfaction, d'exaspération que de méfiance au sein des certaines délégations, dont l'équipe de Max Suetens dans son ensemble[39]. Monnet rédigea une nouvelle note, le 10 octobre, afin de préciser sa pensée, note qui, aux yeux de François Vinck, reflétait « un état d'esprit très dangereux » :

> Monnet aurait pu établir ce document dès le 24 juin en s'inspirant de l'idée initiale d'une Haute Autorité toute-puissante et maîtresse des industries du charbon et de l'acier. [...] Tous [nos] efforts [au cours de pourparlers] semblent n'avoir servi à rien, puisqu'aujourd'hui on veut faire réapparaître l'idée initiale d'une véritable fusion des industries avec pouvoir absolu de la Haute Autorité[40].

Pour le fonctionnaire, ce que le mémorandum préfigurait, c'était, non pas un marché unique pour le charbon et l'acier, mais bien « une véritable mainmise de la Haute Autorité sur les deux industries, avec risque d'user arbitrairement d'un pouvoir exorbitant »[41]. Pour le délégué charbonnier Pierre Delville, en tous les cas, le document remis par l'équipe Monnet trahissait « une très nette tendance à faire de la [Haute Autorité]

39 Archives MAEB, 5216, « Note des experts des industries charbonnières et sidérurgiques belges concernant le mémorandum du 27.09.1950 sur les institutions et les dispositions économiques et sociales permanentes du Plan Schuman », le 3 octobre 1950 ; archives Fédéchar, 294/146, Note de Vinck à Coppé « Plan Schuman. Note à Monsieur le ministre », le 12 octobre 1950. Voir aussi : *ibid.*, p. 45-46 et 62-63 ; Milward, « The Belgian Coal and Steel Industries and the Schuman Plan », p. 449.

40 Archives Fédéchar, 294/146, Note de Vinck à Coppé « Plan Schuman. Note à Monsieur le ministre », le 12 octobre 1950.

41 À noter que François Vinck disait se soucier tout autant des ouvriers qui « ne se trouveraient plus demain devant leur patronat respectif mais devant un pouvoir omnipotent inaccessible pour eux, même par le truchement du Comité Consultatif supranational » (archives Fédéchar, 294/146, Note de Vinck à Coppé « Plan Schuman. Note à Monsieur le ministre », le 12 octobre 1950).

un organisme omnipotent et dictatorial »[42]. Dans d'autres communications à la Fédéchar, Delville faisait d'ailleurs un tableau peu glorieux des négociations à Paris : constatant la politique personnelle de Monnet, de nature à « saper la confiance que l'on pouvait avoir à l'égard du Plan Schuman », il ajoutait :

> On patauge autant, si pas plus qu'au cours des dernières semaines et l'on n'a toujours pas abordé la période de transition qui soulève les plus graves difficultés. [...] Nous attendons avec un certain scepticisme le déroulement des opérations et nous devons bien reconnaître que la confiance dans l'équipe Monnet est en sérieux déclin. [...] L'impression de la délégation belge, vendredi soir, était que le Plan Schuman battait sérieusement de l'aile et qu'on risquait d'aller à un échec si l'on ne transformait pas radicalement la procédure actuelle[43].

S'il ne fait pas l'ombre d'un doute que François Vinck voyait d'un bon œil la participation des ouvriers au travail des associations patronales, il semble aussi qu'entre lui et les patrons charbonniers un certain consensus régnait sur les questions de la libre entreprise et du dirigisme dont Monnet entendait imprégner la CECA. En dépit de cela, les négociations devaient prendre dès octobre 1950 un cours résolument inquiétant pour les charbonniers, que l'intransigeance de Jean Monnet ne contribuait vraisemblablement pas à rassurer : alors que les premières ébauches d'un Traité commençaient à circuler et que des pourparlers bilatéraux et confidentiels étaient entamés, notamment entre François Vinck et Étienne Hirsch, le bras droit de Jean Monnet, en vue de mettre au point les dispositions transitoires (dont l'utilisation du fonds de péréquation), les experts privés furent pour la première fois tenus en-dehors du processus[44].

Dès cette époque, les charbonniers entendirent donner à leur campagne toutes les apparences d'une cause nationale, rien moins qu'une « nouvelle bataille du charbon »[45]. Il fallait alerter la nation tout entière de ce qui se tramait à Paris. Dès lors, la Fédéchar tâcha d'atteindre de

---

42 Archives Fédéchar, 294/146, « Plan Schuman. Communication téléphonique faite par M. Delville, de Paris, le 11 octobre 1950, à 10 heures ».

43 Archives Fédéchar, 294/146, « Plan Schuman. Réflexions à propos des travaux qui se sont poursuivis du 9 au 14 octobre 1950 (Rapport établi par M. Delville) », le 14 octobre 1950. Les charbonniers belges ne tariraient pas de critiques à l'égard de Monnet dont ils dénonçaient le « penchant naturel pour les conceptions grandioses » et son optimisme excessif, notamment au sujet des industries du charbon et de l'acier (archives Eisden, 709, « Les industriels belges devant le Plan Schuman », le 28 janvier 1952).

44 Dumoulin, « La Belgique et les débuts du Plan Schuman (mai 1950-février 1952) », p. 275.

45 L'allusion à la bataille du charbon, lancée en février 1945 par le Premier ministre et auto-proclamé ministre du Charbon, Achille Van Acker, est évidente.

ses pamphlets chaque secteur, chaque échelon de l'opinion publique, au niveau local ou national : « [...], contrairement aux espoirs que l'idée primitive du Plan Schuman avait pu susciter, notre industrie se trouve devant un danger trop grave pour qu'on puisse s'abstenir de prévenir instamment les autorités [...] »[46]. Certaines dispositions du Traité, tel qu'il se présentait alors, condamnaient, de façon manifeste,

> nombre d'entreprises de notre pays que jusqu'à présent, pour des raisons de sécurité sociale et nationale, le Gouvernement belge s'est toujours efforcé de maintenir en activité, mais encore des bassins actuellement considérés comme parfaitement normaux et jusqu'à la Campine elle-même, qui est le plus beau fleuron de notre industrie charbonnière[47].

Compte tenu des choix posés, en termes tarifaires notamment (le choix des prix de vente allemands pour servir de base aux prix à établir sur le futur marché commun), la Belgique devait être bientôt à la merci des producteurs allemands. Qu'adviendrait-il désormais

> de la population belge occupée dans nos charbonnages, de leurs familles et de tous ceux, commerçants et petits industriels, qui vivent en raison même de l'existence de nos mines ? De telles perspectives, qu'on peut qualifier de révolutionnaires, sont beaucoup trop dangereuses pour que notre Gouvernement et les Représentants de la Nation n'accueillent le Plan Schuman tel qu'il se présente qu'avec une extrême prudence[48].

Au début du mois de décembre, les patrons de l'acier et du charbon mirent à plat, dans une note commune, les principaux points de désaccord et de crainte que leur inspiraient les résultats des négociations tels qu'ils apparaissaient dans un nouvel avant-projet de la fin novembre. Alors que

> des formules avaient été trouvées qui avaient obtenu l'accord de toutes les délégations, y compris la délégation française, et qui laissaient aux entreprises une liberté d'action suffisante, tout en donnant à la Haute Autorité les moyens de contrôle et de surveillance nécessaires pour empêcher que les objectifs essentiels du Plan puissent être mis en danger[49],

---

46 Archives MAEB, 5216, Note de la Fédéchar « Quelques réflexions sur le Plan Schuman », le 16 octobre 1950 ; *idem*, 5216, Note de la Fédéchar et du Cobéchar « Situation des entreprises charbonnières belges dans le cadre du Plan Schuman », le 22 octobre 1950 ; archives Rey, 24, Note de la Fédéchar, *Les conséquences du Plan Schuman pour la Belgique*, Bruxelles, 1951.

47 Archives MAEB, 5216, « Quelques réflexions sur le Plan Schuman ».

48 *Idem*.

49 Archives MAEB, 5216, « Positions communes de l'industrie charbonnière et de l'industrie sidérurgique belges vis-à-vis du Plan Schuman », le 7 décembre 1950. Une note du genre avait été rédigée une première fois au début du mois d'octobre afin de dénoncer le durcissement des positions de Jean Monnet.

on envisageait de conférer à la Haute Autorité des pouvoirs que les industriels belges jugeaient nettement excessifs :

> Les dispositions actuellement proposées [...] jugulent complètement l'initiative et la responsabilité des entreprises et de leurs organismes représentatifs. Elles établissent, sous la menace de sanctions draconiennes, un dirigisme intégral de la Haute Autorité et équivalent en fait à une nationalisation déguisée[50].

Cette note, qui devait être défendue quelques jours plus tard au-devant des ministres compétents, c'est-à-dire Premier ministre, ministre du Commerce extérieur, ministre des Affaires économiques et ministre des Finances[51], a été invoquée par A. S. Milward pour caractériser le déséquilibre des rapports entre charbonniers et sidérurgistes. Ces derniers étaient, selon lui, surtout inquiétés par les limitations qu'ils risquaient de se voir imposer sur les pratiques d'entente entre producteurs[52] et, en œuvrant de concert avec leurs homologues charbonniers, ils entendaient utiliser à leur profit la charge hautement symbolique du charbon national, plus susceptible que l'acier de toucher les esprits. A. S. Milward relègue par ailleurs les charbonniers au rôle de dindons de la farce, en voulant pour preuve qu'à peine les questions liées aux ententes furent réglées, les sidérurgistes abandonnèrent les charbonniers à leur triste sort. Ce raisonnement n'est pas totalement sans fondement, semble-t-il, mais appelle certaines nuances. Notamment parce que la note commune citée ci-dessus et invoquée par Milward pour démontrer le rôle moteur des sidérurgistes, faisait bel et bien suite à une initiative des charbonniers[53]. De plus, cette note défendait les intérêts des deux secteurs de façon très équilibrée[54]. Enfin, quant à être lâchés par leurs collègues, encore faudrait-il savoir sur quelles questions et si celles-ci constituaient véritablement la priorité des charbonniers[55] : s'il s'agissait

---

50 *Idem.*

51 Devos, *Le patronat belge face au Plan Schuman (9 mai 1950-5 février 1952)*, p. 66.

52 Griffiths, « The Schuman Plan Negotiations : the Economic Clauses », p. 61-66.

53 Archives Fédéchar, 547, Procès-verbal du Comité de direction, le 6 décembre 1950.

54 Si chacune des deux industries se réservaient le droit de défendre ailleurs des « considérations complémentaires », le contenu de la note devait être le fruit d'un consensus : l'égalisation dans le progrès des conditions de vie et de travail de la main-d'œuvre au cours de la période de transition ; la possibilité inconditionnelle pour la Belgique de décider elle-même des capacités de production à maintenir ; et enfin, la défense de la libre entreprise face aux pouvoirs excessifs de la Haute Autorité.

55 Ainsi que le laisse entendre Milward, *The European Rescue of the Nation-State*, p. 80. Les intérêts charbonniers et sidérurgiques semblent s'être suffisamment chevauchés en tous les cas pour assurer encore un minimum de solidarité entre les deux patronats (archives MAEB, 5216, « Plan Schuman. Remarques de l'industrie sidérurgique belge concernant la note du 13 décembre 1950 sur la péréquation. Document

de la garantie de disposer pour leur charbon d'un marché national exclusif, ainsi que le conçoit A. S. Milward, alors oui, les charbonniers devaient bien finir par se retrouver seuls un jour ou l'autre ; mais ne s'agissait-il pas aussi de défendre ensemble les principes de la libre entreprise ? Or, force est de constater que, jusqu'à la rédaction de la note commune, les deux patronats avaient montré la même inquiétude face aux dangers du dirigisme et que cette unité de vues ne devait jamais se démentir par la suite.

L'opposition aux pouvoirs de la Haute Autorité fut dès cette époque exprimée également sur le plan international par les fédérations industrielles des six pays négociateurs, qui dénonçaient en janvier 1951 le « monopole superétatique » mis en place par le projet de traité :

> Le projet actuel apparaît comme un document inspiré d'un hyperdirigisme inconnu de nos démocraties et relevant des régimes totalitaires les plus absolus. [...] Tous les éléments essentiels de la vie des entreprises sont à sa merci, sous la menace de sanctions draconiennes, les gouvernements lui reconnaissant des pouvoirs qu'ils n'exercent pas à l'intérieur de leurs frontières et hésiteraient à revendiquer pour eux-mêmes[56].

De concert, les signataires de cette note réclamèrent d'être associés davantage aux travaux de la future Haute Autorité.

À compter du moment où les résultats des négociations furent connus dans les grandes lignes, c'est-à-dire en janvier 1951 et jusqu'à la ratification par le Sénat, en février 1952, la Fédéchar allait additionner pamphlets, droits de réponse et rencontres dans l'espoir, toujours plus mince, de voir l'histoire changer de cours[57]. Même les garanties obtenues à l'arraché par le ministre des Affaires étrangères, Paul van Zeeland, lors de la Conférence des ministres à la mi-avril 1951 à Paris, n'y changèrent rien[58]. Confrontés à des attaques de plus en plus violentes dans la presse

---

Vinck-Hirsch », le 13 janvier 1951 ; van der Rest, P., « Le Plan Schuman », *Comptes Rendus de la Société d'Économie Politique de Belgique*, 8 mai 1951, p. 3-31 ; archives Fédéchar, 547, Procès-verbaux du Comité de direction, les 1er et 22 août 1951. Voir aussi : Devos, *Le patronat belge face au Plan Schuman (9 mai 1950-5 février 1952)*, p. 86).

56 Archives MAEB, 5216, « Observations et propositions des fédérations industrielles nationales des pays intéressés par le Plan Schuman sur les clauses économiques du 'projet de traité' en préparation », le 17 janvier 1951. Il s'agit d'une note du *Conseil des Fédérations Industrielles d'Europe* (ou CFIE).

57 Voir à ce sujet : Devos, *Le patronat belge face au Plan Schuman (9 mai 1950-5 février 1952)*, p. 67-69 ; Dumoulin, « La Belgique et les débuts du Plan Schuman (mai 1950-février 1952) », p. 280.

58 Pas même la possibilité laissée au gouvernement belge de subsidier les mines belges au-delà des 23,5 millions de tonnes prévues comme limite, pour autant que ces subsides se justifieraient pour des raisons d'équilibre économique et social de la Belgique dans son ensemble (Spierenburg et Poidevin, *Histoire de la Haute Autorité*

et dans la classe politique, les charbonniers tâchèrent de faire flèche de tout bois pour dénoncer les dangers du Traité CECA[59]. Les dernières semaines de campagne, avant que soit atteint le point de non-retour, furent également l'occasion de violentes diatribes à l'égard d'un traité par lequel la France, « avec une habileté consommée », livrait, sur un plateau d'argent, la Belgique à l'ennemi de hier et d'avant-hier : l'Allemagne voisine[60].

Notons ici que dès la fin du mois d'octobre 1951, des contacts, très cordiaux selon toute apparence, étaient engagés avec les producteurs allemands afin de préparer l'avenir. C'est sur la base de ces contacts que, dans les mois à venir, allait se bâtir une association charbonnière européenne, le futur CEPCEO, trahissant une certaine résignation chez les charbonniers belges : non sans réclamer une renégociation du traité, il s'agissait d'entreprendre désormais des démarches plus constructives afin de ne pas rater le train de la mise en place des institutions. Ainsi, afin d'obtenir un soutien au principe de la présence des producteurs au sein de la Haute Autorité, des démarches étaient engagées auprès du Gouvernement belge, mais également auprès de la Economic Cooperation Administration (ECA)[61].

---

de la CECA. Une expérience supranationale, p. 29-32 ; Milward, *The European Rescue of the Nation-State* ; Griffiths, « The Schuman Plan Negotiations : the Economic Clauses », p. 67).

59 Ils emboîtèrent ainsi le pas à ceux qui, début 1951, commencèrent à mettre en cause la constitutionnalité du texte, en contradiction avec l'art. 25 de la Constitution belge consacrant que le pouvoir émane de la Nation. Dès la fin janvier, au-devant du CCE, Léon Canivet se faisait l'écho de cet argument (archives Fédéchar, 439/132, Note de la Fédéchar « Communication de Monsieur Canivet au Conseil Central de l'Économie au sujet du Plan Schuman, le 1er février 1951 ») Pain béni pour les industriels, cette controverse présentait une sérieuse menace pour le gouvernement (Dumoulin, « La Belgique et les débuts du Plan Schuman (mai 1950-février 1952) », p. 279).

60 Archives Eisden, 709, « Les industriels belges devant le Plan Schuman », le 28 janvier 1952. Voir aussi : Delville, P., « L'industrie charbonnière devant le Plan Schuman », *Études Économiques*, n° 81-82, novembre 1951 ; Delarge, G., « Le Plan Schuman et l'industrie houillère du Borinage », *Études Économiques*, n° 81-82, novembre 1951.

61 L'ECA était une agence gouvernementale des États-Unis mise en place en 1948 afin d'administrer le Plan Marshall. Elle tenait des bureaux dans chacun des seize États bénéficiaires de l'aide américaine (voir Hoffmann, S. and Maier, C., *The Marshall Plan : a Retrospective*, Boulder, Colo.: Westview Press, 1984 ; Kurgan-Van Hentenryk, G., « Le Plan Marshall et le développement économique de la Belgique », in Aerts, E. *et al.* (eds.), *Studia Historica Economica. Liber Amicorum Herman Van der Wee*, Leuven : Universitaire Pers Leuven, 1993). Une action similaire fut menée conjointement avec les sidérurgistes auprès du gouvernement belge (archives Fédéchar, 547, Procès-verbal du Comité de direction, le 30 janvier 1952).

En conclusion de cette campagne, en janvier 1952, le directeur du service Études et Documentation du Cobéchar, Fritz Michotte van den Berck, dans un discours, du reste plein d'amertume et de menace, rappelait à qui voulait encore bien les entendre que la Haute Autorité avait été dotée de toute une série de pouvoirs qui « lui permettait de s'immiscer dans la vie individuelle des entreprises, et cela sans grande utilité pour le fonctionnement du pool »[62]. Malgré les efforts des industriels, charbonniers et sidérurgistes en tête, c'est l'intransigeance et les conceptions diamétralement opposées des promoteurs du Plan Schuman qui avaient mené la danse, habilitant la Haute Autorité à fixer des prix minima et maxima et à élaborer des programmes de production (en ce compris des réductions de capacités) ; à statuer des programmes d'investissements des entreprises, des projets de fusion ou de concentration d'entreprises ; ou encore à infliger des amendes aux éventuelles contrevenantes.

> Bref, l'emprise de la Haute Autorité envahit tout ce qui naturellement constitue un champ d'action propre de l'entreprise. Il est évident qu'un dirigisme poussé à pareil point ne peut avoir d'autre effet que d'entamer le sens de l'initiative et le dynamisme des chefs d'entreprise et qu'il sera par conséquent hautement préjudiciable à l'économie prise dans son ensemble[63].

III. Des raisons concrètes de s'inquiéter ?

La lutte des charbonniers belges contre les risques de nationalisation que leur faisait craindre le Plan Schuman ne constituait, selon A. S. Milward, qu'une baudruche (« *a mere humbug* »[64]) compte tenu de ce que les charbonnages belges étaient déjà *de facto* soumis à l'interventionnisme public et qu'à la différence de leurs homologues sidérurgistes, ils n'avaient plus grand-chose à protéger dans ce domaine.

L'attitude ambiguë manifestée par les patrons charbonniers face aux résultats des négociations de Paris tend à confirmer cette analyse de Milward : tout en dénonçant les risques d'arbitraire que certaines clauses du traité faisaient peser sur leur secteur, ils constatèrent avec regret que la Haute Autorité, dans ses pouvoirs d'intervention parfois salutaire, était à la merci de la bonne volonté des nations (A). Cette ambiguïté allait de pair, il convient de le dire, avec celle qui de façon générale avait accompagné la rédaction du Traité CECA. En outre, la vision d'A. S. Milward appelle à être nuancée. Premièrement, elle ne tient pas assez compte des possibilités nouvelles que le traité offrait aux syndicats

---

62 Archives Eisden, 709, « Les industriels belges devant le Plan Schuman », le 28 janvier 1952.

63 *Idem*.

64 Milward, *The European Rescue of the Nation-State*, p. 77.

et des risques nouveaux que cela entraînait, aux yeux des patrons charbonniers, pour les principes de l'entreprise privée (B). Deuxièmement, le lancement du Plan Schuman en mai 1950 coïncida avec la réapparition, aux yeux des charbonniers, de conditions sociales et politiques propices à la remise en cause du statut et de la gestion privée de leurs exploitations, comme cela avait été le cas dans l'immédiat après-guerre (C).

A. Les craintes équivoques des charbonniers au travers du Traité CECA

Vers la fin du mois de janvier 1951, dans une note citée plus haut, la Fédéchar avait dénoncé les résultats des négociations tels qu'ils apparaissaient, d'une part, dans le Traité CECA et, d'autre part, dans la *Convention relative aux dispositions transitoires* (CDT). En dépit des efforts déployés par les négociateurs et malgré leurs compétences :

> il apparaît à présent clairement que les négociations qui se sont poursuivies jusqu'à présent n'ont pas été celles qui précèdent un accord destiné à produire, sur le plan international, l'effort commun à l'énoncé duquel chacun, d'abord, avait applaudi, mais qu'elles aboutissent à proposer à la Belgique de compromettre définitivement son autonomie économique en échange d'une aide temporaire qui n'a aucune commune mesure avec l'étendue et les conséquences des engagements qu'on lui demande de prendre[65].

En réalité, le traité constituait un texte hybride et contradictoire qui, à force de compromis au fil de sa rédaction, s'était trouvé partagé entre, d'une part, une inspiration explicitement libérale et, d'autre part, des pouvoirs étendus octroyés à la Haute Autorité en vue d'intervenir sur le marché et d'y tempérer la concurrence. On avait craint à Paris « que les vertus de la concurrence, même ordonnée, ne suffisent pas à elles seules à réaliser spontanément les objectifs que l'on se [fixait] »[66]. Portant l'empreinte de la législation anti-trust américaine, le Traité CECA était également largement influencé par le caractère stratégique des deux secteurs dont il avait désormais la garde, ainsi que par la « ferveur supranationaliste de l'époque Schuman »[67]. Pour parler du régime économique ainsi établi, le Président de la première Commission de la future Communauté économique européenne, Walter Hallstein, allait ainsi parler de « système de concurrence réglementée ». Comme on a pu l'écrire plus tard,

---

[65] Archives MAEB, 5216, « Déclaration des producteurs charbonniers au gouvernement belge au sujet de l'état des négociations relatives au Plan Schuman et à la position qui en découle de la part de l'industrie charbonnière belge », le 24 janvier 1951.

[66] Ippolito, M., *Contribution à l'étude du problème énergétique communautaire*, Paris : Librairie générale de Droit et de Jurisprudence, 1969, p. 317.

[67] Mény, Y. et Wright, V. (dir.), *La crise de la sidérurgie européenne. 1974-1984*, Paris : Presses universitaires de France, 1985, p. 181.

« la clef pour comprendre le Plan Schuman et ses suites repose [...] dans son ambiguïté »[68] ; ou dit d'une autre manière encore, le traité était le « reflet de conflits d'intérêts qui ne furent pas harmonisés mais institutionnalisés »[69]. Mais revenons ici sur les différentes dispositions afférant au charbon belge au sein du Traité CECA et de la CDT.

Dès la Déclaration Schuman, il était apparu qu'il n'était pas envisageable d'établir un marché commun du jour au lendemain sans prendre en compte les situations particulières de chaque État, et notamment les handicaps dont ils pouvaient être atteints. Le problème charbonnier belge constituait un de ces handicaps et avait d'emblée été perçu par les promoteurs du Plan Schuman comme une source potentielle d'embarras : les dangers qu'un marché commun risquait de faire peser sur l'avenir de l'industrie charbonnière belge étaient suffisamment sérieux pour que l'on ait à craindre un échec des négociations[70]. D'emblée, le principe d'une transition fut donc accepté afin de ménager à ces industries handicapées le temps et l'assistance qui semblaient nécessaires à leur intégration au marché commun. Plus problématiques furent les modalités d'application de cette transition, sources de désaccords tout au long des discussions, tant sur le plan national qu'international. Il ne s'agissait pas uniquement de fixer un délai d'intégration mais également de définir les éléments d'une aide financière : à quel montant serait limitée cette aide ; qui allait la payer ; et pendant combien de temps ?

Tableau 5 : Production charbonnière en Europe occidentale en 1949

Belgique	27 850 000 t
France	53 032 000 t
Nord et Pas-de-Calais	27 656 000 t
Allemagne	103 238 000 t
Sarre	14 262 000 t
Pays-Bas	11 705 000 t

(Source : Archives MAEB, 5212, Note de la Fédéchar « L'industrie charbonnière en face du Plan Schuman », le 16 juin 1950).

La phase transitoire fut fixée à un terme rigide de cinq années à dater de l'ouverture des marchés. Quant à la suppression des barrières douanières, trois exceptions furent considérées, les charbons belge et français

[68] L'historien allemand L. Herbst cité par Röndigs, *Globalisierung und europäische Integration. Der Strukturwandel des Energiesektors und die Politik der Montanunion, 1952-1962*, p. 101.

[69] *Ibid.*, p. 101.

[70] Milward, *The European Rescue of the Nation-State*, p. 72. Ce qui mettait les charbonniers belges dans une position relativement avantageuse pour obtenir des concessions qu'ils n'auraient jamais obtenues autrement. Voir aussi à ce sujet Griffiths, « The Schuman Plan Negotiations : the Economic Clauses ».

et l'acier italien, qui bénéficieraient dès lors des modalités de transition. Quant à elle, la Belgique obtenait également la possibilité de proroger à deux reprises et pour des périodes d'un an l'intégration définitive du charbon belge : elle devait ainsi pouvoir bénéficier d'un régime d'exception de sept années au maximum (et non huit comme a pu l'écrire A. S. Milward). Par ailleurs, le ministre belge des Affaires étrangères, Paul van Zeeland, obtint au stade ultime des négociations de Paris, c'est-à-dire lors de la Conférence des Six à la mi-avril 1952, une clause de sauvegarde autorisant la Belgique à isoler temporairement son marché charbonnier du marché communautaire[71].

Dans le cadre des dispositions transitoires, deux fonds furent prévus : le premier, dit fonds de péréquation[72], devait permettre de postposer l'entrée effective d'un secteur national dans le marché commun ; le deuxième, le fonds de reconversion, devait assurer la prise en charge des travailleurs dont les entreprises n'étaient pas parvenues à s'adapter, en aidant à leur rééducation et leur réemploi. Nous aurons l'occasion de revenir en profondeur sur le fonds de péréquation dans le cinquième chapitre. Pour l'heure, retenons seulement qu'il devait permettre d'anticiper l'adaptation des productions les moins rentables en baissant artificiellement les prix et en prenant à sa charge les pertes d'exploitation provoquées par l'ouverture du marché commun : il permettrait, d'une part, d'assurer aux charbonniers belges l'écoulement de leur production et, d'autre part, de faire également profiter les consommateurs de charbon belges des niveaux tarifaires en cours dans le marché commun. L'alimentation de ce fonds devrait être assurée au moyen d'un prélèvement auprès des producteurs du pool dont les prix de revient étaient inférieurs à la moyenne communautaire (concrètement, les Allemands et les Néerlandais)[73] ; ceci fut convenu à condition que l'État belge contribuât en versant des subsides égaux aux subsides de péréquation. Dernier point important : de même que le prélèvement, les subsides de péréquation devaient être dégressifs et limités à la période de transition.

---

71 § 26, 3 et 4 de la CDT.

72 La péréquation (*equalization* en anglais ou *Ausgleich* en allemand) consiste à financer des activités déficitaires d'une entreprise (ou d'une administration) par les recettes perçues auprès d'autres clients. Ce système est une forme de *compensation* et il y était parfois fait référence sous cette appellation.

73 Voir notamment Gillingham, J. R., « 'Solving the Ruhr problem'. German Heavy Industry and the Schuman Plan », in Schwabe, K. (ed.), *Die Anfänge des Schuman-Plans 1950/51. Beiträge des Kolloquiums in Aachen, 28.-30. Mai 1986*, Baden-Baden : Nomos Verlagsgesellschaft, 1988, qui présente les exigences de la Belgique comme totalement injustifiées, notamment parce que les Belges, avec les revenus individuels les plus élevés des Six, étaient financièrement tout à fait à même de supporter la charge, due d'ailleurs à leur propre mauvaise gestion ; « Why, Bonn wondered, should we still poor Germans be called upon to foot the bill ? ».

Tableau 6 : Comparaison entre des prix de revient et des salaires directs et indirects par tonne extraite en 1950

	Prix de revient	Salaires directs et indirects
Belgique	640 FB	435 FB
Allemagne	363 FB	192 FB
Pays-Bas	390 FB	146 FB
France	500 FB	295 FB

(Source : archives MAEB, 5216, « Quelques réflexions sur le Plan Schuman », le 9 octobre 1950).

Tableau 7 : Conditions d'exploitation du charbon belge comparées à celles des autres productions de la future CECA (1949)

	Production par ouvrier	Coût de la main-d'œuvre par ouvrier	Coût de la main-d'œuvre par tonne produite	Coût de revient total par tonne produite	Prix moyen à la mine
Belgique	100	100	100	100	100
France	92	114	124	150	137
Allemagne	65	133	206	178	173
Pays-Bas	49	166	347	-	-
Sarre	73	126	174	165	142

(Source : Diebold, *The Schuman Plan. A Study in Economic Cooperation, 1950-1959*).

Rapidement, les charbonniers belges dénoncèrent ces limitations comme étant un piège. La transition, disaient-ils, risquait de ne servir à rien compte tenu des handicaps dont souffraient leurs exploitations. Le premier de ceux-ci, le coût élevé de la main-d'œuvre minière (en ce compris les salaires et les charges sociales), constituait un handicap relatif. En effet, à défaut de pouvoir revenir sur les acquis sociaux des dernières années en Belgique, il était toujours possible d'imaginer une égalisation dans le sens du progrès des conditions de vie et de travail. Cette idée avait d'ailleurs été inscrite, parmi les objectifs du Plan Schuman, dans la Déclaration du 9 mai. « Les Français sont obsédés par la différence de ces facteurs chez eux et chez les Allemands. Monnet l'a répété par trois fois »[74], avait ainsi déclaré Duvieusart afin de rassurer les industriels belges. Pour ces derniers, tant que le niveau élevé des conditions de vie et de travail en Belgique demeurerait une source de handicap au sein du marché commun, il semblait exclu d'y intégrer le

[74] Archives Fédéchar, 547, compte rendu d'une réunion entre le ministre des Affaires économiques Duvieusart et les délégations charbonnière et métallurgique, le 1er juin 1950 (en annexe du procès-verbal du Comité de direction du 7 juin 1950). Cette assurance allait vite s'avérer vaine, en raison de l'opposition des Pays-Bas et de l'Allemagne mais également en raison d'un changement de politique de la France (voir à ce sujet Griffiths, « The Schuman Plan Negotiations : the Economic Clauses », p. 40-41).

charbon belge. En d'autres termes, la durée de transition devait être fonction de la réalisation de l'égalisation entre pays producteurs : outre que ce principe eût donné aux charbonnages belges une garantie supplémentaire de survivre, il eût vraisemblablement poussé les autres pays à accélérer l'égalisation dans le but de pouvoir au plus vite goûter aux fruits du marché commun. Cependant, sous la pression des délégations allemandes et néerlandaises (« ce qui démontre bien l'arrière-pensée de celles-ci »[75]), le principe fut écorné au fil des négociations : tant et si bien qu'en février 1951, le principe d'égalisation devait être définitivement rétrogradé du statut d'*objectif* à celui de *conséquence souhaitable* de la période de transition[76].

Quant à la libre circulation des travailleurs, qui eût pu faire jouer la concurrence entre employeurs, elle avait été limitée aux travailleurs qualifiés, moins enclins à s'expatrier, et devait donc rester sans conséquence sur l'égalisation des conditions sociales entre pays. Qu'est-ce qui donc, au moment où le traité fut signé en avril 1951, permettait de prévoir avec assurance que le handicap salarial belge serait résorbé au bout de cinq années de péréquation ? L'Allemagne et les Pays-Bas, auxquels les bas salaires profitaient largement, s'étaient pour leur part opposés à ce que la future Haute Autorité interfère dans leurs politiques sociales respectives. Par ailleurs, en Allemagne, le maintien des bas salaires était considéré comme une condition à la reconstruction économique par les patrons, par le Gouvernement mais également par les syndicats[77]. Le Traité CECA, tel qu'il avait été ficelé, allait permettre aux pays à bas salaires de profiter de la faiblesse du charbon belge, et ce quoi qu'il arrive. Assurés de pouvoir, au bout d'une période préétablie de cinq à sept années maximum, recueillir les fruits de leur position avantageuse, les producteurs étrangers ne feraient aucun effort pour relever leurs salaires au niveau belge, prophétisait Fritz Michotte van den Berck.

La deuxième cause du scepticisme des charbonniers belges tenait à un handicap du charbon belge de leur secteur, bien plus fondamental que celui des disparités sociales : la physionomie des gisements exploités, leur grande irrégularité et/ou leur profondeur, que rien ne pourrait jamais totalement résorber. Au mieux pouvait-on espérer en atténuer les effets par voie de modernisation et de rééquipement ; mais il paraissait

---

75 Archives Eisden, 709, « Les industriels belges devant le Plan Schuman », le 28 janvier 1952.

76 On ne devait plus parler que d'« amélioration des conditions de vie et de travail » (archives MAEB, 5216, Lettre de Capiau et de van der Rest à Suetens, le 12 février 1951).

77 Archives Eisden, 709, « Les industriels belges devant le Plan Schuman », le 28 janvier 1952.

déjà certain que l'ouverture du marché commun allait signifier pour la Belgique de renoncer à une part plus ou moins grande de ses capacités de production. La solution d'une période de cinq ans, qui avait été réclamée par le Gouvernement belge[78], ne constituait rien de plus qu'un vœu pieux aux yeux des charbonniers : d'une part, ils nourrissaient quelque doute quant aux intentions de la Haute Autorité – « Rien ne permet d'affirmer [qu'elle] prendra en considération le besoin de rééquipement des mines belges ni même qu'elle ne s'opposera pas, par le moyen des décisions ou avis défavorables prévus au Traité, à la réalisation des investissements prévus »[79] –, d'autre part, ils disaient craindre le pire des prérogatives reconnues à la Haute Autorité.

En effet, impuissante dans le domaine social, celle-ci avait été dotée de larges pouvoirs dans d'autres domaines. Pour les charbonniers belges, le risque qu'elle utilise ces pouvoirs sans discernement grevait le Traité CECA en termes institutionnels mais également en termes économiques. Ainsi, parmi les dispositions transitoires, il avait été prévu que la Belgique pourrait se voir imposer des réductions annuelles allant jusqu'à 3 % par rapport à l'extraction de l'année précédente, soit près d'un million de tonnes chaque année. Partant d'une production d'environ 30 millions en 1950, cela faisait au minimum 23,5 millions de tonnes au terme de la transition. Il serait interdit à l'État belge de subventionner un tonnage supérieur à ce plafond. Pour la Fédéchar, il semblait évident que ces 23,5 millions, loin de constituer un simple filet de sécurité, allaient faire office d'objectif à atteindre pour la Haute Autorité et ils n'étaient ni plus ni moins qu'« une arme dirigée contre nous »[80]. Il devait revenir à l'État belge, et seulement à lui, de décider de son propre potentiel de production.

En réalité, pour mettre en place un tel mécanisme, on avait misé sur de possibles excédents de production dans la Ruhr (allant jusqu'à 10 millions de tonnes en fin de transition) pour venir remplacer, à parts égales, les charbons belges et français et combler, année après année, la

---

78 Griffiths, « The Schuman Plan Negotiations : the Economic Clauses », p. 57.

79 Archives MAEB, 5216, « Déclaration des producteurs charbonniers au gouvernement belge au sujet de l'état des négociations relatives au Plan Schuman et à la position qui en découle de la part de l'industrie charbonnière belge », le 24 janvier 1951.

80 Archives Fédéchar, 547, « Aide-mémoire de l'entrevue accordée par Monsieur Coppé, ministre des Affaires économiques et des Classes moyennes, à la délégation de l'industrie charbonnière, le mardi 6 février 1951 » (annexe au procès-verbal du Comité de direction, le 7 février 1951). La Fédéchar dénonçait le passage de la CDT où il était dit : « Le gouvernement belge, après consultation de la Haute Autorité, décidera des dispositions qu'il jugera appropriées en vue de *rendre effectifs* les déplacements éventuels de production » (souligné dans le texte).

place laissée par de nouvelles fermetures[81]. Si la tension observable sur le marché charbonnier depuis 1950 permettait de minimiser la portée de ces dispositions, cette situation favorable avait peu de chances de s'éterniser et les charbonniers belges soupçonnaient que, dès que les conditions économiques le justifieraient, la Haute Autorité ferait usage de son droit de recommandation pour imposer au Gouvernement belge une coupe dans sa production. Et le pire viendrait lorsque, une fois achevée la période de transition, la Belgique aurait à renoncer à ses capacités de production sous les coups de la concurrence, et ce d'autant plus fatalement qu'à ce stade-là, l'égalisation des salaires demeurerait un vœu pieu et l'assistance financière ne serait désormais plus qu'un bon souvenir.

Fondée sur le principe d'une élimination naturelle des producteurs les plus faibles – les « mauvais producteurs »[82] –, cette perspective avait tout pour inquiéter les charbonniers belges. En outre, l'idée de voir sacrifier l'économique sur l'autel du politique – « le plan est surtout politique, les buts économiques, très importants en eux-mêmes, n'étant malgré tout que secondaires […]. Dans ce domaine, il est de toute façon toujours possible de s'entendre » – rendait ce déplacement de production d'autant moins acceptable à leurs yeux. Selon eux, aussitôt que le marché belge aurait perdu ses dernières protections, l'Allemagne ne se ferait pas prier pour venir y « déverser ses excédents »[83]. Il fallait donc, pour la Fédéchar, que toute référence à un déplacement de production soit supprimée de la CDT.

Accepter le Plan Schuman sans assurer au secteur charbonnier belge davantage de garanties pour sa survie risquait, ainsi clamaient les charbonniers, de se solder par de très lourdes conséquences en termes d'autonomie énergétique et économique et en termes sociaux. Le manque de combustible qui avait suivi la Seconde Guerre mondiale et dont les tensions dues à la guerre de Corée n'étaient que le pâle reflet, était

---

[81] Milward, *The European Rescue of the Nation-State*, p. 65. Outre la nécessité d'imposer une solution rationnelle au problème charbonnier belge, Jean Monnet avait également à l'esprit des motivations politiques aux fins desquelles il était impératif d'obtenir, voire de monnayer, l'adhésion de l'Allemagne.

[82] Intervention d'un producteur allemand, lors d'une réunion le 3 juillet (archives Fédéchar, 294/145, « Compte rendu de la séance du 3 juillet 1950 »). Le même producteur allemand ajoutait que la méthode devait être « d'organiser la production dans les régions les mieux placées de façon à exploiter au maximum d'avantages pour tous, les conditions particulièrement favorables d'une région déterminée pour des développements déterminés ».

[83] Archives Eisden, 709, « Les industriels belges devant le Plan Schuman », le 28 janvier 1952 ; voir également archives Van Acker, 1039, « Le Plan Schuman. La Communauté Européenne du Charbon et de l'Acier. Brochure publiée parle le Haut-Commissariat américain en Allemagne », le 3 décembre 1951.

encore dans tous les esprits et les charbonniers belges avaient beau jeu de ramener à la mémoire l'importance du charbon national et les mérites de ses exploitants : « [...] depuis la libération, et alors qu'elle en avait le plus pressant besoin, la Belgique n'a pu trouver à l'étranger le combustible nécessaire. *Elle n'a pu le trouver que dans son propre sol*, et on peut affirmer qu'en ces circonstances, notre industrie minière a fait l'impossible pour satisfaire la demande »[84]. Au regard des efforts qu'ils avaient faits dans l'après-guerre, c'eût été pour les patrons charbonniers, ainsi que pour les 150 000 travailleurs de la mine, une bien injuste récompense que d'être condamnés à mettre si tôt la clé sous le paillasson.

Une garantie contre le risque d'arbitraire eût été d'y joindre la possibilité pour la Haute Autorité de fixer des quotas de production correspondant à la consommation normale des pays de la CECA. Un minimum, selon les charbonniers belges, si l'on voulait assurer à la Belgique de disposer du charbon nécessaire à son économie en période de pénurie mais également si la Haute Autorité voulait atteindre ses objectifs. Mais même ce garde-fou n'existait pas : la solution de l'art. 58 du Traité CECA qui prévoyait ce type de quotas n'était envisageable que moyennant l'accord unanime des États-membres, par le biais du Conseil spécial des Ministres. « Or, à l'opposé de la Haute Autorité, dont le rôle consiste à veiller aux intérêts de la CECA prise dans son ensemble, le rôle des ministres au sein du Conseil spécial des Ministres sera de défendre les intérêts des pays qu'ils représentent »[85].

Sur papier, au moins quatre des États-membres risquaient ainsi de ne jamais se rallier à une mise en application de l'art. 58 :

> On conçoit difficilement que le ministre chargé de défendre les intérêts allemands consente à accepter une réduction de sa production et, par conséquent, une extension du chômage à un moment où l'occasion lui serait offerte de renforcer ses positions sur les marchés étrangers et notamment sur le marché belge. D'autre part, l'Italie, les Pays-Bas et le Luxembourg, qui sont trois pays gros importateurs n'auront pas intérêt non plus à appuyer les mesures restrictives en matière de production.

Les charbonniers belges disposaient d'ailleurs d'assez d'éléments à même d'étayer leur procès d'intention[86].

---

[84] Fédéchar, *L'industrie charbonnière au service de la Nation*, Bruxelles : Fédération charbonnière de Belgique, 1951, p. 4 (souligné dans le texte).

[85] Archives Eisden, 709, « Les industriels belges devant le Plan Schuman », le 28 janvier 1952.

[86] Ils en voulaient pour preuve les cinq millions de tonnes que la Belgique et la France auraient chacune à abandonner au profit de la Ruhr. Par ailleurs, ils citaient des déclarations faites en France (au sein du Conseil Économique Français, l'équivalent du Conseil Central de l'Économie en Belgique) et en Allemagne (au sein du Haut-Commissariat américain en Allemagne), l'abandon de charbonnages belges avait été

Les maux dont souffrait leur industrie étaient connus : depuis l'immédiat après-guerre, la vétusté des structures, la cherté du charbon, les problèmes d'approvisionnement ou encore les risques de fermetures avaient chaque semaine fait l'objet d'articles de presse et de débats au Parlement. Mais il y eut de moins en moins de monde en Belgique pour prêter attention au catastrophisme avec lequel les charbonniers belges dénonçaient le Traité CECA et le sort fait à leurs mines n'impressionna pas tout le monde : ni au sein de la classe politique, ni au sein du monde industriel, ni même au sein des syndicats ainsi qu'il sera montré ci-dessous[87]. Certes, les charbonniers belges ne furent pas les seuls en Belgique à se dresser contre le Plan Schuman, mais les appuis sur lesquels ils purent compter étaient d'autant plus précieux qu'ils étaient rares[88].

Comme le montrent les missives de l'ambassadeur de France à Bruxelles et la presse, c'est avant tout la dimension supranationale du Plan Schuman qui posait problème au sein du monde politique. Et si la question de l'avenir du charbon belge a parfois pu être invoquée pour justifier un accueil réservé au principe de la supranationalité, ce n'était pour beaucoup qu'un prétexte. Le Plan Schuman était au contraire une aubaine qu'il eût été malavisé de laisser filer. Outre que le charbon belge était trop cher pour rester en-dehors du marché commun, la CECA devait permettre de mener enfin une politique à laquelle aucun des gouvernements d'après-guerre n'était encore parvenu : assainir la production de charbon belge[89].

De même, dans les milieux patronaux, M. Dumoulin constate une attitude ambiguë et embarrassée, teintée d'autant de volontarisme que de

explicitement envisagé. Voir à ce sujet : archives Eisden, 709, « Les industriels belges devant le Plan Schuman », le 28 janvier 1952.

87 Dumoulin, « La Belgique et les débuts du Plan Schuman (mai 1950-février 1952) ». Archives Rey, 24, Rapport du CNC sur le Plan Schuman, le 26 décembre 1951.

88 Achille Van Acker, homme politique socialiste, plusieurs fois ministre et Premier ministre dans l'après-guerre, initiateur de la « bataille du charbon » en 1945 ; Joseph Meurice, alors ministre du Commerce extérieur ; les directeurs de l'Administration des Mines, André Meyers et son bras droit, Joseph Martens, ainsi que dans une certaine mesure, plus proche de l'embarras que de la véritable prise de position, Albert Coppé, ministre des Affaires économiques (à ce sujet : Hannecart, R., « Le panier ou les œufs du panier ? Albert Coppé entre intégration européenne et charbon belge (1939-1959) », in Tindemans, L. et Cardon de Lichtbuer, D. (dir.), *Hommage à Albert Coppé*, Apeldoorn : Garant, 2006).

89 Milward, *The European Rescue of the Nation-State*, p. 64. C'était le cas notamment du baron Snoy et d'Oppuers (archives MAEB, 5216, Note de Snoy et d'Oppuers au Conseil des ministres, le 25 mai 1950), du sénateur de la Vallée Poussin (article de la Vallée Poussin dans *La Nation Belge*, le 20 octobre 1950) ou encore François Vinck, qui considérait que les problèmes belges étaient bel et bien structurels et devaient donc être solutionnés par voie de réformes structurelles (*idem*, p. 76).

conservatisme, face à un plan qui, tout indispensable qu'il fût, annonçait un avenir douloureux[90]. Que ce soit dans le cadre des holdings ou au sein de la FIB, la période de négociation du Traité CECA fut plusieurs fois marquée par des dissensions entre les producteurs charbonniers et leurs homologues consommateurs[91]. Les discussions tenues à cette même époque au sujet de l'utilisation des fonds Marshall (il en sera question ci-dessous) ne devaient rien arranger.

B. Quel rôle pour les syndicats ?

Il n'a pas, ou peu, été question jusqu'à présent du rôle des syndicats. Tout juste a-t-on fait remarquer dans le chapitre précédent qu'au sein du patronat industriel belge, les sidérurgistes mais surtout les charbonniers belges s'étaient démarqués par leur conservatisme à l'égard du mouvement syndical. Or, le Plan Schuman et les négociations du Traité CECA eurent notamment pour effet de leur faire avaler des changements qu'ils n'auraient sans doute jamais imaginé devoir si vite consentir et qu'ils n'étaient vraisemblablement pas prêts d'entériner, sur le plan national.

Alors que la Confédération des Syndicats Chrétiens (CSC) montrait sur la question charbonnière une attitude toute proche de l'indifférence[92], la Fédération Générale des Travailleurs de Belgique (FGTB) se voulait résolument optimiste. Aux yeux du syndicat socialiste, la somme des avantages du Plan Schuman était plus grande que la somme de ses inconvénients : les prix du charbon allait diminuer ; le dumping social serait interdit ; le plan offrait la perspective d'une aide financière pour assurer le rééquipement ; celle d'un fonds de reconversion permettait d'envisager sans trop sourciller la fermeture d'un tiers des charbonnages belges. De toute façon, compte tenu de l'appauvrissement des gisements belges, la production charbonnière du pays était appelée à diminuer. Le

---

90 Dumoulin, « La Belgique et les débuts du Plan Schuman (mai 1950-février 1952) », p. 277-278. Les débats au sein du CCE au cours des trois premiers mois de 1951 illustrent cette ambiguïté.

91 Archives FIB, CD N 1950, Procès-verbal du Comité de direction, le 13 juillet 1950. Ces discussions devaient d'ailleurs provoquer un sentiment d'incompréhension au sein de la FIB. À la suite d'un accord social pris sans consultation préalable de la Fédéchar, celle-ci décida que sa présence au sein de la FIB n'était plus indiquée et qu'elle devrait dorénavant songer à se charger elle-même de sa représentation au sein des organismes officiels (archives Fédéchar, 255/02, Lettre de Noël Dessard à Cornil, le 31 octobre 1950 ; *idem*, 547, Procès-verbal du Comité de direction, le 8 novembre 1950). Si, dès janvier 1951, il semble que le contact entre les instances de la FIB et de la Fédéchar put être rétabli (grâce à la « précieuse collaboration » d'un intermédiaire), les pourparlers en vue d'une éventuelle réaffiliation se prolongèrent jusque mars 1952 (archives FIB, CD N 1950-55, Procès-verbal du Comité de direction, le 4 janvier 1951).

92 Dumoulin, « La Belgique et les débuts du Plan Schuman (mai 1950-février 1952) », p. 275.

risque brandi par les dirigeants charbonniers d'une perte d'indépendance économique n'effrayait pas davantage la FGTB, compte tenu des progrès techniques réalisés par les consommateurs pour rationaliser l'usage du charbon[93]. Enfin, concernant la transition, on avait bien fait de lui donner une limite dans le temps, contrairement aux *desiderata* des patrons charbonniers : sans cette limite, la transition risquait de ne jamais finir[94]. Les syndicats socialistes dénonçaient donc ce qu'ils voyaient comme de la démagogie de la part des charbonniers, surtout préoccupés de s'assurer des subsides immérités et d'éviter l'inévitable, c'est-à-dire la nationalisation de leurs mines. Les syndicats ne furent donc pas un très bon public pour les charbonniers.

Mais qu'en était-il du rôle qu'ils auraient concrètement à jouer dans la CECA ? Dès la mi-juin 1950, le sidérurgiste Pierre van der Rest avait averti ses collègues au sein de la FIB qu'une chose au moins était sûre au sujet du Plan Schuman : compte tenu de leur ascendant sur les gouvernements, il fallait s'attendre à ce que les syndicats jouent « les rôles les plus importants », notamment celui de « décider de la fermeture ou de l'extension des entreprises »[95]. Quant aux charbonniers, nous l'avons vu, ils avaient plaidé pour que la CECA soit placée aux mains des seules personnes compétentes, c'est-à-dire les industriels eux-mêmes : les gouvernements nationaux auraient un droit de contrôle, agrémenté d'un droit de veto ; quant aux syndicats, leur reconnaître un « droit de regard »[96] devait suffire. Ils n'entendaient donc pas aller au-delà de ce qu'ils acceptaient sur le plan national. Les syndicats belges ne l'entendaient pas de cette oreille et force est de constater qu'ils allaient entrer dans la CECA de façon plus constructive et volontariste que les patrons.

Il faut dire qu'ils partaient avec une longueur d'avance. Plus généralement, le mouvement syndical belge, qu'il soit chrétien ou socialiste pour ne citer que les deux principales branches, avait déjà largement entamé son expérience internationale au sein, d'une part, de la Confédération Internationale des Syndicats Libres (CISL) et d'autre part, de la Confédération Internationale des Syndicats Chrétiens (CISC)[97]. Parti-

93 Archives AMSAB, FGTB, dossier CECA, note de la FGTB « Le Plan Schuman et nous », le 19 janvier 1951, p. 16.

94 Tilly, *André Renard. Biographie*, p. 436.

95 Archives FIB, CD N 1950-2, Procès-verbal du Comité de direction, le 14 juin 1950 ; voir aussi l'intervention de Louis Dehasse au sein du Comité de direction de la FIB, le 30 juin suivant.

96 Archives MAEB, 5212, Note de la Fédéchar « L'industrie charbonnière belge en face du Plan Schuman », le 16 juin 1950 ; voir aussi Dumoulin, « La Belgique et les débuts du Plan Schuman (mai 1950-février 1952) », p. 276.

97 Haas, *The Uniting of Europe : Political, Social, and Economic Forces 1950-1957* (dont le dixième chapitre « Supranational Trade Unions », p. 355-389) ; Grosbois, T., « L'attitude des syndicats socialistes néerlandais, belge et luxembourgeois à l'égard

sanes d'une intégration européenne, ces deux organisations s'étaient d'ailleurs rapidement prononcées en faveur du Plan Schuman qui devait permettre notamment de rationaliser les industries lourdes d'Europe occidentale. Par la même occasion, elles se prononcèrent pour une représentation adéquate de leurs intérêts dans les discussions à venir en vue de sa mise en forme[98].

Dès les pourparlers de la fin juin 1950, la délégation belge comprenait, outre les experts industriels, deux délégués syndicaux : Mathieu Thomassen pour la CSC et André Renard pour la FGTB. Le 1er juillet, ce dernier déclarait sur les ondes de la radio nationale belge, au sujet de la requête des syndicats : « Que l'on nous entende bien, nous ne pensons nullement à une procédure de façade qui nous permettrait d'assister à une ou quelques réunions, de participer à quelques discussions académiques sans avoir les moyens d'apprécier la portée exacte des documents qui nous seraient présentés, ni leurs relations avec les réalités de la vie quotidienne »[99]. Les patrons n'avaient qu'à bien se tenir. Tout fut fait au sein de la FGTB pour pouvoir suivre de près les négociations à venir et pour assurer une large représentation des organisations syndicales au sein de l'organisation projetée.

Rapidement, la CISL avait mis en place un Comité pour le Plan Schuman, composé de représentants nationaux, dont un sous-comité devait suivre de près les négociations à Paris. À l'ouverture des négociations, le 3 juillet, des délégués syndicaux européens furent intégrés aux travaux du groupe chargé des questions sociales et salariales. Ils y rejetèrent l'idée de trois Comités consultatifs distincts (utilisateurs, producteurs et ouvriers) telle qu'elle avait été émise dans le document de travail ; s'ils voulaient s'assurer un minimum de prise sur les positions patronales, il fallait que l'organe consultatif soit unique[100].

du Benelux, du Plan Marshall et de l'OECE. 1946-1950 », in Bussière, É. et Dumoulin, M. (dir.), *Milieux économiques et intégration européenne en Europe occidentale au XXe siècle*, Arras : Artois Presses Université, 1998 ; Guasconi, E., « The International Confederation of Free Trade Union's Policy toward European Integration Process from 1950 to 1957 », in Bussière, É. et Dumoulin, M. (dir.), *Milieux économiques et intégration européenne en Europe occidentale au XXe siècle*, Arras : Artois Presses Université, 1998 ; Pasture, P., « The Fist of the Dwarf. Formation, Organization and Development of the Christian Trade Unions as a European Pressure Group. 1947-1958 », *Journal of European Integration History*, I, 2, 1995 ; Mechi, L., « Le politiche sociali della CECA », in Ranieri, R. et Tosi, L. (eds.), *La Comunità Europea del Carbone e dell'Acciaio (1952-2002)*, Padova : CEDAM, 2004 ; Tilly, *André Renard. Biographie*.

98 Guasconi, « The International Confederation of Free Trade Union's Policy toward European Integration Process from 1950 to 1957 », p. 361.

99 Citation dans Tilly, *André Renard. Biographie*, p. 428.

100 *Ibid.*, p. 428.

Plus généralement, une délégation de la CISL fut envoyée auprès de Jean Monnet afin d'assurer une plus ample participation des syndicats : quant au processus de négociations, la délégation n'obtint pas davantage que les producteurs, c'est-à-dire que la CISL était tenue à l'écart du volet institutionnel ; par contre, Monnet concéda aux syndicalistes le principe d'une représentation syndicale au sein de la Haute Autorité, ainsi que le principe que les groupements régionaux de producteurs devraient inclure, outre les producteurs et les utilisateurs, des représentants syndicaux[101]. Certes, l'association des travailleurs au fonctionnement de la CECA avait été assortie de certaines conditions[102]. Mais pour Jean Monnet, il s'agissait bel et bien d'« un élément nouveau et essentiel du Plan Schuman »[103], symbole de la fin d'une organisation cartellisée et privée de la production industrielle et de l'avènement d'une organisation publique, soucieuse de l'intérêt général. Les syndicats pouvaient donc compter sur l'appui de Monnet.

Leur association aux groupements régionaux en est la preuve. Quelque temps plus tôt, lorsque le représentant de la FGTB au sein de la délégation belge à Paris s'était risqué à demander cette association, il s'était encore vu opposer une fin de non-recevoir :

> Il lui est répondu, une fois de plus, que les groupements régionaux ont des missions bien précises à remplir : organiser la production, établir les prix..., et que celles-ci sont du ressort des groupements de producteurs. Dès lors, aussi longtemps que la législation belge n'aura pas modifié cet état des choses, il ne faut pas vouloir brusquer l'évolution à cet égard à l'occasion de l'instauration du Plan Schuman. De plus, les organisations des producteurs sont habilitées pour prendre des responsabilités et imposer le respect des décisions prises. Il n'en est pas de même en ce qui concerne les organisations

---

101 Guasconi, « The International Confederation of Free Trade Union's Policy toward European Integration Process from 1950 to 1957 », p. 362 ; voir aussi archives Fédéchar, 294/146, « Memorandum sur la collaboration des organisations syndicales aux institutions du Plan Schuman », le 12 octobre 1950.

102 Pour être désignées par le Conseil spécial des Ministres, les organisations syndicales devaient s'être déclarées favorables aux principes du Plan Schuman ; les représentants devaient être l'émanation, non de centrales nationales (comme la FGTB) mais d'organisations internationales (comme le CISL), et plus précisément d'un groupe restreint limité aux pays de la CECA ; en contact permanent avec leurs organisations, les représentants au sein du Comité Consultatif auprès de la Haute Autorité devraient cependant siéger à titre personnel sans recevoir la moindre instruction ; la possibilité pour le Conseil spécial des Ministres de choisir un syndicaliste pour siéger au sein du collège de la Haute Autorité existait sans être cependant une obligation. (Archives, 294/146, « Memorandum sur la collaboration des organisations syndicales aux institutions du Plan Schuman », le 12 octobre 1950).

103 Tilly, *André Renard. Biographie*, p. 431.

syndicales qui n'ont pas de personnalités civiles et qui n'acceptent pas volontiers d'assumer des responsabilités précises[104].

En réalité, l'idée même de groupements régionaux allait finir par passer à la trappe, faute d'accord sur des questions plus générales[105]. Jean Monnet considérait notamment que, compte tenu des usages que les industriels luxembourgeois et belges semblaient vouloir en faire (répartir la production entre entreprises ou s'entendre sur des tarifs), ces groupements ne correspondaient plus à sa conception originelle. Les associations existantes feraient bien l'affaire.

Le 17 décembre 1950, un accord intervint cependant entre les six chefs de délégation et les représentants de la CISL, avec l'approbation de la CISC qui, inscrit à l'art. 47 du texte provisoire, prévoyait que pour qu'une association soit reconnue comme interlocuteur valable par la Haute Autorité, il fallait que cette association accorde une place suffisante aux représentants des travailleurs et des utilisateurs en leur assurant une participation aux organes directeurs ou à des comités consultatifs établis auprès d'elles[106]. Alors qu'en janvier 1951, la FIB proposait de supprimer purement et simplement le projet d'article incluant les utilisateurs et les ouvriers aux associations patronales[107], pour les sidérurgistes, il n'y avait pas lieu de « profiter du Plan Schuman pour accorder aux travailleurs des avantages plus grands que ceux qu'ils [possédaient alors] dans chacun des pays »[108].

Il ne fait pas de doute que leurs collègues charbonniers eussent tenu le même discours s'ils n'avaient pas été absorbés précisément à cette époque par les accords Hirsch-Vinck sur le fonctionnement de la péréquation. La première réaction dont nous disposons de la part des char-

---

104 Fédéchar, 294/147, « Plan Schuman. Entretien de Monsieur Suetens avec la délégation belge, le 19 octobre 1950 ».

105 Griffiths, « The Schuman Plan Negotiations : the Economic Clauses » p. 46 ; Tilly, *André Renard. Biographie*, p. 438.

106 Archives MAEB, 5216, Note de M. Suetens et de J.B. « Plan Schuman. Note exposant les principales questions restant à discuter », le 9 janvier 1951. Certaines incohérences chronologiques apparaissent entre la littérature et les sources, incohérences que nous n'avons pu vérifier. P. Tilly parle d'une suppression des groupements régionaux intervenant le 17 septembre 1950 (Tilly, *André Renard. Biographie*, p. 438). Or, il semble que début octobre Monnet n'en était encore qu'à envisager cette suppression (Griffiths, « The Schuman Plan Negotiations : the Economic Clauses », p. 45). Et, de fait, dans des sources datant de la mi-octobre, il est encore question de ces groupements (voir ci-dessus note 93).

107 Tilly, *André Renard. Biographie*, p. 438.

108 Archives MAEB, 5216, Note de Biernaux à van Zeeland, 22 décembre 1950. Au sein de la délégation belge à Paris, Biernaux avait la charge des sidérurgistes et il est donc vraisemblable que son analyse ne tenait pas précisément compte de la position des charbonniers.

bonniers est l'intervention, au début du mois de février 1951, de Léon Canivet, représentant de la Fédéchar au sein du CCE, manifestement opposé au privilège dont on entendait ainsi faire bénéficier les syndicats.

Dans sa note *Le Plan Schuman et nous*, la FGTB pouvait savourer sa victoire : associés à la gestion du futur complexe, promis à participer à la Haute Autorité, assurés d'une place au sein du Comité Consultatif, ainsi qu'auprès des associations de producteurs, les travailleurs seraient « obligatoirement consultés sur les points importants »[109], tout en conservant « leur totale liberté d'action », « selon les méthodes traditionnelles de l'action syndicale ». Et d'insister que ces pouvoirs étaient réels puisqu'ils leur garantissaient d'obtenir « des indications nombreuses sur la situation économique »[110]. C'est là sans l'ombre d'un doute que les nouvelles conditions faites aux syndicats devaient faire grincer des dents au sein des patronats sidérurgique et surtout charbonnier : on n'informait pas les travailleurs des conditions économiques sans courir le risque de perdre le contrôle de ses activités. Tant pour la FGTB que pour la CSC, et chacune selon sa vision des choses, le Plan Schuman permettait de faire un pas important sur la voie de la démocratie économique.

Mais combien de semaines fallut-il aux patrons pour se rendre compte du temps qu'ils avaient perdu ? Le 30 juillet 1951, Pierre Delville et Pierre van der Rest faisaient part à Meurice des préoccupations que suscitaient dans leurs secteurs les informations publiées à plusieurs reprises concernant la désignation d'un représentant des organisations syndicales parmi les membres de la Haute Autorité[111]. Suite à une promesse faite par Jean Monnet au cours des négociations, le siège coopté devait aller à Paul Finet, alors président de la CISL[112]. Un accord avait même été trouvé entre la CISL et la CISC concernant un partage d'influence entre le collège de la Haute Autorité et la Cour de Justice. S'il semblait illusoire de s'opposer à ce qu'un syndicaliste siège au sein du collège, ils insistaient pour que cette personnalité « réunisse les conditions de compétence générale et d'indépendance prévues par le Traité » et pour qu'un équilibre soit assuré avec les industriels. Mais surtout ils

---

109 Archives AMSAB, FGTB, dossier CECA, note de la FGTB « Le Plan Schuman et nous », le 19 janvier 1951, p. 4.

110 *Idem*, p. 22-23.

111 Fédéchar, 439/138, Lettre conjointe de van der Rest et de Delville à Meurice, ministre Commerce extérieur, le 16 août 1951.

112 Paul Finet (1897-1965), ouvrier et représentant syndicaliste au sein de la métallurgie. Secrétaire-général de la FGTB à partir de 1945, il allait bientôt devenir Président de la CISL. Après quatre années au sein du collège de la Haute Autorité en tant que membre coopté, il allait être le troisième à prendre, en 1958, la présidence de l'institution supranationale.

dénonçaient le fait que, dans l'esprit des syndicalistes, il s'agissait de désigner, au sein de la Haute Autorité, une personne mandatée par leurs organisations elles-mêmes. Cette conception des choses allait deux fois à l'encontre du Traité CECA qui prévoyait l'indépendance des membres de la Haute Autorité et qui ne prévoyait pas que le mandat coopté soit impérativement attribué à l'un ou l'autre groupe. « Si cette conception devait être retenue, elle obligerait les organisations patronales à revendiquer de leur côté la désignation d'un représentant à la Haute Autorité ».

Comme il sera montré plus loin au sujet de l'association charbonnière européenne, les premiers mois de contact entre délégations nationales furent essentiellement consacrés à assurer la représentation des intérêts industriels au sein des institutions communautaires. Ces contacts européens furent également mis à profit pour comparer les différentes situations nationales et voir comment chacune des associations nationales entendait assurer sa reconnaissance en tant qu'intermédiaire entre la Haute Autorité et les entreprises charbonnières nationales. Rappelons qu'une fois que l'idée de groupements régionaux eut été abandonnée, les associations nationales s'étaient vues assigner un rôle par le Traité CECA, assorti de la condition qu'elles accueillent dans leurs structures des représentants des travailleurs et des utilisateurs, soit au sein de leurs organes directeurs, soit au sein de comités consultatifs établis auprès d'elles (art. 48). À cet égard, seuls les producteurs allemands étaient en passe de se mettre en règle du fait de la loi de cogestion (*Mitbestimmungsgesetz*[113]) qui prévoyait une représentation des ouvriers, mais pas des utilisateurs, dans les associations de bassin.

Alors que sur le plan national, ils avaient longtemps rechigné à reconnaître le fonctionnement des syndicats et des conseils d'entreprise, alors qu'ils s'inquiétaient du risque de dérives dirigistes du futur pouvoir communautaire, cette nouvelle incursion ne pouvait que déplaire aux charbonniers belges. Pour la Fédéchar, il était hors de question de nommer des travailleurs dans ses organes de direction ; il ne semblait pas non plus opportun de créer un Comité consultatif, ainsi que suggéré dans le Traité CECA, puisque le CNC répondait déjà au profil demandé[114]. Il fut un temps question entre charbonniers européens de trouver un moyen, convenant à tous, de ressusciter l'idée de groupements régionaux, afin cette fois de contourner les dispositions de l'art. 48, mais les conversations à ce sujet n'aboutirent pas[115]. Durant l'été 1952, alors que l'installation des institutions communautaires était imminente, les

---

113 Thum, *Mitbestimmung in der Montanindustrie : der Mythos vom Sieg der Gewerkschaften.*

114 Archives Coppée, 3037, « Centre de Contact. Réunion du Collège de MM. les Présidents, tenue le 20 février 1952 ».

115 Nous reviendrons sur ce sujet dans la partie suivante consacrée au CEPCEO.

discussions sur l'art. 48 reprirent[116]. Certains charbonniers belges disaient craindre que l'immobilisme ne se retournât contre eux en poussant les autorités à créer un organisme nouveau chargé d'assumer le relais en lieu et place de l'association charbonnière. La Fédéchar se résigna donc finalement à se conformer aux exigences du Traité[117].

C. Un contexte peu propice au **statu quo**

À différents égards, les années 1949-1951 constituèrent pour les charbonniers un véritable chemin de croix, tant du point de vue économique que social ou politique. Dans une certaine mesure, tout ce qui depuis la Libération avait évité à la gestion de l'industrie charbonnière belge d'être bousculée ne jouait plus son plein effet et pouvait faire craindre une remise en cause du *statu quo* qui avait prévalu jusqu'alors.

1. Le retour de balancier

Sur le plan économique, ces deux années furent difficiles pour l'industrie belge dans son ensemble. Le rapide relèvement qui avait suivi la guerre avait fini par s'essouffler à mesure que les pays voisins, retrouvant leur force industrielle, étaient revenus sur les marchés internationaux avec des produits meilleur marché et de meilleure qualité. Cet essoufflement avait entraîné l'effondrement des exportations sidérurgiques belges. Depuis 1947, le nombre de chômeurs avait par ailleurs plus que triplé, passant de 60 000 à 235 000 unités[118]. Deux événements donnèrent cependant un peu de répit à la Belgique. Premièrement, la dévaluation de la livre sterling, en septembre 1949, suivie de celle du franc belge, qui favorisèrent la balance commerciale du pays[119]. Deuxièmement, le conflit de Corée, à partir de juin 1950, donna aux industries européennes de nouvelles perspectives de développement, la forte demande de biens de consommation et de matières premières venant à point nommé pour l'industrie belge.

Incontestablement, la bataille du charbon, lancée quatre ans auparavant pour faire face à la pénurie de charbon, avait été remportée. L'objectif de 100 000 tonnes par jour avait été atteint, les chiffres de la main-d'œuvre avaient retrouvé leur niveau d'avant-guerre et le rende-

---

[116] Archives Fédéchar, 547, Procès-verbal du Comité de direction, le 16 juillet 1952.

[117] Archives Fédéchar, 547, Procès-verbal du Comité de direction, le 23 juillet 1952 ; *idem*, 547, Procès-verbal du Comité de direction, le 20 août 1952.

[118] Jaumain, *Industrialisation et sociétés, 1830-1970 : La Belgique*, p. 77 ; cette situation mène d'ailleurs le gouvernement à interrompre pour la première fois depuis 1946, le recrutement de mineurs italiens (Dumoulin, « Les mineurs italiens en Belgique (1945-1957). Des relations bilatérales à la dimension européenne », p. 211).

[119] Dujardin, *Jean Duvieusart (1900-1977). Europe, Wallonie-Bruxelles, Léopold III*, p. 77.

ment des travailleurs avait retrouvé un niveau acceptable[120]. Mais à quel prix pour l'industrie charbonnière ? Les pertes financières des charbonnages, déjà considérables à la Libération, n'avaient cessé de s'accumuler et, à en croire Joseph Martens, le bras droit du Directeur général des mines, en 1948, quatre sociétés charbonnières sur cinq auraient été déficitaires si elles n'étaient pas subsidiées[121].

Dès le premier retour de balancier conjoncturel, en 1949, ces faiblesses furent mises à nu : à un rythme effrayant, la hausse des stocks sur le carreau des mines mit certains charbonnages dans une situation dramatique, laissant craindre le dépôt de bilan. Cette soudaine explosion des stocks était due à une baisse de la consommation intérieure, à une baisse des exportations mais aussi aux importations : le Gouvernement pouvait difficilement se désengager d'accords qu'il avait conclus à l'étranger[122]. Alors que les années de pénurie avaient permis à divers charbonnages non rentables de se maintenir, à grands renforts de subsides publics, le creux conjoncturel de 1949-1950 et le poids financier des stocks étaient venus changer la donne[123] : la question n'était plus de savoir comment maintenir les capacités de production nécessaires aux besoins de l'industrie belge mais bien de savoir quelle part de ces capacités il était véritablement indispensable de conserver.

Le message officiel, tel qu'il était exprimé par la Fédéchar, était que le maintien des mines, fussent-elles non rentables, assurait la flexibilité de la production, nécessaire pour répondre efficacement aux inconstances de la demande[124] ; « Abandonner inconsidérément une partie exploitable du gisement belge serait méconnaître les intérêts vitaux de notre

---

120 Procès-verbal du Conseil des ministres du gouvernement belge, le 27 juillet 1949, « Question charbonnière » (en ligne sur le site http://arrow.arch.be/ddd/conseil_fr.htm) ; Demeure de Lespaul, C., « L'industrie charbonnière belge devant la menace des importations », *Bulletin de l'Institut de Recherches Économiques et Sociales de Louvain*, XV, 1, 1949, p. 48 et 55.

121 Martens, J., « Évolution du droit minier et certains aspects de l'industrie charbonnière belge », *Annales des Mines de Belgique*, 1950. Au sujet des pertes subies par les charbonnages, voir : Demeure de Lespaul, C., « Le nouvel aspect du problème charbonnier belge », *Bulletin de l'Institut de Recherches Économiques et Sociales de Louvain*, XII, 3, 1946, p. 324 ; Demeure de Lespaul, « L'industrie charbonnière belge devant la menace des importations », p. 64-65.

122 Notamment avec la Grande-Bretagne ou avec la Pologne (Demeure de Lespaul, « L'industrie charbonnière belge devant la menace des importations », p. 40-41). Sur le problème des stocks, voir Hannecart, « La Belgique face au problème charbonnier belge de la Libération à la grande crise de 1958 », p. 83-84).

123 Demeure de Lespaul, « L'industrie charbonnière belge devant la menace des importations », p. 48. Ces mines non rentables, appelées « marginales », étaient concentrées dans le bassin du Borinage (voir Chapitre 4).

124 Milward, *The European Rescue of the Nation-State*, p. 55.

économie »[125]. Cependant, même au sein du patronat charbonnier, tout le monde ne voyait pas les choses de la même manière : ainsi, Edgard Stein, directeur des charbonnages patronnés par la SGB, estimait que le secteur avait été trop lourdement mis à contribution du relèvement national, au cours des dernières années, pour que l'on puisse décemment juger de la rentabilité de ses unités et donc décider de l'opportunité ou non de leur fermeture ; face à lui, son successeur Max Nokin estimait que, tant qu'il en était encore temps, il fallait rationaliser et fermer les mines marginales : « [...] si l'on y prend garde, l'on aura bientôt tendance à exploiter un règlement organisant le subside ou la compensation plutôt qu'un gisement de charbon »[126].

C'est dans ce contexte qu'une réforme fut menée à l'automne 1949 par le ministre des Affaires économiques, Jean Duvieusart, afin de mettre graduellement fin aux subsides charbonniers[127] : en bref, il s'agissait de distinguer les charbonnages en fonction de leur rentabilité, d'une part, et en fonction de la qualité de leur production, d'autre part, afin de rationaliser les aides apportées. Cette réforme avait radicalement changé la donne. Dans la perspective d'être bientôt livrés à eux-mêmes et sans aide extérieure, les charbonnages furent confrontés pour de bon à une question si souvent enterrée depuis l'entre-deux-guerres : celle de leur rééquipement.

Des fonds étaient disponibles à cette fin mais non sans condition. Ainsi, un crédit de 730 millions de dollars dont les charbonniers s'étaient vus assurer l'octroi en février 1949 dans le cadre du Plan Marshall[128] était lié à la réalisation de mesures de rationalisation et d'assainissement. De même, un programme de rééquipement rendu publique par le CNC en septembre 1949 et chiffré à un total de 18 milliards de FB entre 1948 et 1957 était accompagné d'une série de recommandations concernant des fusions et des concentrations d'exploitations. Alors que la réforme Duvieusart devait marquer la fin de la politique de subsides pratiquées par les gouvernements d'après-guerre, la possibilité pour les charbonnages de disposer de fonds Marshall devint à la fois plus cruciale pour les bénéficiaires et plus condamnable aux yeux de ceux qui considéraient que le charbon belge était un gouffre financier pour le

[125] Archives Fédéchar, 547, Note remise par la délégation des producteurs charbonniers à monsieur le ministre des Affaires économiques, le 24 août 1949 (annexe au procès-verbal du 24 août 1949).

[126] Brion et Moreau, *La Société Générale de Belgique. 1822-1997*, p. 384.

[127] Nous nous pencherons plus avant sur cette réforme dans le chapitre 4.

[128] Sur le Plan Marshall et son application en Belgique, voir : Milward, A. S., *The Reconstruction of Western Europe. 1945-1951*, London, 1987 ; Kurgan-Van Hentenryk, G., « La Belgique et le Plan Marshall ou le paradoxe des relations belgo-américaines », *Revue Belge de Philologie et d'Histoire*, 71, 1993, p. 290-353.

pays et pour ses principales industries et que de nouveaux subsides ne ferait que retarder encore le moment de rationaliser la production charbonnière nationale. Le point d'orgue de cette controverse allait être marqué par un rapport américain, établi pour le compte de la European Cooperation Administration (ECA) par la firme d'ingénierie minière Robinson & Robinson.

2. Le rapport Robinson, un pavé de l'ours[129]

En dépit de ce que cette question a déjà été plusieurs fois étudiée[130], revenons-y quelques instants car elle illustre à merveille la situation délicate dans laquelle s'étaient mis les charbonniers belges : à force de se prétendre inflexibles sur chaque enjeu et envers chaque adversaire, ils finirent par devoir combattre simultanément sur tous les fronts. Menacés depuis longtemps mais tout spécialement depuis l'immédiat après-guerre par des réformes structurelles qu'ils jugeaient plus inacceptables les unes que les autres, confrontés à un manque endémique d'investissements et de liquidités, les charbonniers belges devaient soudain faire face à la perspective d'un marché libre du charbon et de l'acier.

Compte tenu des circonstances, que pouvaient-ils faire ? Se défendre d'être de mauvais exploitants et réclamer le soutien financier de l'État pouvait encore s'entendre, *a fortiori* si l'argent pouvait être cherché auprès d'une tierce partie. Mais réclamer le soutien financier de l'État tout en considérant la gestion des mines comme leur chasse gardée était une position nettement plus difficile à défendre, et ce d'autant plus s'ils se faisaient accuser de toutes parts d'être de mauvais exploitants. Or, c'est précisément à cela que mena le rapport Robinson. Voici ainsi résumée l'équation dans laquelle les charbonniers belges se trouvèrent empêtrés alors qu'ils faisaient face au Plan Schuman.

En mettant son aide à disposition de l'Europe, les États-Unis avaient posé comme condition la conclusion d'un accord bilatéral avec chaque pays bénéficiaire : une façon pour eux de s'assurer le contrôle de l'utilisation des fonds octroyés[131]. Or, vers la fin 1949, l'ECA voulut voir les

---

[129] C'est ainsi que le charbonnier Édouard Leblanc qualifia le rapport Robinson (archives SGB, 738, Lettre de Leblanc à Delville, le 29 août 1950). Passée en désuétude, l'expression « pavé de l'ours » qualifie une action nuisible qui part d'une intention louable mais irréfléchie.

[130] La littérature a déjà plusieurs fois abordé cette question : Dumoulin, « La Belgique et les débuts du Plan Schuman (mai 1950-février 1952) », p. 278-283 ; Devos, *Le patronat belge face au Plan Schuman (9 mai 1950-5 février 1952)* ; Kurgan-Van Hentenryk and Puissant, « Industrial Relations in the Belgian Coal Industry since the End of the Nineteenth Century » ; Milward, *The European Rescue of the Nation-State*, p. 60-62.

[131] Kurgan-Van Hentenryk, « La Belgique et le Plan Marshall ou le paradoxe des relations belgo-américaines », p. 314. Les responsables de l'exécution du Plan

choses de plus près qu'il ne l'avait fait jusque-là. Mis au courant des intentions du Gouvernement belge d'octroyer au secteur charbonnier les fonds du premier emprunt Marshall, l'ECA chargea donc, dès janvier 1950, la firme Robinson & Robinson d'aller étudier les conditions d'exploitation dans les charbonnages belges. La Fédéchar avait tout d'abord cru pouvoir tirer profit de cette initiative américaine en la présentant comme une preuve tangible de l'intérêt affiché par l'ECA dans ce secteur, et un argument de taille pour obtenir le soutien du Gouvernement belge[132]. Les rencontres entre parties s'étaient d'ailleurs déroulées sans heurt et s'étaient achevées par des échanges de compliments, les charbonniers se déclarant impatients de connaître le rapport final et prêts à suivre les quelques recommandations qui pourraient en émaner[133]. Dès après le départ des ingénieurs américains, la Fédéchar s'était par ailleurs empressée de relancer le Gouvernement sur la question des fonds Marshall, forte de l'intérêt dont l'ECA elle-même avait fait preuve[134].

Bouclé en juin 1950, le rapport Robinson allait cependant provoquer la déception et la rancœur des intéressés. Il avait été convenu entre représentants de l'ECA et la Fédéchar que le rapport resterait confidentiel tant que les charbonniers ne l'auraient pas relu et avalisé. Un délégué charbonnier avait justifié : « [...] vous le savez, nous ne voulons pas de nationalisation. Nous craignons donc que si le rapport était soumis soit au Ministère, soit à d'autres organisations, la question soit mise sur le terrain politique »[135]. Or, non seulement des extraits du rapport furent publiés dans la presse belge avant que l'industrie charbonnière belge en eût eu connaissance mais, pire encore, le rapport (« pour autant que celui-ci existe »[136]) s'avéra très critique envers les charbonnages belges et leurs gérants : « À les lire, rien n'est bon dans notre industrie »[137].

Marshall en Belgique avaient fait preuve, selon G. Kurgan-Van Hentenryk, d'« une détermination sans faille pour limiter l'ingérence de l'ECA dans l'économie belge » (p. 325).

132 Lors de la visite de Houthalen par les experts américains, Leblanc avait recommandé à ses collègues de modérer « leurs remarques désobligeantes [...] parce que de leurs réactions dépendrait peut-être toute l'aide Marshall données à nos mines » (archives SGB, 738, Lettre de Leblanc à Delville, le 29 août 1950). Voir aussi : archives SGB, 738, Compte rendu d'un entretien entre une délégation de l'industrie charbonnière et des représentants de l'ECA, le 31 mai 1951.

133 Archives SGB, 738, Aide-mémoire de la réunion entre une délégation américaine et le collège des présidents, le 30 mars 1950.

134 Archives SGB, 738, Projet de lettre de la Fédéchar à van Zeeland, le 25 mai 1950.

135 Archives SGB, 738, Aide-mémoire de la réunion entre une délégation américaine et le collège des présidents, le 30 mars 1950.

136 Archives Fédéchar, 547, Procès-verbal du Comité de direction, le 28 juin 1950. À la suite d'allusions explicites faites à la Chambre des Représentants au sujet du rapport,

À l'heure précisément où les charbonniers étaient confrontés avec le Plan Schuman, le rapport risquait d'avoir un effet calamiteux pour l'image de l'industrie charbonnière belge. Pour calmer le jeu, l'ECA organisa pour les charbonniers belges un voyage d'études dans les mines américaines, où l'on alla jusqu'à se mettre d'accord pour la rédaction d'un second rapport, version revue et corrigée de la première épreuve[138]. Mais le mal était fait et aucune réclamation des plaignants[139], aucun démenti de l'ECA ne suffirait à passer sous silence les critiques sévères qui avaient été lancées par les experts américains[140] : le rapport Robinson était du pain béni pour ceux qui, d'une part, considéraient que le charbon cher en Belgique n'était pas une fatalité et, d'autre part, voyait dans le Plan Schuman une solution inespérée au problème.

Les patrons charbonniers ne mettaient pas forcément en doute la compétence des experts, mais estimaient qu'au côté de certaines suggestions non dénuées d'intérêt[141], de nombreuses conclusions de leur rapport étaient erronées (« des inexactitudes manifestes et des généralisations nettement abusives qui sont de nature à discréditer les directions

---

l'Administration des Mines vint demander auprès de la Fédéchar de plus amples informations. Dans l'embarras, le mieux était de feindre l'ignorance… Notons que la Fédéchar elle-même n'allait prendre officiellement connaissance du contenu du rapport qu'en septembre 1950 (archives SGB, 738, Lettre de Fox à Dessard, le 5 septembre 1950). Voir aussi : archives SGB, 738, Compte rendu d'un entretien entre une délégation de l'industrie charbonnière et des représentants de l'ECA, le 31 mai 1951 ; archives Fédéchar, 292/145, Lettre de Dehasse à Fox, le 5 juillet 1950.

137 Archives SGB, 738, Lettre de Leblanc à Delville, le 29 août 1950.

138 Archives SGB, 738, Lettre de Nuveen à Ockrent, le 31 juillet 1950. Ockrent était secrétaire de l'Administration Belge de Coopération Économique. Sur le cours de cette mission, voir archives SGB, 738, Note de Leblanc, « Compte rendu de la Belgian Coal Mining Productivité Studies Group, les 28 et 29 septembre 1950 » ; *idem*, 738, Lettre de Leblanc à Legrand, le 25 octobre 1950 (« Nous sommes tous persuadés qu'on ne cherche ici qu'à nous aider – ce n'est que la manière qui a parfois été maladroite ») ; *idem*, 738, Lettre de Gonze à Renders, le 2 novembre 1950 (« Il y a eu un léger incident lorsqu'un agent d'information de l'ECA a demandé à Brisson si les patrons charbonniers considéraient leurs ouvriers comme des êtres humains » ; conversations avec Robinson qui « a formellement promis de modifier ce qu'il y avait de déplaisant dans son rapport »).

139 Archives Fédéchar, 294/145, Lettre de Dehasse à Fox, le 5 juillet 1950.

140 Le rapport Robinson soulignait que la faiblesse des charbonnages belges tenait souvent à certaines incohérences de leur exploitation (éparpillement des sièges, division abusive des sociétés et des concessions, etc.) De nombreuses mines, alors considérées comme déficitaires, pouvaient, selon le rapport, retrouver un équilibre financier si seulement on se donnait la peine de rationaliser le secteur. La mesure la plus urgente était de fusionner les activités de surface, quitte à licencier massivement la main-d'œuvre excédentaire (des Belges principalement qui avaient déserté les travaux du fond).

141 Archives Fédéchar, 294/145, Note de Dessale sur le rapport Robinson, le 21 mai 1951.

des entreprises belges »[142]). Fondées sur des bases d'appréciation totalement inadaptées à la spécificité des gisements belges, les conclusions faisaient fi du contexte sociopolitique dans lequel les mines belges étaient exploitées[143]. Mais que pouvait faire la Fédéchar ? Édouard Leblanc était d'avis que la prudence dans cette affaire ne serait pas de trop : « Il est certain que notre industrie a besoin de fonds de l'ECA et qu'il faut par-dessus tout éviter de blesser l'amour-propre des auteurs de ce rapport, malgré le tort immense autant qu'immérité que ce document pourrait faire à notre industrie »[144]. Selon le même Leblanc, les experts américains avaient sans doute cru bien faire en assombrissant exagérément le tableau, convaincus d'aider ainsi leurs confrères belges à obtenir les aides tant attendues : « Nous avons bien peur cependant que leurs appréciations ne soient pas interprétées par tout le monde dans ce sens et qu'au total ce rapport ne nous fasse l'effet du pavé de l'ours »[145], concluait-il.

Le rapport Robinson ne rendit pas seulement plus compliquée l'obtention des fonds Marshall, tant face au Gouvernement belge que face aux autres patronats belges, créant d'ailleurs des tensions entre industriels au sein de la FIB[146]. Également, il déforça grandement les charbonniers dans leur campagne contre le Plan Schuman tout en renforçant les arguments de ceux qui voulaient mettre un terme à la gestion libre et privée des charbonnages. Bien entendu, du côté des syndicats, on s'intéressa également au rapport américain, ce qui permet de penser que les craintes patronales de le voir s'ajouter à l'arsenal des tenants de la nationalisation n'étaient pas totalement déplacées. Ainsi, Joseph Dedoyard, Secrétaire général de la Centrale Syndicale des Travailleurs des Mines de Belgique (FGTB), écrivit en novembre 1950 à Albert Coppé, le pressant de rendre publique le contenu du rapport ; depuis la

---

142 Archives Fédéchar, 294/145, Lettre de Dehasse à Fox, le 5 juillet 1950.

143 Entretien avec monsieur Jean Medaets, ingénieur des mines, 25 juillet 2000 ; Dubois, *Mémoire de houilleur, 1943-1959*, p. 62 ; archives Fédéchar, 547/7, Note de la Fédéchar « Entrevue de la délégation charbonnière avec Gaston Eyskens, le 25 juillet 1950 » (annexe du procès-verbal du comité de direction du 26 juillet) ; archives SGB, 738, Lettre de Leblanc à Delville, le 29 août 1950.

144 Archives SGB, 738, Lettre de Leblanc à Delville, le 29 août 1950.

145 *Idem.* Cette interprétation de Leblanc allait être confirmée, quelques semaines plus tard lors du voyage d'étude aux États-Unis, par les experts américains eux-mêmes (archives SGB, 738, Lettre de Leblanc à Dessard, le 18 octobre 1950).

146 Archives Fédéchar, 547/7, Note de la Fédéchar – « Entrevue de la délégation charbonnière avec Gaston Eyskens », le 25 juillet 1950 (annexe du procès-verbal du Comité de direction du 26 juillet) ; archives FIB, CD N 1950-55, Procès-verbal du Comité de direction, le 23 août 1950 ; archives SGB, 738, Aide-mémoire de la réunion du 21 novembre 1950 avec J. Meurice, dans laquelle Ockrent et Meurice expliquent la procédure d'attribution des fonds Marshall.

publication d'extraits en juin 1950, le pays en savait déjà trop sur le document pour qu'on persiste à en cacher la teneur : « Le rapport [...] révèle des déficiences graves dans l'organisation de notre industrie charbonnière. Ce serait, paraît-il, pour cette raison que les patrons charbonniers s'opposent formellement à la publication de ce rapport »[147].

Outre l'importance du charbon pour l'économie nationale, Joseph Dedoyard estimait que la classe ouvrière devait être informée des « questions relatives à la réorganisation des méthodes de travail dans les charbonnages », processus auquel les organisations syndicales devaient participer. Assurément, les gains engrangés dans le cadre des négociations du Plan Schuman donnaient des ailes aux délégués syndicaux. Le secret que l'on s'évertuait à maintenir sur le contenu du rapport ne pouvait qu'éveiller la curiosité et les soupçons des syndicats. Le ministre Albert Coppé se contenta de répondre ce qui avait été conclu entre les charbonniers, l'ECA et le Gouvernement belge : rien ne serait communiqué avant qu'un second rapport Robinson soit rédigé[148].

Mais les charbonniers n'en étaient pas au bout de leurs peines. Engagées lors du voyage d'études des charbonniers belges aux États-Unis, durant l'automne 1950, les discussions concernant le second rapport Robinson arrivèrent à terme au printemps suivant. En dépit des retouches effectuées, la Fédéchar continuait de redouter ses retombées et cherchait encore le moyen de les désamorcer : elle ne devait pas ignorer que de hauts-fonctionnaires, tels que Jean-Charles Snoy et d'Oppuers, ambitionnaient de faire accepter des réformes ou des programmes d'assainissement en se servant du rapport américain[149]. Mais dès après la signature du Traité CECA, le processus entrait dans sa dernière phase, phase au cours de laquelle il allait véritablement falloir convaincre les députés et sénateurs des dangers de l'accord et dans ce contexte, le rapport Robinson était une arme redoutable aux mains des partisans de la ratification.

Les 30 mai et 1er juin 1951, des extraits de la première version du rapport furent à nouveau publié dans la presse : dans le quotidien libéral *La Dernière Heure* puis dans le quotidien socialiste *Le Peuple*[150]. Une délégation charbonnière fut aussitôt envoyée auprès de l'ECA : « [...] nous nous retrouvons précisément aujourd'hui dans la situation où précisément les charbonnages autant que l'ECA ont souhaité ne pas se trouver », s'entend le monde politique s'est emparé d'un débat qui

[147] Archives AM, T 262-768, Lettre de Dedoyard à Coppé, le 15 novembre 1950.

[148] Archives AM, T 262-768, Lettre de Coppé à Dedoyard, le 27 novembre 1950.

[149] Archives AM, T 262-769, Lettre de Snoy à Ockrent, le 29 mars 1951.

[150] Archives SGB, 738, Compte rendu d'un entretien entre une délégation de l'industrie charbonnière et des représentants de l'ECA, le 31 mai 1951.

n'aurait jamais dû quitter le domaine technique. Louis Dehasse avait fait en cela « une véritable prophétie » :

> « à peine des extraits du rapport Robinson furent-ils publiés par le journal que la presse socialiste s'en est emparée pour affirmer que le rapport Robinson était un magnifique plaidoyer en faveur de la nationalisation des mines. Nous ne pensons pas que la politique de nationalisation soit dans l'orientation de la politique des États-Unis. [...] Il serait donc fort regrettable que le rapport Robinson soit détourné de sa destination véritable pour devenir un élément de lutte politique ».

Si la publication par le quotidien libéral n'était pas innocente[151], celle le lendemain par *Le Peuple* ne l'était assurément pas non plus.

Les patrons charbonniers exigèrent de l'ECA qu'elle prenne ses responsabilités en intervenant auprès des journaux pour notifier clairement que les extraits publiés ne pouvaient en aucune façon être présentés comme ils le faisaient, puisque l'auteur dudit rapport avait entretemps modifié ses vues. Devant le manque de volonté des représentants de l'ECA, les charbonniers menacèrent de se rabattre sur l'ultime recours dont ils disposaient : attaquer le rapport Robinson lui-même « ce que nous regretterions vivement et ne pourrait que nuire au prestige de l'ECA »[152]. La solution trouvée par l'ECA fut de publier le plus rapidement possible le rapport Robinson dans sa version définitive, en le faisant précéder dans la presse d'un avis explicite allant dans ce sens. Face à l'imminence de la publication, les charbonniers s'y préparèrent en tâchant de relativiser la portée d'un tel rapport (« Un 'rapport' ne suffit pas pour résoudre le problème charbonnier belge »[153]).

Pour conclure l'exposé de cette affaire, mais aussi pour en nuancer la portée, notons que l'attribution des fonds Marshall à l'industrie charbonnière ne fut jamais sérieusement compromise, ni par le rapport Robinson ni par quoi que ce soit d'autre. L'industrie charbonnière se vit attribuer au bout du compte la part du lion sur le total des fonds disponibles. Mais il n'en est pas moins vrai que les procédures d'octroi furent longues et laborieuses et l'énervement entre patrons charbonniers était manifeste dans certaines discussions[154]. Alors que, pour la première fois depuis la guerre, les faiblesses fondamentales de l'industrie charbonnière belge avaient refait leur apparition (lors de la crise de 1949) et que

---

151 Devos, *Le patronat belge face au Plan Schuman (9 mai 1950-5 février 1952)*, p. 86.

152 Archives SGB, 738, Lettre de Dessard à Landry, le 1er juin 1951. Pour Morgan, de l'ECA, cette tactique serait la meilleure façon d'inciter les journalistes à insister et ce tant aux États-Unis qu'en Belgique.

153 Archives SGB, 738, « Un 'rapport' ne suffit pas pour résoudre le problème charbonnier belge », le 2 mai 1951 ; voir aussi *idem*, 738, Lettre de Renders à Stein, le 4 juin 1951.

154 Archives Fédéchar, 547, Procès-verbal du Comité de direction du 16 avril 1952.

la perspective du Plan Schuman évoquait à certains la possibilité d'un assainissement du secteur, cette attribution des fonds Marshall ne pouvait pas manquer de faire couler de l'encre sur le retard et le conservatisme affiché par le patronat charbonnier.

Réclamer à grands cris l'octroi des fonds Marshall, refuser toute forme de réorganisation structurelle, plaider non coupable dans le retard de modernisation du secteur et s'opposer au Traité de Paris (et donc à l'aide financière qu'il prévoyait) constituaient ensemble une stratégie trop incohérente pour être payante et pour porter les charbonniers à la victoire sur tous les fronts. « Nous n'avons pas la prétention de dire que notre œuvre est parfaite mais nous ne pouvons admettre non plus que le rapport Robinson, lancé dans le public et commenté dans des buts politiques, permette de faire considérer les dirigeants de l'industrie charbonnière comme des incapables, des ignorants ou des négligents »[155]. Certainement, il s'agissait pour les charbonniers d'une question d'amour-propre mais de voir ainsi la politique se mêler de technique ne devait pas être pour les rassurer.

3. *Les réformes dans l'air*

La Déclaration Schuman précéda de quelques semaines le déclenchement de la guerre de Corée. Cette coïncidence allait peser sur le cours des négociations en termes économiques, en dopant notamment la production et les besoins prévisibles de la future CECA. Mais ce point culminant de la Guerre Froide provoqua, en Belgique comme ailleurs en Europe occidentale, un climat de peur. La bipolarisation du monde au cours des premières années de l'après-guerre avait fini par faire croire à une possible Troisième Guerre mondiale. En Belgique, ainsi qu'un peu partout en Europe, le renforcement des partis de gauche était manifeste, avec pour conséquence la mise sous pression des milieux d'affaires et l'émergence d'une économie mixte, en ce compris les nationalisations, revendiquées et parfois réalisées, de certains secteurs industriels ainsi que des services bancaires. Tous ces facteurs sur les plans national et international aidèrent à créer un climat de découragement et d'inhibition parmi les employeurs[156].

En outre, alors même qu'à Paris, la première phase des négociations du Plan Schuman avait été largement entamée, la Belgique entrait dans une des phases les plus critiques de son histoire nationale avec le dé-

[155] Archives SGB, 738, Compte rendu d'un entretien entre une délégation de l'industrie charbonnière et des représentants de l'ECA, le 31 mai 1951.

[156] Brion et Moreau, *La Société Générale de Belgique. 1822-1997*, p. 367-368 et 389-390.

nouement précipité de la Question Royale[157]. Le retour au pays du roi Léopold III et sa détermination à se maintenir sur le trône, en dépit d'une animosité manifeste à son égard – principalement dans la partie méridionale du pays –, avaient mené à un niveau de tension extrême. Vers la fin du mois de juillet, des grèves insurrectionnelles se déclenchèrent, présentant des signes concrets d'une révolution toute prête à éclater. Le 30 juillet, alors que le mouvement s'était fermement installé dans le bassin charbonnier du Hainaut, la grève se généralisa dans la majeure partie des bassins industriels wallons.

Si les milieux industriels belges firent un accueil prudent au Plan Schuman, soucieux d'en savoir davantage sur les intentions françaises avant de se prononcer, les syndicats se déclarèrent plus franchement favorables, nous l'avons dit. Il y a à cela plusieurs explications. Premièrement, les travailleurs belges avaient déjà obtenu les meilleures conditions de vie sur le continent par les voies nationales de la concertation sociale. Compte tenu du danger pour l'industrie belge de creuser encore l'écart de leurs prix de revient avec ceux de la concurrence, une amélioration supplémentaire de la condition des travailleurs ne pourrait venir que par voie d'accords supranationaux ou internationaux. Deuxièmement, tant pour la FGTB que pour la CSC, et chacune selon sa vision des choses, le Plan Schuman marquait une étape importante sur la voix de la démocratie économique.

La mise en place du CNC en janvier 1948 avait permis un temps de calmer les esprits en faisant étudier, à froid et sur le mode paritaire, la question des modifications structurelles à apporter au secteur houiller belge. Mais les espoirs suscités auprès des travailleurs avaient été rapidement déçus, le CNC s'avérant purement consultatif, et la trêve n'avait été que de courte durée[158]… La publication du rapport Robinson eut pour effet de mettre en évidence les aspects structurels du problème charbonnier belge, certains hommes politiques, syndicalistes ou hauts-fonctionnaires pointant du doigt les retards observés dans la rationalisation du secteur. La reconnaissance de cet aspect du problème charbonnier et de la nécessité de prendre des mesures dans ce sens fit même l'objet de marchandage dans le processus de ratification du Traité CECA de la part du groupe socialiste au Parlement[159]. Le nouveau contexte politique et institutionnel et la perspective d'obtenir grâce à la

---

[157] Dujardin, V., « La Régence. 1944-1950. Les clés d'une Belgique nouvelle », in Dumoulin, M. *et al.* (dir.), *Nouvelle Histoire de Belgique. Volume 2 : 1905-1950*, Bruxelles : Éditions Complexe, 2006, p. 144.

[158] Tilly, *André Renard. Biographie*, p. 384.

[159] Gérard-Libois et Lewin, *La Belgique entre la Guerre Froide et l'Europe, 1947-1953*, p. 163. Reprochant notamment aux dispositions transitoires de ne pas assurer les réformes nécessaires, les socialistes votèrent contre la ratification du Traité CECA.

CECA des aides pour assainir enfin l'industrie charbonnière belge firent se délier des langues, au risque de voir à nouveau mise en cause la gestion dudit secteur. Et les charbonniers se trouvèrent bien seuls sur cette question.

Le syndicat socialiste nourrissait, sans s'en cacher, des espoirs radicaux au sujet du Plan Schuman. Pas plus tard que le 6 juin 1950, le Bureau de la FGTB avait accueilli positivement l'initiative française, dont « l'agenda syndical national et notamment les nationalisations »[160] n'étaient pas éloignés. Dans un mémorandum transmis début décembre au Parlement et au gouvernement, la FGTB constatait la parfaite communauté de vues entre les promoteurs du Plan Schuman et les syndicalistes :

> Le projet français et la mise en place d'institutions européennes [...] posent en effet la question de la démocratisation de toute la branche économique jusqu'à l'entreprise. Cette question constitue un prolongement évident des revendications portant sur la mise en place d'un système de cogestion sur le plan national[161].

Forte de cette parenté, elle demandait une reconnaissance officielle de son droit de « codécision » en toute matière concernant l'industrie charbonnière, les mesures à venir en termes de reconversion et de réadaptation et réclamait une nouvelle fois la nationalisation des charbonnages[162]. Face à ce qu'il présentait comme un discours démagogique de la part des charbonniers, la FGTB entendait se réjouir :

> L'industrie charbonnière, même rééquipée, ne pourra tenir au point de vue prix, que moyennant subventions gouvernementales, avouées ou secrètes. À ce moment, la question de la nationalisation se posera avec force[163].

Le syndicat chrétien tenait, quant à lui, une position relativement modérée en faveur d'une cogestion dans les entreprises. Sous son impulsion et sous celle de sa Centrale des Francs-Mineurs, le principe de cette cogestion connaissait à cette époque un regain d'intérêt. Encouragé par les développements observés alors dans l'industrie lourde en Allemagne, cet appel n'était pas une nouveauté. Au lendemain de la Première Guerre mondiale, Monseigneur Pottier[164] avait déjà défendu le principe

---

[160] Tilly, *André Renard. Biographie*, p. 425.

[161] *Ibid.*, p. 426.

[162] *Ibid.*, p. 433 ; archives AMSAB, FGTB, dossier CECA, Note de la FGTB « Le Plan Schuman et nous », le 19 janvier 1951, p. 23 ; archives Fédéchar, 547, Procès-verbal du Comité de direction, le 13 décembre 1950.

[163] Archives AMSAB, FGTB, dossier CECA, Note de la FGTB « Le Plan Schuman et nous », le 19 janvier 1951, p. 8-9.

[164] Professeur de théologie morale au séminaire de Liège qui, à la fin du XIXe siècle, devint le chef de file de la démocratie chrétienne à Liège et à Bruxelles. Il se fit sur-

d'associer les ouvriers-mineurs à la gestion et aux bénéfices des charbonnages. Plus tard, dans l'entre-deux-guerres, ces revendications avaient pris une tournure nettement flamingante avec l'action du prêtre limbourgeois Karel Pinxten[165]. Ce n'est donc pas étonnant que ce soit au sujet du Limbourg et de la mise en concession des réserves d'État que la cogestion fut revendiquée avec le plus de force. Pragmatiques et prudents, les Francs-Mineurs, majoritaires dans le Limbourg, se disaient opposés au principe d'une nationalisation : outre que celle-ci n'était pas réaliste, la menace d'y recourir risquait à leurs yeux de provoquer une fuite des capitaux[166]. Ils privilégiaient l'idée d'une concentration des charbonnages belges en cinq entreprises de bassins gérées selon les principes de la cogestion. En dépit d'une condamnation officielle de ce principe par le pape Pie XII en juin 1950, ils entendirent profiter des démarches entreprises par les holdings en vue d'une mise en exploitation des réserves pour engager l'État à lier son accord à l'introduction de délégués syndicaux dans les CA des nouvelles sociétés à constituer[167].

Au début de l'été 1951, la SGB et le groupe Évence Coppée, déjà fortement implantés en Campine, travaillèrent de concert pour faire accélérer la mise en concession des dernières réserves[168]. Alors que cette concession avait été reconnue souhaitable par le CNC dès 1948, il fallait anticiper l'épuisement des mines du sud, principalement de celles du Borinage d'où était extraite une part importante des charbons cokéfiables, indispensables à la sidérurgie[169]. En outre, les ambitions autarciques, tout récemment inscrites dans le texte du Traité CECA, achevaient de justifier cette mesure. Mais au-delà de l'opportunité économique, les holdings étaient conscients de devoir rendre leur projet « sympathique », d'autant qu'il s'agissait d'étendre encore davantage

---

tout connaître par la diffusion de ses idées sur le rôle des coopératives, le syndicat, le juste salaire et l'actionnariat ouvrier, idées qui menèrent d'ailleurs à sa mise en retraite de la politique (Gerard, E. et Wynants, P. (dir.), *Histoire du Mouvement Ouvrier Chrétien en Belgique*. Tomes I et II, Leuven : Leuven University Press, 1994, p. 75).

165 Karel Pinxten (1903-1956), économiste, professeur à l'Université de Louvain.

166 Pequet, « De houding van de vakbonden tegenover de struktuurhervorming van de Kempische steenkoolnijverheid. 1940-1967 », p. 72-73.

167 Archives SGB, 640, « Le partage des réserves du Limbourg », le 5 juillet 1952.

168 Archives SGB, 640, Lettre de Wigny à Nokin, le 27 juillet 1951 ; *idem*, 640, « Projet de loi concernant les réserves de Campine » (en annexe d'une lettre de Delville à Sterkendries, le 19 novembre 1951) ; *idem*, 640, « Le partage des réserves du Limbourg », le 5 juillet 1952.

169 Archives SGB, 740, Note de Renders « Exposé devant le Conseil Général de la Société Générale de Belgique, le 27 octobre 1953 » ; *idem*, 640, « Projet de loi concernant les réserves de Campine » (en annexe d'une lettre de Delville à Sterkendries, le 19 novembre 1951). Ce projet de loi semble être le résultat d'une réunion entre la SGB et le groupe Évence Coppée.

leur emprise sur le secteur. Mais alors que l'idée circulait de lâcher du lest en accordant aux pouvoirs publics la prédominance dans une nouvelle société charbonnière, la CSC exigea explicitement, en contrepartie, l'introduction de la cogestion par introduction de délégués syndicalistes au sein des nouveaux CA[170]. Les charbonniers montrèrent la plus complète opposition devant cette revendication, reprochant encore une fois aux Francs-Mineurs de mélanger technique et politique : « C'est que, sentant la faiblesse de leur position sur le plan des principes, ils veulent tirer tout le parti possible d'une décision qui dépend du pouvoir politique »[171].

L'énergie déployée pour obtenir la concession des réserves de Campine tranche fortement avec l'immobilisme démontré au sein de l'industrie charbonnière face aux recommandations du CNC (principalement dans les bassins de Liège et de Charleroi), face au rapport Robinson mais bientôt également face aux suggestions du ministre des Affaires économiques, Jean Duvieusart (au cours au printemps 1952) de procéder à des concentrations verticales entre charbonnages et entreprises grandes consommatrices de charbon[172]. À cette suggestion, il lui fut notamment répondu : « L'État seul en tirerait peut-être un certain profit en voyant répartir sur d'autres des charges qui lui ont incombé et lui incomberont encore vraisemblablement à certaines époques. »[173]

IV. Conclusion

Contrairement à ce que laisse entendre A. S. Milward et conformément à ce que montre E. Devos, les sidérurgistes belges n'avaient donc pas le monopole de la lutte contre les velléités dirigistes du Plan Schuman. Les charbonniers joignirent leur voix à celles de leurs homologues, et ce tout au long du processus de formation de la CECA, et avaient même des raisons précises de craindre et de dénoncer le dirigisme dont le Traité de Paris semblait imprégné.

Il faut cependant constater qu'à la différence du secteur sidérurgique, ces raisons sont moins à rechercher dans les dispositions du Traité CECA elles-mêmes que dans le contexte national dans lequel celles-ci

---

170 Archives SGB, 640, « Le partage des réserves du Limbourg », le 5 juillet 1952.

171 *Idem*.

172 Archives SGB, 640, Lettre de Gillet à Duvieusart, le 17 avril 1952 ; *idem*, 640, Note de Sterkendries, « Remarques au sujet de l'intérêt pour les entreprises grandes consommatrices de charbon de prendre une participation dans les charbonnages », le 24 mai 1952 ; *idem*, 640, Note de Renders « Observations relatives à la note du 20 mai 1952 sur la 'concentration verticale' charbonnages-métallurgie », le 26 mai 1952 ; *idem*, 640, Note de Devillez à Sterkendries, le 4 juin 1952 ; Tilly, *André Renard. Biographie*, p. 361.

173 Archives SGB, 640, Note de Lambert pour Sterkendries, le 18 juin 1952.

tombaient. Alors que les charbonnages belges sortaient péniblement de la première crise de surproduction de l'après-guerre, à laquelle ils n'avaient survécu qu'à grands renforts de subsides publics, la divulgation des conclusions sévères d'une expertise américaine sur la gestion des mines belges, quelques semaines à peine après la Déclaration Schuman, ne pouvait pas plus mal tomber pour les charbonniers. Les fuites commises sur ce rapport et l'instrumentalisation que l'on entendit en faire au cours des mois de négociations ne trompent pas : il s'agissait pour ceux qui le détenaient de déforcer les positions des charbonniers et de convaincre les plus frileux de l'impérieuse nécessité d'associer la Belgique au Plan Schuman.

Dans un tel contexte national, les dispositions du Traité CECA ne pouvaient que contribuer à l'isolement auquel les charbonniers se sentaient confrontés. Au Gouvernement belge, le Plan Schuman apportait des moyens inespérés de résoudre à moindre frais le problème charbonnier national ; aux consommateurs, il faisait miroiter une baisse immédiate des prix du charbon ; et enfin, aux syndicats, non seulement il offrait soudain une place qu'ils n'étaient pas encore parvenus à obtenir sur le plan national, mais aussi il leur ouvrait de nouveaux horizons dans l'amélioration des conditions de vie et de travail.

L'enthousiasme et l'efficacité déployés par les syndicats ne pouvaient que renforcer le sentiment des charbonniers que, contre tout espoir, le Plan Schuman n'était pas un plan pour les industriels, mais bien pour les bureaucrates et pour les ouvriers. Depuis la fin de la Seconde Guerre mondiale, ils étaient habitués aux appels de la gauche à réformer la structure de leur secteur, voire le statut de leurs entreprises. Mais dans le climat de Guerre Froide, auquel vint s'ajouter au cours de l'été 1950 le dénouement particulièrement troublé de la Question Royale, la résurgence du thème de la cogestion et de la nationalisation dans le discours syndical, et ce très explicitement et très précisément à la faveur du Plan Schuman, n'était pas pour rassurer les charbonniers belges. Dans une certaine mesure, on peut donc vraisemblablement placer leur campagne contre le Traité CECA dans le prolongement de celle menée, depuis plusieurs décennies déjà mais surtout depuis la fin de la guerre, contre les nationalisations.

Quant aux reproches adressés par les charbonniers aux dispositions du Traité CECA, ils étaient aussi entachés de contradictions que le texte du traité, partagé entre libéralisation et régulation du marché. Le libéralisme des charbonniers belges s'arrêtait, pour ainsi dire, aux frontières belges ; au-delà, ils ne juraient plus que par une protection de la Haute Autorité. Dans le même sens, les charbonniers condamnaient les prérogatives de cette dernière lorsqu'elles semblaient faire peser le risque de l'arbitraire sur le cadre national (en vue d'un assainissement des mines belges, par exemple) mais regrettaient de voir la Haute Autorité à ce point démunie face aux pouvoirs nationaux (en cas d'engorgement du marché, par exemple). Enfin, concernant les subsides, après avoir pesté presque quatre années durant contre les subsides publics, ils reprochaient au Traité CECA de ne pas leur assurer une protection qui fût à la mesure de l'ingratitude de leurs gisements, c'est-à-dire permanente. Un peu plus d'un an après l'ouverture du marché commun du charbon, Léon Canivet allait ainsi exprimer son amertume au sujet du Plan Schuman :

> [...] Nous n'avons eu que quelques politiques qui ont vu clair, ou qui ont eu le courage de combattre avec nous ce plan dans sa forme actuelle. Si la Communauté européenne est nécessaire et par conséquent la Communauté charbon, il fallait concevoir celle-ci comme on conçoit une belle famille très unie [...]. Dans une famille nombreuse, qui mérite le qualificatif 'belle', les forts en santé aident les faibles, ceux qui ont une santé précaire. Eh bien, les Belges ont une santé précaire au point de vue exploitation houillère. Il fallait les aider, non seulement en période transitoire mais d'une façon continue. [...][174].

La contradiction belge, ainsi que R. Perron l'a relevée au sein du CEPCEO, se trouvait inscrite d'emblée dans les dispositions du Traité et dans l'appréciation qu'en firent les charbonniers belges.

[174] Archives SGB, 817, Lettre de Canivet à Vercleyen, chef de cabinet de Van Acker, le 4 juillet 1954.

CHAPITRE 3

Le CEPCEO, entre idéologie et pragmatisme (1951-1953)

À l'automne 1951, les charbonniers belges semblaient se résigner : la CECA était déjà une réalité dont il convenait de tenir compte et il était grand temps de s'organiser en vue des prochaines modifications institutionnelles et économiques. Des contacts furent donc établis avec leurs collègues de la Ruhr à partir du mois d'octobre 1951, contacts qui devaient mener quelques mois plus tard à la mise en place d'un Comité d'Étude des Producteurs de Charbons d'Europe Occidentale (CEPCEO). Compte tenu, d'une part, du rôle des charbonniers belges et, d'autre part, des motivations prêtées aux fondateurs de l'association charbonnière européenne, un retour sur le processus de création s'impose ici.

Quant aux motivations qui expliquent la mise en place du CEPCEO, la première, qui vient tout naturellement à l'esprit et qui est adoptée par R. Perron et par E. Devos, est celle d'une nécessaire adaptation institutionnelle : s'accommoder de la CECA en présentant au niveau supranational des interlocuteurs officiels, « afin de suivre les nouvelles données politiques »[1]. Face à la mise en place de nouvelles institutions à Luxembourg, les initiateurs du CEPCEO, « conscients de ne pouvoir échapper à l'instauration de la CECA »[2], ont suivi une démarche anticipative consistant à reproduire au niveau européen une activité exercée jusqu'alors auprès des institutions nationales. Dans son principe, cette démarche impliquait une prise en compte décidée et, partant, une forme de légitimation des institutions et des règles du jeu posées par le Traité. Mais il ne fait aucun doute que le CEPCEO doit être analysé également sous un angle idéologique, dont E. Devos et R. Perron ont toutes deux relevé la pertinence[3] : l'association européenne des producteurs charbonniers devait permettre de « défendre l'entreprise libre contre

1 Perron, « Divergences, front uni : l'organisation européenne des producteurs de charbon face à la Haute Autorité de la CECA », p. 245.

2 Devos, *Le patronat belge face au Plan Schuman (9 mai 1950-5 février 1952)*, p. 96-97.

3 Perron, « Divergences, front uni : l'organisation européenne des producteurs de charbon face à la Haute Autorité de la CECA », p. 246-247.

l'emprise du dirigisme »[4]. À nouveau, il s'agissait d'une démarche anticipative mais qui, cette fois, bien plus que par la volonté de prendre part et de se lier aux nouvelles institutions et règles du jeu, se caractériserait par celle de limiter les prétentions du nouveau pouvoir européen sur la liberté de leur gestion.

Si le rôle particulier joué par les charbonniers belges est connu[5], on ne l'a encore jamais étudié en vis-à-vis avec la campagne menée jusque-là par la Fédéchar contre le Plan Schuman. La « contradiction belge » constatée par R. Perron dans le fonctionnement du CEPCEO au fil des années 1950 suggère cependant que ce rôle et les motivations qui y étaient attachées n'étaient pas anodins, et ce d'autant moins qu'ils ont pu contribuer à l'échec de l'association : « Les divergences exprimées [...] n'ont pas permis d'afficher un front uni et solide des producteurs de charbon face à la Haute Autorité sur le modèle d'un groupe de pression »[6]. Ces divergences tenaient à des conditions d'exploitation et à des traditions politiques et économiques nationales manifestement différentes, ainsi que R. Perron l'a montré.

En réalité, les causes fondamentales de cet échec étaient perceptibles dès les premiers mois, entre les prémices et l'établissement de l'association. Ainsi qu'il est suggéré dans le chapitre introductif, les sources de divergences au sein du CEPCEO pourraient être recherchées dans les usages différents que ses membres espéraient pouvoir en faire : ainsi, si l'on se concentre sur les charbonniers belges, il existe un contraste frappant entre la dimension idéologique prédominante aux débuts du CEPCEO et le pragmatisme avec lequel les charbonniers belges ont fini par envisager l'usage qu'ils pouvaient faire de l'association. Mais avant d'aborder cette question, il convient de présenter les différentes étapes de la mise en forme du CEPCEO.

I. La formation du CEPCEO (1951-1953)

L'histoire connue du CEPCEO débute à la fin octobre 1951 par une rencontre bilatérale entre des patrons belges et allemands. Cette première étape, aux allures très informelles, devait donner naissance quelques semaines plus tard à une première plateforme de discussion,

---

4 Archives CEPCEO, « Compte rendu de la réunion de l'Assemblée plénière, le 25 janvier 1952 ».

5 Dichgans, *Montanunion : Menschen u. Institutionen* ; Devos, *Le patronat belge face au Plan Schuman (9 mai 1950-5 février 1952)* ; Kurgan-Van Hentenryk and Puissant, « Industrial Relations in the Belgian Coal Industry since the End of the Nineteenth Century » ; et Perron, « Divergences, front uni : l'organisation européenne des producteurs de charbon face à la Haute Autorité de la CECA ».

6 Perron, « Divergences, front uni : l'organisation européenne des producteurs de charbon face à la Haute Autorité de la CECA », p. 260.

appelée très prosaïquement *Centre de contact*, qui elle-même allait déboucher sur une organisation davantage structurée et bientôt dénommée CEPCEO. Mais avant de se pencher sur ce processus, il n'est pas inutile de s'interroger sur les racines de cette organisation.

A. Des origines difficiles à établir

Force est de constater que des signes tangibles manquent pour parler d'une préhistoire de l'association charbonnière européenne. Les sources sont quasi muettes à ce sujet : tout juste apprend-on que le futur CEPCEO n'avait pas pour objectif de « faire revivre les cartels »[7] mais devait seulement contribuer « à resserrer davantage encore les liens de solidarité et de camaraderie qui [unissaient] déjà les dirigeants charbonniers de nos divers pays »[8]. Y avait-il des raisons concrètes pour parler ainsi ou n'était-ce là qu'une manière de poser les bases d'une saine atmosphère de travail ?

À R. Perron, il semble évident que l'association n'a pas pu surgir de nulle part et qu'elle était le prolongement de liens établis depuis plusieurs décennies entre producteurs charbonniers : ainsi invoque-t-elle l'ancienneté des structures de production sur le marché charbonnier européen ou le fonctionnement dans l'après-guerre d'une *European Coal Organization* (ECO)[9]. Ces arguments ne suffisent cependant pas à convaincre. De nombreux chercheurs avant R. Perron, à commencer par H. Rieben dans les années 1950, ont cherché à établir un lien entre les ententes industrielles de l'entre-deux-guerres et le processus d'intégration européenne de l'après 1945[10]. Cependant, la grande majo-

---

7 Devos, *Le patronat belge face au Plan Schuman (9 mai 1950-5 février 1952)*, p. 97.

8 Perron, « Divergences, front uni : l'organisation européenne des producteurs de charbon face à la Haute Autorité de la CECA », p. 247.

9 *Ibid.* p. 247. Au sujet de l'ECO, voir ci-dessous note 19.

10 Rieben, H., *Des ententes de maîtres de forges au Plan Schuman*, Lausanne : Centre de recherches européennes, 1954 ; Gillingham, *Industry and Politics in the Third Reich* ; Gillingham, J. R., *Coal, Steel and the Rebirth of Europe, 1945-1955*, Cambridge-New York : Cambridge University Press, 1991, p. 29-44 ; Wurm, C. A., *Internationale Kartelle und Auβpolitik. Beitrage zur Zwischenkriegszeit*, Stuttgart, Verlag Philip von Zabern, 1989 ; Kudo, A. and Hara, T., *International Cartels in Business History : proceedings of the Fuji Conference / International conference on Business History 18*, Tokyo : University of Tokyo Press, 1992 ; Barjot, D., « Un nouveau champ pionnier pour la recherche historique : les cartels internationaux (1880-1970) », *Revue d'Allemagne*, 30, 1998 ; Wilkens, A., « L'Europe des ententes ou l'Europe de l'intégration ? Les industries française et allemande et les débuts de la construction européenne (1948-1952) », in Bussière, É. et Dumoulin, M. (dir.), *Milieux économiques et intégration européenne en Europe occidentale au XXe siècle*, Arras : Artois Presses Université, 1998 ; Berger, « Les patrons de l'acier en France et Allemagne face à l'Europe (1930-1960) ».

rité des études abordant cette question, que ce soit pour la confirmer ou pour la nuancer, fondent principalement leur analyse et leurs arguments sur l'observation des ententes dans le secteur de l'acier[11].

À la différence de l'industrie sidérurgique, où une première Entente Internationale de l'Acier (EIA) avait été mise en place dès 1926, les tentatives similaires dans le secteur houiller ne se soldèrent que tardivement et par de modestes résultats[12]. Après la conclusion d'une convention internationale pour le coke en novembre 1936 entre la Grande-Bretagne et l'Allemagne, rejointes ensuite par les groupes nationaux néerlandais, belges et polonais, il fallut attendre janvier 1939 pour voir apparaître un cartel international du charbon, établi entre l'association charbonnière britannique et celle de Rhénanie-Westphalie, auquel la France était cette fois partie prenante en tant que pays importateur. Quelques mois plus tard, le déclenchement de la Seconde Guerre mondiale porta prématurément un terme au cartel[13]. Quant à se défendre de « faire revivre les cartels », les charbonniers ne s'engageaient donc pas à grand-chose. Ainsi qu'on le verra par la suite, il s'agissait surtout de ne pas compromettre d'entrée de jeu les chances du CEPCEO d'obtenir ses entrées auprès de la Haute Autorité.

Girault, R., « Les trois sources de l'identité et de la conscience européennes au XXe siècle », in Girault, R. (dir.), *Identité et consciences européennes au XXe siècle*, Paris : Hachette, 1994 ; et Bussière, É. et Dumoulin, M., « L'émergence de l'idée d'identité économique européenne d'un après-guerre à l'autre », in Girault, R. (dir.), *Identité et consciences européennes au XXe siècle* ont vu dans ces cartels une des sources de l'identité européenne.

Pour leur part, Wurm, C. A., « Les cartels internationaux de l'acier de l'entre-deux-guerres : précurseurs du Plan Schuman ? », in Wilkens, A. (dir.), *Le Plan Schuman dans l'Histoire : intérêts nationaux et projet européen*, Bruxelles : Bruylant, 2004 ; Kipping, M., *Zwischen Kartellen und Konkurrenz. Der Schuman-Plan und die Ursprünge der europäischen Einigung 1944-1952*, Berlin : Duncker & Humblot, 1996 se sont plutôt posés en détracteurs de la vision inaugurée par H. Rieben.

11 Notons cependant Gillingham, J. R., *A Case of Continuity : The Cartellization of the Western European Montanindustrie 1933-1945 and the European Coal and Steel Community*, Saint-Louis, Missouri, 1979 (auquel nous n'avons malheureusement pas eu accès) ; Schröter, H. G. et Wurm, C. A., *Politik, Wirtschaft und internationale Beziehungen : Studien zu ihrem Verhältnis in der Zeit zwischen den Weltkriegen*, Mainz : Verlag Philip von Zabern, 1991.

12 Duboscq, *Le conflit contemporain des houillères européennes. Perspectives d'ententes* p. 207 ; Gillingham, *Industry and Politics in the Third Reich*, p. 93 et 95-99. Les conditions fondamentales pour parvenir à une entente dans le secteur houiller étaient nettement moins favorables que pour l'acier : nettement plus dispersés que les hauts-fourneaux, ils rencontraient des conditions fort différentes d'exploitation et de commercialisation.

13 Wurm, « Les cartels internationaux de l'acier de l'entre-deux-guerres : précurseurs du Plan Schuman ? », p. 56-57.

Quoi qu'il en fût sur le plan des ententes, il y a fort à penser que des contacts entre producteurs charbonniers aient pu avoir lieu dans le cours des années 1930, à l'heure des accords bilatéraux[14]. Par ailleurs, des exemples existent de rencontres, organisées à Genève en 1929 et 1932, sous l'égide de la Société des Nations (SDN), afin précisément d'amener les producteurs à davantage de concertation sur le marché de la houille. Ces grandes messes de charbonniers ne débouchèrent que sur des déclarations de bonnes intentions mais furent incontestablement l'occasion pour les producteurs européens de se découvrir ou d'apprendre à se connaître[15]. Notons au passage que, tant en 1929 qu'en 1932, c'était déjà Herman Capiau, alors directeur général de la Fédéchar, qui avait la charge de représenter les intérêts belges. Mais quant à affirmer que des contacts établis dès cette époque, à Genève ou dans le cadre de rencontres bilatérales, ont pu servir de terreau aux contacts d'après-guerre, nous ne pouvons faire davantage que le supposer[16].

Au cours de la Seconde Guerre mondiale, des contacts eurent lieu entre industriels allemands et belges, mais les informations manquent à ce sujet[17]. Quant au contexte de l'après-guerre, la grave pénurie de charbon qui sévit alors sur le Vieux Continent fut très probablement l'occasion pour les charbonniers européens de se rencontrer. Ainsi, les archives de la Fédéchar font état de missions techniques envoyées en Angleterre, en France ou en Allemagne, destinées à s'enquérir à

---

14 Bussière, É. et Dumoulin M., « L'émergence de l'idée d'identité économique européenne d'un après-guerre à l'autre », p. 83.

15 Duboscq, *Le conflit contemporain des houillères européennes. Perspectives d'ententes*, p. 195-200 et Perron, *Le marché du charbon, un enjeu entre l'Europe et les États-Unis de 1945 à 1958*, p. 30-31.

16 Parmi les délégués des trois industries qui allaient être membres du CEPCEO à partir de 1953, aucun ne semble réapparaître après guerre : l'allemand Paul Silverberg (président du Conseil d'Administration et directeur général de la *Rhenische Aktiengesellschaft für Braunkohlenbergbau*, de la *Harpener Bergbau Aktiengesellschaft*) puis Dr. Janus (directeur général du *Rheinisch-Westfälische Kohlensyndicat*) ; le néerlandais F. W. J. Frowein (directeur-président des mines d'État, et à ce titre, représentant gouvernemental) et pour la France, M. Cuvelette (administrateur et directeur général de la Société des Mines de Lens). (Archives de la SDN, Dossier du Comité Économique-Charbon, vol. 1 et 2, Procès-verbal de la 1re réunion d'experts en matière charbonnière, le 8 janvier 1929 ; *idem*, Dossier Comité Économique, Papers 1928-1932, vol. 1, Comité économique. Liste des Experts en matière charbonnière).

17 Gillingham, *Industry and Politics in the Third Reich*, p. 146-147. Dont Alexandre Galopin, gouverneur de la SGB, le baron de Launoit, président de la Brufina-Banque de Bruxelles, ou encore Janssen, directeur de la Banque Nationale de Belgique.

l'étranger de méthodes et de matériels nouveaux susceptibles d'améliorer la production[18].

De plus, il n'est pas improbable que, comme le soutient R. Perron, on aurait pu trouver dans les archives de l'ECO des traces de contacts entre charbonniers dans l'après-guerre[19]. Parmi les experts techniques belges présents à Londres, on retrouve effectivement Pierre Delville, Édouard Leblanc ainsi que Herman Capiau (membre suppléant du délégué principal, M. T. Buyse)[20]. Pour rappel, ces trois mêmes charbonniers allaient quelques années plus tard suivre de près les négociations à Paris et prendre part aux discussions menant à la constitution du CEPCEO[21]. Mais, pas davantage que R. Perron (qui ne cite que l'exemple de Delville), il n'a été possible jusqu'à présent d'identifier d'autres patrons charbonniers au sein du personnel permanent de l'ECO : ainsi, si l'on s'en tient aux trois autres pays représentés au sein du CEPCEO, les membres néerlandais semblent être tous issus des rangs de l'armée ; sur les membres français, nous n'avons quasiment pas

---

18 Dubois, *Mémoire de houilleur, 1943-1959*, p. 60 qui rapporte l'envoi par le gouvernement belge d'une équipe d'ingénieurs des mines dans les mines de la Ruhr pour en effectuer le contrôle. Ces ingénieurs « constatèrent à cette occasion que les Allemands avaient, par rapport à nous, une avance technologique considérable, en partie réalisée pendant la guerre ». Cependant, L. Dubois ajoute que ce n'est pas vers l'Allemagne que se tournèrent les regards, « hors-la-loi et hors des cœurs », mais plutôt vers l'Angleterre puis vers les États-Unis (dont les gisements étaient pourtant trop différents).

19 Cette thèse est également soutenue par van der Rest, J. P. et Sauwens, A., « Les milieux patronaux dans la construction européenne », *Studia Diplomatica*, XXXIV, 1-4, 1981, p. 447. L'ECO fut établie à Londres en mai 1945 pour prendre le relais d'une section spéciale qui existait au sein des services des autorités interalliées en Europe (SHAEF) pour assurer l'approvisionnement d'énergie. À la fin des opérations militaires, elle devint une organisation internationale civile et les différents États européens furent invités à s'y joindre. Sans entrer dans les détails, les membres de l'ECO étaient la Belgique, le Danemark, la France, la Grande-Bretagne, la Grèce, le Luxembourg, la Norvège, les Pays-Bas et, plus tard, la Tchécoslovaquie, tous importateurs de charbon. Indépendant financièrement, cet organisme devait contribuer à la production et organiser la répartition des disponibilités entre États membres. Au sujet de l'ECO, nous renvoyons le lecteur aux ouvrages suivants : Samuels, N., « The European Coal Organization », *Foreign Affairs*, 26, 1, 1948, p. 728 ; *Comité Européen du Charbon. 1945 à 1947* ; Jensen, W. G. W., *Energy in Europe, 1945-1980*, London : G. T. Foulis & Co. Ltd, 1967, p. 5-17 ; Perron, *Le marché du charbon, un enjeu entre l'Europe et les États-Unis de 1945 à 1958*, p. 55-61 ; Röndigs, *Globalisierung und europäische Integration. Der Strukturwandel des Energiesektors und die Politik der Montanunion, 1952-1962*, p. 64 et 77-79. Quant aux archives de l'ECO, nos recherches à Genève sont restées vaines : retrouvées par R. Perron, il y a une dizaine d'années, elles semblent avoir disparu à nouveau…

20 *Comité Européen du Charbon. 1945 à 1947.*

21 van der Rest et Sauwens, « Les milieux patronaux dans la construction européenne », p. 447.

d'information ; quant à l'Allemagne, elle ne comptait pas parmi les États-membres de l'ECO[22]. Il n'est pas invraisemblable que des contacts directs aient eu lieu à cette époque entre charbonniers (dont ceux de la Ruhr) dans le cadre du fonctionnement de l'ECO mais, à nouveau, les preuves font défaut.

La multiplication des rencontres internationales à la fin des années 1940 et au début des années 1950, dans le cadre de l'Organisation Européenne de Coopération Économique (OECE) et du Conseil des Fédérations Industrielles Européenne*s* (CIFE)[23], ont vraisemblablement permis des contacts de plus en plus fréquents, fussent-ils informels, entre patrons charbonniers. À tel point que certains s'y sont d'ailleurs trompés en rattachant les activités du CEPCEO au cadre de l'OECE[24]. Si l'on voulait en savoir davantage sur les origines de l'association européenne des producteurs de charbon, il semble donc illusoire de les rechercher dans une structure institutionnelle précise dont l'association charbonnière européenne serait un prolongement ou une excroissance (comme l'ECO) mais plutôt dans un ensemble de contacts, plus ou moins personnels ou institutionnalisés, qui prirent place dans l'Europe en (re)construction d'après-guerre. Il est d'ailleurs à noter que l'association charbonnière européenne fut explicitement présentée comme un moyen pour les représentants de la profession de faire connaissance[25].

---

22 Les Français sont : S. R. Gueronik (un fonctionnaire du ministère de l'Industrie), Donderlinger, Pascal Dupuy, Martin et Fegueux ; les Néerlandais sont : J. G. Ph. Looman, Lt. Col. Paulen, Capt. Dekking (*Comité Européen du Charbon. 1945 à 1947*, p. 44).

23 Au sujet de l'OECE, voir : Griffiths, R. T., *À la découverte de l'OECE*, Paris : OECE, 1997. Quant au CIFE, mis en place en février 1950, il devait coordonner, faire converger les intérêts industriels européens et participer à la politique de l'OECE. Voir à ce sujet : Haas, *The Uniting of Europe : Political, Social, and Economic Forces 1950-1957*, p. 324 ; Gorges, M. J., *Euro-Corporatism ? Interest Intermediation in the EC*, Lanham, Md.: University Press of America, 1996, p. 54 ; Wilkens, « L'Europe des ententes ou l'Europe de l'intégration ? Les industries française et allemande et les débuts de la construction européenne (1948-1952) », p. 280. Rappelons que le CIFE avait dénoncé les pouvoirs de la Haute Autorité en janvier 1951.

24 Thuillier, J.-P., « L'Europe du charbon. Entre le marché et les États : l'exemple français », *Revue Belge d'Histoire Contemporaine*, XIX, 1-2, 1988, p. 17, qui cite des exemples concrets de réunions entre charbonniers, notamment au sein d'un *Comité d'experts charbonniers* de l'OECE à Genève, décembre 1950 (dont description dans *Nord Industriel*, décembre 1950). Il renvoie également à deux rapports produits dans le cadre de l'OECE : *Le charbon et l'expansion économique européenne*, OECE, Paris, 1952 ; et *La production de charbon, perspectives immédiates de l'Europe occidentale*, OECE-rapport du groupe ministériel de la production charbonnière, Paris, 1952.

25 Archives Coppée, 3037, Lettre de Delville à Nokin, le 29 janvier 1952 ; *idem*, 9634, Lettre de Capiau à Wirtz, le 4 août 1953.

B. Du Centre de contact au CEPCEO

La parenté entre le Centre de contact et le CEPCEO ne fait aucun doute bien que, comme on le verra, les membres du Centre de contact semblent avoir voulu clairement distinguer leurs activités, de nature totalement informelle, de celles engagées par la suite, de façon plus officielle cette fois en association avec les charbonnages nationalisés français et les charbonnages d'État néerlandais. Malgré des différences formelles importantes, une réelle continuité est à observer entre les contacts personnels des débuts et la création du CEPCEO.

1. « Des contacts purement informels »

Les premiers contacts entre patrons belges et allemands n'avaient encore rien d'officiel dans le sens où ce n'était pas les associations nationales, à proprement parler, qui étaient représentées : Max Nokin, directeur des charbonnages patronnés par la SGB, prit personnellement l'initiative de rencontrer Heinrich Kost, directeur général de l'association des producteurs de la Ruhr, le *Deutsche Kohlenbergbau-Leitung* (DKBL)[26]. Ce n'est qu'à partir de janvier 1952, lorsque les charbonniers privés néerlandais furent associés aux discussions, que les réunions furent tenues entre associations nationales sous l'intitulé Centre de contact[27]. Cependant, si la Fédéchar était dès lors largement représentée, l'impulsion de Nokin et de la SGB restait manifeste.

Dans une lettre à Nokin, Pierre Delville écrivait, au sujet de la réunion de fin janvier : « Il n'est pas douteux que nos entretiens se sont déroulés dans une franche et cordiale atmosphère où l'on sentait votre action efficace malgré votre absence. Le contact est bien établi et il est vraisemblable que les prochaines réunions nous permettront d'aborder

---

26 Dichgans, *Montanunion : Menschen u. Institutionen*, p. 136-137. Le rôle personnel joué par Max Nokin est confirmé par une lettre de Pierre Delville (archives Coppée, 3037, Lettre de Delville à Nokin, le 29 janvier 1952).

27 Archives Coppée, 3037, Note de Delville, « Réunion avec les délégués allemands & hollandais », le 18 janvier 1952. Assistèrent à cette rencontre, pour l'Allemagne : Heinrich Kost, déjà fort engagé dans l'entre-deux-guerres (Gillingham, *Industry and Politics in the Third Reich*, p. 165), Helmut Burckardt, Wilhelm Roelen, Ernst Russel (représentant charbonnier de la Ruhr dans l'entre-deux-guerres), Otto Springorum, Martin Sogemeier (de même, toujours selon Gillingham, p. 124, actif au sein de l'association des producteurs de la Ruhr dans l'entre-deux-guerres). Pour les charbonnages privés du Limbourg : Willem Schweitzer, Pieter Wirtz, Gerard Edixhoven, C. de Groot, J. Van Essen. Pour la Belgique : les cinq présidents d'association, Louis Dehasse, Paul Culot, Édouard Leblanc, Paul Renders, Herman Capiau, Edgard Van Lander, Henri Goudaillier et le secrétaire Aloïs Janssens. Notons, par ailleurs, la présence du sidérurgiste Pierre van der Rest (invité selon le souhait de Max Nokin selon Devos, *Le patronat belge face au Plan Schuman (9 mai 1950-5 février 1952)*, p. 96). Voir aussi : archives Coppée, 3037, Note de la Fédéchar « Liste des personnalités invitées aux journées des 25 et 26 janvier 1952 », le 17 janvier 1952.

diverses questions de haute actualité. […] Monsieur le Hodey et moi-même aurons sans doute l'occasion d'échanger des vues avec vous et Monsieur Stein quant au programme de la réunion de février prochain »[28]. Cette lettre laisse donc bien entendre que, pour les charbonniers européens, il s'agissait encore à ce stade de faire connaissance. Le Centre de contact n'avait encore rien d'une fédération d'associations et il n'était pas encore question de mettre en place une véritable structure représentative. Il allait falloir quelques mois aux charbonniers ainsi rassemblés pour sortir du bois et parler ouvertement d'un tel projet.

Dès après la réunion de janvier 1952, les séances de travail furent formellement divisées entre celles tenues en groupe restreint (composé invariablement de Herman Capiau, Marcel Peeters[29], Ernst Russell et Pieter Wirtz, avec Aloïs Janssens en tant que secrétaire[30]) et celles tenues en séance plénière. Les premières avaient pour objectifs de préparer le terrain et d'établir l'ordre du jour pour les séances plénières ; elles reçurent très rapidement l'appellation consacrée de Bureau, les

---

[28] Archives Coppée, 3037, Lettre de Delville à Nokin, le 29 janvier 1952. Rappelons que Philippe le Hodey et Pierre Delville représentaient le Groupe Évence Coppée au sein de la Fédéchar, alors qu'Edgard Stein et Max Nokin représentaient la SGB.

[29] Après avoir travaillé dans le secteur sidérurgique pendant la guerre, Marcel Peeters était actif depuis 1945, au sein de Fédéchar, qui l'avait chargé de mener la lutte contre les menaces de nationalisation dans l'immédiat après-guerre. En 1947-1948, il se fit remarquer par un rapport sur les charbonnages allemands et, par la SGB, il fut promu secrétaire général de la banque italo-belge. En août 1952, il allait être appelé au poste de chef de cabinet-adjoint du cabinet du Vice-Président de la Haute Autorité, Albert Coppé. En 1959, il devait prendre la direction générale de la Fédéchar.

[30] Avant de collaborer avec Max Nokin (van der Rest et Sauwens, « Les milieux patronaux dans la construction européenne », p. 449), Aloïs Janssens avait été très actif dans le secteur charbonnier et principalement à l'étranger : attaché militaire auprès de l'ECO (*Comité Européen du Charbon. 1945 à 1947*, p. 45), il était ensuite devenu successivement officier de liaison auprès du *North German Coal Control* (établi en juillet 1945, pour organiser la production de charbon en zone d'occupation britannique) ; officier de liaison auprès de la nouvelle organisation patronale charbonnière allemande, le *Deutsche Kohlenbergbau-Leitung* (DKBL) ; et, enfin, au moins jusque mars 1951, représentant du ministère des Affaires économiques au sein de l'Autorité Internationale de la Ruhr (AIR). En contact étroit et régulier avec la direction du DKBL, c'est-à-dire Heinrich Kost, lié par son travail au Cobéchar (qui le payait au prorata des quantités de charbon exportées d'Allemagne vers la Belgique), Aloïs Janssens a probablement servi de contact entre Nokin et Kost durant l'automne 1951. À noter que sa connaissance des langues faisait de lui une personne toute indiquée pour servir de lien entre industriels allemands, belges et néerlandais : francophone, originaire d'Anvers, il tenait également une parfaite connaissance de l'anglais et de l'allemand (entretien avec Léopold Janssens, fils d'Aloïs, le 23 décembre 2006 ; archives MAEB, 11.839/4 ; archives AM, 3e versement, 769, Note de Vinck à Snoy et d'Oppuers, le 9 mars 1951).

séances plénières étant pour leur part appelées Assemblée plénière[31]. Jusque fin février, ce fut la délégation belge qui se chargea de présider les séances et d'organiser les discussions, après quoi elle offrit aux deux autres délégations une alternance de la présidence des séances plénières. Les documents établis au sein du Bureau devaient être remis aux organes directeurs des associations nationales et devaient garder un caractère strictement confidentiel[32].

Il eût suffi en effet que l'existence du Centre de contact fût dévoilée pour que son caractère officieux devienne source d'embarras. Les autres branches charbonnières européennes, que l'emprise par l'État avait justifié de tenir à l'écart (les Charbonnages de France et les *Limburgse Staatsmijnen*), risquaient en effet de faire des histoires et il serait alors difficile de leur refuser la participation aux discussions. Pour cette raison, il ne pouvait être question de concevoir le Centre de contact comme une fédération : c'eût été le meilleur moyen d'attirer l'attention et d'avoir à se justifier. Il était nettement préférable de conserver aux contacts leur caractère informel[33]. De janvier à juin 1952, malgré la tenue régulière des séances de travail dans ses propres bureaux ou au Cobéchar[34], la Fédéchar ne fut pas tenue officiellement au courant des discussions et ne fit aucun commentaire à ce sujet.

Mais très vite des indiscrétions furent commises et, dès mars 1952, des réactions critiques se firent entendre de la part des charbonniers français[35], de la part des sidérurgistes français mais également de la part de fonctionnaires du Plan Schuman. Pressés par leurs confrères français de leur ouvrir la porte et craignant de se voir refuser toute reconnaissance de la part des autorités politiques et de compromettre ainsi les objectifs poursuivis, les membres du Centre de contact engagèrent donc des pourparlers avec leurs homologues français afin de trouver les moyens de leur donner satisfaction. Et ainsi qu'il avait été entrevu précédemment, la seule issue était d'intégrer les autres charbonniers de la CECA et les discussions entrèrent alors dans une seconde phase qui, bien que distincte de la première, n'en constitue pas moins le prolongement immédiat.

---

31 Archives Coppée, 3037, « Centre de contact. Réunion du Collège de MM. les Présidents, tenue le 20 février 1952 ».

32 Pour éviter toute fuite, ces documents seraient numérotés jusqu'au nombre exact des destinataires.

33 Archives Coppée, 3037, « Centre de contact. 2e réunion du Bureau, tenue à Bruxelles, le 22 février 1952 ».

34 Les premières réunions ont lieu à Bruxelles, dans les bureaux de la Fédéchar et du Cobéchar, c'est-à-dire pour rappel dans les bâtiments de la SGB.

35 Archives Coppée, 3037, « Centre de contact. 3e réunion du Bureau, tenue à Bruxelles, le 7 mars 1952 ».

2. *Le Comité des Industries Charbonnières Européennes/ CEPCEO*

Il fut décidé de constituer une structure plus officielle à laquelle seraient invités à participer les charbonnages nationaux de France et des Pays-Bas : ainsi, le 6 juin 1952, naquit le Comité des Industries Charbonnières Européennes (CICE). Celui-ci devait permettre aux charbonniers de la CECA d'« échanger des vues, préciser des objectifs, définir et coordonner les mesures à prendre en vue d'atteindre des objectifs »[36]. À la structure du Centre de contact, le CICE allait apporter son lot de formalisation : outre le Bureau permanent et l'Assemblée plénière, un troisième organe fut mis en place appelé Comité central (dont la première séance eut lieu au début du mois de septembre 1952). Le travail de l'association allait, par ailleurs, être organisé en diverses commissions, créées au gré des circonstances et des besoins. Le Bureau permanent fut installé à Bruxelles et devait, tout comme au sein du Centre de contact, tenir lieu de secrétariat chargé d'organiser le travail des organes de décision, le Comité central et l'Assemblée plénière. Afin de préparer, pour le compte du Comité central, les discussions au sein du Comité Consultatif auprès de la Haute Autorité, des réunions régulières seraient organisées entre producteurs au sein de commissions spécialisées[37].

À la différence notoire du Centre de contact, la CICE était conçue comme une fédération européenne des associations nationales qui y déléguaient des représentants officiels. La Fédéchar chargea ainsi les cinq présidents d'associations de bassin ainsi que Paul Culot, Édouard Leblanc, Paul Renders, Herman Capiau, Henri Goudaillier et Marcel Peeters de représenter l'industrie belge[38]. Comme il l'avait fait précédemment au sein du Centre de contact, Herman Capiau devenait membre du Bureau[39]. Il fut entendu que la présidence du CICE serait dési-

---

36 Archives Fédéchar, 547, Procès-verbal du Comité de direction, le 11 juin 1952.

37 Ainsi la commission pour l'étude préliminaire de l'art. 58 sur les quotas de production, commission chargée de la préparer la comparaison des salaires et des charges sociales dans les charbonnages de la Communauté, commission de l'étude du marché, commission des amortissements, commission des salaires, commission de l'étude de la concurrence des produits pétroliers,…

38 Par la suite, les délégations allaient être limitées à cinq par pays, auxquels pouvaient s'adjoindre un maximum de trois experts (archives Fédéchar, 547, Procès-verbal du Comité de direction, le 25 juin 1952). Est-ce un hasard si le chiffre de 5 correspond exactement au minimum indispensable pour les 5 présidents de la Fédéchar ?

39 Archives Fédéchar, 547, Procès-verbal du Comité de direction, le 11 juin 1952. Tous avaient été associés aux travaux du Centre de contact dès le 25 janvier.

gnée tous les deux ans sur la base d'un roulement entre associations nationales[40].

Le 7 juillet 1952, lors de la seconde Assemblée plénière à Noordwijk, aux Pays-Bas (à laquelle des représentants de la sidérurgie prirent part également), l'organisation reçut son appellation définitive. Début 1953, il fut décidé de conférer au CEPCEO des statuts clairement définis et d'en solidifier la structure[41], l'objectif étant surtout de faire reconnaître l'organisation comme un représentant légitime et un interlocuteur valable auprès des nouvelles institutions européennes. Il était indispensable pour cela de rassurer sur les intentions des producteurs : soucieux d'obtenir la bénédiction des États-Unis, Jean Monnet s'était montré particulièrement vigilant à contrer toute velléité cartelliste au sein de la CECA. Il fallait également établir un contact permanent à Luxembourg pour assurer le transfert d'information[42]. Ainsi, des « observateurs » ou « agents de liaison » allaient être envoyés sur place. Le 21 mars 1953, l'Assemblée plénière du CEPCEO votait les statuts de l'association charbonnière européenne. Quelques semaines plus tard, suite à un accord sur la présidence du Comité central, l'association charbonnière européenne atteignit son état final. Début juin 1953, Pieter Wirtz et Pierre Delville furent nommés respectivement Président et Vice-président[43]. Comme ce fut le cas pour la plupart des associations professionnelles européennes, les décisions du CEPCEO devaient être prises à l'unanimité, avec tous les risques de lenteur, d'impasse mais également de compromission que cela impliquait.

II. Le CEPCEO en quête d'identité et d'efficacité

En janvier 1952, lors d'une de leurs premières réunions, les producteurs belges, allemands et néerlandais se montrèrent unanimes à déclarer que les industriels devaient « s'unir pour éviter de donner au Plan Schuman un caractère trop dirigiste » : leur objectif devait donc être « de s'intégrer dans l'organisation et d'y apporter des idées constructives en vue de sauvegarder au maximum la notion de l'entreprise

---

40 Archives Coppée, 3037, « Centre de contact. Derniers échanges de vues [du 25 avril 1952] », daté du 3 mai 1952.

41 Archives Fédéchar, 264/145, « Fédération des producteurs de charbon d'Europe occidentale. Projet de statuts », le 13 janvier 1953 ; *idem*, 263/125, Lettre de Van Lander aux présidents et vice-présidents d'associations, le 9 mars 1953. Cela passait par régler les questions financières : cotisations et budget du CEPCEO.

42 Archives CEPCEO, Assemblée plénière à Bruxelles, le 17 février 1953 ; archives Fédéchar, 547, Procès-verbal du Comité de direction, le 18 février 1953 ; *idem*, 263/125, Compte rendu officieux succinct de la 8e réunion du Bureau du CEPCEO, le 17 mars 1953.

43 Archives Fédéchar, 547, Procès-verbal du Comité de direction, le 3 juin 1953.

privée »[44]. Se trouvent ainsi énoncées les deux principales motivations du CEPCEO : la nécessité de s'adapter à la nouvelle structure institutionnelle et la nécessité de contrer les dérives politiques et idéologiques qu'elle faisait craindre. La prétention à s'intégrer à l'organisation offrait des perspectives très intéressantes et inédites compte tenu de la richesse des sources consultées. Par souci de concision, on ne s'attardera que sur la seconde motivation, qui concerne précisément la présente recherche.

A. De l'idéologie au pragmatisme

Dans le chapitre qu'il consacrait aux associations « supranationales » de producteurs[45], E. B. Haas entrevoyait deux raisons distinctes et exclusives l'une de l'autre, de se fédérer : soit forcer la CECA à intervenir sur le marché afin de les protéger contre la concurrence des pays tiers et des matières concurrentes ; soit s'opposer aux velléités dirigistes de la CECA et assurer leur autonomie d'entrepreneurs. Cette distinction n'était cependant pas absolue, selon Haas, puisqu'il pouvait arriver qu'en dépit de solidarités de fait avec ses consœurs, une association nationale décline une offre d'affiliation par crainte de « contamination idéologique »[46]. Les différences entre idéologies nationales, dont Haas esquissait un tableau, pouvaient donc porter un frein à la fédération des intérêts. Cependant, il constatait aussi qu'en dépit des divergences observées entre associations nationales, la mise en place de la CECA avait été accompagnée de l'apparition de nombreuses associations internationales. Et il entendait montrer pourquoi : ces associations naissaient et se maintenaient au travers de consensus tactiques qui s'embarrassaient peu, voire pas du tout, de considérations idéologiques. Et en l'occurrence, en dépit d'être à la source du CEPCEO, il faut bien admettre que le fond idéologique ne suffit pas à caractériser l'association en tant que telle et qu'il ne vaut en réalité que pour les tout premiers mois de son processus de formation.

1. Le Centre de contact, un club de patrons libres

En janvier 1952, Léon Canivet déclarait que les trois délégations réunies représentaient tout ce qu'il restait de l'exploitation charbonnière libre au sein de la CECA : « [Si] nous nous réunissons maintenant pour défendre cette liberté, c'est parce qu'elle est singulièrement menacée par certaines initiatives prises récemment dans le domaine international, notamment le Plan Schuman, qui peut être la meilleure et la pire des

[44] Archives Coppée, 3037, Note de Delville « Conversations entre producteurs allemands, hollandais et belges », le 28 février 1952.

[45] Haas, *The Uniting of Europe : Political, Social, and Economic Forces 1950-1957*, p. 318-354.

[46] *Ibid.*, p. 323.

choses »[47]. En réalité, les questions afférant au charbon (tarifs, concurrence des produits pétroliers ou charbons importés d'outre-Atlantique) ne semblent pas avoir été, à ce stade, véritablement au centre des préoccupations des producteurs. Tout juste s'agissait-il pour eux de « faire un tour d'horizon de tous les problèmes internationaux intéressant le charbon »[48]. Bien plus importante était la question des pouvoirs de la Haute Autorité.

Le Centre de contact fut défini comme une sorte de superviseur de la future CECA : destiné à sauvegarder au maximum la notion de l'entreprise libre, il devait défendre l'idée que le rôle de la Haute Autorité ne pouvait être qu'arbitral et ne pouvait en aucun cas impliquer une gestion permanente des industries. S'unir contre le dirigisme constituait un mot d'ordre suffisamment large pour ne pas convenir qu'aux seuls charbonniers et lorsqu'en janvier 1952, le Centre de contact posa les bases de son action, ce sont bien les « industriels » qu'il espérait voir se mobiliser.

La prise de contact avec les sidérurgistes se fit donc rapidement mais non sans prudence dans le chef des charbonniers. En vue de la rencontre des trois délégations en janvier 1952, Max Nokin avait ainsi exprimé son souhait que le sidérurgiste belge Pierre van der Rest, président du Groupement des Hauts-fourneaux et des Aciéries belges, soit invité à se joindre[49]. Dans les semaines qui suivirent, le mot d'ordre de discrétion justifia cependant de marquer une pause à cet embryon de collaboration[50]. Ce n'est que lorsqu'il fut question d'un comité ou club de l'acier, en voie d'élaboration, que les charbonniers envisagèrent concrètement de collaborer avec les sidérurgistes, se préparant à procéder à un échange d'observateurs entre les deux comités, sous réserve de l'accord de tous[51]. Le 29 mars, lors de la première réunion du Comité de contact sidérurgique, Marcel Peeters fut ainsi envoyé[52]. Des premiers contacts,

---

47 Archives CEPCEO, Compte rendu de la réunion de l'Assemblée plénière, le 25 janvier 1952.

48 Archives Coppée, 3037, Note de Delville « Réunion avec les délégués allemands & hollandais », le 18 janvier 1952.

49 Devos, *Le patronat belge face au Plan Schuman (9 mai 1950-5 février 1952)*, p. 96.

50 Archives Fédéchar, 547, Procès-verbal du Comité de direction, le 30 janvier 1952 ; archives Coppée, 3037, « Centre de contact. Réunion du comité restreint, tenue à Aix-la-Chapelle, le 9 février 1952 » ; archives Coppée, 3037, « Centre de contact. 2e réunion du Bureau, tenue à Bruxelles le 22 février 1952 ».

51 Archives Coppée, 3037, Note de Delville « Réunion de contact entre industriels du charbon », le 25 février 1952.

52 À la place de l'Allemand Russell qui, après avoir été plusieurs fois assigné à cette tâche, jugea préférable, en raison de ses qualités de vendeur de charbon, d'y renoncer (archives Coppée, 3037, Note de Delville, « Commission de contact entre producteurs de charbon de divers pays », le 24 mars 1952).

les charbonniers tirèrent l'impression que les sidérurgistes européens avaient conclu « un programme d'action analogue à celui du Centre de contact charbonnier, en partant de principes identiques »[53].

Quant à créer un contact permanent entre les deux groupements européens, les choses se compliquèrent : les sidérurgistes français montrèrent au début une certaine réserve liée au fait que « la liaison entre les charbonniers français et le Centre de contact charbonnier n'[était] pas encore établie »[54]. Dans l'immédiat, au sein de l'association charbonnière, on crut pouvoir contourner cette exigence en organisant des réunions entre secteurs sur le plan national, ainsi que c'était le cas en Belgique et au Luxembourg : si la coordination internationale s'avérait impossible à réaliser, les consultations nationales suffiraient[55]. Cependant, les contacts au niveau international allaient rapidement reprendre sur une base plus stable.

2. *Accepter les charbonnages nationalisés ?*

Parmi les raisons implicites pour lesquelles des consignes de discrétion avaient été données figuraient sans doute le risque d'alerter les producteurs français et de les voir venir frapper à la porte du Centre de contact pour ne pas en être tenus à l'écart. Début mars, à l'ouverture des travaux du Bureau, Herman Capiau faisait le constat que les recommandations avaient été vaines : « Des critiques ont notamment été faites par les charbonniers français à l'égard des réunions tenues »[56].

Était-il encore possible d'aller de l'avant sans informer officiellement les Français de l'existence des contacts ? Ne pas le faire ne faisait-il pas courir le risque, à terme, de compromettre la reconnaissance du Centre de contact en tant qu'association représentative des charbonniers européens ? À l'inverse, en intégrant les CdF, ne risquait-on pas de fournir un prétexte aux « dirigistes » pour renforcer leur politique ? La demande française ne pouvait être considérée qu'avec circonspection. Ainsi, le 22 mars, les patrons du Centre de contact décidèrent d'envoyer trois des leurs à Paris pour demander au directeur général des CdF

---

53 Archives Coppée, 3037, « Centre de contact. 5e réunion du Bureau, tenue à Bruxelles, le 21 avril 1952 ». Nous verrons ainsi qu'ils allaient s'entendre pour appuyer de concert les mêmes candidatures aux sièges du collège de la Haute Autorité.

54 Archives Coppée, 3037, « Centre de contact. 5e réunion du Bureau, tenue à Bruxelles, le 21 avril 1952 ».

55 Archives Coppée, 3037, « Centre de contact. Derniers échanges de vues », daté du 3 mai 1952.

56 Archives Coppée, 3037, « Centre de contact. 3e réunion du Bureau, tenue à Bruxelles, le 7 mars 1952 ».

« d'une façon officieuse, le rôle qu'il souhaiterait jouer dans [leur] Organisation »[57]. La balle était dans le camp des Français.

Les discussions qui eurent lieu par la suite devaient inévitablement mener peu à peu à estomper la distinction nette que l'on avait voulu faire entre entreprises privées et nationalisées. Cependant, la chose ne se fit pas sans mal, notamment au sein du patronat belge. Fin avril, Pierre Delville notait que deux courants d'opinions s'affrontaient : le premier, défendu par Louis Dehasse et par Edgard Stein, tendait à « écarter tout contact avec les Français » ; le deuxième, soutenu par le plus grand nombre, tendait à « obtenir qu'une certaine satisfaction soit donnée à la France »[58]. Pour la réussite du projet, il était cependant impératif de trouver un compromis : Pierre Delville évoquait ainsi la possibilité de sauvegarder les intérêts et l'esprit du Comité, « axé sur la défense de l'entreprise privée », en confinant la participation des Français aux travaux d'une sous-commission consacrée particulièrement à certains aspects du Plan Schuman. Mais premièrement il s'avéra que les pressions émanaient davantage des fonctionnaires du Plan Schuman que des CdF ; deuxièmement, il parut tout aussi clair que ces derniers n'entendaient pas se contenter d'un rôle secondaire[59].

Aux yeux de ses fondateurs, le Centre de contact était basé sur un principe indiscutable et était non seulement appelé à se pencher sur le Plan Schuman mais également à tout ce qui touchait aux relations avec les travailleurs. Il leur paraissait « impossible donc d'inviter des représentants de l'industrie nationalisée aux travaux du Centre de contact, qu'ils soient français ou anglais ». À la rigueur, ils se disaient prêts à imaginer la possibilité d'inviter des sidérurgistes français aux réunions et, afin de ne pas totalement négliger la requête des CdF, on pourrait envisager de créer un nouveau comité, « un comité officiel à participation plus générale ayant pour but l'étude des questions relatives au Plan Schuman ». Les charbonniers belges furent alors chargés par leurs collègues d'user de leurs contacts personnels pour demander aux sidérurgistes français leur avis afin de sortir de l'impasse.

En réalité, la position des charbonniers belges sur la question des charbonnages nationalisés illustre bien le dilemme face auquel ils étaient placés. Certes, l'intégration de ces exploitations faisait perdre au Centre de contact son identité fondatrice. Mais l'adhésion des charbonnages français était également susceptible de briser l'isolement des produc-

---

[57] Archives Coppée, 3037, Note de Delville, « Commission de contact entre producteurs de charbon de divers pays », le 24 mars 1952.

[58] Archives Coppée, 3037, Note de Delville « Plan Schuman. Commission de contact charbonnière », le 26 avril 1952.

[59] Archives Coppée, 3037, « Centre de contact. Derniers échanges de vues », daté du 3 mai 1952.

teurs belges face aux deux branches les plus rentables de la CECA, de surcroît, celles dont dépendraient bientôt, partiellement, la réadaptation et à terme la survie du charbon belge. Dès juin 1950, dans la perspective des négociations de Paris, il avait été constaté que les producteurs belges et français étaient des alliés naturels face à leurs homologues néerlandais et allemands : « Il faut noter [...] car c'est un point qui peut revêtir une grande importance pour la Belgique dans les négociations relatives au Plan Schuman, que le rendement du Bassin du Nord et Pas-de-Calais, en France, n'est pas supérieur à celui du Borinage (665 kg contre 663 kg) »[60]. Ceci explique vraisemblablement que les deux extrêmes se soient trouvés au sein du patronat charbonnier belge. D'un côté, Roger Cadel, directeur général de CdF, aurait pu compter sur « quelques anciennes relations » dans les mines belges pour convaincre leurs collègues « que les mineurs français, bien que nationalisés, n'avaient pas de couteau entre les dents »[61]. De l'autre côté, les plus opposés à l'accession des Français au Centre de contact étaient les Belges Louis Dehasse et Edgard Stein, comptant parmi les membres les plus âgés du Comité des directeurs de la Fédéchar. Il n'est donc pas exclu qu'un élément générationnel ait pu jouer.

Le 3 mai, le Centre de contact des sidérurgistes se réunissait à Luxembourg. La déclaration des sidérurgistes français fut sans équivoque : « Aussi longtemps que le Centre de contact charbonnier n'aura pas régularisé ses relations avec les charbonniers français, les sidérurgistes français ne pourront envisager une collaboration officielle avec ce Centre, ni par l'intermédiaire d'observateurs, ni autrement »[62]. En dépit de certaines voix discordantes parmi les sidérurgistes français, cette déclaration était trop importante et trop catégorique pour qu'il n'en soit pas tenu compte. Le Centre de contact charbonnier allait devoir se résoudre à lâcher du lest, d'une part, en trouvant le moyen de concilier la Charte fondamentale du Centre de Contact Charbonnier et la structure étatique des charbonnages français et d'autre part, en acceptant la participation des CdF « à certains de ses travaux, ou du moins, à ceux

---

60 Griffiths, « De Benelux-landen en het Schuman-Plan », p. 74. « *Het feit dat de Fransen mijnen weinig beter produceerden dan de bijna uitgeputte mijnen in de Borinage* [...] *gaf wel aanleiding tot de verwachting in Frankrijk een bondgenoot te zullen vinden* ». En janvier 1952, Fritz Michotte van den Berck avait également laisser entendre cette alliance naturelle avec la France qui, tout comme la Belgique, serait encline à faire appliquer l'art. 58 , à la différence de l'Allemagne et des Pays-Bas (voir Chapitre 2).

61 Gardent, P., *Souvenirs d'un parcours professionnel*, http://www.annales.org/archives/x/gardent.html, 2000. Au sujet du charbonnier français Roger Cadel, voir : http://www.annales.org/archives/x/cadel.html.

62 Archives Coppée, 3037, « Centre de contact. 6e réunion du Bureau, tenue à Roermond, le 10 mai 1952 ».

qui concernent le Plan Schuman ». Il devait cependant être entendu que ces charbonnages se feraient représenter par des représentants qualifiés et non par des observateurs mandatés.

Le 19 mai, Léon Canivet transmettait finalement une lettre à Roger Cadel, par l'intermédiaire de Pierre Delville, afin de l'inviter, avec « quelques-uns de [ses] collègues charbonniers », à une réunion le 6 juin qui aurait pour objet d'examiner « la constitution d'un organisme qui étudierait les problèmes qui se posent actuellement aux producteurs européens de charbon »[63]. Cadel accepta l'invitation tout en réitérant clairement son désir inconditionnel de participer à toutes les réunions du Centre de contact et à tous les contacts qu'auraient entre eux les charbonniers européens, la structure de propriété des charbonnages n'étant pas une base suffisante pour établir une distinction : un refus du Centre de contact les mènerait à renoncer à toute collaboration sur les « grands problèmes européens »[64].

La réunion du 6 juin 1952, la première tenue en présence des CdF (et vraisemblablement des Limburgse Staatsmijnen également) fut organisée avec une certaine fièvre. Il semble que les réticences au sein du Centre de contact n'étaient pas totalement dissipées et, en vue de la rencontre, il était impératif d'aboutir à une unité de vues entre charbonniers : à cette fin, Marcel Peeters fut envoyé auprès des collègues allemands et néerlandais. Léon Canivet, de son côté, fut chargé de rédiger le mot d'introduction. La première version de son texte, jugée trop sectaire, fit l'objet de modifications par le Bureau[65]. Il était impératif d'accueillir les nouveaux collègues en arrondissant les angles : aussi s'accorda-t-on pour affirmer que les contacts établis précédemment au sein du Centre de contact étaient purement privés et personnels ; que sur la base de ces contacts et suivant l'exemple concret des sidérurgistes, il avait été décidé d'établir ces relations de façon plus officielle ; et qu'il était apparu tout naturel, bien entendu, d'y convier les Français...[66]

Mais la réunion fut encore l'occasion, pour certains parmi les membres-fondateurs, de se montrer fermes : ainsi le Néerlandais, Pieter Wirtz, tout en reconnaissant le « grand intérêt de la co-existence des

---

[63] Archives Coppée, 3037, Lettre de Canivet à Cadel, le 17 mai 1952.

[64] Archives Coppée, 3037, Note de Delville « Commission de contact entre charbonniers. Entretien avec Monsieur Cadel, directeur général des Charbonnages de France, le 19 mai 1952 ». Ainsi, selon Cadel, les charbonnages allemands étaient loin d'avoir la liberté qu'on voulait bien lui attribuer.

[65] Archives Coppée, 3037, projet d'exposé introductif de Canivet, datée du 26 mai 1952 ; *idem*, 3037, « Centre de contact. Réunion du Bureau, tenue à Aix-la-Chapelle, le 4 juin 1952 ».

[66] Archives Coppée, 3037, texte définitif de l'exposé introductif de Canivet à la réunion du 6 juin 1952 (annexe d'une lettre de Van Lander à Delville, le 7 juin 1952).

Mines de l'État et des Mines privées », une coexistence harmonieuse qui pourrait se réaliser à l'échelle de la CECA, tenait à rappeler qu'« il [incombait] aux entreprises privées de s'opposer à pareille tendance, et cela d'une façon et à l'époque qu'elles [jugeaient] opportunes ». Il ajoutait : « Il faut résister avec conviction et en commun à certaines influences politiques chez lesquelles les intérêts partiels, soit d'ordre national, soit d'ordre social, ont parfois tendance à prévaloir à l'intérêt d'un développement économique sain, basé sur la responsabilité personnelle à l'égard des activités industrielles qui nous ont été confiées »[67]. Ce n'est que vers la mi-juin que pour la première fois les patrons français furent accueillis d'égal à égal dans le groupe de contact, une occasion pour les CdF de minimiser leur différence. Roger Cadel déclarait ainsi : « Toutes les questions internationales intéressent l'industrie charbonnière française au plus haut degré et elle est désireuse de participer à leur discussion. […] Quelle que soit la structure des industries charbonnières d'Europe occidentale, les impératifs devant lesquels elles se trouvent sont identiques »[68].

3. *Entre pragmatisme et inertie idéologique*

L'intégration des CdF et des Limburgse Staatsmijnen ne devait pas être suivie d'un effet immédiat en termes de références idéologiques. Ainsi, un an après, ces références devaient encore influencer le choix d'une présidence pour le CEPCEO : en mai 1953, Heinrich Kost, Pieter Wirtz et Herman Capiau se retrouvèrent sans contrepartie française, afin de s'entendre sur une position commune. « L'objectif essentiel à poursuivre dans la CECA », disait Kost, « c'est de convaincre la Haute Autorité qu'elle doit être le porte-parole de la propriété privée et de l'économie d'entreprise et non du collectivisme et de l'économie socialiste »[69]. Dans un entretien qu'il avait eu avec Jean Monnet à ce sujet, il avait d'ailleurs insisté sur le fait qu'« une conception chrétienne des choses imposait [ce] but ». La question de la libre entreprise était, selon lui, « la plus fondamentale de celles qui se posent à la CECA, spécialement en tant que celle-ci est considérée comme première étape de l'intégration européenne ». Pour cette raison, il voyait dans la réponse qui serait donnée à cette question l'ultime verdict qui rapprocherait l'Europe libre des conceptions soviétiques ou l'intégrerait dans le monde occidental.

---

67 Archives CEPCEO, « Assemblée plénière du 6 juin 1952, 1re réunion – Compte rendu de l'Assemblée constitutive entre l'Allemagne, la France, la Belgique et les Pays-Bas ».

68 *Idem.*

69 Archives Coppée, 9629, Compte rendu d'un entretien entre Herman Capiau et la délégation allemande, le 27 mai 1953.

Heinrich Kost était également d'avis que les débats au sein du Comité central du CEPCEO devaient être menés de telle façon qu'une large audience fût accordée au sujet. Pour des raisons politiques, il considérait qu'il n'était pas souhaitable que la première présidence du Comité central soit attribuée à un des représentants des grands pays producteurs, c'est-à-dire la France ou l'Allemagne[70]. Quant à se porter candidat, le Néerlandais Pieter Wirtz se disait handicapé par la nécessité à laquelle il était confronté de composer avec les représentants des Limburgse Staatsmijnen (soit la majeure part du domaine minier hollandais) au risque de manquer « de l'assurance et de la clarté qu'exigent les intérêts de l'Europe occidentale ». Pour toutes ces raisons, les producteurs allemands et néerlandais donnaient leur préférence à une présidence belge (Pierre Delville en l'occurrence) : « le président du Comité central doit au moins être soutenu par les membres du Comité appartenant à son propre pays, afin qu'on soit certain qu'il est en mesure de donner aux affaires l'orientation indiquée [...] »[71]. Pour une raison qui nous échappe, les Belges ne semblaient pas particulièrement enthousiastes à l'idée de prendre ce poste en charge. Herman Capiau argua tout d'abord de la présence du charbonnier allemand Helmut Burckhardt à la tête du Comité Consultatif auprès de la Haute Autorité pour justifier qu'un Allemand soit également mis à la tête du CEPCEO. Kost répondit par la négative : « L'agréation du Comité central auprès de la CECA serait rendue psychologiquement difficile si le président du Comité central était allemand alors que le Président du Comité Consultatif est déjà de la même nationalité ». Capiau parvint finalement à faire accepter à ses collègues allemand et néerlandais le principe d'une présidence tournante, comparable à ce qui se faisait au sein de la Fédéchar : Wirtz et Delville devinrent ainsi les premiers Président et Vice-président du CEPCEO.

La suite de l'histoire de l'association charbonnière européenne prouve qu'en dépit des modifications importantes dans la composition du groupe et dans son discours, les fondements idéologiques ne devaient jamais totalement disparaître. Ainsi qu'on le verra dans les chapitres suivants, ils continueraient d'être invoqués, soit comme source de légitimation (« d'ailleurs, ce sont les bases idéologiques du CEPCEO... »), soit comme source d'embarras (« nous ne voudrions pas

---

70 Archives Coppée, 9629, Entretien de Capiau avec la délégation allemande, le 27 mai 1953. Herman Capiau allait lui-même écrire à Pierre Delville pour lui demander son avis à ce sujet « Ne pensez-vous pas qu'il serait souhaitable, pour la première année, de ne pas confier la présidence à l'un des deux grand partenaires ? » (archives Coppée, 9634, Lettre de Capiau à Delville, le 6 mai 1953).

71 Archives Coppée, 9629, Compte rendu d'un entretien entre Herman Capiau et la délégation allemande, le 27 mai 1953.

remettre en doute les bases du CEPCEO, mais… »). Les charbonniers belges allaient d'ailleurs plus d'une fois se mettre dans une position inconfortable, forcés au grand écart entre leurs positions libérales contre le dirigisme de la Haute Autorité et leurs positions protectionnistes pour une défense de leur production nationale.

En réalité, tout porte à croire que, pour les charbonniers belges, le pragmatisme prit rapidement le dessus sur les considérations idéologiques : les contacts qu'ils avaient ainsi établis, d'une part, avec les charbonniers libres et, d'autre part, avec les charbonniers nationalisés, s'ils n'étaient pas de la même nature et s'ils pouvaient même paraître contradictoires, avaient au moins en commun de rendre possible une solidarité entre producteurs européens. Solidarité de nature idéologique avec les premiers, solidarité économique avec les seconds, dont les charbonniers belges avaient grand besoin.

B. À nouveaux pouvoirs, nouvelles stratégies

En dépit d'une mise en forme aux allures de repli, l'association des charbonniers européens s'est très rapidement souciée de suivre et contribuer de façon pragmatique à l'élaboration des nouvelles institutions et de l'organigramme du nouveau siège de pouvoir[72]. Il n'est pas possible de revenir sur l'ensemble de leurs démarches et encore moins sur l'ensemble du processus qui mena à l'installation des institutions communautaires à Luxembourg[73]. Mais ces aspects pratiques sont étroitement liés aux questions idéologiques que nous venons de traiter.

---

72 Archives Coppée, 3037, « Centre de contact. Réunion du collège de MM. les Présidents, tenue le 20 février 1952 » ; *idem*, 3037, « Centre de contact. 2e réunion du Bureau, tenue à Bruxelles, le 22 février 1952 » ; *idem*, 3037, « Schémas d'organisation », daté du 21 mai 1952 et « Schémas d'organisation des services de la Haute Autorité » (annexe à l'ordre du jour de la séance plénière du 16 mai 1952).

73 Mazey, S., « Conception and Evolution of the High Authority's Administrative Services (1952-1956) : from Supranational Principles to Multinational Practices », in Heyen, E. V. (ed.), *Die Anfänge der Verwaltung der Europäischen Gemeinschaft – Les débuts de l'administration de la Communauté européenne – Gli inizi dell'amministrazione comunitaria europea – Early European Community Administration*, Baden-Baden : Nomos Verlagsgesellschaft, 1992 ; Conrad, Y., *Jean Monnet et les débuts de la fonction publique européenne : la Haute Autorité de la CECA (1952-1953)*, Louvain-la-Neuve : Ciaco, 1989 ; *idem*, « L'administration belge face à la construction européenne (1952-1967). Une première orientation historique », in Heyen, E. V. (ed.), *Die Anfänge der Verwaltung der Europäischen Gemeinschaft…*, Baden-Baden : Nomos Verlagsgesellschaft, 1992 ; *idem*, « La Communauté Européenne du Charbon et de l'Acier et la situation de ses agents. Du régime contractuel au régime statutaire (1952-1958) », in Heyen, E. V. (ed.), *Die Anfänge der Verwaltung der Europäischen Gemeinschaft…*, Baden-Baden : Nomos Verlagsgesellschaft, 1992.

Rappelons qu'en mai-juin 1950, les charbonniers belges avaient posé comme conditions à une participation de la Belgique aux négociations du Plan Schuman, d'une part, l'obtention de garanties contre toute forme de dirigisme et, d'autre part, l'assurance que la gestion de la CECA fût laissée aux milieux industriels[74]. Si le caractère totalement illusoire de cette deuxième exigence n'avait pas tardé à leur apparaître, les prérogatives allouées à la Haute Autorité devaient confirmer, à leurs yeux, l'importance d'une participation active des industriels, sinon dans la gestion proprement dite, tout au moins sous forme de contrôle.

Ce n'est donc pas une coïncidence si les premiers contacts entre producteurs belges et allemands, en octobre 1951, eurent lieu *grosso modo* alors que les premières discussions s'engageaient entre États signataires du Traité CECA concernant la mise en place, la localisation et l'organigramme des institutions communautaires ainsi que la répartition des sièges à pourvoir (1). Dans le même temps, la question se posa de savoir comment faire de l'association un interlocuteur auprès de Luxembourg (2).

1. Assurer une présence industrielle au sein des institutions

« La politique plus ou moins dirigiste qui sera suivie par [les institutions communautaires] dépendra, en ordre principal, des personnes qui en feront partie, d'où l'importance pour les producteurs privés d'être représentés »[75]. Si pareil calcul avait déjà été fait ailleurs en Europe[76], les industriels belges semblent avoir montré une certaine précocité dans l'action pour s'assurer que la future autorité supranationale soit confiée à la responsabilité des seules personnes compétentes. Il semble évident que la compétence requise pouvait s'entendre en termes techniques[77] mais également idéologiques.

---

[74] Archives MAEB, 5212, « L'industrie charbonnière belge en face du Plan Schuman », le 16 juin 1950.

[75] Archives Coppée, 3037, « Centre de contact. Réunion du comité restreint, tenue à Aix-la-Chapelle, le 9 février 1952 ».

[76] Archives MAEB, 5216, « Observations et propositions des fédérations industrielles nationales des pays intéressés par le Plan Schuman sur les clauses économiques du 'projet de traité' en préparation », le 17 janvier 1951 ; en mai 1951, le directeur du patronat allemand, Fritz Berg, mais aussi Georges Villiers, à la tête du patronat français, s'étaient ainsi exprimés dans le même sens (Wilkens, « L'Europe des ententes ou l'Europe de l'intégration ? Les industries française et allemande et les débuts de la construction européenne (1948-1952) », p. 281).

[77] Contre le projet de Monnet qui ne prévoyait pas de direction distincte pour les deux secteurs, les charbonniers européens défendaient ainsi le principe d'une distinction claire, prétextant notamment qu'il n'était pas possible de trouver des personnes compétentes dans les deux domaines à la fois (archives Coppée, 3037, « Centre de contact. Derniers échanges de vues du 26 avril 1952 » ; *idem*, 3037, « Centre de contact. 6e réunion du Bureau, tenue à Roermond, le 10 mai 1952 »).

a) Le collège de la Haute Autorité

Parmi les postes à pourvoir, deux types étaient à distinguer : les huit membres nommés (un pour la Belgique, les Pays-Bas, le Luxembourg et l'Italie ; deux pour la République fédérale allemande et pour la France) ; et le neuvième membre coopté (qui, en vertu de la limitation à deux du nombre de membres par États, ne pouvait être que belge, italien, luxembourgeois ou néerlandais). C'est surtout au sujet de l'attribution de ce neuvième siège que les charbonniers européens se montrèrent vigilants, et ce pour deux raisons. La première est qu'il avait été convenu qu'au-delà de la possibilité pour le Centre de contact de réclamer la nomination de personnes « au courant des questions industrielles et favorables à l'esprit de la libre entreprise »[78] pour les huit membres nommés, les actions concrètes ne pouvaient être menées que sur le plan national et par conséquent par les délégations nationales charbonnières, en concertation avec leurs collègues sidérurgistes[79].

La deuxième raison tient à l'avance prise par les syndicats sur les industriels. Ainsi qu'il a été montré précédemment, les syndicats avaient très tôt perçu le parti qu'ils pouvaient tirer du Plan Schuman et de la nouvelle forme d'organisation qu'il impliquait. Confortées par les faveurs de Jean Monnet, leurs démarches actives s'étaient d'ailleurs rapidement avérées fructueuses. Assurés d'une association aux négociations, ils se virent garantir une participation aux institutions et, surtout, un siège au sein du Collège de la Haute Autorité. Or, ce siège devait s'avérer être le neuvième, sujet à cooptation.

Dès juillet 1951, les industriels belges s'étaient inquiétés de cette promesse[80] : mettant en doute l'indépendance du syndicaliste choisi, quel qu'il fût, et contestant la légitimité d'une cooptation ainsi biaisée, ils avaient réclamé une garantie d'équilibre entre intérêts des travailleurs et intérêts des industriels parmi les membres du collège. Au sein du Centre de contact, cette promesse faite aux syndicalistes ne fut pas mieux accueillie. Certes, cette cooptation forcée libérait théoriquement les gouvernements nationaux de toute prétention syndicale sur les sièges restants. Mais il était à craindre que les pays assurés de deux postes au sein du collège (la France et la République Fédérale Allemande) puissent être contraints (pour des raisons de politique interne) à réserver l'un des deux à un syndicaliste. Les charbonniers belges, déjà concrètement engagés dans ces démarches, montrèrent naturellement la marche à

---

[78] Archives Coppée, 3037, Note de Delville « Réunion de contact entre industriels du charbon », le 25 février 1952.

[79] Archives Coppée, 3037, Lettre de Peeters à Delville, le 24 mai 1952.

[80] Archives Fédéchar, 439/138, Lettre conjointe de van der Rest et de Delville à Meurice, ministre Commerce extérieur, le 16 août 1951.

suivre au sein du Centre de contact : agir auprès des autorités nationales, éventuellement en concertation avec les sidérurgistes pour contrer cette tendance à vouloir nommer au sein du collège des politiciens et des syndicalistes et obtenir la nomination de représentants des « producteurs libres »[81].

Les charbonniers européens s'organisèrent donc pour faire admettre le principe d'un membre coopté qui fût industriel mais également pour appuyer un candidat de façon la plus concertée possible avec leurs homologues sidérurgistes, rassemblés sous la houlette du sidérurgiste belge Pierre van der Rest. C'est ainsi que dès la fin du mois de février, les deux patronats semblaient s'accorder autour de la personne de Guillaume Konsbruck, industriel et ex-ministre luxembourgeois des Affaires économiques[82]. Des démarches furent entreprises dès ce moment auprès des autorités américaines, dont l'influence sur le processus de mise en forme de la CECA ne faisait aucun doute[83]. L'objectif d'obtenir un industriel au sein de la Haute Autorité poussa les patronats à se concerter étroitement, au-delà des limites sectorielles ou nationales, dans le souci de ne pas compromettre les démarches entreprises par les uns et les autres[84].

---

81 Archives Coppée, 3037, « Centre de contact. Réunion du comité restreint, tenue à Aix-la-Chapelle, le 9 février 1952 » ; *idem*, 3037, « Compte rendu de la 2e réunion du Bureau du Centre de contact, à Bruxelles, le 22 février 1952 ». À cette époque, il était question des personnalités suivantes : pour l'Allemagne, le syndicaliste Deist et le député démocrate-chrétien Etzel « sensible aux intérêts sidérurgistes », tous deux appuyés par le gouvernement fédéral, ainsi que Grosse, un syndicaliste que les producteurs préféraient à Deist, car beaucoup plus modéré et mieux versé en question charbonnière ; pour la France : Le Faucheux, directeur général des usines Renault, ainsi qu'« un politicien non encore désigné » ou Jean Monnet, qui « aurait beaucoup de chances d'être nommé » ; pour l'Italie : Grazzi, « un fonctionnaire du ministère des Affaires économiques » ; pour les Pays-Bas : Dirk Spierenburg, avec certaines réserves, en raison d'élections à venir en juillet ; pour le Luxembourg : Wehrer, chef du commerce extérieur. Quant à la Belgique, rien n'avait encore filtré, pas même la possibilité pour Paul Finet d'être membre coopté.

82 Guillaume Konsbruck (1909-1983) : homme politique indépendant, ministre de l'Agriculture, du Commerce, de l'Industrie et des Métiers, et du Ravitaillement (1945) et ministre du Ravitaillement et des Affaires économiques (1945-1946), il fut également directeur général adjoint des ARBED dans l'après-guerre.

83 Archives Eisden, 709, Conférence de Michotte van den Berck, le 28 janvier 1952 ; archives Coppée, 3037, Note de Delville, « Commission de contact entre producteurs de charbon de divers pays », le 24 mars 1952 ; *idem*, 3037, « Centre de contact. 5e réunion du Bureau, tenue à Bruxelles, le 21 avril 1952 ».

84 Ainsi, alors que le contact entre charbonnages français et le Comité de contact n'était pas encore établi, les sidérurgistes français demandèrent aux charbonniers européens de postposer toutes les démarches visant à faire accepter Konsbruck afin de ne pas compromettre les chances de succès des démarches qu'ils avaient entreprises de leur côté pour s'opposer à d'autres candidats possibles, tels que Le Faucheux, directeur

Vers la fin mars, alors que de nouvelles démarches étaient envisagées auprès de chaque gouvernement, au sein de la délégation belge plus précisément, on commença peu à peu « à caresser l'idée d'intervenir utilement » pour que le délégué belge au sein de la Haute Autorité soit « issu des milieux industriels »[85]. L'intégration des CdF et des Limburgse Staatsmijnen ne devait rien y changer et au contraire fut suivie d'une intensification des démarches. Alors qu'approchait la date butoir du 20 juin 1952, à laquelle la Haute Autorité devait théoriquement être constituée, il semblait de plus en plus clair que les gouvernements envisageaient de porter leur choix sur des personnes « ayant une compétence générale et l'habitude des problèmes internationaux », un critère de sélection insuffisant aux yeux des industriels[86]. Dès la première réunion du CICE, une résolution fut d'ailleurs rédigée par laquelle les quatre fédérations nationales invitaient leurs consœurs sidérurgistes à se joindre à elles afin de faire accepter par leurs gouvernements respectifs que, outre la compétence générale (comme stipulé dans le Traité), l'expérience dans les affaires industrielles du charbon et de l'acier fût retenue comme critère de sélection, tant pour les membres nommés que pour le neuvième coopté.

En juillet 1952, alors que la Haute Autorité était toute proche de son installation à Luxembourg, son collège comprenait en son sein deux syndicalistes : l'Allemand Heinz Potthof et le Belge Paul Finet, face à un seul industriel, Léon Daum. Aussi, lorsqu'à la fin du mois, elle eut appris que Paul van Zeeland et Gaston Eyskens avaient définitivement refusé de prendre place au sein du collège, la Fédéchar entreprit une ultime démarche afin qu'une alternative soit recherchée parmi les industriels. C'est finalement Albert Coppé, alors ministre des Reconstructions, qui fut invité par le Premier ministre Jean Van Houtte à faire partie du premier collège de la Haute Autorité.

S'il ne fait pas de doute que la formation de Coppé eût pleinement justifié son transfert à Luxembourg, rien ne permet d'affirmer que son expertise en matière d'économie charbonnière ait joué le moindre rôle dans cette nomination[87]. À en croire les sources disponibles, outre la

---

général des usines Renault (archives Coppée, 3037, « Centre de contact. 3e réunion du Bureau, tenue à Bruxelles, le 7 mars 1952 »).

85 Archives Coppée, 3037, Note de Delville, « Commission de contact entre producteurs de charbon de divers pays », le 24 mars 1952.

86 Archives Coppée, 3037, « Centre de contact. Réunion du Bureau, tenue à Aix-la-Chapelle, le 4 juin 1952 ».

87 Albert Coppé, fils d'un importateur de charbon, avait d'une part assisté son père dans son travail et, d'autre part, réalisé, dans le cadre de ses études d'économie appliquée à l'université de Louvain, une thèse de doctorat consacrée au marché charbonnier. Les observations qu'il avait faites alors devaient profondément influencer son travail au sein de la Haute Autorité au cours des années 1950 (Coppé, A., *Problèmes*

connaissance qu'il avait du Traité CECA pour avoir suivi les négociations, il ne faut donner à ce transfert que des raisons politiques et protocolaires. Ainsi, selon Roger Pâquet, il n'est pas improbable que par son franc-parler et son esprit d'indépendance, Albert Coppé ait suscité au sein du parti catholique flamand, si pas de l'embarras, du moins de la prudence et que, l'occasion venue, on ait jugé commode d'ouvrir au jeune homme d'autres horizons politiques[88]. Par ailleurs, pour que les Néerlandais concèdent à la Belgique un poste de Vice-président de la Haute Autorité, il fallait que la personnalité présentée ait au minimum occupé une fonction ministérielle[89].

Ceci étant dit, cette nomination semble avoir été accueillie favorablement par les charbonniers belges. Tout d'abord, il n'est pas impossible que le choix se soit porté sur Albert Coppé par souci d'équilibre, au sein du pays mais également au sein du collège de la Haute Autorité. Si on avait pu trouver un « Flamand patenté »[90] parmi les patrons charbonniers et sidérurgistes, c'est sans doute celui-là que l'on aurait choisi ; à défaut, Albert Coppé, proche de Léon Bekaert, le fer de lance du patronat flamand, constituait un bon compromis[91]. Mais aussi, les charbonniers s'attendirent d'emblée à ce qu'Albert Coppé ait recours « pour remplir les fonctions de chef de cabinet, à une personne émanant des milieux charbonniers belges »[92]. Et de fait, quelques semaines plus tard, aux côtés du sidérurgiste Paul Bolland, Marcel Peeters (qui, rappelons-le, avait pris part à la formation de l'association charbonnière européenne) était nommé chef de cabinet-adjoint d'Albert Coppé[93].

b) Les autres institutions de la CECA

Parallèlement à la question du collège de la Haute Autorité, les producteurs européens se préoccupèrent de l'administration communautaire. Ainsi fut-il jugé « extrêmement important » que les producteurs

---

d'économie charbonnière. Essai d'orientation politique, Bruges : Desclée de Brouwer, 1939). Nous aurons l'occasion d'en reparler dans le Chapitre 4.

88 Interview de Roger Pâquet, le 17 août 2005.

89 Voir notamment Spierenburg et Poidevin, *Histoire de la Haute Autorité de la CECA. Une expérience supranationale*. En termes protocolaires, il n'était pas concevable de mettre à la vice-présidence une personnalité moins importante que le membre néerlandais du collège de la Haute Autorité, Dirk Spierenburg.

90 Gérard-Libois et Lewin, *La Belgique entre la Guerre Froide et l'Europe, 1947-1953*, p. 171.

91 Mommen, A., *De teloorgang van de Belgische bourgeoisie*, Leuven : Kritak, 1982, p. 107. Albert Coppé allait d'ailleurs être un temps considéré, au sein de l'Administration européenne, comme « trop lié aux milieux industriels de son pays » (Spierenburg et Poidevin, *Histoire de la Haute Autorité de la CECA. Une expérience supranationale*, p. 64-66).

92 Archives Fédéchar, 547, Procès-verbal du Comité des directeurs, le 20 août 1952.

93 Voir note 29 de ce chapitre.

soient représentés par de « fortes personnalités » dans les services administratifs installés auprès de la Haute Autorité, une nécessité d'autant plus impérieuse au cas où cette dernière ne devait comprendre aucun représentant des « producteurs libres »[94]. Dès février 1952, la Fédéchar s'était mise à la recherche d'un éventuel candidat pour aller offrir ses compétences à Luxembourg : « L'industrie charbonnière pourrait offrir à cet ingénieur des garanties suffisantes en vue de l'amener à accepter cette situation »[95]. C'est Gérard Delarge, directeur-gérant des Charbonnages d'Hornu-Wasmes, qui partit finalement à Luxembourg, au sein de la Division de la Production (section charbon) de la Haute Autorité. Compte tenu de sa position au sein de l'administration communautaire, mais également en raison de ses contacts étroits avec ses anciens collègues de la SGB, il allait jouer un rôle important dans la gestion du problème charbonnier belge, notamment face à la réforme du régime de péréquation dont il sera question dans le chapitre suivant[96].

N'insistons pas ici sur les marchandages entre industriels européens concernant la composition du Comité Consultatif auprès de la Haute Autorité qui semblent surtout avoir concerné la répartition des sièges entre les deux secteurs concernés, d'une part, et entre producteurs et utilisateurs, d'autre part. Des démarches furent également entreprises, du moins par la Fédéchar, pour soutenir certaines candidatures pour les postes à conférer dans le secrétariat ou concernant la nomination de parlementaires au sein de l'Assemblée commune[97].

L'intérêt des charbonniers européens se porta également sur le choix du siège de la CECA. Cette question présentait un enjeu d'autant plus grand que le recrutement du personnel subalterne se ferait vraisemblablement sur place, ainsi que le pensait la Fédéchar. Il fallait donc que les institutions soient installées à un endroit où « l'esprit de la population [fût] axé sur les idées saines de la liberté. À cet égard, les noms ci-après ont été retenus : Bruxelles, Luxembourg, Strasbourg »[98]. Les villes de

---

94 Archives Coppée, 3037, « Centre de contact. Réunion du comité restreint, tenue à Aix-la-Chapelle, le 9 février 1952 » ; archives Fédéchar, 547, Procès-verbal du Comité de direction, le 20 août 1952.

95 Archives Coppée, 3037, « Centre de contact. Réunion du collège de MM. Les Présidents, tenue le 20 février 1952 ».

96 Notons qu'en septembre 1952, parmi les candidatures belges pour occuper un poste à Luxembourg, se trouvait également F. Bonnet, directeur aux Charbonnages de Wérister ; Brassart, secrétaire général du Cobéchar, ou encore M. Cossart, directeur aux Charbonnages de Bois-du-Luc, adjoint de l'administrateur-directeur-général.

97 Archives Coppée, 3037, « Centre de contact. 3e réunion du Bureau, tenue à Bruxelles, le 7 mars 1952 ».

98 Archives Coppée, 3037, « Centre de contact. 2e réunion du Bureau, tenue à Bruxelles, le 22 février 1952 ».

Saarbrücken, Bonn et Paris furent par contre écartées. La candidature de Liège, ville à forte coloration ouvrière, dominée par des syndicalistes puissants tels qu'André Renard, ne fut pas jugée sérieuse par le Centre de contact, en ce compris la délégation belge[99]. Alors que Bruxelles semblait de plus en plus réunir l'accord des producteurs, vers à la mi-juillet 1952, c'est finalement la ville de Luxembourg qui fut choisie.

2. *Assurer la reconnaissance officielle du CEPCEO*

Alors que jusqu'à l'été 1952, les contacts entre charbonniers européens avaient surtout été mis à profit, d'une part, pour assurer la représentation des intérêts au sein des institutions communautaires et, d'autre part, pour envisager les moyens de se conformer aux dispositions de l'art. 48, la question se posa également de savoir comment assurer la reconnaissance officielle de l'organisation des producteurs européens. Et si les discussions concrètes à ce sujet semblent remonter à septembre 1952, l'intérêt pour la question se manifesta dès les premières conversations, dans le souci d'éviter ou de démentir toute association à une quelconque pratique cartelliste.

La déclaration de Pierre Delville, en mars 1952, selon laquelle la création du Centre de contact ne devait pas être une façon de « faire revivre les cartels » mais plutôt d'« éviter les perturbations nuisibles »[100] paraît doublement ambiguë. Premièrement, rappelons qu'en termes de cartels, l'expérience des charbonniers européens était minime et incomparable avec celle de leurs homologues sidérurgistes ; l'engagement paraît donc curieux. Deuxièmement, l'un comme l'autre, les concepts d'« éviter » et de « perturbations nuisibles » sont aussi vagues qu'éloquents.

Ce qui est sûr, c'est que lorsque Pierre Delville fit cette déclaration, il avait déjà été question d'ententes au sein du Centre de contact[101] : le 20 février, la délégation allemande avait en effet annoncé avoir été approchée par des exportateurs anglais, lesquels avaient fait ressortir

---

99 Archives Coppée, 3037, « Centre de contact. Derniers échanges de vues [du 25 avril 1952] », daté du 3 mai 1952. Voir aussi à ce sujet : Hemblenne, B., « Le genèse du problème du siège des communautés européennes : la candidature de la ville de Liège au siège de la CECA », *Lettre d'information des historiens de l'Europe contemporaine*, 5, 1-2, juin 1990. La ville de Paris, pour laquelle les charbonniers français tâchaient de leur côté d'obtenir un accord, fut sans doute la seule à provoquer une levée de boucliers unanime de la part du Centre de contact.

100 Archives Coppée, 3037, Note de Delville, « Commission de contact entre producteurs de charbon de divers pays », le 24 mars 1952.

101 Archives Coppée, 3037, « Centre de contact. Réunion du comité restreint, tenue à Aix-la-Chapelle, le 9 février 1952 » ; *idem*, 9629, Compte rendu d'un entretien entre Capiau et la délégation allemande, le 27 mai 1953. *Idem*, 3037, « Centre de contact. Réunion du Collège de MM. les Présidents, tenue le 20 février 1952 ».

l'opportunité de réaliser une entente entre la Communauté européenne et la Grande-Bretagne en vue de la répartition des marchés. Par ailleurs, dans le cadre des discussions au sujet de l'art. 48, il fut à nouveau question entre producteurs de l'idée de groupements régionaux : le délégué néerlandais fit alors part de ce que, dans son pays, on envisageait des ententes entre les associations appartenant à des bassins voisins (comme le Limbourg hollandais, la Campine belge et Aix-la Chapelle, en Allemagne) ; cependant, en raison de différences de prix, ces ententes devraient attendre la fin de la période transitoire[102].

Le souci de discrétion des producteurs libres au cours des premiers mois de 1952 pourrait donc s'expliquer non seulement pas la crainte d'ameuter les charbonnages exclus mais également par celle d'attirer l'attention des promoteurs du Plan Schuman et de ruiner d'emblée les chances du Centre de contact de fonctionner comme il l'entendait. La déclaration de Delville intervint alors que les contacts entre charbonniers belges, néerlandais et allemands faisaient déjà l'objet de critiques et sans doute aussi de la vigilance d'observateurs extérieurs. Par la suite, dans le souci d'obtenir la reconnaissance officielle du CEPCEO par le pouvoir supranational, le démenti de Delville allait être plusieurs fois répété.

Des démarches concrètes furent entamées en septembre 1952 : alors que les délégations syndicales semblaient avoir « l'audience facile »[103] à Luxembourg, il n'y avait « aucune raison psychologique pour que les producteurs se tiennent encore sur la réserve » ; une délégation devait être organisée afin de soumettre à la Haute Autorité les points de vue du CEPCEO. De même, chaque fois qu'il était possible, il convenait que les producteurs individuels forcent la Haute Autorité à reconnaître l'association en lui assurant de ne s'exprimer qu'à titre personnel et en la renvoyant aux organes de représentation. À la même époque, les contacts établis avec le Comité de la Sidérurgie[104] furent mis à profit pour mener une démarche conjointe auprès de Jean Monnet : une délégation commune devait lui annoncer la constitution des deux fédérations européennes et exprimer le désir de contacts réguliers avec la Haute Autorité. L'initiative devait être présentée comme une simple « démar-

---

[102] Archives Coppée, 3037, « Centre de contact. Réunion du comité restreint, tenue à Aix-la-Chapelle, le 9 février 1952 » ; *idem*, 3037, « Centre de contact. Réunion du Collège de MM. les Présidents, tenue le 20 février 1952 ».

[103] Archives Fédéchar, 547, Procès-verbal du Comité de direction, le 10 septembre 1952.

[104] À son sujet voir : Haas, *The Uniting of Europe : Political, Social, and Economic Forces 1950-1957* ; Funck, *Une Europe... un quart de siècle... une sidérurgie... un club (1952-1977)* ; Marichal, « Débuts et réalités de la CECA : les réactions de la sidérurgie belge (10 août 1952-1 mai 1953) » ; Mioche, « L'adaptation du patronat de la sidérurgie française à l'intégration européenne de 1945 à 1967 ».

che de courtoisie en vue d'entrer en contact avec [la Haute Autorité] »[105] et non comme une demande d'autorisation. Alors qu'en février 1953, Pierre van der Rest signalait au CEPCEO que la Haute Autorité était enfin disposée à recevoir officiellement une délégation des associations de producteurs (avant la fin du mois)[106], il semble que rien ne fut fait avant l'automne suivant. Au sein de l'association, il ne faisait aucun doute que les hésitations de la Haute Autorité à engager des contacts avec les associations des producteurs, et à plus forte raison avec une fédération internationale, provenaient de « sa crainte de s'associer d'une façon quelconque à des organismes pouvant être suspects de tendances cartellistes »[107]. On avait déjà connaissance à cette époque du désir de la Haute Autorité d'obtenir l'aide financière aux États-Unis où l'opinion était peu favorable aux ententes ; « ce qui explique que la HA soit plus accueillante à l'égard des syndicats internationaux qu'à l'égard des groupements de producteurs ».

À dater de sa création officielle, le 21 mars 1953, le CEPCEO redoubla ses efforts. Tant qu'elle n'était pas acquise, il semblait difficile de faire intervenir l'association dans quelque matière officielle que ce soit : ainsi, par exemple, il fut jugé préférable de ne pas mêler l'association aux contacts de ses affiliés avec le Bureau International du Travail (BIT) de peur que cette institution, plus ancienne et mieux établie, ne donne le ton en adoptant une attitude défavorable à l'égard du CEPCEO avant même que Luxembourg ait eu le temps de donner sa bénédiction[108]. Peu à peu cependant, une reconnaissance se réalisa, au fur et à mesure des contacts avec l'administration communautaire, contacts dont les charbonniers européens tirèrent le sentiment de se faire une place à Luxembourg[109]. Ainsi, en septembre 1953, Pierre Delville se réjouissait de ce que le CEPCEO « représente pour les hauts-fonctionnaires de Luxembourg une réalité avec laquelle ils comptent et dont ils attendent la collaboration »[110]. Mais cette reconnaissance *de facto* ne suffisait pas.

---

105 Archives CEPCEO, Compte rendu de la 2e réunion du Comité central, tenue à Paris le 13 octobre 1952.

106 Archives Fédéchar, 547, Procès-verbal du Comité de direction, le 18 février 1953.

107 Archives CEPCEO, Compte rendu de l'Assemblée plénière, le 17 février 1953.

108 Archives Coppée, 9629, Compte rendu d'un entretien entre Capiau et la délégation allemande, le 27 mai 1953. Le BIT avait soumis des questionnaires aux charbonniers ; la question se posa donc de savoir s'il fallait laisser la charge d'une réponse au CEPCEO. D'où la crainte exprimée par certains membres.

109 Archives Coppée, 9634, Lettre de Capiau à Wirtz, le 4 août 1953 ; archives CEPCEO, Lettre de Wirtz à Kost, le 11 août 1953.

110 Archives Fédéchar, 547, Compte rendu des réunions de la commission pour les prix de revient et les recettes dans les charbonnages, tenues à Luxembourg, les 3 et 4 septembre 1953 (annexe du procès-verbal du Comité de direction du 9 septembre 1953).

Des démarches plus officielles auprès des responsables de la Haute Autorité devaient être entamées afin de leur faire part du « ferme désir [des charbonniers européens] de travailler dans un esprit de complète collaboration avec la CECA »[111], de leur « désir sincère [...] de coopérer à l'œuvre de construction d'une Europe Unie »[112]. Lors d'une première rencontre, Jean Monnet et Hermann Dehnen disaient apprécier l'offre du CEPCEO de collaborer avec la Haute Autorité (« en allégeant la tâche de celle-ci »[113]), sans cacher un certain scepticisme. S'ils concevaient le désir des producteurs de se rencontrer, ils s'interrogeaient sur leurs intentions réelles : ne s'agissait-il pas d'ouvrir la voie à des ententes ? Un procès d'intention que Pieter Wirtz, Président du CEPCEO, s'empressa de désamorcer : « Il est ridicule de supposer que les réunions très nombreuses des producteurs serviraient à créer de telles ententes ; le Comité d'Étude ne serait certainement pas l'organisation appropriée ». Jean Monnet disait craindre qu'une telle association n'ait surtout pour effet de couper la Haute Autorité des entreprises. Ce qui justifiait une collaboration entre producteurs, selon Wirtz, c'était « l'esprit national dans lequel tout le monde voit les problèmes », une tendance à laquelle les producteurs de charbon n'échappaient pas. Les contacts entre eux permettraient à « l'esprit européen » ou à « l'esprit supranational »[114] de se développer et ainsi à la CECA de « réaliser ses objectifs ». Ne s'estimant pas convaincu par ces paroles, Monnet s'engagea à y réfléchir encore, en vue d'un prochain échange de vues.

Le CEPCEO devait-il servir de cadre à des ententes commerciales entre producteurs européens ? Est-ce pour cette raison qu'en février 1953, il était encore question de maintenir la discrétion sur les activités et le fonctionnement de l'association[115] ? La question reste posée. Remarquons cependant qu'en l'état actuel de la recherche, rien ne permet de croire à l'existence de pratiques d'entente entre charbonniers européens au cours des années 1950. Pour en savoir davantage sur ce point, il faudrait se pencher sur d'éventuels contacts entre organisations nationales de vente (comme le Cobéchar en Belgique, le GEORG en Allemagne et l'ATIC en France).

---

[111] Archives Coppée, 3049, Lettre du CEPCEO à Monnet, le 2 septembre 1953.

[112] Archives CEPCEO, Note pour Delville au sujet d'une prochaine entrevue avec Monnet, le 25 novembre 1953.

[113] Archives Coppée, 3049, Compte rendu d'un entretien entre Wirtz, Monnet et Dehnen, le 1er décembre 1953.

[114] Archives Coppée, 3049, Note pour Delville « Communication téléphonique de Wirtz avec Woronoff », le 25 novembre 1953.

[115] Archives CEPCEO, Compte rendu de l'Assemblée plénière, le 17 février 1953.

III. Conclusion

Cette présentation des premiers mois de l'association charbonnière européenne devrait idéalement être complétée de la consultation d'archives allemandes, néerlandaises et françaises équivalentes à celles utilisées ici pour la Belgique. Cependant, on se rappellera que l'ambition du présent ouvrage est bien de considérer le CEPCEO au même titre que la Fédéchar, c'est-à-dire un outil au service de la défense des intérêts charbonniers belges. Sans nier l'existence et l'importance d'autres intérêts nationaux en jeu, cela implique néanmoins de se concentrer sur la dimension belgo-belge du CEPCEO. Ceci est d'ailleurs légitime compte tenu du rôle prééminent joué par les charbonniers belges dans la mise en place du CEPCEO. L'initiative personnelle du directeur charbonnier de la SGB, Max Nokin ; la tenue des premières réunions à Bruxelles, sous l'égide des holdings et sous présidence belge ; la surreprésentation de charbonniers belges lors de ces rencontres ; la nationalité belge du personnel administratif, voire une possible modelage des organes du CEPCEO sur la base du modèle de la Fédéchar ; tous ces éléments contribuent à asseoir l'idée d'une initiative belge.

Alors que les premiers contacts entre charbonniers belges, allemands et néerlandais étaient très explicitement animés par les principes de la libre entreprise privée, l'ouverture aux mines d'État néerlandais et aux mines françaises nationalisées a vraisemblablement été accompagnée d'un émoussement des positions initiales : comment en effet défendre encore les vertus de la libre entreprise par le biais d'une association qui comprend, parmi ses affiliés, des contre-exemples ? Quant à accepter cette ouverture ou cette compromission, le fait que les producteurs belges eurent les positions les plus contrastées sur la question, à la fois en tant qu'obstacles et en tant que médiateurs, tend à démontrer aussi bien le sectarisme que l'opportunisme à l'œuvre au sein du patronat charbonnier belge. Alors qu'une association européenne prenait forme, au sein de laquelle les Belges jouaient un rôle central, il eût été contre-productif de bouder trop longtemps les CdF : la Haute Autorité risquait de refuser sa bénédiction au nouvel organisme et on n'y eût rien gagné.

À ce sujet, les modifications observées au cours des premiers mois de l'association charbonnière européenne, quant aux rapports avec les nouvelles institutions et plus particulièrement avec le pouvoir supranational, doivent retenir toute notre attention. Elles reflètent un paradoxe auquel la délégation belge, pas plus que les autres, ne devait échapper : les motivations, explicites et implicites, servant de fondement au CEPCEO, étaient un savant mélange du désir de neutraliser la Haute Autorité et de celui d'y participer et donc de la légitimer. Dans le chef des charbonniers belges, tout espoir n'était pas perdu : des contacts amicaux et solidaires avaient pu être établis avec les charbonniers néerlandais et allemands, à la fois principaux concurrents et pourvoyeurs de fonds (dans le cadre de la péréquation) ; mais, dans le même temps, des contacts avaient été établis avec les CdF, pressentis pour être les plus sûrs alliés des mines belges dans le futur marché commun, tout nationalisés qu'ils fussent. Les charbonniers belges voyaient manifestement dans le CEPCEO un garant de solidarité pour les années à venir.

CHAPITRE 4

Les premières désillusions de la Fédéchar (1953-1955)

Les événements dont il sera question ici devaient avoir pour résultat final la refonte du régime d'aide dont bénéficiait le charbon belge, c'est-à-dire une modification profonde des bases sur lesquelles ce charbon avait entamé son intégration progressive au marché commun. Les autorités communautaires et nationales justifièrent ce changement par la nécessité de diminuer le prix de vente des charbons industriels, mais il s'agissait également, dans le chef de la Haute Autorité, de presser davantage les charbonniers belges sur la voie d'un assainissement de leur secteur. Sans risque d'exagérer, on peut donc considérer que, pour le témoin averti, le processus en cause devait apparaître comme une modification radicale apportée à la gestion du problème charbonnier belge.

Si c'est bien à ce titre que la refonte de la péréquation apparaît généralement dans la littérature[1], il faut bien dire aussi que, dans la plupart des cas, on s'est contenté d'en décrire l'issue : c'est-à-dire un programme d'assainissement des mines marginales belges, la refonte de la péréquation, ainsi qu'un recours en annulation engagé contre cette refonte par la Fédéchar[2] et trois charbonnages de Campine. Quant aux dix-huit mois du processus, entre janvier 1954 et juin 1955, ils

---

1 Diebold, *The Schuman Plan. A Study in Economic Cooperation, 1950-1959*, p. 206-207 ; Meade *et al.*, *Case studies in European Economic Union. The Mechanics of Integration* ; Sexter, « The Belgian Coal Mines in the European Coal and Steel Community » ; Kurgan-Van Hentenryk and Puissant, « Industrial Relations in the Belgian Coal Industry since the End of the Nineteenth Century », p. 268. Voir tout particulièrement : « Coal and the Belgian nation », in Milward, *The European Rescue of the Nation-State*, p. 46-118.

2 Rebaptisée *Fédération Charbonnière de Belgique* en avril 1953. L'ouverture du marché commun fut l'occasion pour les charbonniers belges de modifier les statuts de leur fédération, notamment pour se conformer aux dispositions du Traité CECA (archives Fédéchar, 547, Procès-verbal du Comité de direction, le 15 avril 1953). Désormais, les entreprises charbonnières belges seraient membres directs de la Fédéchar et non plus seulement par le biais des associations de bassin tel que prévu dans les statuts de 1926. Par le biais notamment de leurs présidents respectifs, les associations allaient cependant demeurer un relais essentiel entre les entreprises et la fédération.

demeurent plutôt méconnus et c'est tout particulièrement vrai en ce qui concerne le rôle joué par les patrons charbonniers.

Jusqu'à ce jour A. S. Milward est le seul, à notre connaissance, à avoir fourni une analyse détaillée de cette question. Il montre ainsi comment cette refonte de la péréquation fut rendue possible par un accord de donnant-donnant entre le Gouvernement belge et la Haute Autorité : le premier, désireux de rendre toute sa force à la croissance économique du pays, entendit profiter de cette réforme pour baisser les prix de son charbon industriel ; la seconde, subissant la pression de certains États-membres, entendait quant à elle reprendre en main l'assainissement du secteur charbonnier belge[3]. Cette analyse n'épuise cependant pas la question, notamment parce que, concentrée sur ce couple Haute Autorité-Gouvernement belge, elle réserve une place relativement limitée aux patrons charbonniers.

Pour pallier ce défaut, nous avons longtemps cru pouvoir suivre A. S. Milward dans ses pas. Malheureusement, sa contribution est d'une rare densité, inversement proportionnelle au nombre de documents d'archives cités. Mais tant qu'à suivre les pas de Milward, plutôt que de s'en prendre à l'historien, il serait sans doute préférable d'invoquer, comme il le fit d'ailleurs lui-même, le fait qu'en à peine dix-huit mois de fonctionnement « *the ECSC had acquired all the habits and processes of a bureaucracy* »[4]. Reflétant cette évolution de l'administration communautaire, nombreuses sont les sources à consulter, si l'on prétend obtenir un ensemble cohérent et le moins incomplet possible d'informations sur le mécanisme de péréquation. Cela permet vraisemblablement d'expliquer le peu de connaissances que l'on a au sujet des mécanismes de la mise en place et de la refonte de la péréquation. Outre l'ajout de la perspective patronale, il s'agira donc ici de clarifier étape par étape ces deux mécanismes.

I. Les premiers mois de marché commun (février 1953-décembre 1953)

Pour comprendre la remise en cause de la péréquation, il convient tout naturellement de remonter à l'époque de sa mise en fonctionnement à l'ouverture du marché commun, à la confusion qui l'accompagna et aux plaintes qu'elle suscita d'entrée de jeu (A). Mais il faut également aborder la question des mines marginales belges car c'est sur la base de cette question que la refonte de la péréquation, dès la fin de l'année 1953, allait être ouvertement engagée (B).

---

3 Milward, *The European Rescue of the Nation-State*, p. 103.

4 *Ibid.*, p. 101.

A. Une péréquation à l'essai

Dès avant le 10 février 1953, date d'ouverture du marché commun du charbon, il avait été décidé de ne pas attendre pour confronter la production belge à la concurrence européenne et, par conséquent, de ne pas recourir à la clause de sauvegarde autorisant la Belgique à isoler son marché national (§ 26, 3)[5]. Notons que l'application de cette clause eût entraîné pour la Haute Autorité la possibilité d'adresser au Gouvernement belge des recommandations sur les déplacements de production qu'elle jugeait possibles sur la base des besoins qu'elle-même prévoyait (§ 26, 1 CDT), un scénario dans lequel, tant à Bruxelles qu'à Luxembourg, on eût sans doute jugé politiquement maladroit de s'engager trop rapidement. Mais il faut dire aussi qu'au moment de prendre la décision, l'idée était encore forte qu'une pénurie menaçait le marché.

En effet, en dépit des signes d'essoufflement manifestés, depuis quelques mois déjà, par la demande, le marché était encore perçu comme largement dominé par l'offre. Paradoxalement, cette perception, que R. Perron a très justement nommée le « mythe du déficit charbonnier »[6], devait même s'intensifier au cours de l'année 1953 : malgré les variations conjoncturelles, la hantise d'une pénurie de charbons, domestiques mais également industriels, devait persister. On eût sans doute reconsidéré les choses si on avait noté que la pénurie, bien réelle, était alors liée à la demande anormalement élevée par le contexte de la guerre de Corée, mais aussi par des pratiques spéculatives dans certains pays de la CECA tels que les Pays-Bas ainsi que par un usage inadéquat des qualités produites[7].

Dès le 15 mars, alors que les premiers tarifs sous régime de la CECA étaient publiés, le charbon belge fut quant à lui soumis au régime spécial lié au fonctionnement du fonds de péréquation. Une certaine improvisation accompagna la mise en forme finale de ce régime. Fondamentalement, les dispositions de la CDT n'étaient pas dénuées d'ambiguïté, notamment quant à l'ordre de priorité des différents objectifs auxquels la péréquation devait viser. Mais l'improvisation tenait également au fait qu'en dépit de la nouveauté et de la complexité des mécanismes en jeu, Jean Monnet entendait respecter coûte que coûte le calendrier établi

---

5 Pour rappel, il s'agit de la clause permettant à la Belgique de mettre en place des mécanismes financiers afin d'isoler son marché charbonnier national du reste de la CECA (§ 26, 3). Dans les faits, l'existence de cette clause plaçait le Gouvernement devant une alternative, dès l'ouverture du marché commun.

6 Perron, *Le marché du charbon, un enjeu entre l'Europe et les États-Unis de 1945 à 1958*, p. 161-162 ; archives Fédéchar, 264/135, Compte rendu d'un entretien avec le ministre des Affaires économiques Duvieusart, le 14 janvier 1953.

7 *Ibid.*, p. 163 et 166. D'où les débats à cette époque sur l'utilisation rationnelle des charbons à coke.

pour l'ouverture du marché commun. Pierre Delville avait d'ailleurs craint un moment que le travail ne soit bâclé par manque de temps, « [...] que le court délai encore disponible avant le 10 février 1953 n'entraîne la Haute Autorité dans des improvisations dont les conséquences seraient regrettables »[8].

Pour les charbonniers belges, il convenait de corriger cette « opinion trop largement répandue dans le public »[9] que la simple ouverture du marché commun devrait entraîner une baisse automatique du prix du charbon, tout autant qu'il était faux de croire qu'en imposant prématurément aux charbonnages une réduction du prix de vente, on les inciterait à réduire leur prix de revient[10]. À leurs yeux, l'application de l'aide de péréquation était conditionnée par le jeu normal du marché et par le prix qui en découlerait, en tenant compte par ailleurs de l'impératif d'assurer le rééquipement des mines et de la nécessité d'une harmonisation effective des conditions de vie et de travail : à leurs yeux, tant que ces trois conditions n'étaient pas respectées, il n'était même pas utile de parler d'aide de péréquation[11]. Sur un point au moins, ils pouvaient compter sur le soutien d'André Meyers, Directeur général des mines, qui considérait que la fixation des prix devait précéder le calcul de la péréquation nécessaire[12].

Excursus 4 : Le régime de péréquation, en théorie et en pratique.

Avant de s'engager dans une description de la péréquation, il est à noter que lorsqu'on parlait de « refondre la péréquation », il ne s'agissait pas à proprement parler de la péréquation dans son ensemble, mais seulement d'une des variantes de ce mécanisme : ladite *péréquation a).*

Une péréquation est un mécanisme financier compensatoire qui consiste à financer des activités déficitaires d'une entreprise (ou d'une administration) par les recettes perçues grâce à d'autres activités plus profitables. En l'occurrence, le régime de péréquation faisait partie de ces mesures de sauvegarde qui avaient été aménagées, entre autres, au profit de la Belgique et de son industrie charbonnière et qui avaient été consignées dans le § 26 de la *Convention relative aux dispositions transitoires* (CDT), en annexe du Traité CECA. Elle consistait à faire participer les producteurs dont les coûts

8 Archives Fédéchar, 264-135, Compte rendu d'un entretien de la délégation des producteurs de charbon avec le ministre des Affaires économiques Duvieusart, le 14 janvier 1953.

9 Archives Fédéchar, 547, Procès-verbal du Comité de direction, le 20 août 1952.

10 Archives Fédéchar, 547, Procès-verbal du Comité de direction, le 19 novembre 1952.

11 Archives Fédéchar, 547, Procès-verbal du Comité de direction, le 22 octobre 1952 ; *idem*, 547, Procès-verbal du Comité de direction, le 26 novembre 1952.

12 Archives AM (2e versement), T 262-770, Note de Meyers à Duvieusart, le 17 novembre 1952 ; archives CEAB, 03 455, Compte rendu d'une réunion de la Division Marché avec des représentants du Gouvernement belge, le 8 janvier 1953.

étaient les plus bas à la compensation des prix de vente des producteurs dont les coûts étaient les plus élevés. Pour ce faire, les bénéfices de ces producteurs étaient ponctionnés d'un certain pourcentage (au maximum 1,5 %), au *prorata* des quantités qu'ils avaient vendues au cours de l'année écoulée. Les sommes ainsi récoltées étaient placées dans un fonds dit *de péréquation*. Chaque année, pendant cinq ans, le plafond de prélèvement devait être réduit d'un cinquième ; ainsi, à la fin de la période transitoire, le fonds cesserait définitivement d'être alimenté.

Quant à l'utilisation de ce fonds, elle devait suivre scrupuleusement les contributions propres des États bénéficiaires. Ainsi, chaque État ne pouvait compter sur un apport du fonds de péréquation qu'à concurrence de ce que lui-même décidait d'injecter sur la base des besoins qu'il avait établis, ni plus ni moins. Compte tenu de la dégressivité du plafond de prélèvement, les subsides d'État devaient donc disparaître au fil de la transition. En ce qui concerne la Belgique, des dérogations avaient cependant été prévues lui permettant, avec l'accord du Conseil spécial des Ministres, de prolonger si nécessaire et sous certaines conditions l'isolement de son marché et le subventionnement de son industrie charbonnière pendant deux années supplémentaires (deux fois un an).

La CDT distinguait trois affectations différentes à donner aux fonds de péréquation (§ 26, 2) en Belgique : a) rapprocher les prix de vente du charbon belge des prix du marché commun ; b) assurer à la sidérurgie belge de ne pas être handicapée par un charbon national plus cher que la moyenne européenne ; et enfin, c) compenser partiellement (80 %) les pertes subies dans la vente de charbon belge à l'étranger, dans certaines limites reconnues nécessaires par la Haute Autorité.

En ce qui concerne la péréquation a), la mesure dans laquelle elle devait jouer pour réduire les prix belges était laissée à l'appréciation des seuls acteurs nationaux. En vertu de la CDT, c'est l'État qui donnait le ton en jugeant de la hauteur des subsides compensatoires nécessaires. Tout dépendait donc des coûts de production du charbon belge, de la marge nécessaire pour assurer la poursuite du programme de rééquipement des entreprises charbonnières, des prix du marché commun et, finalement, de ce que l'État belge était prêt à payer de sa poche. Une fois ce montant établi et pour autant que la Haute Autorité ait préalablement entériné le barème proposé par la Belgique, une somme équivalente à l'apport national était tirée du fonds de péréquation.

Le système mis en place en février-mars 1953 pour la première application de la péréquation était un montage que rien dans la CDT ne prescrivait explicitement et qui, de l'aveu de certains fonctionnaires, devait répondre à des critères de prudence et de commodité. En somme, il s'agissait d'un « essai d'application du § 26 »[13]. Ce point est essentiel

[13] Selon les termes de Pierre Uri, en décembre 1954 (archives CEAB, 07 792, Note du Groupe de Travail Péréquation « Compte rendu de l'entretien avec les représentants des producteurs de charbon belge, tenu le 9 décembre 1954 », le 11 décembre 1954).

puisque le caractère expérimental de la péréquation a), telle qu'elle fut mise en place, allait être plus d'une fois invoqué à l'avenir par les fonctionnaires belges et européens, non sans opportunisme, pour en justifier la refonte.

Premièrement, pour chaque catégorie de charbon, on fixa deux barèmes : 1) le premier, dit *barème de vente*, était basé sur le prix de vente probable pour ce type de charbon à la fin de la transition ; 2) le second, dit *barème de compte*, tenait compte de la recette moyenne des charbonnages belges exploitant cette classe. Au fil de la transition et, au fur et à mesure que les coûts de production diminueraient (grâce au rééquipement), le barème de compte serait diminué et rapproché du barème de vente. Entretemps, afin de maintenir les ressources nécessaires au rééquipement, la différence entre les deux barèmes serait comblée par les subsides de péréquation[14]. Notons que, dans un souci de non-discrimination (tant pour les producteurs que pour les consommateurs), ces barèmes furent fixés de façon unitaire, c'est-à-dire qu'ils étaient uniformes pour tous les charbonnages et non pas différentiels selon les charges propres à chacune des entreprises. Ce choix allait cependant avoir pour conséquence une aggravation de la dispersion des résultats entre charbonnages belges, tout particulièrement parmi les producteurs de charbons cokéfiables.

Deuxièmement, afin de tenir compte de l'importance particulière des investissements qui avaient été prévus pour les premières années du marché commun et garantir la stabilité des recettes et des amortissements au cours des trois premières années (en d'autres termes, afin de ne pas remettre en question le système mis en place en 1949), la péréquation fut organisée de telle sorte qu'en dépit de la dégressivité des prélèvements, les subsides de péréquation restent stables jusqu'au 1er janvier 1956, date à laquelle ils seraient réduits pour la première fois[15].

Troisièmement, l'État belge se vit accorder la possibilité de réserver, au sein de sa contribution financière au fonds de péréquation, une partie de cette contribution au soutien d'une série de mines du bassin du Borinage qui, depuis le début de l'année 1950, n'avaient pu se maintenir qu'avec l'aide de subsides publics dits *conventionnaires* (les mines marginales dont il sera question plus loin). Ce point allait provoquer le

14 Notons d'emblée que ce système de doubles barèmes allait permettre de jouer sur les mots, dans la cadre de la refonte de la péréquation. En effet, il permettait de soustraire une catégorie de charbon au bénéfice de la péréquation sans pour autant lui laisser la liberté tarifaire. Tant qu'il y avait péréquation des prix, il ne pouvait y avoir liberté des prix. Il suffisait donc d'égaliser le barème de compte au barème de vente, ce qui impliquait de maintenir une péréquation et de l'annuler en même temps.

15 Voir à ce sujet : archives CEAB, 03 485, Compte rendu analytique de la réunion du 9 mars 1954 concernant la péréquation belge.

mécontentement des producteurs néerlandais et allemands, qui considéraient que le fonds de péréquation était ainsi détourné de ses objectifs et leur argent, gaspillé[16].

Les charbonniers belges furent, quant à eux, très satisfaits du mécanisme de péréquation, tel que mis en application[17]. Premièrement, il impliquait d'en faire bénéficier tous les charbonnages de façon résolument non discriminatoire, indépendamment de leurs coûts d'exploitation. Ils échappaient ainsi au jeu d'une compensation croisée entre les mines rentables et non rentables dont ils avaient fait l'expérience pendant quelques années après la Seconde Guerre mondiale[18]. Ensuite, le niveau auquel fut fixée la péréquation a) n'entraînait qu'une baisse modérée des tarifs du charbon, contrairement à ce que l'ouverture du marché commun leur avait fait craindre[19]. En février 1953, le Gouvernement de Bonn avait en effet décidé d'augmenter plus que prévu les tarifs du charbon allemand. Or, en raison des quantités produites outre-Rhin, ces tarifs avaient été choisis par la Haute Autorité comme point de référence sur le marché, au grand dam des producteurs belges[20]. En plus de conforter la résolution prise de ne pas isoler le marché charbonnier belge, ce relèvement des prix allemands avait entraîné un moindre effort dans la compensation des prix belges. Les reproches contre ce régime de péréquation ne furent cependant pas longs à se faire entendre. Les producteurs néerlandais et allemands, qui d'emblée au cours des négociations s'étaient montrés peu enthousiastes sur le principe de péréquation, allaient trouver dès mars 1953 des raisons supplémentaires de faire la grimace (nous reviendrons sur ce point). Les consommateurs belges, et les sidérurgistes en particulier, particulièrement vigilants à obtenir une diminution du coût de leur énergie, restèrent quant à eux déçus de la

---

16 Archives Coppée, 3049, Compte rendu de l'entretien de Delville avec Monnet, le 28 janvier 1954 ; archives CEPCEO, Procès-verbal de la Commission *ad hoc* du CEPCEO pour l'étude du marché, le 28 janvier 1954.

17 Archives SGB, 740, Note de Renders « Exposé devant le Conseil Général de la SGB, le 27 octobre 1953 ».

18 Le système de compensation croisée, imposé aux charbonniers entre 1946-1949 sous le nom de *fonds de solidarité*, avait été vivement critiqué et ce pour différentes raisons : notamment, il n'encourageait ni les efforts des plus faibles, ni les bénéfices des plus forts. Voir : Hannecart, « La Belgique face au problème charbonnier belge de la Libération à la grande crise de 1958 », p. 58-66. Notons que c'est François Vinck qui insista pour que l'on mette tous les charbons sur le même pied (archives CEAB, 03 455, Compte rendu d'une réunion de la Division Marché avec des représentants du Gouvernement belge, le 8 janvier 1953).

19 Archives SGB, 740, Note de Renders « Exposé devant le Conseil Général de la SGB, le 27 octobre 1953 ».

20 Archives CEAB, 03 455, Compte rendu d'une réunion de la Division Marché avec des représentants du Gouvernement belge, le 8 janvier 1953 ; archives Fédéchar, 547, Procès-verbal du Comité de direction, le 25 février 1953.

timidité avec laquelle la péréquation permettait effectivement cette diminution[21].

La période d'élaboration de la péréquation avait d'ailleurs donné lieu à de nouvelles frictions entre la Fédéchar et la FIB qui, à l'insu des charbonniers, organisait des échanges de vues entre consommateurs, sous la présidence de Pierre van der Rest[22]. Selon ce dernier, les besoins de rééquipement de l'industrie charbonnière, dont la péréquation devait certes tenir compte, ne devait pas occulter la nécessité d'une énergie à bon marché, la véritable priorité pour la Belgique. Si dans un premier temps les nombreuses démarches tous azimuts qu'ils entreprirent sans tarder restèrent sans résultat, c'est parce que, face à eux, les Charbonnages de France (CdF) se plaignirent d'une concurrence déloyale de certains charbons belges sur leur marché, concurrence rendue possible uniquement par la péréquation[23]. Le différend belgo-français, en raison de ses implications politiques, était le premier à résoudre.

Excursus 5 : Comment s'établit la péréquation en 1953 ?

Sur la base des prix du marché commun et des moyens jugés nécessaires pour assurer la poursuite des programmes de rééquipement, une péréquation de 29 FB/t fut jugée nécessaire. Pour une production d'un peu plus de 30 millions de tonnes, cette somme de 29 FB/t entraînait un coût total de 900 millions de FB (au titre de péréquation a)). Sur les 1 650 millions injectés dans le fonds de péréquation (par les prélèvements de 1,1 % sur les productions allemande et néerlandaise), 300 seraient mis à disposition du charbon italien. Les 1 350 millions restants seraient financés pour moitié (657 millions) par les productions néerlandaise et allemande et pour moitié par l'État belge. Dans la contribution de l'État belge, 200 millions figureraient à titre de subventions directes pour des charbonnages dits *conventionnaires* et 475 millions, à titre de subventions directes pour le fonds de péréquation, en plus des 675 millions des productions néerlandaise et allemande. Le montant total du fonds de péréquation serait donc de 1 150 millions. Outre les 900

---

21 Le barème n° I avait en fait provoqué une augmentation des prix du charbon belge par rapport au dernier barème sous régime belge (archives CEAB, 03 485, Lettre de Voituron, du Secrétariat des Utilisateurs et Négociants belges de charbon, à Duvieusart, le 10 février 1954).

22 Archives Fédéchar, 264/135, Lettre de Delville à Bekaert, le 9 janvier 1953 ; archives FIB, CD N 1953, Procès-verbal du Comité de direction de la FIB, le 13 janvier 1953.

23 Spierenburg et Poidevin, *Histoire de la Haute Autorité de la CECA. Une expérience supranationale*, p. 114. Il est vraisemblable que sans ce désaccord belgo-français, on eût rapidement revu la péréquation a), comme le réclamaient les industries consommatrices belges. C'est en tous les cas ce que laissaient entendre, à l'époque, le Directeur général des mines, André Meyers, le chef de cabinet du ministre belge des Affaires économiques, Roger Pâquet, et le chef de cabinet adjoint d'Albert Coppé, Vice-président de la Haute Autorité, Paul Bolland (archives Fédéchar, 263/131, « Extrait du procès-verbal de la réunion du Groupement des Hauts-fourneaux du 14 juillet 1953 »).

millions effectivement nécessaires pour compenser le nouveau barème belge, il restait 250 millions qui pourraient servir pour faire face à d'éventuels réajustements du barème et pour financer la péréquation c).

Ci-dessous, nous indiquons les origines et la répartition des fonds de péréquation pour l'année 1953, sur la base d'un prélèvement maximal de 1,5 % mais effectif de 1,1 %[24]. L'année suivante, ces taux devaient respectivement être 1,2 % (après réduction de 20 % comme prévu par la CDT) et de 1,1 % (afin de maintenir la stabilité des subsides et assurer la poursuite du programme de rééquipement).

Recettes		Dépenses	
- État italien	150	- Mines italiennes	300
- État belge	675	- Mines belges	
- Charbonnages allemands et néerlandais (1,1 %)	875	• Mines conventionnaires	200
		• Péréquation a)	900
		• Péréquation c)	250
Totaux :	1 650	Totaux :	1 650

La première version de la péréquation portait donc en elle tous les germes d'une remise en cause : son caractère expérimental, l'insatisfaction des consommateurs belges, mais également les appréciations qu'on en fit à l'étranger. La répartition indiscriminée des subsides de péréquation, dont les producteurs belges se réjouissaient, faisait douter de l'efficacité du système et de l'utilité des sacrifices consentis par les producteurs néerlandais et allemands : en effet, compte tenu de ce que la péréquation était basée notamment sur les coûts de revient élevés des bassins wallons, on pouvait considérer que le bénéfice qu'en tiraient les mines de Campine était abusif[25].

Mais non seulement cette remise en cause était prévisible ; elle était également explicitement prévue au sein de l'administration communautaire[26]. Le problème des mines marginales, dont il sera maintenant

24 Archives Coppée, 3049, Compte rendu de l'entretien de Delville avec Monnet, le 28 janvier 1954 (annexe du 26 janvier 1954)).

25 Archives SGB, 814, Compte rendu d'un entretien entre une délégation de Fédéchar et des fonctionnaires de l'Administration des Mines, le 19 décembre 1953.

26 Archives AMH, 6/5/44, Lettre manuscrite de Vinck à Monnet, le 17 octobre 1953. Suite au règlement du différend entre la Belgique et le Gouvernement français, François Vinck constatait que l'accord trouvé ne préjugeait en rien de l'examen qui devait

question, ne fut donc en rien la cause de cette remise en question. Tout au plus, peut-on dire que la résurgence de cette question, à l'automne 1953, et les circonstances de cette résurgence, jouèrent un rôle de détonateur.

B. Le problème des mines dites « marginales »

1. Le premier creux conjoncturel de la CECA

Tout comme la Seconde Guerre mondiale et l'économie de reconstruction nationale qui s'en suivit, la guerre de Corée eut pour effet de maintenir le *statu quo* sur les capacités de production belges[27], notamment celles susceptibles de garantir un approvisionnement adéquat de charbon à coke, nécessaire à la sidérurgie. Mais, en 1953, après avoir atteint un sommet historique l'année précédente (à près de 30,4 millions de tonnes), la production du charbon belge se mit à baisser inexorablement. Les effets dopants du conflit coréen sur l'activité industrielle avaient cessé de jouer et déjà la récession se confirmait. En se combinant, la concurrence de plus en plus marquée d'énergies de substitution, la clémence des hivers et l'utilisation des stocks stratégiques donnèrent lieu à une nouvelle crise de surproduction pour l'industrie charbonnière[28].

être entrepris avec le Gouvernement belge sur les résultats obtenus et à obtenir grâce à la péréquation.

27 Archives CEAB, 07 36, Note de Long à Vinck, directeur de la Division du Marché, le 1er décembre 1953.

28 Michotte van den Berck, J., « L'économie charbonnière belge en 1953 », *Bulletin de l'Institut de Recherches Économiques et Sociales de Louvain*, 1954 ; Wauters, « De "Steenkoolslag" : Krisis in de Belgische steenkoolindustrie na Wereldoorlog II (1945-1948) », p. 8 et 25.

Figure 2 : Production belge de charbon (en milliers de tonnes)[29]

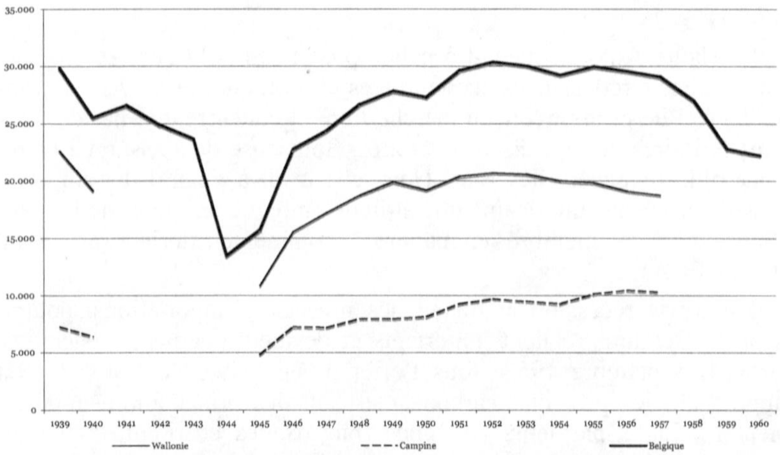

(Source : Fédéchar, L'industrie charbonnière belge, p. 21).

En un an, les stocks sur le carreau des mines passèrent du simple au double (1 680 000 tonnes en 1952 à 3 076 000 en 1953)[30]. Il s'agissait principalement de charbon de basse qualité, dont les chiffres de la demande subissaient les effets conjugués de températures hivernales élevées et de la concurrence exercée de façon croissante par les produits pétroliers. Parmi les pays de la CECA, la Belgique était particulièrement sujette à cette évolution : dès 1949, elle était le seul pays dont la consommation de charbon avait commencé de diminuer (baisse de 6 % par rapport à 1948) contre une augmentation de la consommation de combustibles liquides (hausse de 17 % par rapport à 1948)[31]. En mai 1953, la Fédéchar tâcha d'alerter le Gouvernement : il était indispensable de freiner les importations, d'agir sur la concurrence du mazout mais surtout développer les exportations. Après des négociations tripartites avec la Haute Autorité, le recours au mécanisme de péréquation c), prévu à cette fin, fut finalement accepté par le Gouvernement[32]. Il allait

[29] Il est à noter que les informations disponibles concernant la production au cours des années 1940-1945 sont limitées.

[30] Archives Van Acker, 1652c, Note de Cobéchar relative à l'édification de centrales électriques minières en Belgique, le 25 novembre 1953.

[31] Perron, *Le marché du charbon, un enjeu entre l'Europe et les États-Unis de 1945 à 1958*, p. 169. Dans les autres pays, le charbon continuait de progresser mais dans une moindre mesure que les combustibles liquides ou que l'énergie hydroélectrique.

[32] Archives Fédéchar, 547, Aide-mémoire en vue de l'entretien avec le ministre des Affaires économiques Duvieusart (annexe du procès-verbal du Comité de direction

fonctionner de juin 1953 à mars 1955 mais non sans peine, compte tenu des conditions posées par les producteurs allemands, néerlandais et français.

La Haute Autorité menait à cette époque des politiques *ad hoc*, en fonction des circonstances économiques et politiques et suivant le principal souci de promouvoir un marché libre et concurrentiel par des mesures tarifaires ou anti-discriminatoires. Soucieuse de s'assurer l'octroi d'une aide financière des États-Unis, elle avait à l'égard des importations de charbons américains une attitude ambiguë, en dépit de la compétence des États-membres en matière de commerce extérieur (art. 71 du Traité CECA)[33].

Malgré la récession ambiante, les niveaux d'importations, notamment en Belgique, étaient importants et devaient augmenter encore, à partir de septembre 1953, sous l'effet d'une baisse des taux de fret rapprochant les prix du charbon américain des prix communautaires. Bientôt rejoints par leurs collègues français, les charbonniers belges adoptèrent sur cette question une position résolument interventionniste : si une partie des importations incriminées étaient organisées sous la responsabilité directe du Gouvernement belge, la Haute Autorité pouvait légitimement intervenir contre celles qui entraient sur le marché national par le biais des Pays-Bas, en vertu du Traité CECA[34]. Ensemble, la France et la Belgique concentraient au cours de l'automne 1953, 85 % du total des stocks de la CECA.

Répondant ainsi à l'inquiétude des producteurs charbonniers, la Haute Autorité entendit amorcer, à partir de la fin septembre 1953, une nouvelle tendance dans sa politique : selon les termes de Jean Monnet, alors qu'elle s'en était tenue jusqu'alors à la lettre des textes du Traité, elle s'inspirerait désormais de leur esprit[35]. Mais l'action concrète de la Haute Autorité ne devait pas s'en trouver facilitée : ainsi, en matière de financement des stocks ou face au problème des importations de charbon américain, on eut vite fait de lui rappeler la lettre du Traité. Outre la mise sous pression par le Gouvernement américain, les principaux importateurs de charbon américain (les Pays-Bas et l'Italie) s'opposèrent

du 13 mai 1953 ; Spierenburg et Poidevin, *Histoire de la Haute Autorité de la CECA. Une expérience supranationale*, p. 115.

33 Perron, *Le marché du charbon, un enjeu entre l'Europe et les États-Unis de 1945 à 1958*, p. 168-175.

34 Archives Fédéchar, 547, Procès-verbal du Comité de direction, le 9 septembre 1953 ; archives CEAB, 15 04, Compte rendu de la 5e session du Comité Consultatif auprès de la Haute Autorité, les 21 et 22 septembre 1953.

35 Archives CEAB, 15 04, Compte rendu de la 5e session du Comité Consultatif auprès de la Haute Autorité, les 21 et 22 septembre 1953. Déclaration faite au cours de la journée du 21 septembre 1953.

aux prétentions régulatrices de la Haute Autorité. En dépit des recommandations de la Division du Marché, la Haute Autorité se montra impuissante face au problème.

Figure 3 : Charbons importés en Belgique (en milliers de tonnes)

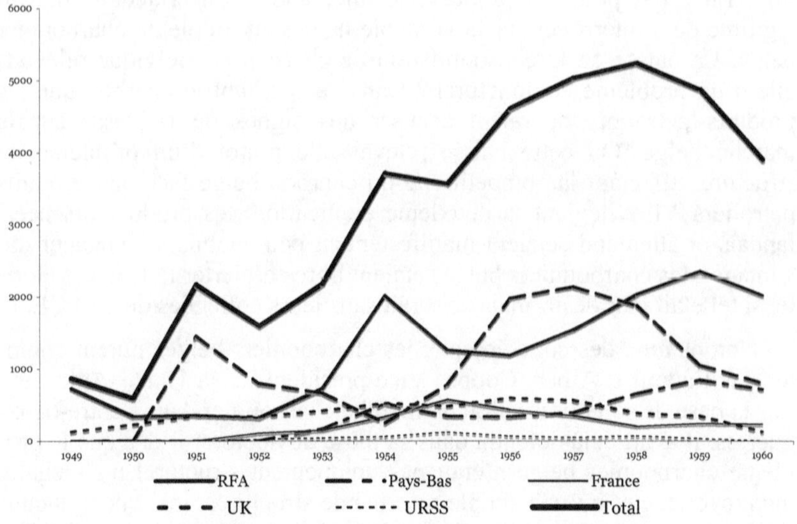

(Source : Milward, *The European Rescue of the Nation-State*, p. 88).

Devant la pléthore des stocks, on s'était déjà résolu dans certaines exploitations à réduire la production en organisant le chômage temporaire. Mise en stock ou mise au chômage : ces deux types de mesures avaient un coût auquel certains charbonnages déclarèrent ne plus pouvoir faire face. Les organismes bancaires se disaient prêts à contribuer à un financement des stocks, mais exigeaient pour cela une garantie de remboursement. Or, puisque la Banque Nationale de Belgique (BNB) refusait d'assumer cette garantie, il fallait se tourner soit vers l'État belge, soit vers la Haute Autorité[36]. Des démarches furent donc entreprises dans ce sens par la Fédéchar[37]. Le ministre Duvieusart entendait

[36] Kurgan-Van Hentenryk, G., « The Banque Nationale de Belgique and the Belgian Economy in the Twentieth Century », in De Rosa, L. (ed.), *International Banking and Financial Systems : Evolution and Stability* Aldershot, UK ; Burlington, Vt.: Ashgate, 2003 ; Brion, R. *et al.*, *La politique monétaire belge dans une Europe en reconstruction (1944-1958)*, Bruxelles : Banque Nationale de Belgique, 2005.

[37] Archives Fédéchar, 547, Compte rendu de l'entretien entre Fédéchar et le ministre des Affaires économiques Duvieusart, le 13 mai 1953 (annexe au procès-verbal du Comité de direction, le 13 mai 1953). Voir aussi archives AM, T 262-771, Lettre de Delville à Duvieusart, le 11 juin 1953.

cependant laisser au secteur privé l'entière responsabilité en la matière[38]. Quant à interpeller la Haute Autorité sur le sujet, il eût fallu en faire accepter le principe aux autres délégations du CEPCEO. Or, parmi les producteurs européens, tous ne voyaient pas la chose d'un bon œil, certains préférant que les charbonniers belges assument seuls la situation. En effet, pour les producteurs allemands et néerlandais, il était légitime de s'interroger sur la véritable nature du problème charbonnier belge. La baisse de la consommation de charbon en Belgique relevait-elle d'un problème conjoncturel ? Dans ce cas, tant le charbon que les produits pétroliers devraient accuser des signes de faiblesse sur le marché belge. Ou cette baisse relevait-elle plutôt d'un problème de structure, affectant la compétitivité du charbon belge face aux produits pétroliers ? Privilégiant la deuxième explication, les producteurs néerlandais et allemands étaient manifestement peu enclins à s'engager davantage : les charbonniers belges étaient libres d'alerter la Haute Autorité, si tel était leur désir, mais ce serait sans leurs collègues du CEPCEO.

Notons que, dès cette époque, les charbonniers belges purent compter sur l'appui d'Albert Coppé, Vice-président de la Haute Autorité[39]. Sur la base de son observation du marché charbonnier dans l'entre-deux-guerres, il avait déjà défendu dans sa thèse de doctorat l'idée que le problème charbonnier belge n'était pas uniquement structurel mais également cyclique et qu'une simple réforme de structure, ainsi que d'aucuns l'entendaient à l'époque, ne constituerait pas une solution valable. L'inertie des structures de production propre à l'industrie charbonnière ne permettait pas de s'adapter rapidement aux changements conjoncturels rapides de l'économie. La constitution ou l'écoulement des stocks de charbon, selon qu'on se trouvait en phase de dépression ou de reprise, empêchaient souvent de rentabiliser les coûts de production, si bien que sur un cycle conjoncturel d'environ six ou sept années, seules une ou deux étaient rémunératrices. La meilleure solution, aux yeux de Coppé, n'était pas de se servir des prix de la houille comme d'un levier d'influence sur le marché mais bien de prêter davantage attention à l'offre de charbon afin d'en réguler l'ampleur. Dans sa thèse, il avait ainsi prôné deux types de mesures : d'une part, une politique d'investissements propre à moderniser l'appareil de production ; et, d'autre part, une politique cyclique des stocks permettant d'adapter l'offre aux fluctuations conjoncturelles.

Mais tout en militant au niveau communautaire, Albert Coppé conseilla aux charbonniers belges de s'armer de patience : « [...] la

---

38 Archives AM, T 262-771, Lettre de Duvieusart à Delville, le 18 juin 1953 ; archives Fédéchar, 547, Procès-verbal du Comité de direction, le 25 novembre 1953.

39 Archives SGB, 810, Lettre manuscrite de Peeters à Stein, le 1er décembre 1953.

Haute Autorité », disait-il, « ne doit pas être sollicitée pour les stocks actuels. Ce serait une maladresse »[40]. Car si Luxembourg se décidait à agir dans ce domaine, ce serait à la grande désapprobation des Allemands et il était donc à craindre qu'en contrepartie, afin de légitimer une politique européenne des stocks, la Haute Autorité ne soit forcée d'imposer à la Belgique d'entreprendre l'assainissement de ses bassins miniers. Il n'était que très facile en effet d'établir un lien entre ces problèmes de stocks dont se plaignait la Belgique et le maintien, abusif selon certains, de ses charbonnages marginaux. Selon Coppé, le Gouvernement devait donc plutôt garder la tête haute, montrer sa confiance dans ses propres mines « en faisant quelque chose lui-même pour elles »[41]. Enfin, il conseilla au Gouvernement et aux producteurs belges d'attendre patiemment le retournement de la conjoncture en Allemagne et aux Pays-Bas : « Quand ces pays stockeront, le problème sera résolu ». S'entend : on se résignerait face à la nécessité de chercher des solutions autres que purement nationales. La reprise économique, au cours de l'été 1954, allait conforter Coppé dans sa vision des choses et pousser le Gouvernement belge à opter résolument pour un maintien maximal de la capacité de production nationale. Quant à la question du financement des stocks, si les arguments de Coppé devaient prendre peu à peu du poids au sein de la Haute Autorité, ils avaient encore un long chemin à faire avant d'aboutir[42].

Mais revenons à l'automne 1953. Outre l'équilibre financier des charbonnages à court terme, c'est l'ensemble de leur programme de rééquipement qui risquait d'être compromis par les frais de stockage. C'est dans ce sens qu'il faut également comprendre l'urgence avec laquelle les charbonniers avaient réclamé la mise en application de la péréquation c), concernant les exportations. L'exécution du programme de rééquipement, défini dans le cadre de la réforme Duvieusart en octobre 1949 (voir excursus 6 ci-dessous) et revu au début des années 1950 à la lumière des perspectives de la CECA, était d'autant plus importante que les années pour le mener à bien étaient désormais comptées. Or, si en théorie le fonctionnement de la péréquation et le barème tarifaire des charbons belges devaient assurer l'autofinancement des investissements nécessaires, certains charbonniers se plaignirent de voir

---

40 Archives SGB, 810, Note de Renders « Réunion du 30.11.1953 entre Duvieusart, Coppé, Delarge, Massaux, Martens et Renders ».

41 *Idem.*

42 Voir à ce sujet : Spierenburg et Poidevin, *Histoire de la Haute Autorité de la CECA. Une expérience supranationale.*

disparaître tous leurs moyens financiers dans le financement des stocks et dans le chômage économique[43].

Excursus 6 : Le plan de rééquipement des charbonnages belges en 1953

En octobre 1949, le ministre des Affaires économiques, Jean Duvieusart, avait décidé de mettre fin aux subsides payés sans discernement. Les mines avaient été réparties en fonction de leurs besoins, sur la base de quoi, un programme de rééquipement avait été établi par le CNC[44]. Trois buts avaient ainsi été définis : a) le programme de rééquipement proprement dit, destiné à moderniser les installations de production ; b) un programme de construction de maisons ouvrières ; et, c) un programme de création de nouvelles installations d'extraction ainsi que de centrales électriques minières.

Cet ensemble, dont le coût était estimé à quelque 13 milliards de FB, devait être financé en trois parties[45] : a) l'autofinancement des entreprises (9 692 millions) ; b) des crédits Marshall (1 420 millions) ; et c) des crédits spéciaux de la *Société Nationale de Crédit à l'Industrie* (SNCI) (1 784 millions).

Les crédits extérieurs (b et c) étaient soumis à certaines conditions. Les fonds Marshall ne nécessitaient aucune garantie de remboursement mais, pour en bénéficier, les exploitations devaient s'engager à accomplir intégralement leur programme de rééquipement et à accepter les remembrements et modifications de limites de concessions préconisées par le CNC. Quant aux crédits SNCI, l'organisme exigeait des avals bancaires. Étant donné que peu de charbonnages pouvaient se le permettre, la Fédéchar allait devoir demander à la Haute Autorité un aval collectif[46].

Dans un premier temps, les premières études prévisionnelles réalisées au sein de la Haute Autorité, au sein de la Commission Tinbergen[47],

---

43 Selon eux, le programme établi pour le rééquipement et les conditions de financement de ce programme (en ce compris la péréquation) faisaient partie de ce que la CDT appelait « les situations existantes au moment de l'établissement du marché commun ».

44 Dujardin, *Jean Duvieusart (1900-1977). Europe, Wallonie-Bruxelles, Léopold III* ; Hannecart, « La Belgique face au problème charbonnier belge de la Libération à la grande crise de 1958 ».

45 Archives CEAB, 03 485, Note de Meyers, Directeur général des mines, « Application de la péréquation en faveur des charbonnages belges », transmise à Etzel, le 11 février 1954.

46 Archives SGB, 740, Note de Renders « Exposé devant le Conseil Général de la Société Générale de Belgique », le 27 octobre 1953.

47 Au sujet de cette commission : Röndigs, *Globalisierung und europäische Integration. Der Strukturwandel des Energiesektors und die Politik der Montanunion, 1952-1962*, p. 209-212 ; Spierenburg et Poidevin, *Histoire de la Haute Autorité de la CECA. Une expérience supranationale*. Sur la base des travaux de cette commission Tinbergen, commencés à la fin octobre 1952, U. Röndigs soutient, contre D. Spierenburg et R. Poidevin, que la Haute Autorité montra de l'intérêt pour une politique énergétique générale dès sa mise en place. Les travaux réalisés au sein de l'OECE (Jensen, *Energy in Europe, 1945-1980* ; Bruwier, M. *et al.*, « Introduction », *Revue Belge*

avait confirmé la pertinence de ce programme de rééquipement : la demande dans la CECA allait augmenter de 16 à 23 % au cours des prochaines années, ce qui représentait pour la Belgique une croissance de cinq millions de tonnes en cinq ans et de sept millions de tonnes en dix ans. Dans cette perspective, la Haute Autorité entendait privilégier au maximum la production de charbon à coke belge afin d'assurer l'expansion de la production sidérurgique. Ces chiffres firent un temps l'affaire des charbonniers belges qui eurent naturellement beau jeu de rappeler les potentiels du sous-sol belge : il était grand temps d'assurer le maintien des capacités de charbon gras (en ce compris les mines boraines), d'aider au financement des stocks, d'assurer l'écoulement de la production, voire de s'engager dans la mise en concession des réserves de Campine, réclamée depuis des années déjà par les holdings[48].

Mais entretemps, la récession s'était installée impliquant de revoir à la baisse les conclusions du rapport Tinbergen. Dès avant sa mise sous presse, de nombreuses critiques se firent entendre, confortées par l'aggravation de la conjoncture. À la fin de l'été 1953, une Commission spéciale du Comité Consultatif invita la Haute Autorité à ne pas trop fonder sa politique sur ce rapport Tinbergen et à élargir son angle de vision[49]. Plus spécifiquement, les représentants des producteurs charbonniers belges et français, soutenus par leurs homologues ouvriers, aiguillonnés par le chômage économique, avaient vivement appelé la Haute Autorité à se mettre à la recherche d'une politique générale charbonnière. À la fin du mois de novembre 1953, dans un mémorandum à l'attention du Conseil spécial des Ministres, la Haute Autorité fut ainsi amenée à reconnaître que le principe d'une expansion à tout prix de la production de charbon était obsolète ; le plus important était désormais d'en faire une source économique d'énergie[50].

En vertu de l'art. 54 du Traité CECA, il fallait donc s'attendre à ce que la Haute Autorité revoie à la baisse les programmes d'investissements. Qu'allait-il en être pour le charbon belge ? De Jean Monnet, qui

---

d'Histoire Contemporaine, XIX, 1-2, 1988) sont susceptibles d'avoir orienté la Haute Autorité mais nous n'en avons trouvé aucun indice. Des contacts existaient pourtant bien entre les deux organisations (Laursen, J., « Les méandres de l'intégration : l'OECE et la Communauté européenne du charbon et de l'acier, 1952-1956 », in Griffiths, R. T. (dir.), *À la découverte de l'OECE*, Paris : OECE, 1997).

48 Archives Fédéchar, 547, Procès-verbal du Comité de direction, le 27 mai 1953.

49 Archives CEAB, 15 04, Compte rendu analytique de la 5e séance du Comité Consultatif auprès de la Haute Autorité, le 21-22 septembre 1953.

50 Perron, *Le marché du charbon, un enjeu entre l'Europe et les États-Unis de 1945 à 1958*, p. 175 ; archives CEPCEO, Compte rendu de la 6e réunion du Comité central, à Bruxelles, le 19 janvier 1954 ; voir aussi archives SGB, 809, Réflexions de Coppé sur le mémorandum de la Haute Autorité au Conseil spécial des Ministres, le 30 novembre 1953.

revenait précisément d'un voyage aux États-Unis où il était allé chercher un soutien financier pour la CECA, Paul Renders disait : « On voit immédiatement quelle redoutable puissance peut mettre en les mains de Monsieur Monnet et de ses collègues ce rôle de banquier international, dispensateur de crédit, que la bienveillance américaine pourrait leur permettre de tenir »[51]. Le seul domaine où il ne semblait pas y avoir de problème était celui de la construction en Belgique de centrales électriques minières qui présentaient le double avantage de permettre l'écoulement des produits secondaires (majoritaires dans les stocks) et d'assurer des revenus supplémentaires pour les mines[52]. Quant à maintenir contre vents et marées l'ensemble des capacités de production en Belgique, qu'en serait-il à l'avenir ?

2. *Les mines marginales du Borinage*

Lorsqu'il fut soulevé, au cours de l'automne 1953, le problème des dites *mines marginales* n'était pas nouveau, même si ces exploitations avaient été pudiquement qualifiées de *conventionnaires* en référence au régime spécifique conclu à leur intention en février 1950. Le paradoxe évoqué dans le chapitre introductif au sujet du charbon belge sonnait de façon particulièrement dramatique pour le bassin borain : premièrement, c'est là qu'étaient situées les mines marginales de Belgique ; deuxièmement, en termes économiques et sociaux, cette région était la plus dépendante du charbon ; enfin, troisièmement, c'est aussi son sous-sol qui était de très loin le plus riche du pays. Le charbon borain avait des qualités cokéfiantes exceptionnelles et était, pour cette raison, considéré comme un des meilleurs, si pas le meilleur, de la CECA[53]. François Vinck, devenu directeur-adjoint de la Division du Marché à Luxembourg, déclara ainsi en mars 1954 que le problème des mines boraines était davantage qualitatif que quantitatif :

> Je crois que nous pouvons dire que si, dans le Borinage, ces mines ne produisaient pas le charbon qu'elles produisent, leur sort serait déjà consacré. Un des gros arguments qu'on peut utiliser en faveur de ces charbonnages

---

51 Archives SGB, 740, Note de Renders « Exposé devant le Conseil général de la Société Générale de Belgique », le 27 octobre 1953.

52 Archives CEAB, 09 67, Note de Cobéchar relative à l'édification de centrales thermiques minière en Belgique, le 25 novembre 1953 ; *idem*, 09 67, Lettre de Laffineuse à Monnet, le 3 décembre 1953.

53 Archives SGB, 810, Note de Renders « Réflexions sur le problème de dispersion des prix de revient dans les charbonnages de Belgique », le 3 novembre 1953 : « Les réserves des charbonnages gras de la région de Mons sont extrêmement importantes. Elles permettront à ce bassin de survivre alors que ceux de Liège et de Charleroi auront disparu ».

> [...], c'est qu'[ils] donnent un charbon de base qui est nécessaire pour permettre l'écoulement d'autres charbons cokéfiables dans la CECA[54].

De plus, on s'accordait à dire que l'exploitation du gisement borain était appelée à durer de longues années encore, bien au-delà de l'épuisement des autres bassins du royaume[55]. Bien plus que de rogner un peu dans les capacités de production charbonnière belge, fermer le Borinage impliquait de raccourcir purement et simplement la durée de vie de l'activité charbonnière nationale dans son ensemble[56]. Or, en dépit de la cherté de la production et malgré la concurrence de plus en plus pressante des combustibles importés (solides ou liquides), le charbon demeurait bel et bien la seule ressource nationale et la première source d'énergie du pays.

Ces éléments sont indispensables pour expliquer qu'en septembre 1949, lorsque le ministre des Affaires économiques Jean Duvieusart décida de rationaliser les subsides octroyés au secteur charbonnier, il fut prévu que cinq sociétés boraines, que la stricte application de la réforme eût très certainement condamnées, en soient exemptées[57]. Des conventions furent conclues entre ces charbonnages et le Gouvernement qui prévoyaient, en échange d'efforts de rationalisation fournis par les exploitants, une aide financière par voie de crédits et de subsides dégressifs. On espérait ainsi leur faire retrouver l'équilibre financier avant la date du 31 décembre 1954, date butoir du programme. Ces conventions n'avaient donc rien d'un palliatif accompagnant la fin programmée des mines signataires ; au contraire, sans sous-estimer le risque d'un échec,

---

54 Archives CEAB, 03 485, Compte rendu analytique de la réunion du 9 mars 1954 sur la péréquation belge. Le terme *charbon à coke* est imprécis puisque beaucoup de types de charbon pouvaient être cokéfié, en les mélangeant à de petites quantités de charbon à fort potentiel de cokéfaction (on parlait ainsi de charbon de mélange). Face à la pénurie de fines à coke, ces charbons hautement cokéfiables (tels que ceux du Borinage) pouvaient donc s'avérer précieux pour la CECA dans son ensemble en réduisant sa dépendance sur les importations.

55 Archives SGB, 810, Note de Renders « Réflexions sur le problème de dispersion des prix de revient dans les charbonnages de Belgique », le 3 novembre 1953 ; archives Van Acker, 1016, « Comptes-rendus de conversations à Luxembourg, le 16 novembre 1953 », le 18 novembre 1953.

56 Rappelons ici qu'on ne ferme pas une mine souterraine pour la rouvrir quelques années plus tard dans l'éventualité où de nouvelles conditions du vente permettraient de compenser les conditions d'exploitation difficiles. La fermeture temporaire d'une mine peut durer quelques mois au grand maximum au-delà desquels elle revient à un abandon pur et simple. Les coûts de remise en état seraient en effet beaucoup trop élevés.

57 Milward, *The European Rescue of the Nation-State*, p. 60, note que cette exemption devait faire la satisfaction du secteur sidérurgique.

le Gouvernement avait explicitement justifié ces accords par l'espoir de maintenir en vie ces exploitations[58].

Le Traité CECA ne devait théoriquement apporter aucune modification à ces conventions[59]. En prévoyant que les subsides de péréquation seraient distribués de façon indifférenciée, c'est-à-dire sans tenir compte de la rentabilité des mines[60], le régime de péréquation mis en place eut même pour effet de raviver la foi nourrie de voir vivre le Borinage. C'est bien plutôt par la conjoncture, la hausse des matières premières et des salaires, jumelées à la récession et à la chute de la demande de charbon, que les conventions furent remises en question : contre les charges, nouvelles ou anciennes, les progrès engrangés grâce au rééquipement déjà réalisé ne pouvaient rien et les charbonnages conventionnaires accumulèrent les pertes[61]. Le 1er janvier 1954, en vertu de leur caractère dégressif, les subsides conventionnels devaient subir une première réduction (passant de 200 millions à 114) ; cette perspective eut pour effet de précipiter les choses.

Lorsqu'en décembre 1953, le Gouvernement belge demanda officiellement à la Haute Autorité l'autorisation d'augmenter ses subsides au bénéfice des charbonnages borains[62], la demande émanait en réalité des exploitants de deux de ces charbonnages (les Charbonnages Belges & d'Hornu-Wasmes et les Charbonnages du Levant et Produits de Flénu). Au cours de l'été 1953, un an après une première démarche faite dans ce sens, ils avaient réclamé, d'une part, la révision des conventions de 1950, invoquant le fait que la conjoncture avait eu pour effet d'en dérégler le fonctionnement et, d'autre part, une décision immédiate par le Gouvernement belge de maintenir une subvention aux mines conven-

58 Archives SGB, 815, Note de l'Ouest de Mons sur la situation présente et les perspectives d'avenir du charbonnage, le 31 août 1953.

59 Dans le chapitre suivant, on verra cependant qu'à la fin 1956, lors d'une deuxième réforme du régime de péréquation, ce principe fut remis en cause par l'Administration des Mines. Elle entendait ainsi justifier que la prolongation des subsides par l'État belge n'était pas automatique et que la Haute Autorité avait son mot à dire (voir à ce sujet les archives SGB, 818).

60 Il fut convenu que les subsides conventionnaires (s'élevant alors à quelque 200 millions de FB en 1953) pouvaient faire partie intégrante de la participation de l'État belge au fonds de péréquation prévu dans la CDT (soit 675 millions de FB).

61 Archives SGB, 809, « Chronologie des conversations sur les demandes en révision des Conventions et de la fermeture des Charbonnages Belges », décembre 1953. Voir aussi : archives SGB, 815, Note de l'Ouest de Mons sur la situation présente et les perspectives d'avenir du charbonnage, le 31 août 1953 ; *idem*, 809, « Projet de note destinée au Conseil d'Entreprise [des Charbonnages Belges et Hornu et Wasmes], aux parlementaires, à la presse, aux actionnaires fidèles », s.d. ; *idem*, 809, « Chronologie des conversations sur les demandes en révision des Conventions et de la fermeture des Charbonnages Belges », décembre 1953.

62 Milward, *The European Rescue of the Nation-State*, p. 99.

tionnaires au-delà de la période transitoire[63]. Cependant, en renvoyant alors les charbonniers au-devant de la Haute Autorité, sous prétexte qu'elle seule était compétente en la matière, le ministre Duvieusart avait *de facto* traduit une question nationale en termes communautaires. Que dans les conversations, il ne fut désormais plus question de *charbonnages conventionnaires* mais de *mines marginales* est, à cet égard, symptomatique.

Si la définition d'un charbonnage conventionnaire ne pose aucun problème, il n'en va pas de même pour la mine marginale. En janvier 1954, Jean Monnet allait lui-même s'interroger : « Qu'est-ce qu'une mine marginale ? Comment juger de leur viabilité, alors que les circonstances sont éminemment changeantes ? »[64]. Il était entendu que la marginalité d'une mine avait un caractère relatif puisqu'elle tenait à la dispersion des résultats entre exploitations, certaines étant moins rentables que d'autres, au sein d'une même catégorie de charbon[65] Ce qui, par contre, était moins clair et prêtait à controverse, c'est ce à quoi il fallait attribuer la marginalité d'une mine et les conclusions qu'il fallait en tirer. Certes, les bassins charbonniers belges étaient difficilement exploitables et, parmi ceux-ci, le Borinage était particulièrement ingrat. Mais la marginalité des mines de ce bassin était-elle due uniquement à des facteurs géologiques, permanents et irrémédiables, ou plutôt à des facteurs politiques, économiques ou sociaux, révocables ou du moins temporaires ? Et, quand bien même le caractère marginal d'une mine était définitivement établi, était-ce là une raison suffisante pour la condamner ?

Quant à la première question, les patrons charbonniers estimaient que, puisque la marginalité d'une mine pouvait être due à des choix politiques (en matière de salaires, d'importations, de tarifs ou d'investissements), il fallait y regarder à deux fois avant de la condamner définitivement[66]. Sur le plan européen, la marginalité d'une mine avait, selon

---

63 Archives AMH, 23/5/2, Note au sujet des Charbonnages Belges et d'Hornu-Wasmes, s.d.

64 Archives Coppée, 3049, Compte rendu d'un entretien entre Delville et Monnet, le 26 janvier 1954.

65 Archives SGB, 810, Note de Renders « Réflexions sur le problème de dispersion des prix de revient dans les charbonnages de Belgique », le 3 novembre 1953. En 1955, les coûts extrêmes observés en Belgique seraient estimés à 72 % et 140 % du coût moyen du Royaume, à cette dispersion il fallait ajouter la dispersion des recettes par tonne, dépendantes de la qualité des charbons (soit 81 % et 131 % de la recette moyenne, péréquation exclue).

66 Archives SGB, 817, « Comment envisager le problème des charbonnages marginaux », le 9 juin 1954. Les charbonniers belges mettaient notamment en avant que tant que la liberté des prix ne leur serait pas assurée, il n'était pas pertinent de parler de mines marginales.

eux, encore moins de sens : d'un pays à l'autre, les prix de revient n'étaient pas calculés sur les mêmes bases ; et derrière les résultats positifs pouvaient se cacher des rendements insuffisants ou des avantages géologiques en sursis[67]. À la deuxième question, ils répondaient qu'il convenait avant tout de tenir compte des besoins énergétiques présents et futurs. En l'occurrence, le charbon gras borain, en dépit de son coût, s'était déjà avéré très utile pour faire face à la pénurie[68].

Au sein de l'administration belge, on donnait à la marginalité une dimension bien plus absolue. Ainsi, pour André Meyers, Directeur général des mines, était marginale une « mine qui, à long terme, ne [pouvait] être maintenue en exploitation sans une aide extérieure s'ajoutant aux recettes qui [s'avéraient] suffisantes pour le maintien de la généralité des autres mines »[69]. Son adjoint Joseph Martens était d'avis quant à lui qu'une mine marginale était « une mine qui ne [pouvait] survivre toute seule pendant une longue période »[70]. En bons fonctionnaires, ils faisaient donc intervenir la notion de coût à supporter : une mine pour laquelle l'argent du contribuable semblait indispensable à long terme était une mine marginale et, dans le même temps, un problème à résoudre. De là à fermer les mines marginales, qui eût accepté d'en porter le poids politique ? Tout autant que Jean Duvieusart, la Haute Autorité se déclara incompétente pour régler la question des conventions. Au cours de l'automne 1953, Bruxelles et Luxembourg allaient ainsi continuer de se renvoyer la balle.

À Luxembourg, les membres belges de la Haute Autorité semblent avoir fait du sauvetage du Borinage une priorité : ainsi, Paul Finet, qui eut pour l'avenir du Borinage des mots très sombres (« D'après lui,

---

67 Ainsi, lors d'un entretien avec ses anciens collègues producteurs, Gérard Delarge, à la Division de la Production de la Haute Autorité, mettait en avant les grandes difficultés auxquels les charbonnages de la Ruhr étaient confrontés : mauvaise qualité d'une partie de sa main-d'œuvre (par utilisation de « ses déchets de guerre : estropiés, invalides, mutilés… ») ; position inconfortable des charbonniers allemands dans le cadre de la dénazification (« crainte de dénonciation de la part des travailleurs ») ; mais aussi moindre qualité cokéfiante des dernières couches du gisement de la Ruhr. Du côté des Pays-Bas, « nous n'avons plus rien à craindre », ajoutait-il, « leurs gisements sont 'dérangés' » (archives Van Acker, 1016, « Comptes-rendus de conversations à Luxembourg, le 16 novembre 1953 », le 18 novembre 1953).

68 Archives SGB, 810, Note de Renders « Réflexions sur le problème de dispersion des prix de revient dans les charbonnages de Belgique », le 3 novembre 1953.

69 Archives Fédéchar, 547, « Charbonnages marginaux » (annexe du procès-verbal du 30 décembre 1953). Le caractère temporaire de la marginalité fut d'ailleurs mis en doute, lors de la même réunion, par André Meyers : il se déclarait « sceptique quant à l'efficacité […] du programme [de rééquipement dans les mines marginales] en tout état de cause ».

70 Archives SGB, 814, Compte rendu d'un entretien de la délégation de Fédéchar avec Meyers, le 28 décembre 1953.

aucun espoir n'existe plus de voir régénérer cette région, même de la voir s'entretenir à son niveau actuel […] »[71]), tout en admettant ne pas pouvoir se résoudre à un abandon : « J'espère […] qu'il sera possible de rechercher en commun avec l'industrie charbonnière belge, les moyens de sauver le Borinage. Inutile de vous dire que nous nous efforcerons dans toute la mesure de nos moyens d'atteindre ce but ». Mais c'est surtout du côté d'Albert Coppé, le Vice-président de la Haute Autorité, que les charbonniers belges sentirent pouvoir trouver un soutien. Il avait « suivi personnellement la question avec beaucoup d'attention et de compréhension quoiqu'à titre plus ou moins privé »[72] et était convaincu de la nécessité de conserver les charbonnages marginaux : considérant que « les 240 millions de tonnes de la Communauté ne peuvent pas toutes être du 'standard n° 1' »[73], il se prononçait pour que le rééquipement des mines marginales soit mené à terme, moyennant le soutien adéquat. Avant qu'une décision définitive, pour ne pas dire irrévocable, ne soit prise, il conseillait d'attendre les résultats de l'enquête sur la viabilité des charbonnages menacés. Si un constat de viabilité ne suffisait pas à résoudre le problème, on pouvait au minimum s'attendre à ce qu'il incite le Gouvernement à maintenir le *statu quo*[74]. Rappelons qu'à l'opposé d'une réforme structurelle, Albert Coppé œuvrait tant auprès de ses collègues de la Haute Autorité qu'auprès du Gouvernement belge pour qu'une politique de financement des stocks soit mise en place[75].

Cela étant dit, il manque au tableau un élément essentiel : des six charbonnages conventionnaires, quatre étaient exploités sous le contrôle de la SGB[76] au profit de ses branches sidérurgiques, l'exemple le plus

---

71 Archives Van Acker, 1016, « Comptes-rendus de conversations à Luxembourg, le 16 novembre 1953 », le 18 novembre 1953.

72 Nous avons trouvé trace de ces contacts dans les archives de la Société Générale de Belgique (archives SGB, 809 et 810). Dans une de ses lettres (archives SGB, 810, le 30 octobre 1953), le chef de cabinet de Coppé assurait à son correspondant, directeur charbonnier, qu'il pourrait compter sur « l'appui le plus complet de M. Coppé » lors d'un prochain entretien avec Duvieusart qui s'annonçait difficile. Un mois plus tard, il écrivait également à un autre directeur : « Inutile de vous dire que nous n'avons qu'un but : la défense de l'industrie charbonnière belge et plus spécialement du Borinage » (archives SGB, 810, le 1er décembre 1953).

73 Archives SGB, 810, Note manuscrite de Renders, « Conversation téléphonique avec Delarge », le 25 septembre 1953.

74 Archives SGB, 810, Note de Renders « Entrevue du 30.11.1953 entre MM. Duvieusart, Coppé, Delarge, Massaux, Martens, Renders. Problème des conventionnaires ».

75 Archives SGB, 810, Lettre manuscrite de Peeters à Stein, le 1er décembre 1953 ; voir à ce sujet : Hannecart, « Le panier ou les œufs du panier ? Albert Coppé entre intégration européenne et charbon belge (1939-1959) ».

76 Les Charbonnages du Levant et Produits de Flénu, les Charbonnages de l'Ouest de Mons ; et la division des Charbonnages Belges et d'Hornu et Wasmes de la S.A. John

évident étant celui des Charbonnages Belges & d'Hornu-Wasmes, division de la S.A. John Cockerill, elle-même contrôlée par le holding. La sécurité d'approvisionnement que ces mines pouvaient offrir en période de haute conjoncture permit longtemps de contrebalancer leur faible rentabilité aux yeux des dirigeants du holding. Mais il faut croire que, dans le nouveau marché commun, le prix à payer pour cette sécurité avait perdu un peu de sa pertinence. Et à cet égard, la stratégie menée à partir de l'été 1953 par la SGB, en vue de faire réviser les conventions, interpelle.

À la Chambre des Représentants, on allait souligner que la production des Charbonnages Belges était passée de 1 780 000 à 2 176 000 tonnes entre 1949 et 1952 et que des investissements considérables avaient été réalisés depuis octobre 1949 (850 millions de FB dont 470 par voie de la péréquation)[77]. Mais alors que les autres charbonnages conventionnaires avaient réalisé l'effort convenu dans le cadre des accords avec le Gouvernement belge, les Charbonnages Belges s'étaient concentrés sur le rééquipement sans procéder à la concentration de l'extraction comme il avait été indiqué par le CNC (de sept à quatre puits). Un des puits était d'ailleurs devenu l'un des plus modernes de Belgique. Les besoins en charbon à coke avaient poussé les dirigeants de la S.A. John Cockerill à suspendre le programme de concentration des travaux de son charbonnage afin d'y développer la production. Les stocks y étaient d'ailleurs inexistants[78]. Mais la société sidérurgique justifiait sa décision par le risque de voir les Charbonnages Belges entraîner dans leur perte les activités sidérurgiques de la SGB[79].

Était-on prêt, au sein du holding, à aller jusqu'au bout du raisonnement, c'est-à-dire fermer les mines en cas d'échec des négociations ? Ou misait-on plutôt sur la portée hautement symbolique et émotionnelle d'une annonce de fermeture pour forcer la main aux pouvoirs publics et assurer une meilleure compensation des coûts ? Les charbonniers belges l'avaient déjà montré par le passé et le montreraient encore plus d'une fois à l'avenir : ils n'étaient eux-mêmes absolument pas enclins à accepter la moindre fermeture. Ils invoquaient la très nombreuse population

Cokerill, usine sidérurgique elle-même contrôlée par la SGB (résultat d'une fusion entre deux exploitations conventionnaires dès avant l'ouverture du marché commun).

77 Achille Delattre, à la Chambre des représentants, le 18 décembre 1953 ; et Jean Duvieusart, à la Chambre des Représentants, le 18 décembre 1953.

78 Archives AMH, 23/5, Note de Vinck « Rapport provisoire sur la visite à l'Administration des Mines belge relative à la fermeture de la division des Charbonnages Belges et d'Hornu-Wasmes », le 17 décembre 1953 ; *idem*, 23/5/2, Note au sujet des Charbonnages Belges et d'Hornu-Wasmes.

79 Archives SGB, 809, Note sur l'entretien entre Duvieusart et Renders, le 19 novembre 1953.

active dans les mines, la catastrophe économique à prévoir pour une région minière telle que le Borinage, le devoir de tirer parti de toutes les ressources naturelles, même médiocres. Par ailleurs, il en allait de leur métier et de leur fierté professionnelle :

> La crainte de perdre une occupation se renforce ici, à des degrés divers, de la défense d'une position sociale basée sur une spécialisation et sur une compétence particulières et aussi du sentiment instinctif de sauvegarder un outil coûteux. Il est normal que les dirigeants ne se convainquent pas aisément de la 'désuité' d'un siège non épuisé et de la vanité des efforts accomplis pour le maintenir en activité[80].

De plus, on imagine difficilement que les patrons charbonniers de la SGB aient pu ignorer les conséquences politiques d'une fermeture[81]. En novembre 1953, le ministre Duvieusart avait lui-même attiré leur attention : une fermeture provoquerait « une vraie tragédie, en pleine période électorale, provoquant d'énormes remous parlementaires »[82]. Par ailleurs, des scénarios-catastrophes, tels que la fusion forcée entre producteurs de charbons gras wallons et limbourgeois, voire même « des projets de nationalisation totale »[83], furent évoqués au cours des conversations. Les dirigeants de la SGB étaient-ils à ce point convaincus de leur poids et de leur force ? Tout porte à le croire. En tout état de cause, on ne peut s'empêcher de penser que, sous-estimant la charge de la bombe, ils ont joué avec le feu.

II. La Générale joue cavalier seul (août-décembre 1953)

L'aveuglement des dirigeants de la SGB n'était pas total. En soi, tout ce qui touchait aux difficultés de l'industrie charbonnière était à manier avec un minimum de précaution : les syndicats étaient à l'affût du moindre signe de faiblesse. Mais, alors même que la Fédéchar s'apprêtait à soumettre à l'aval de la Haute Autorité les programmes de rééquipement des charbonnages belges, réclamer une révision des

80 Archives SGB, 740, « Aspects sociaux et politiques du problème charbonnier belge », le 18 avril 1958, p. 2-3.

81 En février 1954, Paul Renders allait recevoir une note de l'un de ses collaborateurs qui signalait l'hésitation manifestée par le Gouvernement belge à « signer un document par lequel il s'engage à fermer certaines mines à échéance fixée » dans le cadre d'un accord avec la Haute Autorité concernant une aide communautaire transitoire. Pour Luxembourg, il ne pouvait être question de cette aide que si les exploitations étaient effectivement abandonnées au terme de la transition. L'auteur de la note concluait : « Il est à craindre qu'aucun ordre de fermeture ne soit décrété » (archives SGB, 819, Lettre à Renders, le 3 février 1954).

82 Archives SGB, 809, Note sur l'entretien entre Duvieusart et Renders, le 19 novembre 1953.

83 Archives SGB, 810, Note de Renders « Réunion du 30.11.1953 entre Duvieusart, Coppé, Delarge, Massaux, Martens et Renders ».

conventions n'allait pas sans risque. Surtout s'il fallait, pour obtenir gain de cause, invoquer des retards dans ce même rééquipement. La prudence était donc de mise. La nature des discussions tenues à la SGB, au cours de l'été 1953, est éloquente : comment et quand allait-on « amorcer »[84] l'affaire ? Il ne convenait ni de traîner, ni d'aller trop vite en besogne. Plus on attendrait, plus les difficultés des charbonnages marginaux risquaient d'être connues, au risque de compromettre l'obtention de crédits ; plus vite on irait, plus on risquait de commettre de grossières erreurs de stratégie.

A. *La Générale tâte le terrain*

On n'allait pas chez Jean Monnet comme on allait chez Jean Duvieusart. Aussi, une fois clarifiées les intentions du ministre belge concernant son appui, la suite des événements demandaient davantage de réflexion[85]. D'autant que, sur le plan national, les démarches de la SGB occasionnaient déjà certains embarras. Joseph Martens (« dont on ne sait jamais s'il pense tout ce qu'il dit »[86]), semblait faire des histoires au sujet des fonds Marshall : il avait ainsi laissé entendre à Pierre Ledru, directeur-gérant des Charbonnages du Levant et Produits de Flénu, que dès l'instant où un charbonnage menaçait de fermer ses portes, il semblait impossible, « en conscience » mais également en vertu du contrat Marshall, d'entériner la mise à disposition de nouveaux fonds (nécessaires, rappelons-le, pour financer le programme de rééquipement). Il avait fallu que Pierre Ledru se fâche tout rouge pour finalement obtenir le transfert des fonds[87]. Il valait donc mieux faire preuve de prudence dans les démarches à entreprendre.

---

84 Archives SGB, 810, « Situation présente et perspective des trois charbonnages borains », note sur une réunion tenue chez Stein, le 27 août 1953.

85 Selon Edgard Stein, dans archives SGB, 810, Compte rendu de l'entrevue entre Delarge, au sein de la Division de la Production, et la Société Générale de Belgique, le 12 août 1953.

86 Archives SGB, 810, Lettre de Ledru à Renders, le 21 août 1953.

87 Pierre Ledru avait ainsi évoqué devant Joseph Martens la difficulté pour lui de rembourser les dettes engagées auprès de ses fournisseurs, ce à quoi il s'entendit répondre : « si j'étais dans mon rôle en défendant les intérêts de mes fournisseurs aux dépens de ceux de l'État, lui-même avait le devoir de défendre ceux-ci. (Pour être complet j'ajouterai que Martens a qualifié notre démarche de 'pas de clerc'). Devant la réaction très violente que j'eus à ce moment, il finit par me promettre de réaliser les transferts demandés à ce jour » (archives SGB, 810, Lettre de Ledru à Renders, le 21 août 1953). Notons que parmi les fournisseurs des Charbonnages du Levant et Produits de Flénu, il y avait la S. A. Cribla, constructeurs de triages-lavoirs, créancière de 20 millions de FB, et peut-être davantage, aux Charbonnages Belges, ainsi que les Ateliers de Constructions Électriques de Charleroi (ACEC), toutes deux au sein de la SGB.

Le premier contact établi par les patrons de la SGB avec la Haute Autorité fut on ne peut plus officieux puisqu'il s'agissait de leur ancien collègue Gérard Delarge. Le nouveau fonctionnaire européen, membre de la Division de la Production depuis 1952, savait très bien de quoi il retournait puisque, pour rappel, il avait jusqu'à son départ pour Luxembourg occupé le poste de directeur-gérant des Charbonnages d'Hornu-Wasmes. Le but était de préparer ensemble les requêtes à introduire auprès de la Haute Autorité pour obtenir la révision des conventions[88] ; requêtes qui seraient introduites auprès de Delarge tout d'abord ; de là, transmises à Albert Coppé qui, à son tour, se chargerait d'en saisir les membres du collège. Pour Gérard Delarge, selon qui le problème posé par les conventions était inévitable, le ministre Duvieusart « [avait] choisi la solution la plus facile pour lui, en rejetant tout sur la Haute Autorité ». Mais il ne fallait pas se leurrer : Luxembourg n'interviendrait que si le Gouvernement belge apportait sa part de contribution ; « Il faudra que Duvieusart vienne aussi autour de la table de 'discussion' »[89].

Plus concrètement, Delarge exposait ses idées quant aux moyens de financer les 250 millions de FB annuels dont ses ex-collègues disaient avoir besoin pour soutenir les mines marginales. En théorie, deux solutions étaient envisageables : soit on augmentait les ressources du fonds de péréquation, soit on modifiait le mode de répartition des 600 millions de FB versés par l'État belge. En pratique, la première solution était à exclure : elle impliquait de relever le taux de prélèvement, ce qui ne manquerait pas de provoquer des « grincements de dents » de la part des bailleurs de fonds, les charbonnages néerlandais et allemands. Quant à la deuxième solution, qui équivalait à introduire une compensation entre charbonnages belges[90], on a vu comme les charbonniers y étaient opposés depuis le fiasco des années 1946-1949.

Fin août, les charbonniers de la SGB se réunissaient chez Edgard Stein pour préparer l'offensive. Cette réunion met en lumière une véritable stratégie d'approche élaborée alors autour de trois questions. Premièrement, de qui fallait-il attendre une aide ? Une démarche auprès de la Haute Autorité semblait inévitable, puisque tout subside devait

---

[88] Archives SGB, 810, Compte rendu de l'entrevue entre Delarge et la Société Générale de Belgique, le 12 août 1953. Il semble que Delarge effectuait alors une visite dans les différents pays producteurs de charbon de la CECA dans le cadre d'une enquête relative aux prix de revient (archives CEPCEO, Lettre de Cobéchar à Woronoff, le 19 août 1953).

[89] Archives SGB, 810, Compte rendu de l'entrevue entre Delarge et la Société Générale de Belgique, le 12 août 1953.

[90] Au lieu de consacrer 200 millions de FB aux mines conventionnaires et 400 millions à la péréquation a), on ferait l'inverse.

recevoir son accord. Mais pour Stein, il fallait y aller pas à pas : avant de porter le problème à la connaissance du 'banquier international' Jean Monnet, il était préférable d'« amorcer la question à Luxembourg en formant d'abord l'opinion de Delarge et de Coppé »[91] et « essayer d'obtenir un accord préalable entre Coppé et Duvieusart sur les modalités d'intervention du Gouvernement belge (par exemple, en augmentant la part des subsides aux charbonnages dans les 600 millions versés par la Belgique) »[92].

Deuxièmement, la délicate question du calendrier : quand fallait-il entamer les démarches ? L'objectif était de s'assurer tous les moyens financiers possibles : d'une part, l'extension de l'aide aux charbonnages conventionnaires ; d'autre part, les crédits Marshall et SNCI, encore tenus en suspens. Pour ne rien compromettre, il fallait impérativement éviter que la situation réelle des charbonnages conventionnaires fût trop tôt portée à la connaissance de la Haute Autorité[93]. En revanche, il n'était pas possible non plus de trop retarder les débats : dès le 1er janvier prochain, la manne financière liée aux conventions devait être réduite de moitié. Le tout était donc de traîner juste assez sans se faire court-circuiter par qui que ce soit.

À cet égard, les personnes contactées jusqu'alors étaient toutes plus ou moins acquises à la cause des charbonniers : Duvieusart les avait assurés de son appui ; Delarge était un ancien collègue ; auprès de Joseph Martens, il ne semblait pas trop difficile de faire entendre sa voix. Qu'en était-il d'Albert Coppé ? Premier constat encourageant : « ses propos et ses actes semblent montrer en lui, dans ses fonctions nouvelles, un défenseur convaincu de l'entreprise libre »[94]. Quant à lui prêter de la loyauté, si ce fut le cas, il semble qu'elle était toute théorique, déduction faite du rôle qu'il avait à jouer au sein de la Haute Autorité. Coppé était Belge et occupait une position de pouvoir ; cela semblait leur suffire pour pouvoir attendre de lui une attitude favorable. Mais était-il pour autant acquis à la cause des charbonniers ? Il fallait s'attendre à ce qu'une fois informé, il en touche un mot à Meyers, « qu'on le veuille ou non », ce qui laisse entendre qu'il ne fallait comp-

91 Ce qui laisserait entendre que, depuis son passage à Luxembourg, Gérard Delarge n'était déjà plus totalement 'des leurs'.

92 C'est-à-dire la seconde solution présentée par Delarge (archives SGB, 810, « Situation présente et perspective des trois charbonnages borains », note sur une réunion tenue chez Stein, le 27 août 1953).

93 Archives SGB, 810, Compte rendu de l'entrevue entre Delarge et la Société Générale de Belgique, le 12 août 1953 ; *idem*, 809, Lettre de Ledru à Renders, le 21 août 1953. Nous avons vu que l'octroi des fonds Marshall était conditionné par la réalisation complète du programme de rééquipement prévu.

94 Archives SGB, 740, Note de Renders « Exposé devant le Conseil général de la SGB, le 27 octobre 1953 ».

ter ni sur le soutien d'André Meyers, ni sur un silence entendu de Coppé. Et au cas où l'Administration des Mines était prévenue indirectement par la Haute Autorité, l'issue des discussions avait toutes les chances d'être compromise.

La troisième question soulevée concernait la façon la plus adéquate de rédiger les requêtes des charbonnages conventionnaires ? Pour Gérard Delarge, il convenait de présenter la situation sous son moins mauvais jour, « établir une prévision assez optimiste de l'avenir, justifiant l'octroi d'un soutien »[95], éviter de se prononcer au-delà de 1960 (« au-delà, on n'en parlera pas ») et « insister sur l'importance des réserves qui [subsistaient] », ainsi que sur les progrès déjà réalisés grâce aux conventions. Mais c'est surtout sur la menace de fermetures que les charbonniers semblaient miser pour mettre les autorités sous pression : la catastrophe annoncée pour le Borinage, les implications pour les grandes usines de cokéfaction et de carbochimie à Tertre ainsi que l'abandon de gisements importants d'un charbon de très haute qualité.

Notons ici le fait que la Fédéchar n'apparaît nulle part dans ce scénario. Or, la requête introduite par les charbonnages conventionnaires risquait immanquablement de nuire à la démarche entreprise en avril 1953 par la fédération en vue d'obtenir l'aval collectif de la Haute Autorité pour les crédits tant attendus[96]. Elle risquait de pousser les services communautaires à examiner la démarche collective avec plus de discernement, voire au cas par cas[97]. Pierre Ledru s'en inquiéta d'ailleurs auprès de son supérieur Paul Renders : « Ne devons-nous pas tenir compte de cette solidarité entre les divers charbonnages bénéficiaires des crédits SNCI et ne pas énerver cette solidarité par une démarche dont ils n'auraient pas eu connaissance ? »[98]. Au mépris de cette recommandation, la direction des charbonnages de la SGB était bien décidée à agir seule, sans prendre la peine d'en informer les associés de la Fédéchar et sans même accepter la moindre collaboration : ainsi, ayant « 'entendu dire' à la Direction Générale des Mines que les Charbonnages Conventionnaires comptaient exposer leur cas à la Haute Autorité »,

---

95 Archives SGB, 810, « Situation présente et perspective des trois charbonnages borains », note sur une réunion tenue chez Stein, le 27 août 1953.

96 À ce sujet voir : archives Fédéchar, 547, Procès-verbal du Comité de direction de la Fédéchar, le 13 mai 1953 ; *idem*, 264/150, Lettre de Léon Daum à Pierre Delville, le 14 mai 1953 ; *idem*, 264/150, Lettre de Van Lander à Léon Daum, le 12 juin 1953. De son côté, la Haute Autorité avait déclaré qu'aucune réponse ne pourrait être faite avant d'avoir défini ses objectifs généraux (conformément à l'art. 46 du Traité CECA).

97 Confirmation allait être donnée par Marcel Peeters, fin septembre 1953 (archives SGB, 810, Note de Renders « Conversation téléphonique avec Delarge, le 24 septembre 1953 »).

98 Archives SGB, 810, Lettre de Ledru à Renders, le 21 août 1953.

Paul Culot, directeur des Charbonnages du Hainaut, conventionnaires également mais sous contrôle du groupe de Launoit, offrit de s'associer aux démarches en préparation au sein de la SGB, ce à quoi Arthur Denis, inspecteur des Charbonnages de la SGB, répondit par la négative ; les sociétés concernées devaient, selon lui, agir distinctement[99]. Quant à se montrer solidaire avec les affiliés de la Fédéchar, il apparaissait de toute façon peu probable que l'aval des crédits SNCI soit accordé avant le 1er octobre. Et, en imaginant qu'il puisse l'être, « il n'y a que très peu de chances que Monnet soit alerté par notre demande avant [cette date]. Quant à Coppé, même s'il est au courant, il serait impensable qu'il s'oppose à une décision de la Haute Autorité favorable à la Belgique »[100]. C'était faire trop confiance au calendrier et le patronat charbonnier belge dans son ensemble allait en payer les conséquences lors de la décision par la Haute Autorité concernant sa garantie de bonne fin.

B. La Générale met les autorités publiques sous pression

Les requêtes des charbonnages conventionnaires avaient été rapidement rédigées de façon à pouvoir être présentées à la Haute Autorité « une fois que plus rien ne justifierait d'attendre »[101]. Lues successivement par Gérard Delarge, Albert Coppé et Marcel Peeters, elles furent remaniées sur l'avis de ce dernier : une requête sans limite définie risquait d'inspirer la méfiance de la Haute Autorité et sa résignation à fermer les mines[102]. Suivant l'avis de Coppé, les semaines suivantes furent employées à organiser une réunion avec Jean Duvieusart[103] et, à la première occasion, à la mi-novembre, Paul Renders mit le ministre devant ses responsabilités : Coppé était déjà au courant de tout ; il s'était prononcé pour le maintien des mines mais avait été formel quant à la compétence du seul État belge dans cette affaire[104] ; en conclusion, on

---

[99] Archives SGB, 810, Note de Renders « Conversation téléphonique avec Delarge, le 25 septembre 1953 ».

[100] Archives SGB, 809, « Situation présente et perspective des trois charbonnages borains », note sur une réunion tenue chez Stein, le 27 août 1953.

[101] Concernant les instructions données pour rédiger les notes, voir archives SGB, 809, « Situation présente et perspective des trois charbonnages borains », note sur une réunion tenue chez Stein, le 27 août 1953.

[102] Archives SGB, 810, Note de Renders, « Conversation téléphonique avec Delarge, le 24 septembre 1953 ».

[103] Archives SGB, 810, Note de Renders « Conversation téléphonique avec Monsieur Gérard Delarge, le 23 septembre 1953 » ; *idem*, 810, Note manuscrite de Renders « Aide-mémoire pour un entretien avec Coppé », le 16 octobre 1953 ; *idem*, 810, Lettre de Renders à Duvieusart, le 29 octobre 1953 ; *idem*, 810, Note manuscrite de Renders sur la réunion du 4 novembre 1953.

[104] Archives SGB, 810, Note de Renders « Conversation téléphonique avec Monsieur Gérard Delarge, le 23 septembre 1953 ».

n'attendait plus que le feu vert de Duvieusart pour agir. Compte tenu du risque de fermeture, que comptait donc faire le ministre ? Laisser tomber les mines conventionnaires, quitte à renoncer aux « énormes efforts accomplis depuis 1949 »[105] ? Ou aborder le problème « dans l'esprit de 1949, jusqu'à l'obtention d'une situation de 'stabilisation' » ? Sans compter que les problèmes des conventionnaires ne constituaient, selon Renders, que la partie cachée de l'iceberg des mines marginales, exemples à l'appui. « Le moment est venu de définir clairement la politique à suivre en matière de mines marginales. [...] Le Gouvernement belge et la Haute Autorité ne peuvent se renvoyer la balle »[106].

Mais Duvieusart ne se laissa pas impressionner et entendit poser le problème en d'autres termes : si les conventions de 1950 avaient mené à un échec, il fallait en tirer les conclusions et le déclarer au Parlement. Une façon comme une autre de rappeler que le problème charbonnier était un thème récurrent en Belgique et que les projets de réforme de structure n'étaient pas ce qui avait fait le plus défaut au cours des dernières années dans les débats parlementaires. Et de dénoncer l'attitude contradictoire des milieux industriels face au problème charbonnier et face aux mines marginales, parfois au sein même de groupes industriels comme celui de son interlocuteur : pourquoi ceux qui utilisaient de l'excellent charbon à coke des Charbonnages Belges ne pourraient-ils pas s'organiser pour maintenir l'exploitation en vie[107] ? Et si ni la Cokerie de Tertre, qui traitait les fines à coke des Charbonnages Belges, ni son principal client le sidérurgiste Cockerill, ne pouvaient plus supporter les pertes des Charbonnages Belges, il fallait envisager que l'ensemble de l'industrie supporte le prix à payer pour éviter que le problème déborde sur le champ politique : « En laissant tomber les mines marginales, l'industrie risque de se voir poser le problème des nationalisations [...] »[108]. Pour Paul Renders, qui s'était lui-même prononcé dans ce sens, il revenait au Gouvernement de réunir autour de la table

105 Archives SGB, 810, Note sur l'entretien entre Duvieusart et Renders, le 19 novembre 1953.

106 Archives SGB, 810, Aide-mémoire pour la visite de Renders à Duvieusart, le 19 novembre 1953.

107 Archives SGB, 810, Note de Renders « Réunion du 30.11.1953 entre Duvieusart, Coppé, Delarge, Massaux, Martens et Renders ».

108 *Idem.* Notons ici qu'au début du mois de novembre 1953, Paul Renders avait lui-même rédigé une note sur le problème des mines marginales et sur la dispersion des résultats dans le secteur charbonnier et avait suggéré la mise en place d'un système de prime, qu'il voyait comme une solution « permanente » du problème, solution qui consistait à « imposer aux consommateurs la seule solution possible » (à l'instar de ce qui se faisait aux Pays-Bas) (archives SGB, 810, Note de Renders « Réflexions sur le problème de dispersion des prix de revient dans les charbonnages de Belgique », le 3 novembre 1953).

l'ensemble des consommateurs. En tout état de cause, pour Duvieusart, tant que la Haute Autorité ne s'était pas fait entendre sur sa politique générale en matière de charbon, il était difficile pour lui de prendre position[109].

Un mois auparavant, au-devant du Conseil spécial des Ministres, Duvieusart avait pressé la Haute Autorité de se prononcer sur le problème des mines marginales : celui-ci était-il conjoncturel ou structurel ou, en d'autres termes, fallait-il pratiquer une politique de court terme en vue d'un financement des stocks ou plutôt une politique à long terme en vue d'assainir le secteur charbonnier belge ? Selon A. S. Milward, alors que le Gouvernement belge était divisé sur ces questions, il s'agissait ni plus ni moins dans le chef du ministre que d'un chantage vis-à-vis de la Haute Autorité. Quoi qu'elle décide, celle-ci serait acculée à devoir prendre en charge les frais que cela entraînerait[110] : si elle concluait au caractère structurel du problème, alors elle devait faire jouer le fonds de réadaptation ; si, au contraire, la Haute Autorité admettait avec Duvieusart qu'il s'agissait d'un problème conjoncturel, il fallait organiser un financement des stocks. Et, toujours selon A. S. Milward, Duvieusart savait pertinemment bien que la Haute Autorité ne se risquerait pas plus que le Gouvernement belge sur la voie de la réadaptation en raison de son coût : 17 000 travailleurs à recycler eût été une difficile mise à l'épreuve du dispositif prévu par le Traité CECA. Cependant, contrairement à cette vision de Milward, Jean Duvieusart lui-même doutait de la possibilité d'appliquer le § 23[111].

---

[109] Archives SGB, 810, Note sur l'entretien entre Duvieusart et Renders, le 19 novembre 1953.

[110] Milward, *The European Rescue of the Nation-State*, p. 95-96 ; archives SGB, 809, Extrait du procès-verbal de la 9e session du Conseil spécial des Ministres, les 12 et 13 octobre 1953.

[111] S'il est vrai que les règles d'application de ce § 23 semblaient avoir été déjà largement interprétées dans le cas des mines des Cévènes en France, par exemple (Diebold, *The Schuman Plan. A Study in Economic Cooperation, 1950-1959*, p. 405-412 et 419), en théorie, le § 23 ne s'appliquait qu'aux cas de fermetures entraînées par l'établissement du marché commun, ce qui pour la Belgique ne pouvait être le cas qu'après expiration de la transition et du régime de péréquation. Jean Duvieusart lui-même était conscient de cet élément (archives SGB, 809, Lettre de Neef de Sainval à Renders, le 5 décembre 1953). Cela fit d'ailleurs l'objet de discussions entre charbonniers, au moment de rédiger les requêtes à introduire pour les charbonnages conventionnaires sur la base dudit § 23 : invoquer l'insuffisance de subsides qui relevaient exclusivement de l'État belge (les subsides conventionnaires) semblait être le moyen le plus sûr d'obtenir une réponse négative de la Haute Autorité ; à défaut d'une base légale véritable justifiant le recours au § 23, on avait d'ailleurs jugé préférable de ne pas s'aventurer sur ce terrain. Notons par ailleurs que le travail de W. Jr. Diebold, sur lequel A. S. Milward fonde son interprétation, ne traite pas spécifiquement du cas belge dans son analyse.

Face au calendrier annoncé par Duvieusart, la révision des conventions risquait de ne pas être envisagée avant le 1er janvier 1954. Paul Renders se montra donc clair : le conseil d'entreprise de la S.A. John Cockerill se réunirait le 7 décembre pour décider du sort à donner aux Charbonnages Belges & d'Hornu-Wasmes. La Haute Autorité et le Gouvernement avaient jusqu'à cette date pour s'entendre. Une fois posé cet ultimatum, Renders quitta le ministère avec une certaine satisfaction : Duvieusart n'était finalement pas aussi sûr de lui qu'il le laissait paraître et il tâchait, semblait-il, de trouver une solution avec André Meyers[112].

Pour gâcher l'optimisme de Renders, la réunion suivante ne permit pas la moindre avancée. Les acteurs belges restèrent camper sur leurs positions, mettant mutuellement à l'épreuve leur sincérité, Duvieusart concluant à l'échec des conventions (« Il faut avoir le courage de le déclarer »[113]) et Renders excluant que la SGB ou sa filiale Cockerill ne soient d'une quelconque manière mises à contribution. Quant à Coppé, dont on attendait « qu'il apporte [...] des précisions bien nettes quant à l'attitude de la Haute Autorité »[114], il ne put apporter que des opinions personnelles, se contentant de rappeler les limites légales auxquelles le pouvoir de Luxembourg était tenu. Quant à ses tentatives pour retarder toute décision de fermeture ou d'en limiter l'ampleur – il proposait notamment d'attendre l'avis d'une Commission attendue prochainement en Belgique pour établir le bien-fondé des programmes d'investissements présentés par la Fédéchar –, elles se heurtèrent au refus de Renders : le 7 décembre au plus tard, une décision serait prise.

C. La Générale précipite la solution

À la date annoncée, « aucun événement nouveau n'étant intervenu », le conseil d'administration de la S.A. John Cockerill décidait la fermeture échelonnée des sièges des Charbonnages Belges « moyennant concours de la Haute Autorité »[115]. Paul Renders s'étant montré soucieux de ne pas prendre de court les autorités, il fut décidé de ménager un délai d'une semaine entre le moment de remettre les lettres et le moment de signifier le préavis, quitte à retarder de quinze jours « le planning [...] établi » : « Ainsi les Autorités ne pourront pas nous

[112] Archives SGB, 809, Lettre de Renders à Delarge, le 20 novembre 1953.

[113] En fin de réunion, Renders concluait : « Duvieusart donne l'impression que le Gouvernement ne fera rien et tente vraisemblablement d'éprouver la sincérité de notre projet de fermeture » (archives SGB, 810, Note de Renders « Réunion du 30.11.1953 entre Duvieusart, Coppé, Delarge, Massaux, Martens et Renders »).

[114] Archives SGB, 809, Lettre de Renders à Delarge, le 20 novembre 1953.

[115] Archives SGB, 809, « Chronologie des conversations sur les demandes en révision des conventions et de la fermeture des charbonnages belges », le 25 décembre 1953.

accuser de les avoir mises devant un fait accompli »[116] ; « Dans notre esprit, ce délai devait donner au Gouvernement belge une dernière possibilité de réflexion »[117]. Deux jours plus tard, de retour de Luxembourg, Jean Duvieusart trouvait sur son bureau la lettre de Cockerill, à laquelle était joint un courrier à l'attention du président de la Haute Autorité[118].

Comme on pouvait s'y attendre, la décision de Cockerill n'allait pas tarder à prendre un tour politique. Le 16 décembre, compte tenu de l'absence de réaction du Gouvernement, la fermeture prochaine du puits n° 7 des Charbonnages Belges était annoncée avec fracas : dès l'aube, les députés Delattre (socialiste) et Willot (social-chrétien) étaient avertis par le directeur-gérant. Interpellé au Parlement, Jean Duvieusart tenta de faire reporter la discussion à la rentrée parlementaire, le 12 janvier mais en vain : la grève battait déjà son plein dans le Borinage et le ministre fut sommé de s'expliquer. Les fêtes de Noël promettaient d'être bien moroses en Wallonie et l'on ne se privait pas, dans les rangs du Parlement, d'en utiliser la valeur symbolique. En CNMM, réunie d'urgence, patrons et syndicats se regardaient en chiens de faïence, les premiers tentant cependant de tempérer. La Haute Autorité, quant à elle, envoyait un courrier à la S.A. John Cockerill pour déplorer de n'avoir pas été informée au préalable et d'avoir ainsi été placée devant le fait accompli[119]. En un mot, la confusion était à son comble et les risques de débordement, sérieux. C'est à ce moment que pour la première fois on allait voir intervenir la Fédéchar dans cette affaire.

---

116 Archives SGB, 809, Lettre de Neef de Sainval à Renders, le 5 décembre 1953.

117 Archives SGB, 809, « Déroulement des négociations relatives aux Charbonnages Belges et d'Hornu et Wasmes, depuis le 7 décembre 1953 » (annexe à une lettre de Neef de Sainval à Renders, le 23 décembre 1953).

118 Un malentendu lié à cette lettre à Monnet semble avoir créé une certaine confusion. Lorsqu'une première version fut remise à Joseph Martens, celui-ci avait déclaré à la SGB que le Gouvernement attendrait les conclusions de la Commission des Investissements pour prendre sa décision. Or, si la viabilité de cette exploitation était établie par cette commission, il devait être possible de pousser le Gouvernement belge à prendre des mesures conservatoires. Il fut donc décidé de donner à la demande d'aide envoyée à Monnet un caractère conditionnel alors que, concrètement, le calendrier de fermetures était maintenu. Cependant, Duvieusart en tira la conclusion qu'aucune aide n'avait pas été demandée à la Haute Autorité. Voir à ce sujet : archives SGB, 809, Lettre de Neef de Sainval à Monnet, le 9 décembre 1953 ; *idem*, 809, Lettre de Renders à Delarge, le 10 décembre 1953 ; *idem*, 809, Lettre de Renders à Peeters, le 10 décembre 1953.

119 En réalité, Jean Duvieusart avait laissé sans suite la lettre de John Cockerill à Jean Monnet et l'avait renvoyée dix jours plus tard à ses auteurs (archives SGB, 809, Lettre de Neef de Sainval à Monnet, le 22 décembre 1953 ; *idem*, 809, « Déroulement des négociations relatives aux Charbonnages Belges et d'Hornu et Wasmes, depuis le 7 décembre 1953 » (annexe à une lettre de Neef de Sainval à Renders, le 23 décembre 1953).

D. Retour de flamme sur la Fédéchar

Le lien de cause à effet entre les événements du Borinage et la résurgence des revendications de réformes de structure, lien dont André Renard, Secrétaire général adjoint de la FGTB, certifia l'existence[120], doit pourtant être nuancé. Il est vrai que les derniers mois avaient été plutôt calmes sur le front des réformes de structure. La proposition de loi de Victor Leemans tendant à une réforme du CNC, en juillet 1953 – le seul fait qui vaille d'être relevé –, était demeurée sans conséquence. Cette proposition visait à faire du CNC un établissement public, à l'instar des autres conseils professionnels. Si l'on en croit Paul Renders, la proposition de loi de Victor Leemans avait été conçue pour servir d'alternative à la prétention des syndicats à instaurer la cogestion dans les mines (notamment dans les nouvelles concessions de Campine), une « prétention apparaissant manifestement inacceptable dans le climat actuel »[121]. Les charbonniers s'opposèrent par principe contre ce qu'ils présentaient comme une forme de bureaucratisation inutile[122]. Les bassins de Mons, de Campine et de Charleroi étaient les plus modérés ; celui de Liège, le plus explicite : « La proposition nouvelle est inutile ; elle est d'ailleurs dangereuse »[123]. Le CNC, dont le travail n'était pas terminé, fonctionnait bien : il régnait, entre les ingénieurs de l'Administration des Mines et les producteurs, une parfaite collaboration ; André Meyers, son directeur général, jouissait d'une totale confiance des charbonniers et devait être maintenu à la présidence de l'organisme. Faire de celui-ci un monstre de bureaucratie et de fonctionnarisation à tout crins ne se justifiait donc pas ; dans la « nouvelle ère CECA », l'industrie charbonnière avait déjà assez de soucis comme ça. Le CNC devait rester un organe purement consultatif et il n'était donc pas question de lui attribuer des pouvoirs plus larges, dans des matières qui, du reste, relevaient désormais de la Haute Autorité[124]. Ainsi l'idée de trans-

120 Archives SGB, 815, Note d'une personnalité de la Brufina, en rapport avec André Renard, s.d.

121 Archives SGB, 740, Note de Renders « Exposé devant le Conseil Général de la Société Générale de Belgique, le 27 octobre 1953 ».

122 Archives Fédéchar, 264/137, « Conseil National des Charbonnages. Projet de loi Leemans. Observations de l'Association Houillère du Couchant de Mons », le 10 septembre 1953 ; *idem*, Conseil National des Charbonnages. Projet de loi Leemans. Observations de l'Association Charbonnière de Campine (par P. Culot), le 14 septembre 1953.

123 Archives Fédéchar, 264/137, « Conseil National des Charbonnages. Projet de loi Leemans. Observations de l'Association Charbonnière de la Province de Liège », s.d.

124 Archives Fédéchar, 264-137, « Conseil National des Charbonnages. Projet de loi Leemans. Observations de l'Association Charbonnière des Bassins de Charleroi et de Basse-Sambre », le 19 septembre 1953. L'auteur de cette note suggérait d'ailleurs d'en alerter la Haute Autorité.

férer les attributions de la CNMM, organe paritaire de concertation sociale de l'industrie charbonnière, au CNC ne se justifiait pas. « N'est-ce pas marcher tout droit vers un gâchis indescriptible qui tuera tout esprit d'initiative créatrice pour faire place à l'apathie, au découragement et chez certains à la fantaisie »[125], disait-on à Liège.

En réalité, derrière ce calme apparent, comme l'a montré P. Tilly dans sa biographie d'André Renard, un des plus fervents défenseurs des réformes structurelles[126], les réflexions sur le sujet avaient été reprises depuis plus de deux ans au sein de la FGTB, dans le prolongement des débats de l'entre-deux-guerres et de l'immédiat après-guerre. Elles furent certes tenues secrètes au sein même du syndicat et André Renard n'en confessa l'existence à ses collègues qu'à la mi-novembre 1953[127], c'est-à-dire exactement un mois avant l'annonce de la fermeture des Charbonnages Belges. Mais les charbonniers n'en furent que plus sensibles au bluff et André Renard entendit en profiter : alors que depuis novembre, la réflexion au sein de la FGTB s'était officialisée et organisée et qu'un premier rapport était attendu pour la mi-janvier 1954, les événements du Borinage tombaient comme du pain béni pour donner de l'assurance aux velléités réformatrices.

La brusquerie avec laquelle la fermeture fut annoncée, en partie imputable au silence de Jean Duvieusart, déclencha un flot de critiques au sein du Parlement. Les accusations s'adressaient en premier lieu à ceux par qui le mal semblait être arrivé : les dirigeants des Charbonnages Belges, de la S.A. John Cockerill et de la SGB réunis, qu'il n'était pas difficile de soupçonner de vouloir faire chanter le Gouvernement. On eut tôt fait d'accuser les propriétaires de lâcher sans ménager une exploitation dont ils avaient, tout au long de la haute conjoncture, englouti le charbon subsidié. Ce charbon, accusait Achille Delattre, avait permis à la SGB d'éviter des importations coûteuses de fines à coke américaines[128]. Mais les reproches allaient à la structure tout entière, aux « gros dividendes », à l'existence d'un État dans l'État et au laisser-faire du Gouvernement. En outre, ainsi qu'on allait se demander au sein de l'Administration des Mines, pourquoi certains complexes industriels

125 Archives Fédéchar, 264/137, « Conseil National des Charbonnages. Projet de loi Leemans. Observations de l'Association Charbonnière de la Province de Liège », s.d.

126 Tilly, *André Renard. Biographie*, p. 359-369.

127 *Ibid.*, p. 365.

128 Une affirmation réfutée par Renders (archives SGB, 810, Note sur un entretien entre Duvieusart et Renders, le 19 novembre 1953 ; archives SGB, 809, Lettre de Renders à Delarge, le 20 novembre 1953).

allemands parvenaient à maintenir des mines aussi marginales que celles que l'on entendait fermer en Belgique et la SGB, non[129] ?

Au final, les accusations s'adressaient pourtant à la gestion de l'industrie charbonnière dans son ensemble. Pour le socialiste Achille Delattre, les trusts industriels et financiers, comme la SGB ou la Brufina, les banques et les charbonnages, tous « [tenaient] tête à l'État ». Celui-ci se montrait « incapable de leur imposer une mesure qui sauve le pays ». Face aux problèmes de leur secteur, les charbonniers « faisaient tout pour en faire le moins possible »[130]. Ne pas intervenir revenait à cautionner l'attitude des patrons charbonniers, selon lui, et l'interventionnisme d'État était la seule issue. Il fallait non seulement forcer la SGB à maintenir ses mines marginales mais il convenait également de remettre en application sa loi d'avril 1948 qui permettait à l'État de reprendre la gestion des exploitations défaillantes[131]. Au minimum, il fallait, selon lui, recourir au regroupement de toutes les sociétés charbonnières[132]. Quant au CNC, il disait n'avoir aucune confiance dans cet organisme et dans son efficacité : « Je connais peut-être un peu mieux que vous les patrons charbonniers. Ceux-ci ne comprennent rien ; il faut tout leur imposer. Les propositions du CNC sont restées lettres mortes, dans l'ensemble ».

Avec la même verve qu'il avait montrée près de huit ans auparavant, le député communiste Tefvre accusa les charbonniers de faire du chantage et d'instrumentaliser la grogne des travailleurs à seule fin d'obtenir des subsides. Le secteur charbonnier était, selon lui, celui qui avait « la technique du maniement des subsides la mieux en main » et s'en servait « avec une virtuosité sensationnelle ». « Nous sommes en présence de gens », disait-il, « qui, ne l'oublions pas, savent brouter, non pas à un, mais à plusieurs râteliers à la fois. […] et ses messieurs demandent que

---

129 Archives SGB, 814, Compte rendu d'un entretien entre une délégation de Fédéchar et des fonctionnaires de l'Administration des Mines, le 19 décembre 1953.

130 Le député socialiste Achille Delattre dans *Annales Parlementaires. Chambre des Représentants*, le 16 décembre 1953.

131 Alors qu'il était ministre du Combustible, le 26 novembre 1947, Delattre avait déposé un projet de loi « autorisant le Roi à établir un système de compensation dans l'industrie charbonnière et à procéder à la réquisition des charbonnages qui cesseraient leur activité »[131]. En raison de leur situation financière, plusieurs mines risquaient de devoir tôt ou tard mettre fin à leurs activités, si aucune solution n'était trouvée. L'État devait donc, selon lui, se préparer à reprendre à son compte l'exploitation de charbonnages en faillite. Adoptée en avril 1948, elle prit fin (comme prévu) au 1er janvier 1949, sans avoir donné lieu à aucune application. Voir à ce sujet : Hannecart, « La Belgique face au problème charbonnier belge de la Libération à la grande crise de 1958 », p. 78.

132 Il ajoutait : « Il y a des directeurs et des ingénieurs qui sont partisans de cette solution, parce qu'ils sentent qu'il n'y en a pas d'autres ». Une information intéressante mais que nous n'avons pas pu recouper.

l'on intensifie encore la quantité de foin mise à leur disposition »[133]. Si lui aussi défendait l'application de la loi Delattre, c'était, disait-il, à défaut de pouvoir espérer la nationalisation du présent Gouvernement :

> Quand un régime en est arrivé au genre de demandes qui sont celles du trust Cockerill, c'est qu'il y a quelque chose de pourri dans le fonctionnement de ce régime. Fondamentalement, le problème minier – comme d'autres – ne se règlera pas en Belgique de façon définitive que par la mise en secteur collectif d'une richesse nationale aussi importante. Mais une telle solution a le triste inconvénient de ne pas être réalisable immédiatement et même il n'est pas imaginable qu'avec votre Gouvernement on puisse ne fût-ce qu'ébaucher le problème[134].

Mais si la nationalisation était la voie la plus extrême, rappelons qu'elle n'était pas la seule envisagée et il n'était d'ailleurs pas indispensable d'aller aussi loin à gauche dans l'éventail politique pour entendre des réquisitoires à l'encontre de l'industrie charbonnière belge. Ainsi, le député social-chrétien Willot qui avait vraisemblablement davantage en tête de couvrir son collègue Jean Duvieusart que de défendre la cause des charbonniers : « Il faut sortir de la confusion et de l'irresponsabilité dans lesquelles on est plongé en ce qui concerne la gestion de l'industrie charbonnière. Il y a d'une part la CECA avec ses pouvoirs, d'autre part le Gouvernement. Des charbonniers, enfin, continuant à gérer et arrêter des entreprises entières selon leur gré alors qu'ils n'ont plus aucun pouvoir pour la solution d'éléments vitaux de l'entreprise »[135]. Et de défendre la cogestion dans les mines, ainsi que réclamée le lendemain par la Confédération des Syndicats Chrétiens[136] : « Les travailleurs, élément humain et essentiel de l'industrie charbonnière », poursuivait-il, « sont insuffisamment mêlés à la marche et à la gestion de cette industrie tant sur le plan de l'entreprise que des bassins charbonniers et sur le plan national ». Selon lui, le sauvetage des charbonnages de la Nation passait par « une collaboration confiante et organique entre les producteurs, les travailleurs, le Gouvernement belge et la Communauté européenne ». Enfin, les dépenses des charbonnages devaient être davantage contrôlées afin d'éliminer toute dépense inutile. Ces propos de Willot étaient renchéris quelques jours plus tard, le 23 décembre, par

[133] Le député communiste Tefvre dans *Annales Parlementaires. Chambres des Représentants*, le 16 décembre 1953.

[134] *Idem*.

[135] Le député social-chrétien Willot dans *Annales Parlementaires. Chambre des représentants*, le 16 décembre 1953.

[136] Article de *La Cité*, « Dans un ordre du jour, les Francs-Mineurs discutent de l'attitude des patrons charbonniers du Borinage », le 18 décembre 1953 ; les revendications étaient relayées le 19 décembre dans *La Libre Belgique*, « La fermeture d'un charbonnage du Borinage », le 19 décembre 1953.

Mgr. Himmer, l'évêque de Tournai, dont relevait le Borinage, qui dans une lettre pastorale, particulièrement critique à l'égard des dirigeants des Charbonnages Belges, les accusait à demi-mots de ne pas voir leur ouvriers comme des personnes humaines et les invitait à les associer davantage à la gestion de leur entreprise, comme les plus hautes instances de l'Église en avaient d'ailleurs fait la recommandation[137].

Si la fermeture du Borinage n'avait pas à proprement parler réveillé le spectre de la nationalisation, du côté de la FGTB on entendait bien en tirer profit. Ainsi, dans les semaines qui suivirent, André Renard s'entretenait sans équivoque avec une personnalité de la Brufina, qualifiant la décision de fermeture de « manœuvre brutale »[138] et mettant en garde les charbonniers : s'ils s'obstinaient dans ce « geste inconsidéré », ils devaient s'attendre à une grève violente et à ce que soit « votée 'à chaud' une loi d'expropriation qui pourrait être extrêmement injuste et néfaste », soit la « mise sous séquestre des charbonnages belges »[139]. Une majorité suffisante existait au sein du Parlement (socialistes et démocrates-chrétiens) pour voter la nationalisation, « mais dans l'intérêt de tous, il faut que les décisions soient prises dans le calme »[140]. Par ailleurs, compte tenu de ce que l'État devait intervenir financièrement, la solution allemande de la cogestion était dépassée. En conclusion, il ne voyait qu'une solution possible : constituer des sociétés mixtes. « Si les

---

137 Archives SGB, 809, « Lettre de pastorale au clergé et aux fidèles du diocèse au sujet de la menace de fermeture qui pèse sur quelques charbonnages du Borinage. Charles-Marie Himmer, par la Grâce de Dieu et du Saint-Siège Apostolique, Évêque de Tournai, au clergé et aux fidèles de notre diocèse salut et bénédiction en N.S. J.-C », datée du 23 décembre 1953. Trois semaines plus tard, un responsable de la SGB rencontrait le nonce apostolique, Mgr. Forni, récemment arrivé en Belgique afin de s'expliquer sur le « pénible incident » survenu entre le holding et l'évêque de Tournai, dont la lettre pastorale avait été perçue comme un blâme pour les dirigeants de Cockerill. Or, ceux-ci ne pouvaient « exposer objectivement tous les faits sans risquer de faire du tort au Gouvernement ; les précisions qu'ils donneraient serviraient immédiatement d'armes à l'opposition contre le Gouvernement et le Parti au pouvoir » (archives SGB, 814, Entretien avec Son Excellence Monseigneur Forni, le 14 janvier 1954).

138 Archives SGB, 817, Note d'une personnalité de la Brufina, en rapport avec André Renard, s.d.

139 Nous verrons tout de suite qu'un délai de deux mois avait été conclu entre les dirigeants de Cockerill et le Gouvernement afin de trouver une solution susceptible d'éviter une fermeture.

140 Au sein du Bureau de la FGTB, début février 1954, André Renard allait se montrer très explicite à réclamer la nationalisation : « On doit aller très loin et dire que la nationalisation des charbonnages n'a jamais été aussi actuelle qu'en ce moment ; seule la collectivité peut sauver les mines dans notre pays ». Il estimait d'ailleurs que la proposition d'appliquer la loi Delattre de 1948 était dangereuse : « [...] si elle sauve le Borinage, elle peut tuer une idée qui nous est chère » (archives AMSAB, Gand, FGTB, Procès-verbal du Bureau de la FGTB, le 2 février 1954).

patrons veulent éviter le pire, ils doivent proposer une solution. La défensive est, en l'occurrence, une mauvaise tactique qui les réduirait à apporter des amendements aux propositions des syndicats et les mettrait en état d'infériorité ». Ces déclarations d'André Renard devaient être d'autant plus effrayantes qu'elles risquaient de marquer prématurément le coup d'envoi à une longue et périlleuse campagne électorale.

III. Une solution mais sans la Fédéchar (décembre 1953-septembre 1954)

Les circonstances précises de l'entrée en lice de la Fédéchar restent floues, mais il semble évident que, face à l'emballement des événements et à l'aggravation de la situation politique, elle se devait de réagir. Le jour même où le Parlement commença de bouillonner de reproches à l'égard des patrons charbonniers et de la SGB, Marcel Peeters conseillait à Paul Renders de faire appel à l'association charbonnière : « Fédéchar devrait entamer des négociations 'en bloc' avec le Gouvernement. Delville est disposé à servir d'intermédiaire. [...] [Marcel Peeters] voudrait pouvoir dire que l'industrie charbonnière fait un tout. Voudrait pouvoir dire aussi que l'industrie charbonnière étudie le problème en contact avec le Gouvernement »[141]. Dès le 19 décembre, la Fédéchar rencontrait l'Administration des Mines.

A. Les charbonniers posent leurs limites

Le régime établi lors de la réforme Duvieusart de 1949 avait échoué, il convenait de le reconnaître et de chercher ensemble, administration et producteurs, une « solution stable au problème permanent » des mines marginales[142]. La seule solution envisageable, selon André Meyers et son adjoint Joseph Martens, était de mettre en place un système de compensation entre exploitations : soit cette compensation devrait jouer au sein de la péréquation, en modifiant la répartition des sommes disponibles et en faire davantage bénéficier les mines marginales ; soit elle devrait jouer hors péréquation par la voie d'un mécanisme qui permît aux charbons gras (dont ceux des mines marginales) de s'adapter de manière permanente aux conditions du marché commun (art. 62 du

[141] Archives SGB, 809, Note manuscrite de Renders « Communication téléphonique avec M. Peeters, le 16 décembre 1953 ». Pierre Delville a-t-il lui-même proposé les services de la Fédéchar afin de sauver ce qui pouvait être sauvé ? Ou bien la Fédéchar fut-elle contactée par Marcel Peeters ? Rappelons que, dans l'après-guerre, ce dernier avait déjà travaillé au sein de la fédération notamment afin de lutter pour la défense du statut privé des charbonnages belges.

[142] Pour être précis, le problème permanent de « la disparité des résultats des sociétés charbonnières » (archives Fédéchar, 547, Procès-verbal du Comité de direction, le 23 décembre 1953).

Traité CECA). Dans un cas comme dans l'autre, il s'agissait de mettre les charbonniers à contribution, une issue qu'André Meyers allait d'ailleurs justifier, quelques jours plus tard, par la brutalité et l'unilatéralisme dont Cockerill avait fait preuve ; « en tous cas, sans consultation préalable de l'État ou de la Haute Autorité »[143]. Compte tenu des nombreuses mises en garde précédant la décision, l'accusation paraît surprenante, mais il n'est pas exclu qu'au sein du Gouvernement, on s'était décidé à faire payer à la SGB de l'avoir mis dans le pétrin.

Pour les charbonniers, d'emblée hostiles à l'idée de compensation[144], il était exclu « sous quelque forme que ce soit » de faire « porter à la charge de [leur secteur] le soutien des mines marginales »[145]. Autant « proposer le suicide », assurait Edgard Stein : sans même l'assurance de sauver définitivement ces mines boraines, la compensation risquait de mettre en danger d'autres exploitations, jusqu'en Campine. Quant à modifier la répartition de la péréquation, il ne fallait pas y songer puisque la péréquation a) constituait un droit acquis pour l'ensemble de l'industrie charbonnière belge[146]. D'ailleurs, dès lors qu'elle revenait à remettre en cause la répartition indifférenciée des subsides entre charbonnages et à distinguer les charbonnages riches des charbonnages pauvres, la refonte de la péréquation était une autre façon de réintroduire la compensation.

Dès cette rencontre, la nationalisation fut brandie en épouvantail par les fonctionnaires : une attitude « purement négative » des charbonniers risquait d'« [entraîner] une vive réaction dans les milieux politiques et pourrait précipiter la nationalisation »[147]. À défaut de contribution de leur part, une autre solution risquait de s'imposer « qui serait beaucoup plus grave et bien plus regrettable pour tous les charbonnages de Belgique ». Quant à fermer les charbonnages marginaux, Joseph Martens avertissait que cela provoquerait sans aucun doute la nationalisation. Si certains présidents semblaient se satisfaire d'une fin de non-recevoir en guise de réponse (ainsi, Léon Canivet pour qui « en tous les cas, la

[143] Archives SGB, 814, Compte rendu d'un entretien de la délégation de Fédéchar avec Meyers, le 28 décembre 1953.

[144] Mellery, G., « Le problème charbonnier », *La Revue Nouvelle*, 4, 1949, p. 374-375 ; Kurgan-Van Hentenryk and Puissant, « Industrial Relations in the Belgian Coal Industry since the End of the Nineteenth Century », p. 258 et p. 264 ; Hannecart, « La Belgique face au problème charbonnier belge de la Libération à la grande crise de 1958 ». Rappelons que Gérard Delarge en avait déjà évoqué la possibilité.

[145] Archives Fédéchar, 547, Procès-verbal du Comité de direction, le 23 décembre 1953.

[146] Archives SGB, 814, Note de la Fédéchar, compte rendu entre délégation de Fédéchar et Meyers, le 23 janvier 1954.

[147] Archives SGB, 814, Compte rendu d'un entretien entre une délégation de Fédéchar et des fonctionnaires de l'Administration des Mines, le 19 décembre 1953.

réflexion n'[était] même pas nécessaire »), pour d'autres, comme Louis Dehasse, président de l'Association Charbonnière du Couchant de Mons et directeur-gérant d'une exploitation voisine des Charbonnages Belges, l'équation n'était pas aussi simple, compte tenu de la situation dans son bassin, « trop grave pour ne rien faire ». À ses yeux, il était urgent de calmer le jeu et trouver un arrangement avec le Gouvernement.

Le dimanche matin, après un appel pressant lancé dans ce sens par des présidents d'association[148], le ministre des Affaires économiques Jean Duvieusart et le Premier ministre Van Houtte rencontraient la direction de Cockerill pour chercher un accord provisoire. Les patrons acceptèrent de tenir en suspens le calendrier de fermeture durant une période transitoire de deux mois, jusqu'au 1er mars 1954, le temps de mettre au point une solution définitive au problème des mines marginales[149]. En échange, l'État belge s'engageait à apurer en partie les pertes subies par les sociétés conventionnaires et à prendre contact avec les différents organismes nationaux et supranationaux compétents.

Sans attendre, le ministre se rendit auprès de la Haute Autorité afin de solliciter son soutien. Cependant, à Luxembourg, on n'était manifestement pas prêt à partager le poids politique des décisions à prendre sans gagner en contrepartie un meilleur levier d'influence sur la gestion du problème charbonnier belge[150]. La réponse qui fut faite à Jean Duvieusart fut donc la suivante : c'était d'accord pour collaborer avec les services belges, mais les discussions devraient s'en tenir exclusivement au cadre de la péréquation, et ce afin d'évaluer l'efficacité réelle du régime en vigueur depuis mars 1953[151]. Dès son retour de Luxembourg, fort de ce soutien en demi-teinte de la Haute Autorité, le ministre Duvieusart entreprit de rencontrer la Fédéchar afin de se mettre d'accord sur une solution temporaire.

B. Ni solution temporaire, ni solution définitive

À partir de ce moment, les discussions allaient partir dans deux directions. Il s'agissait premièrement de la mise en place d'un « fonds de soutien » que le Gouvernement belge voulait voir alimenter par les

---

148 Dont Louis Dehasse (archives SGB, 809, « Déroulement des négociations relatives aux Charbonnages Belges et d'Hornu et Wasmes, depuis le 7 décembre 1953 » (annexe à une lettre de Neef de Sainval à Renders, le 23 décembre 1953)).

149 Ce délai de deux mois avait donc dû faire l'objet d'un accord entre le Gouvernement et les dirigeants de la S.A. Cockerill destiné précisément à mettre fin aux troubles du Borinage. En parlant de fermetures immédiates, ceux-ci s'étaient montrés encore plus déterminés que ne le décrit Milward, *The European Rescue of the Nation-State*, p. 99.

150 *Ibid.*, p. 101.

151 Archives CEAB, 07 343, Rapport de Vinck « Assainissement et réadaptation du Borinage », le 22 avril 1955.

charbonniers belges et par la Haute Autorité. C'était espérer beaucoup. Deuxièmement, il s'agissait de trouver une solution à long terme. Et alors qu'à cet égard, les fonctionnaires belges et européens s'engageaient résolument sur la voie d'une refonte de la péréquation, aiguillonnés par des consommateurs plein d'espoirs, les charbonniers belges se chamaillaient encore autour du fonds de soutien, tremblaient à l'idée des prochaines élections législatives et militaient activement pour que la dimension européenne de leurs problèmes soit définitivement reconnue.

1. La longue recherche d'une solution temporaire

a) Le fond de soutien, une initiative sous contrainte

Face à Jean Duvieusart, les charbonniers se montrèrent à peine plus imaginatifs que devant les fonctionnaires. Tout était bon, déclarèrent-ils, tant que l'argent ne vînt pas de leur poche : en effet, le contexte conjoncturel, le poids des salaires et la concurrence des importations ne leur laissaient aucune marge. Mais, compte tenu de « l'intérêt supérieur de la collectivité »[152], ne pouvait-on pas faire appel au contribuable ou aux réserves financières de la CECA[153] ? Tout plaidait d'ailleurs pour qu'une solution soit recherchée sur le plan communautaire et non pas national. Face à l'attitude des patrons, Jean Duvieusart se mit à tempêter : « Ce n'est pas une façon de résorber une disparité [entre les résultats des mines] ! Je vais devoir discuter avec la Haute Autorité et il faudrait à tout le moins que j'apporte une part de solution sur le plan national »[154]. Quel que soit le mode de compensation mis en place, la Belgique se devait de présenter une « solution fragmentaire réalisée sur le plan national » si elle voulait obtenir le soutien communautaire.

Constatant l'impasse, le ministre évoqua la possibilité de porter la question au-devant des syndicats. « Prématuré », répondirent les charbonniers ; au mieux, on pouvait imaginer d'« apaiser les ouvriers » par une déclaration lors de la prochaine séance du CNC. Nettement plus explicite, Louis Dehasse déclarait : « Nous savons d'avance ce que les ouvriers en pensent et ce qu'ils veulent. Leurs théories sur la nationali-

---

152 Archives SGB, 814, Compte rendu d'un entretien de la délégation de Fédéchar avec Duvieusart, le 24 décembre 1953 ; s'entend la sécurité d'approvisionnement du pays (voir aussi : *idem*, 817, « Comment envisager le problème des charbonnages marginaux », le 9 juin 1954).

153 Ainsi, au cours de ce même entretien, Pierre Delville faisait-il allusion aux 2,5 milliards que le prélèvement ordinaire annuel avait rapporté à la Haute Autorité pour 1953 et dont 2 étaient restés inutilisés. En réponse, Duvieusart disait « ne pas vouloir se faire trop d'illusions » quant à ces milliards. Selon André Meyers, « la Belgique a déjà été privilégiée. Nous devons apporter quelque chose pour obtenir quelque chose en échange ».

154 Archives SGB, 814, Compte rendu d'un entretien de la délégation de Fédéchar avec Duvieusart, le 24 décembre 1953.

sation ou sur la co-gestion sont connues ». Pour les patrons, il fallait donc continuer comme on avait commencé ; ce n'est qu'en fin de processus, que l'on ferait appel à la supervision du CNC (« Comme c'est le cas au niveau européen pour la Haute Autorité et le Comité Consultatif », renchérissait-on). Si on peut douter de la sincérité de Duvieusart lorsqu'il proposait de faire appel aux ouvriers[155], il faut croire qu'il espérait bien faire entendre raison aux charbonniers en les prenant par les sentiments. Mais ceux-ci étaient décidés à tenir bon.

Le 28 décembre 1953, l'Administration des Mines prit le taureau par les cornes : en attendant de connaître le sort final réservé par l'État belge et par la Haute Autorité aux mines marginales[156], elle appelait la Fédéchar à « prendre l'initiative » de créer un fonds de soutien qui serait alimenté, de manière permanente mais variable selon les possibilités, conjointement par les producteurs belges de charbon gras, par l'État belge et par la Haute Autorité[157]. Lors de la précédente réunion, André Meyers avait déjà estimé que seuls les charbons gras devaient être mis à contribution notamment parce que les disparités entre exploitations étaient les plus grandes pour le charbon gras et parce que : « [...] c'est la seule catégorie qui soit de nature à intéresser la Haute Autorité »[158]. En échange d'un geste de bonne volonté des charbonniers belges, Meyers se disait même prêt à solliciter auprès de la Haute Autorité une solution sur le plan communautaire engageant tous les producteurs de charbon gras de la CECA.

La Haute Autorité et l'État belge étaient, selon Meyers, disposés à aider et à participer au fonds mais dans un premier temps, il assurait qu'il allait falloir se débrouiller entre producteurs belges. Il ajoutait que la Fédéchar avait tout intérêt à prendre l'initiative, car c'était la meilleure façon de conserver la haute main sur sa gestion et ainsi d'« éviter de faire connaître la situation réelle des mines marginales et risquer l'opposition de la Haute Autorité à la poursuite de leur rééquipement », voire même « une réaction de la Haute Autorité contre le mode actuel de distribution de la péréquation »[159]. Meyers s'engageait à défendre la

---

155 Quelques minutes plus tard, il ironisait sur la simple idée d'inviter les ouvriers à participer aux discussions : « Déjà entre nous, il est difficile de nous entendre, alors imaginez avec les ouvriers » ?

156 Archives SGB, 814, Compte rendu d'un entretien de la délégation de Fédéchar avec Meyers, le 28 décembre 1953.

157 Cette possibilité était fondée sur le § 24, 3 de la CDT.

158 Archives SGB, 814, Compte rendu d'un entretien de la délégation de Fédéchar avec Duvieusart, le 24 décembre 1953.

159 Archives Fédéchar, 547, Note de la Fédéchar « Charbonnages marginaux. Résumé de l'exposé fait par la Direction générale des mines, le 28 décembre 1953 » (annexe au procès-verbal du Comité de direction, le 6 janvier 1954.

péréquation en n'acceptant que « certains aménagements mineurs », mais si les charbonniers ne prenaient pas l'initiative, il disait craindre que d'autres le fassent pour eux « mais sous une forme de nationalisation ou sous une forme fort approchante »[160].

Mais la Fédéchar n'entendait pas être mise à contribution pour soutenir les mines marginales, ni à titre immédiat et temporaire, ni à titre définitif. Si le Gouvernement belge voulait soutenir les mines marginales – ce qui, pour des raisons évidentes de sauvegarde de l'emploi et en vue des prochaines élections législatives se comprenait sans peine –, il était totalement libre de le faire : les charbonniers rappelaient qu'un paragraphe de la CDT lui en donnait d'ailleurs la possibilité (§ 26, 4, 4). De même, la Haute Autorité y trouverait un intérêt certain en s'évitant des frais de réadaptation qui, à défaut de son aide, promettaient d'être élevés (§ 23 de la CDT et art. 56 du Traité CECA). Et l'on exigeait une contrepartie privée, il pouvait toujours songer à taxer le mazout ou les charbons importés.

b) La menace de nationalisation domine les discussions

Derrière ses apparences de rigueur, de conviction et d'indéfectible unité, la cohésion au sein de la Fédéchar semble avoir été fortement éprouvée par la pression croissante qui pesait sur le secteur. Une Commission des Charbonnages Marginaux fut rapidement mise en place au sein de la Fédéchar pour savoir si, oui ou non, il convenait de « défendre le maintien des mines marginales, en l'occurrence, des mines productrices de charbon gras du Borinage »[161]. Vu le contexte social et politique des derniers jours, une déclaration trop pessimiste, un aveu d'impuissance des charbonniers risquaient d'avoir des conséquences désastreuses. « [La] menace de nationalisation se précise », s'inquiétait le Liégeois Noël Dessard, directeur général de Wérister ; « Donner aujourd'hui à penser qu'on joue battu pour le Borinage, c'est provoquer demain la nationalisation de tous les charbonnages », craignait quant à lui Edgard Stein. Il ajoutait que, tandis que le Gouvernement belge était en pleine négociation avec la Haute Autorité et en contact avec les organisations syndicales, il convenait de ne pas rester inactif et d'apporter très rapidement des propositions sans quoi « nous risquons de nous voir imposer une solution qui, en raison de notre absence, sera plus politique qu'économique. Les élections prochaines nous donneront peut-être un gouvernement favorable à la nationalisation alors que le présent ne l'est pas. Les délais dans les propositions sont dangereux »[162]. À défaut de

160 Archives SGB, 814, Compte rendu d'un entretien de la délégation de Fédéchar avec Meyers, le 28 décembre 1953.

161 Archives Fédéchar, 264/145, Note de la Fédéchar, « Commission des charbonnages marginaux. Compte rendu de la première réunion, le 9 janvier 1954 ».

162 *Idem.*

pouvoir rapidement trouver une solution définitive, il était donc impératif de gagner du temps en apportant une issue, fût-elle temporaire, pour le maintien des mines marginales.

Certains producteurs se montraient très catégoriques, considérant que cet impératif était valable autant à court terme qu'à long terme. Ainsi, le très dogmatique Léon Canivet considérait que les charbonnages belges avaient été « sacrifiés au nom de l'intérêt collectif » et qu'il convenait donc de les faire soutenir par la collectivité. Il craignait d'ailleurs qu'une solution provisoire, telle que suggérée par certains de ses collègues, ne les fasse passer à côté de l'essentiel : à long terme, il était préférable de « s'opposer systématiquement à toute fermeture sous peine de voir l'industrie charbonnière disparaître progressivement sous l'effet du Plan Schuman ». Edgard Stein se disait quant à lui convaincu de la viabilité des mines marginales, pour autant qu'on leur donnât un équipement adéquat, comme c'était le cas pour les mines marginales du Nord-Pas de Calais.

Face à eux, d'autres producteurs, tels que Pierre Delville, Marcel Brun (l'administrateur-délégué des Charbonnages de Beringen) ou Maurice Van Pel n'entendaient pas s'engager pour le long terme, les résultats d'une enquête approfondie devant vraisemblablement conclure à la non-viabilité de certains sièges. « Il faut tenter de sauver le maximum possible », plaidait Delville ; « Seule l'étude peut dire si ce maximum est le tout. Entretemps, la solution provisoire doit s'appliquer au tout. Mais on ne peut dire dès à présent que tout devra être maintenu ». Plus loin, il ajoutait : « Le salut de l'industrie charbonnière belge ne réside pas nécessairement dans le maintien de toutes les mines marginales ». Mais la prudence avec laquelle ces patrons charbonniers exposaient leur point de vue est manifeste. Ainsi, Marcel Brun, tout en estimant souhaitable d'examiner la viabilité de certains puits, « se [défendait] de penser que le Borinage puisse périr ».

Un clivage similaire se fit jour quant à la contribution que les charbonniers pouvaient apporter, dans l'immédiat, pour le soutien des mines marginales. Qu'il était impossible pour eux d'y apporter une part substantielle semble avoir fait l'unanimité : la collectivité, les taxes sur le mazout ou sur les charbons en provenance des pays tiers constituaient autant de moyens plus légitimes. Cependant, alors que Pierre Delville appelait ses collègues à apporter une contribution ne fût-ce que symbolique (« Ce geste est nécessaire »), Noël Dessard et Auguste Gilbert se montraient résolument hostiles à cette idée, considérant que la moindre concession des charbonniers constituerait un dangereux précédent pour l'avenir. À nouveau, Maurice Van Pel et Marcel Brun emboîtaient le pas à Delville, le second allant même jusqu'à plaider pour que la mise à contribution soit étendue à toutes les classes de charbon et non uniquement les classés gras, comme l'avait suggéré André Meyers : « [...] car ils sont tous menacés de la nationalisation. C'est l'écueil commun qu'il faut éviter »[163].

Lorsque cette réunion fut tenue, le 9 janvier 1954, les charbonniers étaient-ils au courant de l'intention du Gouvernement de les contraindre à contribuer par la voie légale ? Une note récapitulative que rédigea Pierre Delville par la suite laisse penser que non[164]. Ce qui est sûr c'est que lorsque l'annonce en fut faite officiellement au sein du Comité de direction, le 13 janvier suivant, l'attitude de la Fédéchar changea immédiatement, le président Edgard Stein invitant ses collègues à faire, chacun au sein de son bassin, le nécessaire pour obtenir un maximum de collaboration[165].

c) Les charbonniers se résignent

Début janvier, Jules Dubois-Pélerin, directeur à la SGB, avait averti le directeur de Cockerill d'informations données par la *Libre Belgique* : la veille, la Haute Autorité s'était engagée à traiter la question des mines marginales dans leur ensemble ; il ne fallait donc rien espérer avant le 1er mars et songer plutôt à demander au Gouvernement la prorogation du régime transitoire « dont vous aurez besoin si vous voulez éviter de graves difficultés en période électorale »[166]. Quelques jours plus tard, André Meyers allait lui-même confirmer la situation : des voix s'étant élevées à Luxembourg pour que soit réétudiée la répartition de l'aide de péréquation a) entre charbonnages, « les négociations avec la Haute Autorité [s'annonçaient] longues et laborieuses »[167]. Et il ajoutait par ailleurs que l'institution ne semblait pas prompte à rencontrer les fonctionnaires belges.

À cette même époque, il semblait de plus en plus clair que la Haute Autorité refuserait à la Fédéchar une garantie de bonne fin sur la base du plan d'investissements collectif qui lui avait été soumis. Dès le 7 janvier, la *Libre Belgique* avait constaté : « [...] n'avait été le geste de la Société Cockerill, il est vraisemblable que les pourparlers seraient déjà

163 *Idem*.

164 Archives Fédéchar, 264/145, Note de Pierre Delville « Note au sujet des mines marginales », le 12 janvier 1954. Notons que cette note ne laisse rien apparaître des divergences exprimées lors de la réunion du 9 janvier.

165 Archives Fédéchar, 547, Procès-verbal du Comité de direction, le 13 janvier 1954.

166 Article de la *Libre Belgique*, « L'application d'une prime de qualité à certains anthracites. Un communiqué de la Haute Autorité » (archives SGB, 809, Lettre de Dubois-Pèlerin à Neef de Sainval, le 7 janvier 1954).

167 Archives SGB, 814, Note de la Fédéchar, « Compte rendu d'un entretien entre la délégation de Fédéchar et André Meyers, le 20 janvier 1954 ».

sur le point d'aboutir »[168]. Quelques jours plus tard, Gérard Delarge avait même écrit à Paul Renders de ne plus se faire la moindre illusion à ce sujet, jugeant même préférable de faire porter l'aval des 1 800 millions SNCI au seul Gouvernement belge « afin d'éviter de mêler encore la Haute Autorité à cette question »[169]. En dépit des demandes insistantes de Jean Duvieusart, la réponse finale de la Haute Autorité fut négative : elle se devait, pour « avoir une vision d'ensemble des entreprises de la CECA », de n'examiner les demandes qu'au cas par cas[170].

Compte tenu de l'approche des élections, il y avait de quoi s'inquiéter : une décision négative de la Haute Autorité, signifiant le rejet du principe d'un soutien, risquait d'avoir un effet désastreux. Il ne faisait aucun doute que le délai de deux mois que l'on s'était accordé, à la veille de Noël, pour mettre à jour une solution définitive ne suffirait pas. Tant en raison de la complexité du problème qu'en raison du calme requis pour sa résolution, six mois constituaient un minimum aux yeux des charbonniers[171]. En dépit de l'attitude peu réjouissante de la Haute Autorité, Meyers entendait poursuivre sur la voie qui avait été fixée et qui consistait à répartir en trois parties égales les 350 millions de FB nécessaires au maintien temporaire des mines marginales. En effet, quelle que fût l'aide à attendre de la Haute Autorité, il ne faisait aucun doute que ni elle, ni le Gouvernement belge n'apporteraient le moindre denier si les charbonniers ne faisaient pas le premier geste.

Plus précisément, Jean Duvieusart attendait d'eux qu'ils apportent une première tranche de 60 millions de FB, à laquelle le Gouvernement se disait prêt à joindre 60 millions d'exonération fiscale de la dotation de rééquipement. Or, pour les charbonniers, cette somme leur était déjà acquise depuis un engagement formel dans ce sens. Il s'agissait donc déjà d'un apport net de leur part, et même davantage, un « geste de

168 Article du 7 janvier 1954 de la Libre Belgique, transmis par Dubois-Pèlerin à Neef de Sainval, le même jour (archives SGB, 809).

169 Archives SGB, 817, Note manuscrite de Renders « Conversations avec Delarge », le 16 janvier 1954 ; notons que Jean Monnet allait se voir donner exactement le même conseil quelques jours plus tard (archives AMH, 23/5/11, Note des Divisions Finances, Investissements et Marché à Monnet, le 21 janvier 1954).

170 Archives Fédéchar, 264/150, Lettre de Monnet à Duvieusart, le 25 février 1954 ; archives Coppée, 3049, Compte rendu d'un entretien entre Delville et Monnet, le 26 janvier 1954.

171 Archives Fédéchar, 264/145, Note de Delville « Note au sujet des mines marginales », le 12 janvier 1954 ; archives SGB, 814, Note de la Fédéchar « Compte rendu d'un entretien entre la délégation de Fédéchar et Meyers, le 20 janvier 1954 ». Le 17 février suivant, la Haute Autorité allait accorder au Gouvernement belge que la répartition de la contribution belge au fonds de répartition soit maintenue, de façon à ce que les subsides conventionnels restent au niveau de 200 millions de FB au lieu d'être réduits comme prévu dans les conventions.

bonne volonté ». À ne pas confondre, précisaient-ils, avec un « geste de solidarité », dont ils rejetaient formellement le principe. Si ces 60 millions ne suffisaient pas, leur contribution supplémentaire ne pourrait être que modeste « afin d'être momentanément acceptable par tous les charbonnages »[172]. Et bien avant cela, il revenait à l'État belge et à la Haute Autorité de mettre de l'argent sur la table.

À défaut de pouvoir aller dans le détail des négociations, retenons seulement que l'Administration des Mines usa de tous les moyens de persuasion possibles et imaginables pour obtenir des charbonniers au minimum les 60 millions supplémentaires : menace de revoir à la baisse les prix du charbon belge ; menace de voir porter au vote la loi Duvieusart prévoyant la contribution sous contrainte des seuls charbons gras (celle des autres types n'étant pas légalement justifiée) ; garantie pour les charbonniers, au cas où ils obtempéraient, de pouvoir s'organiser entre eux, sans intervention de l'Administration des Mines. Ils avaient jusqu'au 23 janvier pour faire connaître leur décision ; au-delà, l'affaire serait portée au Parlement. Et Meyers ajoutait : « Les charbonnages devraient tenir compte des risques que comporte, à d'autres points de vue, le dépôt d'un tel projet de loi ».

Le jour dit, le président de la Fédéchar annonçait la résolution des producteurs à faire un effort[173], non sans y poser certaines conditions. Parmi celles-ci, retenons : premièrement, la limitation du fonctionnement du fonds de soutien au 31 décembre 1954 ; deuxièmement, la mise en place immédiate d'une commission tripartite pour étudier le problème des mines marginales ; et, troisièmement, l'assurance que les prix restent inchangés, ainsi que le mode de fonctionnement de la péréquation[174]. En gros, ils demandaient en échange de leur bon vouloir tout ce qu'on leur avait refusé jusqu'alors. Mais le principal était d'être finalement parvenu à un accord avec les charbonniers et Meyers se réjouissait de pouvoir en faire part à Duvieusart.

---

[172] Ils envisageaient ainsi la possibilité de maintenir les subventions conventionnaires au niveau de 200 millions de FB (au lieu de les diminuer à 114 millions comme les conventions de 1950 prévoyaient de le faire pour 1954), sans que cela ne vienne modifier la péréquation pour 1954, ou d'utiliser le reliquat de la contribution de l'État belge au fond de péréquation pour 1953, soit environ 60 millions de FB.

[173] Les charbonnages désiraient d'ailleurs garder l'anonymat de leur contribution propre et il fut donc décidé de faire transiter l'argent par les comptes de la Fédéchar.

[174] La Fédéchar exigeait par ailleurs que le financement des stocks soit rapidement assuré, que les importations de charbon en provenance des pays tiers soient supprimées et enfin, que la garantie de bonne fin soit finalement assurée par la Haute Autorité et si nécessaire par le Gouvernement belge pour s'assurer sur les crédits SNCI et la poursuite du rééquipement.

d) Un fonds de soutien sans la Haute Autorité

André Meyers n'était pas arrivé au bout de ses peines. Tout d'abord parce que la bonne volonté des charbonniers était très variable selon les bassins et selon les charbonnages. À Liège, si les producteurs de charbon demi-gras s'étaient ralliés à la solution exposée par Stein, les producteurs de charbons maigres eux ne voyaient pas très bien pourquoi ils devaient venir en aide aux charbonnages gras du Borinage. S'ils s'étaient finalement résolus à contribuer, à titre « symbolique »[175], c'était vraisemblablement en considération du danger d'une réforme de structure et en posant leur propre condition à leur intervention : qu'une taxe soit imposée sur le mazout, leur principal concurrent. À Charleroi, si dans l'ensemble le principe semblait accepté, huit charbonnages attendaient encore la bénédiction de leur CA. Dans le Borinage, la situation était critique et l'heure n'était décidément pas aux palabres : depuis l'annonce de fermeture des Charbonnages Belges, « il [régnait] dans les conseils d'entreprise de toutes les sociétés du Borinage un sentiment d'agitation. [...] La gravité de la situation est telle qu'on a bien dû s'y résoudre »[176].

La position de l'association du Centre, sous la présidence de Pierre Delville, était plus élaborée. Elle était d'accord sur le principe à condition cependant de ne pas couvrir l'entièreté des pertes des mines marginales : « Agir autrement », écrivait Delville en se faisant le porte-parole de collègues, « reviendrait à consentir à ces charbonnages [...] une situation privilégiée par rapport à la grande majorité des charbonnages, en même temps que l'on demanderait à ces derniers un effort particulier d'entraide »[177]. Pour cette même raison, Delville considérait que 300 millions de FB devraient suffire[178]. Pour l'Administration des Mines, même en imaginant de ne faire payer les producteurs qu'au fur et à mesure des besoins, il fallait s'en tenir aux 360 millions initialement prévus pour l'ensemble de la période prévue. C'était une « question de tactique », selon Martens, puisque tant le Gouvernement belge que la Haute Autorité allaient calquer leur attitude sur celle des producteurs ; « [...] le concours de la Haute Autorité, vous le savez, n'est pas acquis ».

Et, de ce côté-là précisément, la situation ne se présentait pas sous son meilleur jour. Dès la mi-janvier, alors que les discussions entre administrations belges et communautaires s'engageaient, Meyers et

175 Noël Dessard, dans archives SGB, 814, Compte rendu d'un entretien entre une délégation de Fédéchar et Meyers, le 23 janvier 1954.

176 Louis Dehasse, dans *idem*.

177 Archives SGB, 814, Lettre de Delville à Renders, le 2 février 1954.

178 100 millions de FB par contributeur, la somme à rassembler par les producteurs pouvant ainsi être ramenée à 40 millions, les 60 millions d'exonération fiscale restant quant à eux inchangés.

Martens avaient eu droit à une réponse sans ambiguïté de la part de leur interlocuteur François Vinck[179]. Si, sur le long terme, la Haute Autorité était effectivement responsable, il ne pouvait en être de même pour le court terme ; celui-ci incombait au seul État belge. Quant à la suggestion du Gouvernement belge de puiser 120 millions de FB supplémentaires dans le fonds de péréquation, il devait être clair que la Haute Autorité ne payerait pas un centime de plus. Du moins pas tant qu'elle n'en ait pas appris davantage sur le situation réelle des mines marginales boraines.

Alors qu'entretemps, la Fédéchar était parvenue à formaliser un fragile accord entre ses affiliés[180], à la mi-avril, Meyers dut ainsi annoncer que l'accord de principe conclu le 23 janvier semblait caduc : « Il a fallu composer avec la Haute Autorité ; on sait qu'il était délicat qu'elle dispose de fonds qui proviennent de l'Allemagne et de la Hollande. Ce n'était pas très facile et l'on sait qu'il a fallu user de beaucoup d'adresse. L'État belge n'est pas parvenu à donner ce qu'on avait espéré au début des pourparlers »[181]. Meyers annonçait ainsi que la répartition par tiers ne serait finalement pas respectée, la CECA n'apportant pas les 120 millions de FB escomptés, et que les fonds disponibles serait de 206 millions au lieu des 360 prévus[182]. « On n'obtient pas toujours de Luxembourg ce que l'on veut », expliquait Meyers. « C'est un jeu de dupes ! », s'exclama Stein ; « Dans ces conditions, l'industrie charbonnière interviendrait d'une façon excessive, c'est-à-dire de 2/3 au lieu de 1/3 », contrairement à ce qui avait été conclu le 3 mars au sein de la Fédéchar.

Qu'à cela ne tienne, Meyers prévenait les charbonniers que le non-paiement des 60 millions de FB prévus leur serait de toute façon dommageable. En effet, soit personne ne payait rien, ce qui revenait à fermer les mines marginales, « la pire des choses pour l'industrie charbonnière

---

179 Archives CEAB, 03 485, Procès-verbal de la réunion du 27 janvier 1954 concernant la péréquation belge. Cette note est malheureusement très confuse, victime d'une mauvaise prise de note ou d'une mauvaise traduction.

180 Archives SGB, 809, Lettre de Stein, président de Fédéchar, et Goudaillier, directeur de Cobéchar, à Duvieusart, le 3 mars 1953. Par la suite, les producteurs de maigres et de demi-gras de Charleroi et de Liège allaient continuer de traîner les pieds pour sauver des charbons gras.

181 Archives Fédéchar, 290-60, Compte rendu d'un entretien entre l'industrie charbonnière belge et Meyers, le 14 avril 1954.

182 Soit l'addition des 86 millions de FB (la somme nécessaire pour maintenir les subventions conventionnelles à 200 millions au lieu des 114 prévus, résultat d'un nouvel équilibrage au sein de la contribution du Gouvernement belge au fonds de péréquation), de 60 millions d'exonération fiscale et des 60 millions réclamés aux charbonniers. Contrairement à A. S. Milward, le Gouvernement n'a donc pas augmenté la contribution à charge des producteurs (Milward, *The European Rescue of the Nation-State*, p. 101).

belge », soit l'État signalait à la Haute Autorité le défaut de paiement des charbonniers, avec pour conséquence que celle-ci intervienne pour prélever la somme nécessaire dans le fonds de péréquation (« Il y a 29 FB par tonne dont elle peut disposer d'office », rappelait-il) et le danger qu'on envisage une modification de répartition de ce fonds, tant redoutée par les charbonniers. La solution finalement trouvée entre la Haute Autorité et l'État belge n'était pas celle souhaitée par les producteurs « mais elle existe et la Commission des experts est en route ». Celle-ci devait en effet se réunir pour la première fois le 26 avril et comptait achever ses travaux endéans les huit semaines. « De votre côté », concluait Meyers, « je dois bien constater que vous n'êtes nulle part et que vous n'apportez pas de solution ».

Quant à la position du bassin de Liège, elle était indéfendable, selon les fonctionnaires de l'Administration des Mines : il fallait une solidarité parfaite entre tous les charbonnages, chacun d'eux payant chaque mois une somme de 2 FB par tonne produite. Si, ce faisant, des charbonnages risquaient de se mettre en difficulté, il serait encore possible d'attendre de l'État belge l'une ou l'autre exemption[183]. Il faut dire par ailleurs que la mauvaise volonté des producteurs liégeois laissait leurs collègues amers. Le borain Dehasse déplorait ainsi : « Il est vraiment triste de constater que des charbonnages de Liège, qui ont distribué un super dividende, se refusent à payer quelque chose ». La réunion s'acheva à nouveau sur un ton de menace. À Noël Dessard qui persistait dans son refus, Meyers déclarait que les événements finiraient par acculer Liège à se montrer solidaire : car, quelles que soient les conclusions de la Commission des Mines Marginales (*statu quo*, remembrements ou fermetures), l'État aurait à intervenir et le ministre compétent aurait à se présenter devant le Parlement. « Il n'y a pas d'autre issue », assurait-il.

Vers la fin avril, un accord était finalement trouvé au sein de la Fédéchar, l'association de Liège acceptant finalement de payer sa contribution mensuelle pendant les sept premiers mois tout en se réservant la possibilité de revoir la question au 1er août si aucune solution définitive n'était encore trouvée à ce stade[184]. L'argent ainsi rassemblé fut donc versé aux charbonnages marginaux, afin d'assurer l'extraction de leurs précieuses fines à coke en attendant de trouver une solution définitive. Au même moment, deux commissions se mettaient précisément en quête

183 Pour trois ou quatre charbonnages au grand maximum, ajoutait Meyers : « De grâce, ne m'envoyez pas une vingtaine de cas. Je vous déclare que tout serait perdu ».

184 Archives Fédéchar, 547, Procès-verbal du Comité de direction, le 28 avril 1954. Les sociétés qui estimaient se trouver dans l'impossibilité matérielle de faire face à cette contribution introduiraient individuellement leur requête auprès d'André Meyers ; cependant elles seraient invitées par la Fédéchar à payer pour les quatre premiers mois.

de cette solution. Leurs travaux devaient théoriquement être achevés pour le début du mois de juillet. Mais dès la mi-juin, la Haute Autorité allait se prononcer pour que le soutien aux mines marginales soit prolongé jusqu'au 1er octobre.

Cela devait donner lieu à de nouvelles discussions au sein de la Fédéchar, les charbonnages liégeois ne s'étant engagés que jusqu'à la fin du mois d'août[185]. Vers la fin juillet, Meyers appela la Fédéchar à combler des retards de paiement, qui compromettaient gravement les moyens de soutenir les mines marginales. En vertu de la convention du 3 mars, faute de liquidité, celles-ci risquaient de mettre la clé sous le paillasson[186] ; « N'est-ce pas dangereux ? », demandait Joseph Martens. Pour Pierre Delville, le fonds de soutien était un arrangement entre les mines marginales et le Gouvernement qui ne liait en rien la Fédéchar : celle-ci s'était engagée vis-à-vis des mines marginales à payer 5 millions de FB par mois, et ce jusqu'au 31 décembre au plus tard, avec le risque d'un manque à compenser au final[187].

e) Les craintes des charbonniers

Ce qui avait permis à Duvieusart, Meyers et Martens de venir à bout de la mauvaise volonté des charbonniers, ou de certains d'entre eux, moins pragmatiques, plus dogmatiques que d'autres, c'est indéniablement leurs menaces répétées, plus ou moins explicites, de porter la question devant la Parlement avec toutes les conséquences politiques que cela pouvait avoir pour l'industrie charbonnière belge. Tout au long de cette période, des débats parlementaires et des troubles du Borinage en décembre 1953 à l'accord de la fin avril 1954, l'épouvantail des réformes de structure et surtout de la nationalisation avait occupé l'esprit des charbonniers, le contexte de campagne électorale constituant à cet égard un facteur supplémentaire de préoccupation. À la mi-février, on s'inquiétait ainsi de voir les troubles reprendre et se propager à la région de Seraing « au cœur même de l'action syndicale belge » ; s'entend, là où André Renard tenait le plus de partisans et faisait le plus d'audience[188].

---

185 Archives Fédéchar, 547, Procès-verbal du Comité de direction, le 23 juin 1954.

186 Une lettre de Renders à Rey laisse entendre que cette pression était réelle : sans soutien adéquat, il faudrait « informer le personnel en temps utile de la décision » (archives SGB, 814, Lettre de Renders à Rey, le 29 juillet 1954). Le 11 août, les conventions étaient prolongées pour deux mois contre l'engagement des patrons de ne pas fermer.

187 Archives SGB, 813, Note du Levant et Produits de Flénu « Visite chez Martens, le 4 août 1954 ».

188 Archives SGB, 814, Note de la Fédéchar « Compte rendu d'une entrevue entre Fédéchar et la Haute Autorité », le 11 février 1954.

C'est dans ce contexte qu'il faut comprendre la décision prise le 15 mars, à moins d'un mois du scrutin, par le Collège des présidents de la Fédéchar de mettre en place un Comité d'études « destiné en ordre principal à préparer et à matérialiser la lutte contre l'action annoncée ou déjà enclenchée du côté syndical en faveur de la nationalisation ou de la cogestion des entreprises charbonnières du pays »[189]. Camille Legrand, ancien directeur général de la Fédéchar et désormais occupé à Luxembourg au sein de la Division des Statistiques, était chargé de l'organisation de ce comité. Il serait composé des directeurs généraux de la Fédéchar et du Cobéchar ; de leurs collaborateurs du service Études et Documentation ; d'un membre désigné par chacune des associations ; et, surtout, d'un secrétaire permanent qui devrait être de préférence un ancien journaliste ayant une grande expérience du métier et largement introduit dans le milieu. La fonction de ce dernier serait « essentielle, [...] la réussite du comité dépendant de sa valeur et de son activité ». Le comité devrait se réunir une fois par semaine, le secrétariat devrait même disposer d'un local bien à lui et suffisamment spacieux pour conserver toute sa documentation et ses instruments de travail à l'abri de toute indiscrétion. Compte tenu de ce luxe de détails, on regrettera l'absence d'informations supplémentaires dans les archives.

2. *La solution définitive selon la Fédéchar*

En décembre 1953, alors que le Gouvernement belge s'était contenté de demander à la Haute Autorité de partager la lourde responsabilité de statuer sur le sort des mines marginales[190], les charbonniers allaient un pas plus loin : la question, selon eux, n'était plus autant de savoir si les mines marginales devaient être secourues et maintenues en activité que de savoir à qui incombaient de trouver et de débloquer les moyens d'une solution. Que la Haute Autorité eût un intérêt à maintenir les mines marginales du Borinage en activité ne faisait pas l'ombre d'un doute à leurs yeux : en termes politiques, une fermeture aurait un impact psychologique désastreux sur l'opinion publique et porterait un préjudice au prestige de l'institution[191] ; en termes financiers, une fermeture serait automatiquement suivie par de lourdes mesures de réadaptation de la main-d'œuvre à charge de la CECA ; en termes économiques, la CECA, mais également l'OECE et le Comité du Charbon au sein de l'Organisa-

---

[189] Archives Fédéchar, 264/150, Note du Collège des Présidents sur un Comité d'étude de Fédéchar, le 15 mars 1954.

[190] C'est une des principales thèses soutenues dans Milward, *The European Rescue of the Nation-State*.

[191] Archives Fédéchar, 264/148, Note de la Fédéchar « Charbonnages marginaux. Justification et possibilité d'une intervention de la Communauté. Note préparatoire », le 6 février 1954 ; Archives SGB, 814, Compte rendu d'une entrevue de la délégation de Fédéchar et la Haute Autorité, le 11 février 1954.

tion des Nations Unies, s'étaient prononcées pour une augmentation de l'approvisionnement de charbon à coke (en ce compris les excellentes fines à coke du Borinage)[192].

Aux yeux des charbonniers, la question était donc davantage de savoir qui allait assurer le maintien des mines marginales. À court terme, sur la question des subsides conventionnaires, la SGB avait pressé le Gouvernement belge et la Haute Autorité de prendre leurs responsabilités et de s'arranger entre eux si nécessaires. Mais à présent qu'il s'agissait de se prononcer pour le long terme, la Fédéchar se montrait nettement plus catégorique : la question des mines marginales concernait la CECA dans son ensemble et devait dès lors être prise en charge par la Haute Autorité[193]. Et une aide des charbonniers belges n'était envisageable que si tous les producteurs européens mettaient la main à la pâte, « au même titre et dans la même mesure »[194].

Pour rappel, depuis l'ouverture du marché commun, la Haute Autorité n'était pas encore parvenue à définir les termes d'une politique générale en matière de charbon. Après une remise en question des conclusions de la Commission Tinbergen et une première tentative pour réorienter la politique, il avait fallu attendre la fin 1953 pour que la Haute Autorité entame une véritable réflexion sur la question. Pour quelques mois encore, la politique communautaire devait rester confinée à la question de la liberté des prix ainsi qu'à celle des cartels et des ententes entre producteurs[195]. En plaidant la responsabilité de la Haute Autorité, la Fédéchar s'engageait donc sur un terrain relativement vierge, que la seule lecture du Traité CECA eût, selon elle, suffit à baliser.

Outre le fait que Jean Duvieusart lui-même était parvenu à en faire admettre le principe[196], tout plaidait en faveur d'une intervention de la Haute Autorité, selon les charbonniers belges. À commencer par le fait que le problème des mines marginales belges n'était pas purement

---

192 Archives SGB, 814, Compte rendu d'un entretien de la délégation de Fédéchar avec Duvieusart, le 24 décembre 1953.

193 Archives Fédéchar, 547, Procès-verbal du Comité de direction, le 30 décembre 1953 ; archives CEAB, 07 310, Lettre de Stein à Monnet, le 31 décembre 1953.

194 Archives Fédéchar, 547, Note de la Fédéchar « Charbonnages marginaux. Résumé de l'exposé fait par la Direction Générale des Mines, le 28 décembre 1953 » (annexe au procès-verbal du Comité de direction, le 6 janvier 1954 ; voir aussi *idem*, 264/145, Note de Delville « Note au sujet des mines marginales », le 12 janvier 1954.

195 Spierenburg et Poidevin, *Histoire de la Haute Autorité de la CECA. Une expérience supranationale*, p. 111 et 116-123 ; Perron, *Le marché du charbon, un enjeu entre l'Europe et les États-Unis de 1945 à 1958*, p. 167.

196 Ils se référaient ainsi au discours prononcé par Jean Duvieusart au Conseil spécial des Ministres, à la mi-octobre 1953.

national, pas plus qu'il n'était propre à la Belgique[197]. Un tel point de vue tendait de toute façon à « s'écarter de la conception de la CECA »[198]. Pour s'en convaincre, il suffisait de reprendre à travers le traité-fondateur les devoirs incombant à la Haute Autorité et les moyens dont elle disposait pour agir[199] : elle devait faire primer la sécurité d'approvisionnement sur la concurrence à tout prix (art. 58) ; elle était en charge d'assurer l'autarcie de la CECA toute entière (art. 59) ; son action devait avoir pour effet favorable l'atténuation des déséquilibres salariaux (ce qui entraînait qu'elle avait sa part de responsabilité dans la persistance des déséquilibres et dans la marginalité des mines belges) ; enfin, elle était responsable de la fixation des prix maxima auquel les mines marginales devaient se plier.

Plus précisément, l'opportunité de maintenir certaines capacités de production relativement coûteuses était clairement confirmée par des articles permettant la compensation entre entreprises (art. 53 et 62 du Traité CECA), que celles-ci soient ou non situées dans un même bassin. On pouvait dès lors se demander pourquoi, alors que la compensation était prévue entre producteurs européens, certains se compliquaient la vie en cherchant à mettre en place ce mécanisme pour les seuls charbonnages belges ? Par ailleurs, des moyens existaient également pour gérer les conséquences d'une fermeture tant au niveau national (§ 26, 4 de la CDT) qu'au niveau communautaire (art. 56).

Le raisonnement des producteurs belges (consistant notamment à dire que « l'avenir de la CECA [était] en jeu »[200]) n'était pas de nature à convaincre grand monde au sein de la Haute Autorité. À en croire Marcel Peeters, Albert Coppé soutenait les charbonniers belges sur un certain nombre de points, reconnaissant notamment sur la nécessité de trouver une solution sur le plan communautaire au problème des mines

197 Le 28 janvier 1954, les charbonniers néerlandais De Groot et allemand von Dewall admirent être eux aussi confrontés aux problèmes (archives CEPCEO, Procès-verbal de la Commission *ad hoc* du CEPCEO pour l'étude du marché, le 28 janvier 1954).

198 Archives SGB, 814, Compte rendu d'un entretien de la délégation de Fédéchar avec Meyers, le 28 décembre 1953.

199 Archives Fédéchar, 264/145, Note de Delville « Note au sujet des mines marginales », le 12 janvier 1954 ; *idem*, 264/148, Note de la Fédéchar « Charbonnages marginaux. Justification et possibilité d'une intervention de la Communauté. Note préparatoire », le 6 février 1954 ; archives CEAB, 15 06, Compte rendu analytique de la 7e séance du Comité Consultatif auprès de la Haute Autorité, le 25 janvier 1954 ; archives CEPCEO, Procès-verbal de la Commission *ad hoc* du CEPCEO pour l'étude du marché, le 28 janvier 1954.

200 Edgard Stein, lors d'un entretien avec la Haute Autorité, le 11 février 1954 (archives SGB, 814, Note de la Fédéchar « Compte rendu d'une entrevue entre Fédéchar et la Haute Autorité », le 11 février 1954).

marginales[201]. Mais plusieurs de ses collègues ne l'entendaient pas de cette oreille. Au minimum, la Fédéchar pouvait espérer que Coppé parvînt à « convertir ses collègues opposants »[202] mais elle n'ignorait pas non plus que l'administration communautaire considérait généralement que les mines marginales belges constituaient un problème national que seul le Gouvernement belge était habilité à résoudre. Selon A. S. Milward, ceux qui faisaient barrage étaient les membres néerlandais et italien, reflétant ainsi la position des pays importateurs, plus désireux d'importer des charbons à moindre frais que de devoir utiliser des charbons communautaires[203]. Il nous semble cependant que le désaccord tenait tout autant, si pas davantage, au refus de voir les prélèvements de péréquation et les fonds disponibles ainsi gaspillés.

D'ailleurs, on imagine sans peine qu'au sein du CEPCEO, ni les producteurs néerlandais, ni les producteurs allemands, à qui on avait déjà fait avaler le principe d'une péréquation partiellement à leur charge pour soutenir les producteurs belges, italiennes et françaises, n'étaient prêts à s'engager dans un système complémentaire de compensation au bénéfice de n'importe quelle mine réputée marginale au sein de la CECA. Et s'assurer de pas être mis à contribution commençait par ne pas reconnaître aux problèmes de l'industrie charbonnière belge, quels qu'ils soient (les stocks ou les mines marginales), le moindre caractère communautaire.

À la fin du mois de janvier 1954, le sujet avait été débattu par une commission *ad hoc* du CEPCEO, préalablement à la prochaine séance du Comité Consultatif[204]. Les délégués belges Pierre Delville et Paul Renders devaient tâcher d'y défendre le principe d'une commission internationale pour l'étude des mines marginales dans la CECA. Après s'être entendu répondre que le problème des mines marginales ne pouvait en aucun cas être qualifié de communautaire, ils durent subir le sermon de leurs homologues : non contents de refuser *a priori* la moindre mesure d'assainissement, les producteurs belges voulaient faire porter à l'ensemble des producteurs européens le poids de leur conservatisme. Au lieu de s'aventurer sur le terrain dangereux d'une compensation

201 Archives SGB, 809, Note de Renders « Conversation téléphonique avec Peeters, le 6 janvier 1954 » ; archives CEAB, 07 310, Note de la Division du Marché aux membres de la Haute Autorité, le 4 janvier 1954 ; archives SGB, 809, Réflexions de Coppé sur le mémorandum de la Haute Autorité au Conseil spécial des Ministres, le 30 novembre 1953).

202 Archives SGB, 817, Note de la Fédéchar « Communications de Luxembourg », le 9 janvier 1954.

203 Milward, *The European Rescue of the Nation-State*, p. 98.

204 Archives CEPCEO, Procès-verbal de la Commission *ad hoc* du CEPCEO pour l'étude du marché, le 28 janvier 1954.

entre entreprises, qui risquait surtout de provoquer l'immobilisme dans l'assainissement du secteur charbonnier européen en soustrayant les gouvernements à leurs responsabilités[205], pourquoi les Belges ne cherchaient-ils pas « des solutions dans la ligne de l'économie privée », telle qu'une concentration ou une intégration verticale de leurs mines marginales, à l'instar de l'Allemagne[206] ? Embarrassés les délégués belges avaient bien tâché de se justifier : « nous ne sommes pas favorables au dirigisme mais [...] ».

Les points de vue semblaient inconciliables et la discussion ne menait manifestement nulle part. Pour la première fois, les charbonniers belges faisaient l'expérience de l'isolement au sein du CEPCEO : « [...] la discussion s'est déroulée jusqu'à présent sur deux plans différents », concluait Pierre Delville ; « Les uns raisonnent sur le plan général de la CECA, les autres se limitent à un plan moins général. Il espère que les deux points de vue se rapprocheront, car il est effrayé à la pensée de ce qui se passera en Belgique si certaines mesures ne sont pas prises »[207]. Quelques jours plus tard, le Comité de direction de la Fédéchar faisait encore état de l'isolement des Belges au sein du CEPCEO. Cependant, la situation devait évoluer en leur faveur. Le 10 février, les directeurs apprenaient que les homologues européens avaient finalement décidé de lâcher du lest et de ne pas s'opposer systématiquement aux démarches belges « visant à ce que la Haute Autorité étudie les grandes lignes d'une politique générale de la Communauté en prenant la situation concrète des charbonnages belges comme point de départ pour cette étude »[208].

La Fédéchar se mit immédiatement en contact avec la Haute Autorité. Celle-ci fit tout d'abord part de son scepticisme quant à l'utilité de mettre en place une nouvelle commission et essaya de reporter le problème sur le plan national[209]. Mais les charbonniers belges insistèrent, faisant valoir notamment que l'avenir des mines marginales ne pouvait

---

205 « Si on applique de telles mesures, disait le charbonnier allemand von Dewall, plus aucun Gouvernement n'osera jamais consentir à des fermetures de mine, et à la longue, ce sera préjudiciable au développement de l'industrie charbonnière toute entière » (archives CEPCEO, Procès-verbal de la Commission *ad hoc* du CEPCEO pour l'étude du marché, le 28 janvier 1954).

206 « Sans doute une telle solution est-elle de nature à effrayer la Haute Autorité. Mais elle est dans la ligne de l'économie privée », ajoutait von Dewall (archives CEPCEO, Procès-verbal de la Commission *ad hoc* du CEPCEO pour l'étude du marché, le 28 janvier 1954). Même le Français Paul Gardent se mettait à défendre les principes de la libre entreprise !

207 Archives CEPCEO, Procès-verbal de la Commission *ad hoc* du CEPCEO pour l'étude du marché, le 28 janvier 1954.

208 Archives Fédéchar, 547, Procès-verbal du Comité de direction, le 10 février 1954.

209 Archives Fédéchar, 547, Procès-verbal du Comité de direction, le 17 février 1954.

être évalué que dans le cadre de la CECA au sens large, et après plusieurs semaines de discussions, la Haute Autorité revint sur ses vues initiales et leur demanda de lui faire des propositions concrètes quant à la composition et à la mission de la commission[210].

Mais alors qu'à Bruxelles, on s'inquiétait de définir un calendrier de propre à ne pas laisser la moindre prise aux revendications ouvrières[211], à Luxembourg, un groupe de travail se rassemblait pour statuer de la proposition de Fédéchar[212]. Suivant les vues du directeur de la Division du Marché, François Vinck, il y fut décidé d'imposer à la commission d'experts un caractère restreint et indépendant : bien que sous la responsabilité conjointe des deux pouvoirs, elle ne devait comprendre de délégués ni du Gouvernement belge ni de la Haute Autorité. En outre, Vinck entendit limiter la mission du nouveau comité au seul cadre belge, c'est-à-dire aux quatre charbonnages borains, et au § 26 de la CDT, concernant la péréquation. L'étude ainsi réalisée devrait d'ailleurs « guider la Haute Autorité dans la refonte éventuelle de la péréquation »[213]. Ces vues furent adoptées tant par la Haute Autorité que par le Gouvernement belge au cours des semaines suivantes, la définition de la mission étant quant à elle laissée à la responsabilité conjointe des deux pouvoirs[214]. La Commission d'experts indépendants pour l'étude des

---

210 Archives SGB, 814, Note de la Fédéchar « Proposition de l'industrie charbonnière belge relative à l'institution d'un collège d'experts chargé de l'étude du problème des mines marginales », le 12 février 1954.

211 Que l'on maintienne les mines ou qu'on les ferme, le temps serait long, s'inquiétait Neef de Sainval. Et il fallait, selon lui, trouver un battement entre le délai imposé aux experts et l'échéance fatale de la transition. Si au 1er mars, aucune solution applicable n'était trouvée, « nous risquons de nous trouver, à ce moment, en situation très dangereuse » (archives SGB, 814, Lettre de Neef de Sainval à Renders, le 24 février 1954). Deux jours plus tard, le même Neef de Sainval donnait son accord pour prolonger de quinze jours la période de transition (jusqu'au 15 mars). Nous savons qu'entretemps des pourparlers ont abouti virtuellement à la définition d'une nouvelle période transitoire dont le terme serait sans doute reporté à fin août environ. Peut-on considérer comme ferme l'instauration au-delà du 15 mars prochain d'un nouveau régime transitoire « conforme à l'esprit des décisions du 20 décembre dernier, d'une durée à préciser et selon des modalités d'aides d'une efficacité suffisante » (archives SGB, 809, Lettre de Neef de Sainval à Duvieusart, le 26 février 1954).

212 Archives Fédéchar, 547, Procès-verbal du Comité de direction, le 24 février 1954.

213 Archives SGB, 814, Lettre de Daum à Duvieusart, 1er avril 1954 (lettre transmise par Van Lander avec le commentaire : « de nos amis de Luxembourg »).

214 Archives Fédéchar, 547, Procès-verbal du Comité de direction, le 3 mars 1954 ; archives SGB, 814, Lettre de Duvieusart à Monnet, le 16 mars 1954. La Commission devrait comprendre deux producteurs belges, deux représentants ouvriers belges ainsi que trois ingénieurs étrangers (un par pays producteur de charbon, un Allemand, un Hollandais et un Français) et un ou deux économistes.

charbonnages marginaux du Borinage fut ainsi mise en place à la fin avril 1954[215] et se mit au travail au début du mois de mai[216].

Le but de l'étude serait de voir comment assainir au mieux ces mines de façon à conserver un maximum de leurs capacités de production en fin de transition (notamment par voie de remembrement, fusion et concentration). Mais la position des charbonniers belges selon laquelle les travaux devaient être guidés par les art. 53 et 62 du Traité, permettant une compensation horizontale sur le plan de la CECA, ne fut pas retenue : la Belgique aurait à régler son problème charbonnier en interne. De même, les critères de préservation des ressources naturelles, ou d'égalisation vers le progrès des conditions de vie et de travail dans la CECA furent laissés de côté par la Haute Autorité[217]. Les mines du Borinage seraient analysées selon des critères objectifs basés sur leur gisement propre et sur leurs structures de production.

C. Vers une refonte de la péréquation

Dès janvier 1954, alors que les charbonniers belges se démenaient pour être le moins possible mis à contribution et tremblaient à l'idée de perdre le contrôle de leur secteur dès après les élections législatives du 11 avril, dans les administrations belges et européennes, on n'avait pas attendu pour entamer la réflexion au sujet de la péréquation a) et sur la façon d'en améliorer le fonctionnement. Rappelons que la possibilité d'une remise en question de la péréquation était inscrite dans le caractère expérimental du régime mis en place en mars 1953 et que la réflexion à ce sujet avait été explicitement prévue depuis plusieurs semaines, sinon plusieurs mois, au sein des institutions communautaires.

L'absence des charbonniers, à ce stade du processus de refonte, se marqua de deux manières : d'une part, les fonctionnaires de l'Administration des Mines se trouvèrent paradoxalement seuls à devoir défendre le maintien du régime de péréquation existant ; d'autre part, les consommateurs, sidérurgistes en tête, ayant senti le vent tourner, se mirent à aiguillonner le Gouvernement belge pour obtenir, dans le cadre de ladite refonte, une baisse des prix des charbons industriels.

---

215 Archives CEAB, 07 343, Rapport de Vinck « Assainissement et réadaptation du Borinage », le 22 avril 1955 ; archives Fédéchar, 547, Procès-verbal du Comité de direction, le 28 avril 1954. Et non en février 1954, comme l'indique Milward, *The European Rescue of the Nation-State*, p. 101.

216 Archives SGB, 814, Note de Dutilleul (des Charbonnages du Levant et Produits de Flénu) « Prise de contact avec la Sous-Commission pour l'étude des charbonnages marginaux, le 9 mai 1954 ».

217 Archives Fédéchar, 547, Procès-verbal du Comité de direction, le 17 mars 1954.

1. Les fonctionnaires belges défendent le régime de péréquation

Rappelons que lorsque le ministre Duvieusart s'était adressé à la Haute Autorité pour réclamer un soutien politique, voire financier, dans la gestion de la crise soulevée en Belgique par l'annonce de fermeture des Charbonnages Belges, le pouvoir supranational avait accepté de considérer la question à condition que la recherche d'une solution se fasse dans le strict cadre des modalités relatives à la péréquation. Le système mis en place en mars 1953 était-il réellement efficace, et ceci, non seulement au regard des progrès réalisés dans le rééquipement, mais également au regard de l'évolution des prix de revient[218] ?

Les premières rencontres eurent lieu au début du mois de janvier. L'Administration des Mines fut chargée de rédiger une note sur les résultats de la péréquation, note sur la base de laquelle notamment les travaux furent entamés début mars par une Commission mixte chargée de l'étude de la péréquation en faveur des charbonnages belges, composée de fonctionnaires belges et communautaires et placée sous la présidence du directeur de la Division du Marché François Vinck. Notons que, derrière l'appellation unique de *joint committee*, A. S. Milward semble confondre deux institutions distinctes : celle relative à la péréquation et celle, citée plus haut, relative aux mines marginales et qui était le fruit des démarches pressantes des charbonniers belges[219].

En réalité, les objectifs de travail avaient été clairement fixés dès le départ, à commencer par le fait que la mise en place de la commission était fondée sur le § 26, 2 de la CDT. Il restait donc peu de doute quant aux conclusions du rapport, attendu au plus tard pour le 30 juin 1954[220]. Compte tenu des importantes implications économiques, sociales et politiques qu'une refonte de la péréquation risquait d'avoir sur le maintien ou non des capacités marginales belges, les fonctionnaires belges André Meyers et Joseph Martens étaient entrés dans les négociations avec pour principal souci de limiter la casse : selon eux, la péréquation a) « dans sa forme actuelle » n'était pas aussi inefficace qu'on le laissait entendre et n'avait eu que des effets positifs pour les charbonnages belges. Seul ce régime avait d'ailleurs permis aux charbonnages de procéder à l'indispensable autofinancement de leur rééquipement. De

---

218 Archives CEAB, 03 485, Note de la Division des Finances « Compte rendu de l'entretien du 11 janvier, à l'Administration des Mines, à Bruxelles », le 14 janvier 1954.

219 Milward, *The European Rescue of the Nation-State*, p. 101-103.

220 Archives CEAB, 07 589, Note de la Division du Marché « Rapport de la Commission mixte chargée de l'étude de la péréquation des charbonnages belges (§ 26, alinéa 2 de la Convention) », le 30 juin 1954.

plus, contrairement à certaines rumeurs, les subsides de péréquation n'avaient fait l'objet d'aucun abus et n'avaient, en tous les cas, pas servi à financer d'éventuels dividendes.

Dès la première réunion de travail, le 8 mars 1954, les fonctionnaires belges durent cependant faire face à un véritable interrogatoire de la part de leurs interlocuteurs et furent sommés de s'expliquer de tous les abus commis en Belgique autour du programme de rééquipement et de l'utilisation des fonds de péréquation. D'entrée de jeu, François Vinck se montra sceptique quant à la volonté réelle des charbonniers d'assainir leur secteur et d'utiliser les subsides de péréquation à cette fin : « Nous connaissons tous l'attitude des patrons charbonniers. Je ne suis pas convaincu que pendant ces trois années, ils veuillent faire l'effort nécessaire [...] »[221] Si, comme le prétendait l'Administration des Mines, péréquation et investissements étaient à ce point liés, pourquoi y avait-t-il parmi les bénéficiaires des fonds de péréquation des charbonnages qui ne se cachaient pas d'atteindre l'épuisement de leur gisement ? Que fallait-il penser, par ailleurs, de ces mines (certaines produisant de l'anthracite industriel) dont la situation était tellement brillante qu'on avait toutes les raisons de se demander pourquoi elles figuraient parmi les bénéficiaires de la péréquation a) ? N'était-il pas souhaitable de se concentrer sur ceux qui avaient réellement besoin d'aide ? Comment expliquait-on qu'entre 1948 et 1952, à part quelques exceptions, toutes les sociétés charbonnières belges avaient distribué régulièrement des dividendes ? Ce problème revenait régulièrement à la surface depuis quelques mois ; « C'est très compréhensible pour celui qui doit payer », soulignait Vinck ; « En Allemagne et en Hollande, la question se pose chaque fois avec la même acuité et peut-être avec un peu de rage au cœur lorsqu'on voit apparaître le bilan des sociétés charbonnières belges ».

Les fonctionnaires belges tâchèrent tant bien que mal de tempérer, mais manifestement sans pouvoir totalement démentir le réquisitoire de Vinck : « Il faut être prudent », disait Meyers,

> car si vous fermez ces mines rapidement, vous leur supprimez une recette à laquelle elles s'attendaient et vous allez produire un choc en retour. Il y a la question de l'argent donné à ces mines destinées à disparaître... mais est-ce que cela ne rentre pas dans un triste devoir, celui d'éviter des chocs, des remous ? [...] Je comprends votre réaction et vous dites : 'c'est regrettable de donner de l'argent à ces mines', en vertu du principe que la péréquation serait plus utilement employée pour des investissements. Votre réaction est juste et normale.

---

[221] Archives CEAB, 03 485, Compte rendu analytique de la réunion du 9 mars 1954 sur la péréquation belge.

Pour Meyers, il y avait une situation politique et sociale à gérer ; pour Vinck, il était surtout indispensable d'user de l'aiguillon et de faire effectivement jouer la péréquation de façon dégressive, une façon également de clarifier les choses : « Quand on parle de deux mines qui vont fermer, la situation n'est pas aussi grave que lorsqu'on parle de mines qui 'croient' qu'elles vont fermer. Je ne parle pas du point de vue du patron mais du public ».

À la suite de cette réunion, sur la base des informations apportées par l'Administration des Mines et des échanges de vues entre fonctionnaires, les services de la Haute Autorité considérèrent que la question était entendue : les paiements de péréquation ne pouvaient pas continuer de la même façon. Il était notamment question de supprimer le barème de compte ou, au minimum, d'en modifier les modalités d'application. Dès cette époque, il fut décidé par ailleurs de procéder sans en référer aux producteurs belges : d'abord, on se mettrait d'accord sur une formule entre administrations belge et communautaire, formule qui serait ensuite soumise aux producteurs[222]. Le souci de la discrétion, voire du secret, nous paraît confirmé par le fait que Gérard Delarge, dont personne ne pouvait ignorer la proximité avec ses anciens collègues, fut « tenu à l'écart de ces pourparlers »[223] et n'était, par conséquent, « au courant de rien ». Sans qu'il nous soit possible de l'établir avec certitude, il semble que les élections d'avril 1954 et l'entrée en fonction d'une coalition gouvernementale socialiste-libérale, sous la direction d'Achille Van Acker, firent prendre aux travaux de la Commission mixte une voie nouvelle, sous l'influence de son ministre des Affaires économiques, le Liégeois libéral Jean Rey.

C'est en effet à la même époque qu'aux acquis de la Commission mixte, résolument orientés vers une refonte de la péréquation, on joignit le point de vue des consommateurs de charbon belge. Le fait que ceux-ci n'étaient pas en mesure d'acheter leur combustible à des prix proches de ceux du marché, et ce dès le début de la transition, était également une preuve de l'inefficacité du régime de la péréquation. Sa refonte allait dès lors permettre d'atteindre deux objectifs : premièrement, en sélectionnant les charbonnages devant bénéficier de la péréquation, elle allait donner à la Haute Autorité le levier d'influence dont elle avait besoin pour faire avancer le processus d'assainissement du secteur charbonnier belge (dont l'application était reconnue implicitement au § 26 de la CDT), et ce sans devoir attendre que le Gouvernement belge isole son marché national ; deuxièmement, elle allait finalement donner raison

---

[222] Archives CEAB, 03 485, Note du Groupe de travail Industrie charbonnière belge « Résumé de la réunion tenue à Luxembourg, le 8 mars 1954, concernant la péréquation belge », le 9 mars 1954.

[223] Archives SGB, 816, « Renseignements communiqués à Renders », le 12 août 1954.

aux consommateurs industriels de charbon belge qui réclamaient depuis mars 1953 une baisse des prix de leur combustible[224]. Le rapport de la Commission mixte fut ainsi achevé, en temps et en heure, le 30 juin 1954, avec le seul Gérard Delarge, parmi ses membres, pour faire part de son scepticisme[225].

2. *Les exigences des consommateurs*

Les consommateurs de charbon belges, très déçus par la faible mesure donnée au régime de péréquation lors de sa mise en place, avaient dû patienter tout au long de l'année 1953. Il n'est pas exclu que la brusque résurgence du problème des mines marginales ait pu servir de motif supplémentaire, mais ce qui allait pousser les consommateurs à revenir à la charge, à partir de février 1954, c'est la perspective de la révision annuelle des barèmes, le 31 mars suivant, qui laissait espérer une diminution des prix des charbons belges, en premier lieu, ceux destinés à l'industrie[226].

Rien ne justifiait, selon eux, le régime d'exception dont bénéficiaient les charbonniers belges, pas même la nécessité de rééquipement. Ils défendaient donc un réaménagement de la péréquation qui fût à même de donner à celle-ci son plein effet. Outre de rehausser les contributions allemandes et néerlandaises à leur maximum légal (c'est-à-dire, pour 1954, 1,2 % au lieu du taux stabilisé de 1,1 % valable jusqu'au 1er janvier 1956), cela impliquait de concentrer tous les fonds disponibles sur la diminution des prix du charbon à usage industriel : les subsides de péréquation c) et les 200 millions de FB réservés « abusivement » au soutien des mines marginales devaient ainsi passer à la trappe et les charbons à usage domestique devaient être exclus désor-

---

224 Archives CEAB, 07 589, Note de Vinck « Note pour les membres du Groupe de Travail Industrie charbonnière belge », le 16 juin 1954.

225 Archives CEAB, 07 589, Résumé de la réunion du Groupe de Travail « Péréquation belge », le 23 juin 1954 ; *idem*, CEAB, 07 589, Note de la Division du Marché « Rapport de la Commission mixte de chargée de l'étude de la péréquation des charbonnages belges », le 30 juin 1954.

226 Archives CEAB, 03 485, Lettre de Voituron, du Secrétariat des Utilisateurs et Négociants belges de charbon, à Duvieusart, le 10 février 1954 (avec note en annexe : « Note sur la position des utilisateurs belges en matière de prix des charbons ») ; *idem*, Lettre de Romus, du Secrétariat des Utilisateurs et Négociants belges de charbon, à Vinck, le 2 avril 1954 (avec note en annexe : « Précisions sur la position des utilisateurs belge en matière de prix des charbons ») ; archives CEAB, 07 589, Lettre de Romus, du Secrétariat des Utilisateurs et Négociants belges de charbon, à Monnet, le 9 juin 1954 (avec note en annexe : « Les Utilisateurs et Négociants belges de charbon devant le problème charbonnier », le 25 mai 1954) ; archives Fédéchar, 291/68, Note du Conseil Professionnel du Métal « Avis relatif à l'aménagement du régime de péréquation du charbon belge », adressée le 16 juillet 1954 au Conseil Central de l'Économie.

mais du bénéfice de la péréquation a). Enfin, les consommateurs invitaient les fonctionnaires compétents à tenir compte désormais des différences entre bassins du point de vue de leurs conditions d'exploitation : il fallait pour cela supprimer ces barèmes de compte par lesquels l'uniformité tarifaire était assurée sur le marché belge pour chaque catégorie.

Ces recommandations allaient en grande partie se retrouver dans les objectifs de refonte de la péréquation en septembre 1954. Et pour cause… Face à de telles revendications, les charbonniers ne développèrent aucune parade. Lorsqu'ils furent invités par leurs homologues consommateurs à en discuter entre quatre yeux, ils déclinèrent l'invitation sous prétexte que le Comité Consultatif auprès de la Fédéchar avait été prévu à cette fin et que dès lors l'invitation était superflue. Du coup, les seuls à réagir contre le discours des sidérurgistes et à faire mine de défendre la cause des charbonnages sur cette question des prix et de la péréquation furent les fonctionnaires de l'Administration des Mines[227]. Même si, en réalité, la position de Meyers et de Martens devait s'avérer plus ambiguë, lorsqu'à partir du mois d'août 1954, ils admirent le principe d'une baisse des charbons industriels et parmi ceux-ci des fines à coke[228].

Les consommateurs prirent ainsi de l'avance sur les charbonniers. Dès la mi-août, Paul Renders apprit du Secrétaire général du Cobéchar, un certain Brassart, que la péréquation a) allait être retirée aux ¼ gras, aux maigres (ce qui, compte tenu de la relative prospérité de ces catégories, pouvait se comprendre), mais également des charbons gras : « Vinck a circonvenu avec Rey et tente de lui faire adopter sa thèse (forte diminution des fines à coke). Meyers et Martens ont eu des entretiens avec Vinck à Luxembourg les 9 et 10 août ; il y a été question de la péréquation et des mines marginales au sujet desquelles Vinck aurait un plan (!) »[229]. C'est ainsi, semble-t-il, que les charbonniers devaient apprendre une baisse à venir des charbons industriels, une libération des charbons ¼ gras et maigres ainsi que la mise en place

---

227 Ainsi, Joseph Martens qui, dans une note datée de la mi-avril 1954 en réponse à la note du Secrétariat des Utilisateurs et Négociants belges de charbon, du 10 février, rejetait quasiment tous les arguments des consommateurs pour n'en retenir qu'un seul : la mise hors péréquation des charbons maigres.

228 « Martens estime que pour les fines à coke, une baisse de 70 FB devrait être appliquée ; que pour les industriels, la baisse devrait être en moyenne de 22,50 FB. [en marge : « Van Lander a vu Meyers et Martens. La diminution ne serait pas aussi forte que celle indiquée par Brassart. En moyenne : 10 FB/T »] (archives SGB, 816, « Renseignements communiqués à Renders », le 12 août 1954).

229 Archives SGB, 816, « Renseignements communiqués à Renders », le 12 août 1954.

d'un régime spécial appliqué aux charbons gras de type B du Borinage et du Centre[230].

Alors que ces informations avaient été confirmées par la presse, à la mi-septembre 1954 des délégués de Fédéchar se pressèrent auprès d'André Meyers, « alarmés par certains bruits », disaient-ils, « selon lesquels la Haute Autorité et le Gouvernement belge étudieraient une réforme de la péréquation a) entre charbonnages »[231]. Les pages précédentes suffisent pour douter de la sincérité des charbonniers lorsqu'ils prétendaient tomber des nues devant la nouvelle. Entre août 1953 et août 1954, les exemples de mise en garde de la part des fonctionnaires belges ou européens ne manquent pas : ainsi, dans le cadre des discussions avec Gérard Delarge[232] ; ainsi, alors que la S.A. John Cockerill venait d'annoncer la fermeture des Charbonnages Belges, l'alerte donnée par Marcel Peeters faisant état d'une campagne de presse lancée aux Pays-Bas contre la péréquation, dont bénéficiait le bassin de Campine et que l'« on [risquait] de perdre de toute façon – alors [faut-il] consentir à les passer au Borinage ? »[233] ; et, quelques jours plus tard, de façon très explicite et officielle cette fois, la mise en garde faite par l'Administration des Mines à la Fédéchar que la refonte était d'ores et déjà sur le métier[234]. Mais c'est vrai : depuis lors, on n'avait plus jugé utile de faire appel à l'avis des charbonniers, sans doute par impatience et exaspération devant leur immobilisme, sans doute aussi par détermination dans la décision, sans doute encore parce qu'on savait pertinemment bien alors que les charbonniers refuseraient en bloc la moindre modification apportée à un régime de péréquation qui leur était plutôt favorable.

La Fédéchar accueillit ce plan de réforme en regrettant, avec « crainte et amertume », de n'avoir pas eu son mot à dire auprès de la commission responsable alors que les consommateurs avaient été écoutés à plusieurs reprises. Pourquoi le Gouvernement belge et la Haute Autorité se croyaient-ils obligés de tenir compte des doléances expri-

---

230 À partir de mars 1953, une distinction avait été établie, au sein de la catégorie des charbons gras, entre le gras A, *charbon à coke* par excellence, et le gras B, également cokéfiable mais plus riche en matières volatiles. Ce gras B était produit dans quatre charbonnages wallons et dans trois charbonnages campinois.

231 Archives Fédéchar, 291/68, Compte rendu de l'entretien entre les délégués de l'industrie charbonnière et André Meyers, le 15 septembre 1954.

232 Archives SGB, 809, Compte rendu de l'entrevue entre Delarge et la Société Générale de Belgique, le 12 août 1953.

233 Archives SGB, 809, Note manuscrite de Renders « Communication téléphonique de M. Peeters, le 16 décembre ».

234 Archives CEAB, 03 485, Note de la Division des Finances « Compte rendu de l'entretien du 11 janvier, à l'Administration des Mines, à Bruxelles », le 14 janvier 1954.

mées par les consommateurs « dès qu'ils sont frôlés par des difficultés momentanées »[235] ?

IV. La Fédéchar a réagi trop tard

Au cours des mois d'été, la conjoncture s'était brusquement renversée. Meilleur reflet de cette évolution, les stocks étaient passés de mars à septembre 1954 de plus de 4 000 000 à 2 400 000 tonnes. Le rapport de la Commission d'étude indépendante relative aux mines marginales du Borinage put, dans une certaine mesure, tenir compte de cette évolution dans ses conclusions, ainsi que nous allons le voir. Par contre, la Commission mixte sur la péréquation belge avait commencé bien plus tôt dans l'année, à une époque où les stocks étaient encore au plus haut et où rien ne permettait encore de prévoir un redressement à court terme.

A. Un programme d'assainissement

D'entrée de jeu, au sein de la Commission indépendante, on avait écarté la thèse d'un déficit charbonnier. Un délégué de la Haute Autorité, présent à l'ouverture des travaux, avait ainsi affirmé : « C'est une erreur de croire que la CECA est déficitaire au point de vue des charbons à coke. Cela n'existe que dans l'imagination de quelques économistes de Luxembourg et ils répandent cette hérésie dans les milieux charbonniers »[236]. Notons que cette phrase semble apporter un appui sérieux à la thèse défendue par R. Perron quant à l'existence d'un « mythe du déficit charbonnier », plus ou moins cultivé au sein des institutions européennes. Cependant, au terme de trois mois d'études, sur lesquels il est impossible de revenir ici[237], personne au sein de la Commission ne semble avoir mis en doute l'opportunité de maintenir les capacités de production de fines à coke. Face à la demande croissante, c'était bien l'optimisme qui prévalait désormais quant aux chances d'avenir des mines boraines.

---

235 Archives Fédéchar, 260/58, Compte rendu de l'entretien des représentants de l'industrie charbonnière avec Vinck, le 29 septembre 1954.

236 Archives SGB, 814, Note de Dutilleul (des Charbonnages du Levant et Produits de Flénu) « Prise de contact avec la Sous-Commission pour l'étude des charbonnages marginaux, le 9 mai 1954 ».

237 Notons simplement ici que les archives de la SGB (dans les dossiers 813, 814 et 817) laissent percevoir les tensions qui existaient alors au sein du holding (au sujet du sort à faire aux mines marginales du Borinage) mais également entre patrons, les uns accusant les autres de lorgner sur leurs gisements bientôt mis en pièces. Devant l'ampleur des moyens financiers jugés nécessaires pour assurer la survie de certaines exploitations, on commença par ailleurs à craindre que les chiffres pressentis puissent faire l'objet de fuites, notamment par le biais des membres syndicalistes de la commission d'étude (archives SGB, 817, Note de Préat à Renders, le 23 juillet 1954).

Certes, cela devait passer par une concentration beaucoup plus poussée que celle qui avait été prévue jadis dans le cadre des conventions de 1950 : sur vingt sièges exploités par les quatre charbonnages conventionnaires, seulement neuf seraient maintenus. Mais, en fusionnant certains charbonnages et en réorganisant les travaux souterrains, en privilégiant ainsi les meilleures veines, non seulement il devait être possible d'augmenter la production mais plus encore, trois charbonnages sur quatre devaient pouvoir retrouver une situation de rentabilité. Notons que, sur certains points, le Gouvernement belge se montra plus radical que les experts de la commission en envisageant, par exemple, une réorganisation beaucoup plus profonde des Charbonnages Belges & d'Hornu-Wasmes[238]. Par la suite, face au renversement de la conjoncture et à la fonte des stocks, le CNC allait pourtant élaborer un plan d'assainissement alternatif ne prévoyant plus que huit fermetures sur les onze prévues par le Commission, un changement vivement critiqué par la Haute Autorité[239].

L'avenir des mines marginales du Borinage allait faire l'objet, en avril 1955, d'un accord entre le Gouvernement belge et la Haute Autorité dans le cadre de la refonte de la péréquation : en échange d'un plan d'assainissement à appliquer avant 1958 et d'une baisse du barème des prix du charbon belge, la Haute Autorité acceptait une extension des aides à ces mines marginales par la mise à disposition de crédits spéciaux, de facilités de financement des stocks et la construction de centrales thermiques minières[240]. Ce faisant, la Haute Autorité se réservait par ailleurs la possibilité de retirer les subsides de péréquation aux entreprises qui ne réaliseraient pas l'effort de rééquipement jugé nécessaire et possible ainsi qu'à celles qui refuseraient d'effectuer les cessions ou échanges de gisement jugés indispensables à un meilleur aménagement des champs d'exploitation[241].

Cet accord, que la Haute Autorité et les bailleurs de fonds de la péréquation (les Pays-Bas et l'Allemagne) espéraient voir déboucher sur un

---

238 Archives AMH, 23/5/19, Note de la Division du Marché « Rapport à la Haute Autorité sur l'ensemble des problèmes charbonniers belges », le 13 décembre 1954.

239 Milward, *The European Rescue of the Nation-State*, p. 104.

240 Ces centrales thermiques minières devaient permettre d'écouler les produits secondaires qui, extraits avec les produits classés (tels que les fines à coke boraines), étaient particulièrement sujets au stockage. Leur construction fut entièrement financée au moyen du prêt américain accordé à la CECA, en avril 1954 (voir à ce sujet : *ibid.*, p. 97-98 ; Diebold, *The Schuman Plan. A Study in Economic Cooperation, 1950-1959*, p. 325).

241 Archives CEAB, 02 725, Procès-verbal du collège de la Haute Autorité, le 17 mars 1955. La présentation que fait A. S. Milward de cet accord entre la Haute Autorité et le Gouvernement est plus que confuse. Nous avons basé notre opinion sur Diebold, *The Schuman Plan. A Study in Economic Cooperation, 1950-1959*, p. 206-207.

réel assainissement des mines belges, devait s'avérer peu efficace. Le manque de volonté du Gouvernement belge, plus soucieux de ne pas brusquer les choses que de satisfaire les attentes de ses partenaires, suffit-il à expliquer l'inefficacité de l'accord, comme le prétend A. S. Milward ? On y reviendra dans le chapitre suivant.

B. Les pour et les contre d'une refonte de la péréquation

S'étant accordés sur le principe d'une refonte prochaine de la péréquation, accompagnée d'une baisse des prix dans les charbons industriels, le Gouvernement belge et la Haute Autorité affirmèrent vouloir en discuter avec les intéressés, producteurs et utilisateurs, avant que quoi que ce soit ne soit concrètement décidé. Les mois suivants allaient donc voir se succéder les rencontres et les réactions sur une péréquation de plus en plus controversée. Mais voyons avant tout quels étaient les termes de la réforme annoncée.

1. La réforme annoncée

Pour rappel, le plan de réforme élaboré par la Commission mixte prétendait se fonder sur le § 26 de la CDT. En réalité, cette base juridique n'avait rien de légitime. Comme la Fédéchar le soutenait, ce que le § 26 prévoyait, c'était que la Haute Autorité établisse périodiquement, sur la base des besoins établis par elle, le montant du prélèvement et des subventions gouvernementales alimentant le fonds de péréquation ; nulle part, il n'était question de revoir périodiquement la répartition de la péréquation comme la Commission mixte prétendait le faire. Mais François Vinck invoquait la précipitation et l'improvisation qui avait accompagné la mise en place de la péréquation en mars 1953 : le « système mis sur pied ne pouvait être parfait » et devait être perfectionné ultérieurement. Sans dénier les progrès que le régime mis en application avait permis, il considérait que le handicap belge restait important. Puisqu'à besoins égaux d'année en année, les sommes disponibles étaient appelées à décroître, il fallait songer à établir une meilleure répartition. Or, justifiait Vinck, « […] certains charbonnages sont, dès à présent, dans la situation de pouvoir supporter le choc du marché commun […]. Il relève de l'esprit de solidarité qui doit régner entre les entreprises charbonnières belges, que la totalité de la péréquation disponible soit dirigée vers les entreprises qui ont les plus grands besoins d'adaptation »[242].

Parmi les objectifs de la péréquation, toujours au § 26 de la CDT, on invoquait également la nécessité de baisser les prix de vente de certaines sortes de charbon, de façon à les rapprocher de la moyenne communau-

---

[242] Archives Fédéchar, 260/58, Compte rendu de l'entretien des représentants de l'industrie charbonnière avec Vinck, le 29 septembre 1954.

taire. Vinck reconnaissait que l'abaissement immédiat des prix de vente belges n'était « pas nécessaire dans l'état actuel de la conjoncture » mais aurait « l'avantage de permettre aux entreprises de mesurer l'effort d'assainissement nécessaire d'ici à la fin de la transition [...] ». Et, à défaut d'isolement du marché belge, le seul moyen pour la Haute Autorité de forcer un assainissement du secteur charbonnier belge était, selon lui, de faire confiance au Gouvernement pour qu'il prenne les mesures nécessaires, telles qu'une baisse des prix belges. Quant à désigner les mines viables et les mines non viables, ni le Gouvernement belge ni la Haute Autorité ne pouvaient légalement le faire : « C'est le système général qui doit automatiquement mener les mines à prendre les décisions individuelles qui s'imposent ».

Cette baisse des prix devait être subordonnée à l'accord du Gouvernement belge pour que le programme de rééquipement soit poursuivi avec son aide (par le financement des stocks ou la garantie de bonne fin). En pratique, il fallait diminuer la quantité de production bénéficiant des subsides de péréquation, en désignant ceux qui pouvaient s'en passer, de façon à augmenter la disponibilité de péréquation par tonne produite. À cette fin, la Commission mixte avait préconisé au départ de sélectionner les exploitations en fonction des catégories ou des sortes de charbon qu'elles produisaient « afin d'éviter que la Haute Autorité n'ait à désigner nommément les charbonnages devant être exclus de la péréquation ». Seules des indications de tonnage étaient donc fournies dans son rapport : un total de 12 500 000 tonnes de charbons belges devaient ainsi être exclues de la péréquation.

Les économies envisageables étaient donc les suivantes. Premièrement, les 200 millions de FB de subsides aux mines marginales du Borinage seraient supprimés. Deuxièmement, pour 5 600 000 tonnes de gras B (industriel), c'est-à-dire l'ensemble des charbons gras B, le barème de compte et le barème de vente seraient rendus identiques, ce qui revenait à maintenir une péréquation nulle ; cela permettait de récupérer 252 millions de FB. Enfin troisièmement, les barèmes de compte et de vente de 6 900 000 tonnes de maigres et ¼ gras (en grande partie domestique) seraient purement et simplement supprimés, ce qui impliquait de libérer les prix de ces charbons ; on récupérerait ainsi 112 millions de FB de péréquation a) et 50 millions de péréquation c).

Ces trois voies d'économie pouvaient jouer individuellement ou de façon combinée, entraînant donc, selon la solution choisie, une baisse de prix plus ou moins importante. Ainsi, dans le cas présent, le maximum possible était une économie de 614 millions de FB qui devait permettre une réduction de 31 FB/tonne dans les prix du barème[243]. Après calcul, les fonctionnaires belges décidèrent de combiner ces trois sources d'économie mais en y apportant des modifications qui, tout en jouissant de l'approbation de la Commission Mixte et tout particulièrement de son directeur, François Vinck, allaient provoquer de sérieuses dissensions au sein de la Haute Autorité au cours des mois à venir.

Les points de litige devaient toucher les deuxième et troisième points de la liste ci-dessus, mais notons ici que la suppression des subsides aux mines marginales, quant à elle, ne devait pas porter à controverse, pas même aux yeux des charbonniers, puisque cette issue avait été prévue aux termes des conventions de février 1950. En vertu de leur dégressivité, ces subsides devaient disparaître au bout de quatre années ; entre-temps, la Haute Autorité avait permis à l'État belge, d'une part, d'inclure ces subsides à la contribution belge au fonds de péréquation (en mars 1953) et, d'autre part, de maintenir les subsides au niveau de 200 millions de FB (en février 1954)[244]. Mais, en réalité, il ne pouvait être question pour le Gouvernement de retirer toute aide aux mines marginales boraines. Pour assurer une prolongation de ces subsides, il fut décidé d'aller les chercher auprès de producteurs jouissant des meilleures conditions d'exploitation en Belgique : c'est-à-dire, plus précisément, trois charbonnages de Campine.

Contrairement aux propositions finales de la Commission mixte, le Gouvernement belge, vraisemblablement conseillé dans ce sens par

---

243 Archives Van Acker, 1612c, Note de Jean Vercleyen sur le rapport de la Commission chargée de l'étude de la péréquation des charbonnages belges, le 12 octobre 1954. Notons que quatre variantes avaient été prévues : 1) libération des domestiques, soit 112 millions de FB libérés ; 2) libération des domestiques, des gras B et d'une partie de la péréquation c), soit 414 millions de FB ; 3) libération des domestiques, des gras B, d'une partie de la péréquation c) et suppression des subsides conventionnels, soit 614 millions ; 4) suppression des subsides conventionnels uniquement, soit 200 millions de FB.

244 Archives AMH, 23/5/12, Lettre de Duvieusart à Monnet, le 5 février 1954. Notons que la mise en disponibilité de ces 200 millions n'était pas nécessairement une bonne chose pour le Gouvernement belge. Certes, elle impliquait une réduction de 100 millions de la quote-part de la Belgique (de 675 millions de FB à 575 millions) ; les autres 100 millions étant gagnés du côté de la CECA (en l'occurrence, les producteurs néerlandais et allemands). Mais le problème des mines marginales restait posé et celles-ci allaient encore avoir besoin d'aide. Par conséquent, il reviendrait à l'État belge de financer seul les 200 millions nécessaires, ce qui entraînait une augmentation de 100 millions (575 millions + 200 millions). Il était peu probable que la Haute Autorité laisse le moindre choix à l'État belge, mais le Gouvernement belge était-il prêt à prendre en charge les 200 millions des mines marginales ?, se demandait donc Jean Vercleyen, chef de cabinet d'Achille Van Acker (archives Van Acker, 1612c, Note de Jean Vercleyen sur le rapport de la Commission chargée de l'étude de la péréquation des charbonnages belges, le 12 octobre 1954).

François Vinck[245], entendait ainsi opérer une distinction parmi les producteurs de charbon gras B. La règle générale devait être de retirer le gras B de la péréquation a), alors que les quatre mines wallonnes productrices de cette catégorie (une dans le bassin du Borinage et les trois autres dans le bassin du Centre) devaient, à titre d'exceptions, être maintenues dans la péréquation a) et même bénéficier d'une aide accrue[246]. Cela impliquait d'opérer une distinction au sein de cette catégorie et d'y fixer deux barèmes de compte différents : le premier, présenté comme le barème normal, serait identifié au barème de vente (comme il avait été prévu pour l'ensemble des gras B) ; le second, présenté comme exceptionnel, serait fixé au niveau du barème de compte alors en vigueur et ne vaudrait que pour quatre exploitations wallonnes. La péréquation c) quant à elle pourrait continuer pour toutes les entreprises de gras B. Si les prix du marché étaient amenés à baisser, les charbons concernés par le barème de compte dit normal seraient automatiquement réintégrés au bénéfice de la péréquation.

Concernant les charbons maigres et ¼ gras, le problème était d'un autre genre. Dans ce cas, le Gouvernement voulait que l'on distingue au sein des charbons maigres, d'une part, ceux qui étaient destinés aux foyers domestiques et dont les prix pouvaient être libérés et, d'autre part, ceux qui étaient destinés à l'usage industriel. Pour ces derniers, il voulait donc user du même artifice que pour les gras B : maintenir une péréquation nulle en rendant identiques le barème de compte et le barème de vente, ce qui interdisait une libération des prix[247]. C'est principalement l'usage de cet artifice pour les maigres et ¼ gras mais également pour les gras B, sur lequel A. S. Milward ne s'est pas arrêté dans son analyse, qui allait provoquer la polémique au sein de la Haute Autorité au début de l'année 1955. Ce qui, aux yeux des charbonniers belges, semblait inacceptable était surtout la baisse des prix et la compensation interne au secteur entraînées par la refonte de la péréquation.

2. *Les arguments de la Fédéchar*

Pour sa part, les raisons que la Fédéchar avait de se plaindre étaient moins élaborées. Son désaccord se situait plus simplement dans le prolongement direct du vieux combat pour un contrôle des prix du combustible. C'est principalement à ce titre que la réforme annoncée ne

245 Archives SGB, 816, « Renseignements communiqués à Renders », le 12 août 1954.

246 Archives CEAB, 02 724, Procès-verbal du collège de la Haute Autorité, le 25 février 1955 ; *idem*, 02 725, Procès-verbal du collège de la Haute Autorité, le 28 février 1955.

247 Archives CEAB, 02 724, Procès-verbal du collège de la Haute Autorité, le 25 février 1955.

pouvait être que mal accueillie par les patrons charbonniers belges. Les arguments qu'ils y opposaient étaient divers.

Compte tenu du renversement de la conjoncture, alors que précisément des demandes de livraison de charbons avaient été introduites par les Pays-Bas, par la Grande-Bretagne et même par l'Allemagne, l'application des conclusions du rapport de la Commission ne se justifiait plus[248]. Si vraiment, on voulait baisser les prix, on ne pouvait le faire qu'à concurrence de la perte des 200 millions de FB destinés aux mines marginales[249]. En outre, les nouvelles dispositions ne tenaient pas compte de celles initialement prévues dans la CDT.

Pour Pierre Delville, jadis présent à Paris lors des négociations, les mesures proposées dans le rapport de la Commission d'experts étaient en contradiction avec les intentions des négociateurs. Premièrement, il avait été clairement stipulé (au § 24 de la CDT) que le mode de répartition de la péréquation, que l'on entendait maintenant modifier, devait se baser sur la « situation existante au début de la période de transition »[250]. Sur la base de cette situation, que les charbonniers pouvaient donc légitimement considérer comme étant un « fait acquis », des programmes de rééquipement avaient été élaborés, programmes dont il avait d'ailleurs été tenu compte dans le calcul du barème n° I. La modification annoncée, en rompant la stabilité des recettes sur lesquelles les producteurs avaient cru pouvoir compter, risquait de mettre certains charbonnages « devant un seuil infranchissable » en fin de transition. Rien, dans la description des modalités de péréquation faite par la Haute Autorité au Gouvernement belge en mars 1953, ne permettait de prévoir la moindre sélection parmi les charbonnages et de « supposer que le mécanisme de péréquation institué [alors] avait un caractère précaire »[251]. Au cas contraire, les charbonniers ne se seraient pas engagés dans des contrats de crédits Marshall et SNCI et la Campine n'aurait pas, en faveur des autres charbonnages, renoncé à bénéficier des crédits

248 Archives Fédéchar, 260-58, Compte rendu de l'entretien des représentants de l'industrie charbonnière avec Vinck, le 29 septembre 1954. Ce même reproche fut également fait par Baudhuin, F., « L'évolution du problème charbonnier », *Revue Générale Belge*, 1955, p. 1224.

249 Archives Fédéchar, 547, Procès-verbal du Comité de direction, le 28 octobre 1954 ; *idem*, 547, Procès-verbal du Comité de direction, le 3 novembre 1954 ; *idem*, 547, Procès-verbal du Comité de direction, le 20 octobre 1954 ; *idem*, 291/70, « Compte rendu de l'entretien accordé par Monsieur Rey, ministre des Affaires économiques, à la délégation des Producteurs Charbonniers, le jeudi 28 octobre 1954 ».

250 Archives Fédéchar, 260/58, Compte rendu de l'entretien des représentants de l'industrie charbonnière avec Vinck, le 29 septembre 1954.

251 Archives Fédéchar, 547, Annexe au procès-verbal du 15 décembre 1954, « Compte rendu de l'audience accordée par la Haute Autorité à la délégation des producteurs belges de charbon à Luxembourg, le 9 décembre 1954 ».

Marshall. À quoi bon, dans de telles conditions, parler encore d'intégrer les charbonnages belges au marché commun, s'interrogeait Pierre Delville ?

Deuxièmement, tout en reconnaissant qu'il avait été convenu de procéder à une révision périodique du régime de péréquation, Delville rappelait que cette révision ne devait pas consister à déterminer la répartition, mais seulement le volume d'alimentation du fonds de péréquation. La réforme annoncée constituait à ses yeux un sérieux retour en arrière puisqu'elle revenait non seulement sur le principe de non-discrimination célébré par le traité-fondateur de la CECA mais également sur les bonnes résolutions prises en septembre 1949 par le Gouvernement Eyskens pour mettre un terme à la compensation croisée. Le caractère global de la péréquation excluait de le confondre avec « une mesure quelconque de compensation entre bons et mauvais charbonnages »[252]. Comment, du reste, les exploitations de gras B avaient-elles été sélectionnées pour tomber à la trappe de la péréquation ? Si c'était sur la base des dividendes distribués, comme les producteurs le pensaient, la discrimination n'avait aucune légitimité car, d'une part, ces dividendes n'étaient pas les plus élevés et, d'autre part, ils faisaient partie de ces faits acquis que la CDT appelait à respecter.

Enfin, troisièmement, contrairement à ce que prétendait François Vinck, la refonte de la péréquation prévue aurait pour effet de baisser les prix du gras B au-dessous des « coûts prévisibles de production à la fin de la période de transition »[253], ce qui était contraire au Traité CECA. « Ce frein existe », disait la Fédéchar, « et nous ferons tout ce qu'il faut pour qu'il joue »[254]. Pour légitimer cette baisse de prix, Vinck se basait en réalité sur une note que la Fédéchar avait remise en avril 1952 aux promoteurs du Plan Schuman et qui annonçait des baisses de prix de revient beaucoup plus substantielles que celles effectivement réalisées

---

[252] Archives CEPCEO, Note de la délégation belge concernant les modifications de barèmes envisagées par la Haute Autorité et par le Gouvernement belge, le 15 octobre 1954.

[253] Ce coût prévisible était le niveau du coût de production auquel les efforts de rééquipement et de rationalisation devaient tendre au fur et à mesure de la péréquation. Dès avant la mise en place du premier barème, en mars 1953, cette notion avait fait l'objet de débats entre charbonniers et consommateurs, entre administrations belge et européenne : à commencer par la question de savoir si ce coût prévisible devait constituer un but précis (les prix du marché, par exemple) ou s'il s'agissait d'un filet de sécurité au-dessous duquel les prix du charbon belge ne pouvait pas tomber. Et en 1955, rien ne semblait plus sûr à son sujet que deux années auparavant (archives Fédéchar, 260/56, Note de Delville « Coût de production prévisible dans l'industrie charbonnière belge en fin de période de transition », le 4 avril 1956).

[254] Archives Fédéchar, 259/40, Note de la Fédéchar « Compte rendu de l'entretien accordé par Rey, ministre des Affaires économiques, à la délégation des producteurs, le 20 avril 1955 ».

depuis lors. Pierre Delville n'était pas loin d'accuser explicitement Vinck d'être de mauvaise foi : les chiffres qu'il invoquait s'inséraient dans le cadre d'une production de 36 millions de tonnes, un volume de production qui impliquait à lui seul une notable réduction de l'incidence des charges fixes. En termes qui ne laissent pas beaucoup de doutes sur le fond de sa pensée, Pierre Delville ajoutait : « Ce n'est pas à M. Vinck qu'il y a lieu d'expliquer pourquoi la Belgique ne produit pas, actuellement, un volume correspondant à la pleine capacité de ses mines »[255].

C. Quels renforts pour les charbonniers ?

Dans l'ensemble, les charbonniers ne purent pas compter sur de nombreux soutiens. Depuis son installation, le Gouvernement de coalition libérale-socialiste d'Achille Van Acker était déterminé à baisser le coût de l'énergie quitte à devoir pour cela emboîter le pas à la Haute Autorité sur la question de la refonte de péréquation (1). En marge de ces discussions, le Congrès de la FGTB faisait réagir les charbonniers de façon minimaliste (2). Du côté du CEPCEO, les charbonniers belges tentèrent bien de convaincre à nouveau leurs partenaires que les problèmes belges avaient une résonance européenne, mais en vain (3). En réalité, c'est davantage au sein de la Haute Autorité que devait venir une remise en cause de la réforme présentée par la Commission mixte et lourdement appuyée par le Gouvernement belge (4).

1. Un Gouvernement décidé

Lors de sa première rencontre avec les charbonniers, Jean Rey, ministre des Affaires économiques depuis avril 1954, s'était employé à rassurer ses interlocuteurs, ne se disant « victime d'aucun complexe 'anti-charbon' »[256] : il se disait ainsi persuadé que la Belgique allait avoir besoin de la totalité de sa capacité de production et, plus précisément, au sujet des mines marginales, il déclarait qu'il « n'[entrait] pas dans les intentions du Gouvernement d'abandonner le Borinage ni les charbonnages marginaux en général ». D'ailleurs, aucune décision ne serait prise sans les charbonniers. Confirmant ses propos, il leur avait annoncé différentes mesures gouvernementales : un projet de loi sur le financement des stocks ; un projet de loi sur la mise en concession des réserves de Campine ; et enfin, une aide au rééquipement venant compenser le refus marqué par la Haute Autorité de couvrir de son aval les crédits d'investissements de la SNCI. C'était beaucoup en une fois : outre la garantie de ne pas devoir fermer quoi que ce soit, les mesures de

---

255 Archives Fédéchar, 547, Annexe au procès-verbal du 15 décembre 1954, « Compte rendu de l'audience accordée par la Haute Autorité à la délégation des producteurs belges de charbon à Luxembourg, le 9 décembre 1954 »

256 Archives Fédéchar, 547, Procès-verbal du Comité de direction, le 29 septembre 1954.

financement des stocks et la concession des réserves de Campine étaient attendues par les charbonniers depuis de nombreux mois déjà.

Lorsqu'ils rencontrèrent Jean Rey, le 23 septembre, quatre mois avaient passé et la tonalité de son discours avait eu tout le temps de se modifier. Réagissant à la description faite par Louis Dehasse, alors président de la Fédéchar, de la situation des charbonnages belges face aux perspectives de réforme, le ministre répondit : « Le tableau qui vient d'être tracé est complet. Il faut cependant y ajouter la menace de nationalisation que contient le projet récent de la FGTB »[257]. Un mois auparavant, la Commission d'études de la FGTB avait en effet achevé un rapport que le syndicat socialiste s'apprêtait à exposer dans les grandes lignes lors de son congrès, à la fin du mois d'octobre (voir ci-dessous). Tout en assurant les charbonniers que, selon lui, cette nationalisation ne se produirait pas « ni en un stade ni en deux », il ajoutait que la visite des charbonniers se produisait « à un moment psychologique » où le Gouvernement allait devoir se prononcer tant sur le problème des mines marginales que sur celui de la péréquation : « Je vous demande à présent de bien vouloir me suivre sur le terrain du Gouvernement et d'essayer de comprendre son point de vue. [...] Des délégations aussi imposantes que la vôtre, représentant tous les secteurs industriels consommateurs de charbon, se sont succédées ici pour exposer leurs doléances au sujet du prix des charbons belges. Je pense qu'ils ont raison et qu'il est de l'intérêt général que le prix du charbon industriel soit abaissé ». Pour preuve que les consommateurs avaient une longue d'avance...

En échange de la bonne volonté des charbonniers, Rey réitéra ses promesses du 21 mai, en matière de financement des stocks et concernant l'aide au rééquipement, s'engageant à accélérer le mouvement. Mais il avertissait : « Il n'y a pas lieu de prévoir dans ce domaine une solution rapide, ni même une solution favorable ». Dans les deux cas, des retards étaient à redouter en raison de désaccords au sein du Gouvernement. Pour Louis Dehasse, il n'y avait plus qu'à clore la réunion : « Nous sentons, Monsieur le Ministre, qu'en matière de prix votre position est prise. Vous l'avez d'ailleurs déclaré publiquement ». Mais serait-il au moins possible d'obtenir une contrepartie pour les mines menacées de Campine ? Ne pouvait-on pas imaginer de leur donner l'accès aux réserves non encore concédées ?

Vers la mi-novembre 1954, dans sa déclaration à la Chambre des Représentants, le Gouvernement appela à une baisse des prix du char-

---

257 Archives Fédéchar, 291-68, « Compte rendu de l'entretien de la délégation des producteurs avec Monsieur Rey, ministre des Affaires économiques, le jeudi 23 septembre 1954 ».

bon. Les membres du CNC se dirent « émus »[258]. Au terme d'une séance consacrée à la question, de « graves objections » furent formulées contre les mesures envisagées : outre que les industries consommatrices bénéficiaient pour la plupart d'une « prospérité enviable », tous les éléments conjoncturels amenaient à conclure qu'une baisse des prix ne se justifiait pas. Si le Gouvernement voulait vraiment, pour des raisons psychologiques, baisser les prix, il devait se limiter à l'utilisation des 200 millions de FB des mines marginales boraines. Le CNC allait encore avoir l'occasion au printemps suivant d'exprimer son opposition à la réforme dans son ensemble.

Mais, comme nous le verrons, c'est à Luxembourg que la polémique surgit avec le plus d'ampleur, au sein même des institutions, quant à l'utilisation que le Gouvernement belge entendait faire des fonds libérés par la refonte. Jean Rey se mit en peine de défendre ses projets : ne pas utiliser les fonds libérés à la baisse des prix permettrait certes de baisser les charges de l'État, mais serait, selon lui, une politique de facilité qui, plutôt que de rapprocher, éloignerait le moment où les charbonnages belges seraient en mesure de supporter la concurrence du marché commun[259]. André Meyers, quant à lui, était du même avis, approuvant tant l'idée de sélection parmi les charbons gras sur la base de la nature de leurs gisements que celle d'une diminution immédiate des prix du charbon[260].

Le 23 décembre 1954, le Premier ministre Achille Van Acker affirma aux charbonniers que, dès après sa mise en place, son Gouvernement s'était préparé à procéder à cette baisse des prix et que si la Haute Autorité n'y avait pas jusqu'alors fait entrave, la mesure eût été déjà prise. Mais ce fut également pour lui l'occasion de faire part de sa vision des choses sur un plan bien plus général : « Le moment est venu de faire table rase des légendes au sujet de l'industrie charbonnière et d'abandonner les errements du passé : il faut avoir le courage d'envisager la compensation verticale et faire appel à la collectivité belge pour le solde éventuel »[261]. Il envisageait donc de mettre en place un système de compensation entre secteurs qui, selon lui, devait permettre de maintenir l'entièreté de l'industrie charbonnière belge tout en assurant aux ouvriers mineurs les avantages sociaux auxquels ils avaient droit.

---

[258] Archives Fédéchar, 290-62, Avis du Conseil National des Charbonnages, le 22 novembre 1954.

[259] Archives CEAB, 07 592, Lettre de Rey à la Haute Autorité, le 5 décembre 1954.

[260] Archives CEAB, 07 592, Note de Meyers « Aménagement de la péréquation », le 6 décembre 1954.

[261] Archives Fédéchar, 291/73, Compte rendu de l'audience accordée à la délégation des producteurs de charbon, par Monsieur Van Acker, Premier ministre, le 23 décembre 1954.

Mais dès lors qu'on parlait d'une solidarité entre secteurs, en quoi une baisse des prix se justifiait-elle ? « Il est difficile », répondait Van Acker ; « de prévoir ce qui va se passer dans quelques années en se basant sur les dispositions du Traité ». Il ne cachait pas son hostilité à la CECA, qualifiant de « 'criminelle' » la disposition du Traité qui prévoyait une réduction de la production et il déclarait que les auteurs de cette disposition « devraient être fusillés ». Mais cependant, faute de mieux, la seule et unique solution aux yeux de Van Acker était encore et toujours une baisse des prix : « Il faut être pratique et organiser cette compensation aussi rapidement que possible. Par cette voie, nous obtiendrons des résultats tangibles. On ne pourrait en dire de même des belles théories que contient le Traité au sujet de la reconversion des activités industrielles ».

Le Gouvernement belge n'entendait manifestement pas s'embarrasser avec les aspects conjoncturels de la question. Tout en reconnaissant le renversement survenu dans la conjoncture depuis l'achèvement du rapport de la Commission mixte en juin 1954, il était d'avis que le problème n'était pas de rechercher l'équilibre entre les secteurs consommateurs et producteurs de charbon dans le cadre de la conjoncture du moment mais plutôt de « savoir si l'intégration de l'industrie charbonnière belge dans le marché commun [était] possible »[262]. Or, ce problème revêtait un aspect purement structurel : « [...] sur le terrain de la conjoncture, les producteurs charbonniers ont raison et ils savent qu'il [Rey] le sait, mais [...] sur le terrain de la structure, ils ont tort et ils savent qu'il le sait »[263]. Et il ne lui semblait pas dénué de sens de profiter de la conjoncture favorable pour abaisser les prix[264]. Quant à attendre avec confiance de voir ce qui allait se passer avec les prix allemands, comme entendait le faire la Fédéchar, avant de juger du meilleur niveau auquel fixer les prix du barème belge, le ministre Rey craignait que cela mène les charbonniers à attendre la fin de la transition et se rendre

---

262 Quelques temps, le ministre Rey écrit d'ailleurs à Jean Monnet pour lui rappeler que le Gouvernement belge a toujours considéré que les considérations structurelles primaient sur le conjoncturel : « Si la Haute Autorité devait être amenée, par suite de l'évolution de la conjoncture, à tenir compte dans la fixation du barème des prix du charbon belge de considérations conjoncturelles, c'est elle qui en sera juge et non pas le Gouvernement » (archives Fédéchar, 259/42, Lettre de Rey à Monnet, le 3 mai 1955).

263 Archives Fédéchar, 259/40, Compte rendu de l'audience accordée par Van Acker et Rey, le 5 mai 1955.

264 Des informations, commentées par le Comité des directeurs, rapportent que « le ministre des Affaires économiques aurait affirmé [à Luxembourg] que la réduction des prix de vente est un moyen indispensable pour obtenir que certaines mines belges abandonnent, dès à présent, l'exploitation de leur gisement » (archives Fédéchar, 548, Procès-verbal du Comité de direction, 20 avril 1955).

compte alors que les prix allemands n'avaient pas assez augmenté ; « Je crois que vous misez trop sur l'évolution des événements économiques en Allemagne et que vous oubliez qu'il y a, chez nous, un problème structurel à résoudre »[265].

Il semble bien que le Gouvernement pesa de tout son poids dans la balance pour arriver à ses fins. Conscient des faiblesses du plan soumis par la Commission mixte, Vinck engageait la Haute Autorité à y apporter son soutien en ces termes : « Le Gouvernement belge semble bien décidé à obtenir gain de cause dans cette politique d'ensemble qui se situe dans la grande perspective du marché commun. Si la Haute Autorité décourage ces bonnes dispositions, nous risquons d'avoir de graves difficultés politiques avec le Gouvernement belge et de manquer en même temps la grande opération d'assainissement et d'intégration de l'industrie charbonnière belge dans le marché commun en 1958 »[266]. Mais cette référence au rôle joué par le Gouvernement belge ne s'arrête pas là. Au sein de la Haute Autorité, on n'était que trop conscient de cette situation et du rôle précis joué par le ministre belge des Affaires économiques, Jean Rey. L'Allemand Franz Etzel, partageant sans doute le scepticisme de certains confrères quant à la légitimité de la réforme, allait jusqu'à regretter que la Haute Autorité ne pouvait pas faire grand-chose dès le moment où le Gouvernement belge et son ministre pesaient aussi lourdement sur le processus de décision.

À ce sujet, les charbonniers belges n'étaient pas dupes. Jean Rey eut beau dire que ce n'était pas la politique de son gouvernement qui était en cause, il eut beau prétendre que la Commission Mixte avait travaillé « à la demande de Luxembourg »[267] et que, pour sa part, il s'était contenté de prendre au vol, en l'approuvant, un plan dressé dès février 1954. La pression exercée par le Gouvernement belge et par l'Administration des Mines était un secret de Polichinelle aux yeux de Pierre Delville : « D'après ce qui a été déclaré aux producteurs à Luxembourg, la sélectivité, ainsi que la baisse des prix qui en est la conséquence, n'auraient vraisemblablement pas eu lieu si la Haute Autorité n'avait été amenée, par des interventions répétées, à tenir compte, dans une certaine mesure, du point de vue politique. En d'autres termes, l'attitude de Luxembourg dépend avant tout de celle adoptée par le ministre des Affaires économi-

---

265 Archives Fédéchar, 259/40, Compte rendu de l'entretien accordé par Rey, ministre des affaires économiques, à la délégation des producteurs, le 20 avril 1955.

266 Archives CEAB, 07 592, Note de Vinck à Monnet, le 18 décembre 1954.

267 Archives Fédéchar, 259/40, Note de la Fédéchar, « Compte rendu de l'entretien accordé par Rey, ministre des Affaires Économiques, à la délégation des producteurs, le 20 avril 1955 ».

ques de Belgique »[268]. A. S. Milward constate que sur cette question de la refonte de la péréquation belge, les membres du collège de la Haute Autorité ont surtout fait la preuve de leurs attaches avec leur gouvernement national[269]. En éclairant le rôle du Gouvernement belge, ceci permet de se faire une idée de l'envers du décor.

2. Les réactions au Congrès de la FGTB

Le 23 septembre, le ministre Rey avait tenu à rappeler aux charbonniers le contexte politique dans lequel la refonte était discutée : faire référence aux dernières revendications syndicales, tout en assurant les charbonniers que la nationalisation ne se ferait jamais, c'était là une entrée en matière à laquelle les fonctionnaires belges s'étaient habitués au cours des derniers mois. Mais alors que l'on avait encore en mémoire les discours incendiaires de l'hiver précédent, le nouvel appel lancé par la FGTB en vue d'une nationalisation des secteurs de l'énergie (charbonnages, gaz et électricité) ne pouvait pas rester inaperçu. Une copie du rapport *Les nationalisations* avait, en tous les cas, atterri dans les bureaux de la Fédéchar elle-même[270].

Au sein du Centre d'Études du Parti Social-Chrétien (PSC), à la réunion duquel assistaient Pierre Delville et Pierre Ledru, l'on s'inquiétait de la dimension politique du problème des mines marginales. Pour un des participants aux débats, une intervention de l'État faisait « poindre le problème de la nationalisation » : « Il sera impossible d'échapper à ce débat, car l'État ne voudra pas laisser aux seules entreprises privées le bénéfice de la rente économique provenant de l'exploitation de meilleurs gisements. Dès lors, nous devons faire attention : nous ne devons pas nous enferrer dans une solution économique, qui conduirait à une solution politique dont nous ne voudrions pas »[271]. Pour un autre des participants, les difficultés financières se posaient bel et bien pour le maintien des mines marginales et comme il était impossible de sacrifier ces mines pour des raisons politiques et sociales, il convenait de revoir le problème de façon fondamentale, s'entend réformer la structure du secteur.

---

268 Archives Fédéchar, 259/40, Note de la Fédéchar, « Compte rendu de l'audience accordée par Van Acker et Rey », le 5 mai 1955.

269 Milward, *The European Rescue of the Nation-State*, p. 105. Plus précisément au sujet de la séance du collège de la Haute Autorité du 26 avril 1955 dont nous parlons plus loin.

270 Archives Fédéchar, 290/67, « Les nationalisations », le 25 août 1954.

271 Archives SGB, 817, Compte rendu de la Commission CECA du Centre d'Études du PSC, le 29 septembre 1954 ; *idem*, 817, Compte rendu de la Commission CECA du Centre d'Études du PSC, le 14 octobre 1954.

Pour le député Pètre, si l'on voulait éviter des remous très violents dans le Borinage, le maintien des mines marginales s'imposait : compte tenu du manque d'autorité politique de la Haute Autorité, comment arrêterait-on les revendications ? « En réalité », poursuivait Pètre, « les patrons charbonniers doivent se sentir plus solidaires et s'unir. La Belgique compte plus de sociétés charbonnières que la Ruhr. Certaines discussions au CNC ont montré que les intérêts financiers privés dominent encore trop souvent. Il faut procéder à des réformes de structure : l'activité minière doit être coordonnée dans le cadre de chaque bassin ». Pierre Delville pria de ne pas mélanger les débats « en rendant politique un problème qui est essentiellement économique ». Pour lui, la CECA était « une réalité » et, par conséquent, si compensation il y avait, celle-ci devrait être communautaire.

Sans qu'il soit nécessaire de revenir ici dans le détail sur le Congrès de la FGTB[272], il faut tout de même s'y arrêter quelques instants car il allait avoir des conséquences importantes. Le congrès du syndicat socialiste, tenu à partir de la fin octobre 1954, se voulait être un procès du régime capitaliste suivant des objectifs sociaux et non purement doctrinaires. Dénonçant les faiblesses de l'économie belge, dont les entrepreneurs privés se rendaient responsables (par manque d'imagination, par traditionalisme et individualisme notamment), la FGTB appelait à une planification souple, seule à même de coordonner l'économie nationale. Elle constatait par ailleurs que la condition *sine qua non* de cette planification était de mettre un terme aux coûts élevés de l'énergie. Ce qui impliquait obligatoirement une nationalisation des secteurs de l'énergie (avec indemnisation). À la suite de ce congrès, cette nationalisation devait devenir plus que jamais un cheval de bataille pour la FGTB, qui entama par ailleurs une vaste réflexion sur le rôle des holdings et sur leur emprise sur l'économie, réflexion dont les résultats devaient faire l'objet d'un autre congrès en octobre 1956.

Dans le secteur de l'électricité, des négociations officieuses furent engagées dès avant le congrès de 1954 entre les syndicats et la FIB afin de trouver des alternatives à la solution de la nationalisation. Ainsi, après quelques hésitations, craignant notamment de devoir bientôt se prêter au même jeu pour d'autres secteurs industriels, les patrons se déclaraient-ils prêts à organiser le secteur sur le modèle de ce qui s'était fait précédemment dans le milieu bancaire avec la mise en place d'une Commission bancaire chargée de contrôler le secteur. Appliquée au domaine de l'énergie, une telle solution présentait l'avantage de répondre aux attentes de la FGTB (en matière de réduction et de standardisation des prix de l'énergie notamment) tout en maintenant l'État en-

---

272 Voir à ce sujet : Tilly, *André Renard. Biographie*, p. 374-379.

dehors de la nouvelle structure. En juillet 1955, une convention sur l'électricité allait finalement être conclue entre organisations ouvrières et patronales, et ce sans la moindre intervention du législateur[273]. Cet accord était totalement original puisqu'il prévoyait que l'industrie électrique serait désormais gérée comme une seule entreprise par les producteurs, avec la possibilité pour les syndicats et pour la FIB (au nom des consommateurs) de vérifier les comptes du secteur, de demander des modifications tarifaires et de faire des recommandations en matière de rationalisation[274]. En échange de cet accord, il fut convenu que la question de la nationalisation ne serait plus soulevée avant 1960. Mais, compte tenu de l'interdépendance entre électricité et charbon, comme l'a montré P. Tilly, c'est bien l'ensemble du secteur l'énergie qui était dans la ligne de mire des syndicats, désireux de voir s'établir une politique de l'énergie. Et la nationalisation devait demeurer, à ce titre, un des principaux objectifs de la FGTB[275].

De leur côté, les charbonniers avaient vraisemblablement les yeux rivés sur la réforme de la péréquation. La première réaction dont nous ayons connaissance est une note rédigée début mars 1955, au sein de la SGB, qui prétendait démonter un à un tous les arguments brandis par la FGTB lors de son congrès d'octobre 1954 pour justifier une réforme de structure dans les charbonnages[276]. Ceux-ci étaient présentés par les patrons comme « essentiellement théoriques », reposant parfois sur des considérations « purement idéologiques » et n'étant que des « pseudoraisons » lorsqu'il s'agissait de mettre en cause les mérites de la gestion privée des entreprises charbonnières du pays. Quant aux preuves qu'une gestion des mines par l'État permettrait une amélioration du niveau de vie dans le pays, le seul argument qui eût permis de justifier une nationalisation, la FGTB était incapable de les apporter, selon la note patronale.

---

273 *Ibid.*, p. 389-393 ; Brion et Moreau, *La Société Générale de Belgique. 1822-1997*, p. 377.

274 Le statut de l'industrie électrique reposait dès lors sur deux principes : 1) L'intégration des représentants des travailleurs et des utilisateurs au contrôle supérieur de l'industrie électrique dans un Comité de Contrôle – celui-ci reçoit les informations générales sur la situation et l'évolution de l'industrie électrique et donne des directives générales à l'industrie électrique soit en matière de prix, soit en matière de production ; 2) La concentration entre les mains d'un Comité de gestion, composé exclusivement de représentants des producteurs, des pouvoirs de décisions dans un certain nombre de domaines intéressant l'ensemble des entreprises d'électricité : investissements, prix, etc.

275 Tilly, *André Renard. Biographie*, p. 392.

276 Archives SGB, 740, « Réformes de structure de l'industrie charbonnière », le 7 mars 1955 (avec des annotations et corrections de Paul Renders). Les citations suivantes sans référence sont toutes tirées de cette note.

Sur la base des exemples fournis par les charbonnages nationalisés français et britanniques, ainsi que par la Société Nationale des Chemins de Fer Belges, la note de la SGB dénonçait par ailleurs les faiblesses inhérentes à l'entreprise d'État (dont la politisation, la bureaucratie, le manque d'initiative et le manque de sens de l'économie) dont même « ceux qui s'en sont faits les champions, à savoir les Soviets » faisaient état. Outre des vices internes, l'existence d'entreprises nationalisées dans une économie avait pour conséquence de biaiser le marché des capitaux aux dépens des activités privées, d'occulter les pertes des entreprises étatisées, ainsi que de faire perdre à l'État son indispensable statut d'arbitre dans les conflits sociaux.

Quant à l'objectif que la FGTB prétendait poursuivre, c'est-à-dire réduire les coûts de production et les prix de vente, la nationalisation ne règlerait rien : le vrai problème résidait dans la difficulté des gisements belges dont très peu se rendaient compte « en-dehors des milieux spécialisés ». Les problèmes rencontrés par les gros consommateurs industriels de charbon en Belgique étaient quant à eux surtout liés au coût de la main-d'œuvre : « [...] le problème économique belge ne réside pas dans les prix du charbon. En réduisant les prix de celui-ci, on rendrait sans doute plus facile la situation d'un nombre limité de secteurs, mais on ne résoudrait en rien le problème économique général de la Belgique. Par contre, l'industrie charbonnière serait plongée dans des difficultés plus profondes ».

À l'accusation lancée contre les intérêts privés d'être incapables de gérer les mines dans l'intérêt général, la note rétorquait qu'il suffisait de voir tous les investissements réalisés en dépit des difficultés conjoncturelles et tous les efforts grâce auxquels les mineurs belges jouissaient des meilleures conditions de vie d'Europe occidentale : « Aucune industrie n'est probablement dotée d'une super-structure institutionnelle aussi importante que les mines belges. Et cela se comprend tant en raison de l'importance du charbon dans notre économie nationale qu'à cause des mesures de sécurité qui doivent être prises dans l'industrie des mines »[277] Enfin, en tout état de cause, la nationalisation ne permettrait pas de résoudre le problème charbonnier belge. Pour trouver une solution, il fallait trouver un moyen de compenser le handicap des gisements : par la valorisation du charbon, une meilleure sélection des gisements, une fiscalisation des charges sociales, la mise en concession des réserves de Campine, le financement des stocks, la régularisation du recrutement de la main-d'œuvre ou encore la construction de maisons

---

[277] La note citait ainsi l'Administration des Mines, l'Institut National des Mines de Pâturages, le Conseil Supérieur d'Hygiène des Mines, l'Institut National de l'Industrie Charbonnière, le Conseil National des Charbonnages, la Haute Autorité, autant de preuves que le charbon était exploité dans l'intérêt général.

ouvrières. D'ailleurs, les mines marginales belges, ajoutait la note, n'étaient pas menacées de fermeture, comme tendait à l'affirmer la FGTB : la récente commission indépendante pour l'étude des mines marginales belges n'avait pas conclu « à la suppression pure et simple de certains charbonnages mais à leur assainissement. Sans doute celui-ci n'ira-t-il pas sans certains déplacements mais ceux-ci seront limités et s'étaleront dans le temps ». Et, quoi qu'il advînt, la situation était sous contrôle : des aides de réadaptation étaient prévues et la préservation des gisements, par leur transfert à des exploitations voisines, assurait la continuité de l'industrie charbonnière belge.

En guise de conclusion, la note patronale entendait à nouveau faire la part des choses entre compétences privées et publiques : « Il y a des aspects de l'activité charbonnière dans lesquels les pouvoirs publics peuvent intervenir utilement au profit de tout le monde, par contre, l'exploitation proprement dite des mines, avec toute l'ingéniosité, l'esprit d'entreprise et la souplesse qu'elle requiert, ne peut mieux être assurée au profit de l'intérêt général que par l'initiative privée. Entre l'action de l'État et celle de l'initiative privée, une harmonisation est sans aucun doute possible et souhaitable ». Mais sans plus.

Tout comme au début de l'année 1954, en vue des élections d'avril, les fonctionnaires se firent régulièrement l'écho de la pression syndicale. On savait que pour couper court aux reproches des charbonniers, leur rappeler de temps en temps l'épée de Damoclès qui pendait au-dessus de leur tête avait un certain effet. Ainsi, pour résoudre le problème de la dispersion des résultats entre exploitations belges, la refonte de la péréquation était présentée comme l'alternative aux réformes de structure plus radicales telles que celles réclamées par les syndicats : « [...] Les producteurs ont-ils une autre politique à proposer au Gouvernement ? » demandait ainsi Jean Rey, à quelques jours de la décision finale en mai 1955 ; « Ces discussions n'amusent personne. M. De Smaele a proposé naguère de constituer une Société Charbonnière par bassin. Êtes-vous d'accord pour reprendre ce projet, soit volontairement, soit par la voie législative ? » Rey déclarait qu'il ne ressentait « aucun plaisir à faire intervenir la loi dans les affaires que les gens qui les dirigent connaissent beaucoup mieux que lui »[278]. Les électriciens avaient compris l'intérêt qu'il y avait à prendre les devants et à négocier avec les syndicats ; les charbonniers semblaient en être encore loin.

3. *Des collègues européens indifférents*

Au sein du CEPCEO, la position des producteurs belges ne devait pas s'améliorer. Début octobre, quelques jours après la remise du rap-

---

[278] Archives Fédéchar, 259/40, Note de la Fédéchar, « Compte rendu de l'audience accordée par Van Acker et Rey », le 5 mai 1955.

port, les producteurs belges avaient attiré « la sérieuse attention des autres délégations sur le danger que [présentaient] certaines interventions autoritaires en matière de fixation des prix, interventions qui [risquaient] de conduire à des discriminations entre entreprises »[279]. Louis Dehasse en appelait à la solidarité entre délégations : « dans ces temps troubles, la tâche des producteurs est plus que jamais de s'unir pour travailler ensemble à la construction de l'Europe ». En effet, selon lui, les risques de sélection entre entreprises ne concernaient pas que les producteurs belges : « Des décisions qui aboutiraient à de semblables discriminations recèlent un danger évident de dictature économique ».

La première réaction des autres délégations fut pleine de promesses. « Ce qui arrive aujourd'hui en Belgique », déclarait ainsi l'Allemand Heinrich Kost, « peut arriver demain ailleurs et il est donc pensable d'amener la Haute Autorité à ne pas innover dans ce domaine »[280]. Le Français Paul Baseilhac, dont le gouvernement entendait également comprimer les tarifs, considérait que la Haute Autorité était trop pressée de réaliser son objectif de diminution du prix de l'énergie. On s'accorda donc pour en discuter dès la prochaine réunion du Comité central, à la fin du mois.

En vue de cette rencontre, la Fédéchar confirma sur papier ses préférences pour le libéralisme économique affirmant l'incompatibilité des mesures envisagées avec les principes de liberté, qu'il était indispensable de défendre dans le marché commun. Et à ce titre, pour être bien sûr de capter l'attention de leurs homologues, le mieux était encore d'attribuer à la Haute Autorité la responsabilité de toutes ces dérives. Non seulement, elle procédait à des enquêtes sur les prix de revient des exploitations, et ce en contradiction flagrante avec la liberté de gestion interne des entreprises, mais en plus c'était elle qui tenait à baisser les prix de l'énergie dans la CECA. Quant au Gouvernement belge, dans le cadre d'entretiens qu'ils avaient eu avec certains de ses membres, les charbonniers avaient le sentiment de lui « avoir fait prendre conscience du bien-fondé de leur point de vue »[281]. C'était bien la Haute Autorité, la véritable responsable : « elle porte actuellement son action sur la Belgique », mais un précédent était toujours susceptible d'être invoqué ultérieurement à l'encontre des autres États-membres.

Lors de la réunion du Comité central, les charbonniers belges allaient cependant être déçus dans leurs attentes. Devant l'indifférence voire les

---

[279] Archives Fédéchar, 547, Procès-verbal du Comité de direction, le 6 octobre 1954.

[280] Archives CEPCEO, Compte rendu de l'Assemblée plénière, à Knokke, les 4 et 5 octobre 1954.

[281] Archives CEPCEO, Note de la délégation belge concernant les modifications de barèmes envisagées par la Haute Autorité et par le Gouvernement belge, le 15 octobre 1954.

critiques de leurs partenaires et « craignant que toutes les délégations ne parlent pas le même langage »[282], Pierre Delville crut bon de mettre ses homologues à la page, en leur dressant un historique de la question. En conclusion, il réaffirmait que la péréquation ne pouvait absolument pas être assimilée à une compensation entre mines : « Si l'on permet à la Haute Autorité de décider quelles sont les bonnes entreprises et quelles sont les mauvaises, sans même que les intéressés aient l'occasion de faire entendre leur avis, cela peut conduire très loin ».

Tout en assurant les Belges de leur appui, les producteurs français étaient d'avis que la véritable action devait se situer sur le plan de la Belgique : « L'affaire est en dernier ressort entre les mains du Gouvernement belge ». De même, aux yeux des Allemands, le Gouvernement belge étant responsable de 50 % de la péréquation, il lui revenait le droit de se préoccuper de l'efficacité de ces subventions et d'y porter les améliorations qu'il jugerait nécessaires. En outre, ils invitaient les charbonniers belges à regarder le problème sous l'angle de ceux qui alimentaient le fonds de péréquation : « De ce point de vue, il faut se demander si les objectifs de la péréquation sont atteints, et s'ils ne le sont pas, il faut rechercher les moyens de les réaliser ». Ainsi, par exemple, puisqu'en amont les prélèvements destinés au fonds de péréquation étaient fonction des coûts de production, ne pouvait-on pas légitimement imaginer d'en faire autant en aval pour la répartition des fonds de péréquation ?

Quant au Néerlandais Pieter Wirtz, il constatait que, devant la complexité du problème, il était nécessaire de s'entendre sur les points qui effectivement rassemblaient les producteurs et non sur ceux qui les divisaient. Y avait-il réellement un danger à admettre que les fonds de péréquation fussent réservés aux mines qui en avaient le plus besoin ? Plus explicitement, il était d'avis que si une entreprise ne pouvait plus vivre par ses propres moyens, elle devait « le déclarer, ouvrir ses livres et prouver qu'elle [était] réellement en déficit ». Après tout, la péréquation n'avait-elle pas été conçue pour permettre à la Belgique d'adhérer au marché commun ? Indifférent à l'indignation de Louis Dehasse, selon qui la péréquation « n'a rien d'une prime à l'entrée de la Belgique dans le marché commun », Wirtz concluait : « La délégation belge fait une distinction que d'autres délégations n'aperçoivent pas. Il ne paraît pas possible, à l'heure actuelle, de trouver une formule qui permette d'agir en commun ; mais cet échange de vues a été très utile ». Libre à chacun, disait-il, d'y réfléchir de son côté.

282 Archives CEPCEO, Compte rendu du Comité central, à Bruxelles, le 28 octobre 1954.

4. La polémique atteint la Haute Autorité

Que la réforme ne passa pas comme lettre à la poste est le moins que l'on puisse dire. Car une fois admis le principe d'une diminution du barème des charbons belges, la question s'était posée au sein de la Commission mixte de savoir comment, d'une part, procéder à cette baisse sans prêter le flanc au reproche de discrimination et, d'autre part, d'adapter la baisse en fonction des différences entre charbonnages. Et avant de parvenir à une décision finale, la légitimité de la réforme envisagée fut plus d'une fois vivement contestée au sein même de la Haute Autorité et de son collège.

Les désaccords au sujet de la réforme, telle qu'elle semblait se mettre en place, apparurent dès le mois de novembre 1954 au sein de la Division du Marché, entre Vinck et son adjoint à la direction Hermann Dehnen[283] mais n'allaient faire l'objet d'un véritable débat au sein de la Haute Autorité qu'à partir de février 1955. Différentes questions de principe furent alors posées dont deux posaient problème[284]. Premièrement, était-il possible de réduire à zéro la différence entre barème de compte et barème de vente, comme on entendait le faire pour les gras B et les maigres et ¼ gras à usage industriel ? La Haute Autorité avait déjà affirmé cette possibilité, mais son service juridique avait opposé de sérieuses objections, compte tenu de ce que le contrôle des prix devait nécessairement s'accompagner du bénéfice de subsides de péréquation (en vertu du § 26). Deuxièmement, en appliquant simultanément une sélection par entreprises et une sélection par catégories de charbon, comme on entendait le faire au sujet des trois producteurs de gras B en Campine, ne risquait-on pas d'entacher la première forme de sélection d'une discrimination entre entreprises ? L'intention du Gouvernement de distinguer les producteurs au sein de la catégorie gras B posait problème et risquait de donner lieu à des plaintes voire à des recours en justice. L'État belge entendait assumer l'entière responsabilité de cette décision, mais la Haute Autorité ne pouvait pas se départir de la sienne.

Au terme de la séance du 28 février 1955, la Haute Autorité recommanda notamment au Gouvernement belge de ne pas user des barèmes de compte comme d'un artifice pour maintenir une péréquation nulle. Il fallait maintenir des subsides pour chaque catégorie dans son ensemble et, au besoin, énoncer différents barèmes de compte afin de tenir compte des différentes conditions d'exploitation ou de marché observées au sein

---

283 Archives CEAB, 07 591, Note de Dehnen à Vinck, le 12 novembre 1954.

284 Archives CEAB, 02 725, Procès-verbal du collège de la Haute Autorité, le 25 février 1955.

de chaque catégorie[285]. Dans l'immédiat, on procéderait à une péréquation nulle, tel qu'il était envisagé par le Gouvernement belge, mais dès la prochaine révision des barèmes de vente, on s'entendrait pour déterminer les besoins de péréquation de façon à octroyer des subsides adaptés à tous les producteurs au sein d'une même catégorie. Cette voie de compromis fut bien accueillie, d'une part, parce qu'elle semblait éviter l'écueil de la discrimination et, d'autre part, parce que « la mesure envisagée constituerait un pas en avant vers l'assainissement de la production charbonnière en Belgique »[286]. Si l'on pensait avoir mis un terme à la polémique, c'était sans compter Albert Coppé.

Opposé au principe d'une péréquation symbolique, même à titre précaire, Coppé trouvait « inconcevable de faire une différenciation entre charbonnages »[287] ; par ailleurs, il était illusoire, selon lui, « de croire que le fait de maintenir à un niveau bas le prix des sortes industrielles pourrait contribuer à accélérer l'intégration des charbonnages belges ». Il fit parvenir à ses collègues une note dans laquelle il dénonçait en douze points la réforme décidée par la Haute Autorité : une réforme jugée tout à la fois anti-économique, non conforme au Traité CECA, grevée d'*a priori*, de détournement de pouvoirs et de discrimination. Cette note, qui concluait par ces mots : « La CECA aide les charbonnages belges grâce à la péréquation et les handicape par sa politique de prix anti-conjoncturelle »[288], tomba entre les mains des charbonniers belges qui, bien entendu, s'en sentirent confortés.

Au fil des semaines, le Vice-président de la Haute Autorité allait maintenir une opposition inconditionnelle aux propositions du Gouvernement belge et de François Vinck. En mai 1955, alors que le débat entrait dans une phase décisive, la polémique allait encore enfler[289], Albert Coppé exprimant à nouveau la plus véhémente opposition à la réforme et priant ses collègues de réfléchir avant de prendre une décision « qui entraînera plus d'un recours »[290]. La note qu'il rédigea alors, tout aussi critique que la précédente, était destinée cette fois à mettre en lumière les contradictions dans lesquelles cette réforme risquait de

285 Archives CEAB, 02 725, Note de Vinck et Dehnen aux membres du collège de la Haute Autorité, le 28 février 1955.

286 Archives CEAB, 02 725, Procès-verbal du collège de la Haute Autorité, le 2 mars 1955.

287 *Idem*.

288 Archives Fédéchar, 259/38, Note anonyme d'un membre de la Haute Autorité à ses collègues, le 3 mars 1955.

289 Archives Fédéchar, 259/42, Note secrète « Note de M. Vinck sur la révision du barème des prix des charbons belge », le 6 mai 1955.

290 Archives Fédéchar, 259/42, Note confidentielle « Note de M. Albert Coppé sur la péréquation belge », le 9 mai 1955.

mettre la Haute Autorité : pouvait-on honnêtement rejeter l'argument conjoncturel pour le remplacer par une « 'conjecture' structurelle » pour les seuls charbonnages belges ? Les dispositions destinées à « empêcher les charbonnages belges de bénéficier d'une bonne conjoncture » n'étaient, à ses yeux, ni plus ni moins qu'« un véritable *détournement de pouvoirs* ». De plus, la Haute Autorité allait sortir de son rôle d'autorité indépendante qu'elle se devait de rester : « [...], nous savons tous que seule la pression de Monsieur Rey amènera la Haute Autorité à un abaissement 'structurel' alors que presque aucun collègue ne voit vraiment pourquoi on abandonnerait les considérations de marché décidées auparavant ». Enfin, en guise d'envoi, Albert Coppé ajoutait une « remarque sarcastique » en imaginant que, face à l'entrée de la Grande-Bretagne dans la CECA, la Haute Autorité fût amenée à faire aux produits sidérurgiques communautaires le même sort qu'elle était en train de faire aux charbons belges : « prophétiser » sur un prix à atteindre, fixer une période d'adaptation et imposer des prix maxima dégressifs pour forcer l'adaptation[291]. Mais l'exemple était sans doute trop peu vraisemblable aux yeux des collègues d'Albert Coppé pour les faire réfléchir et revenir sur leur décision.

D. La Fédéchar réclame une hausse des prix

À partir du début de l'année 1955, une hausse salariale et ses conséquences financières vinrent se greffer sur le processus en cours à Luxembourg. À la suite de conventions arrêtées en CNMM, un malentendu s'était installé quant à la mesure dans laquelle l'État belge s'était dit prêt à compenser les augmentations salariales : les producteurs avaient retenu que la compensation serait intégrale ; ce à quoi le Gouvernement s'opposait[292]. En guise d'alternative, la Fédéchar se mit alors à réclamer une hausse des prix de vente, une augmentation d'autant plus légitime à ses yeux qu'en Allemagne une mesure similaire semblait imminente. Il est évident que pour le Gouvernement, qui tâchait justement d'obtenir à Luxembourg une baisse importante des prix des char-

---

291 Notons que, quelques mois plus tôt, le même type d'argument avait été utilisé le charbonnier de la SGB Édouard Leblanc lors d'une réunion avec la Haute Autorité, dont Albert Coppé : « Les consommateurs insistent pour que nos prix s'alignent avec ceux de la Ruhr. Pourquoi ne réclameraient-ils pas le nivellement avec les prix anglais le jour où la Grande-Bretagne sera incorporée à la Communauté ? Pourquoi les consommateurs ne demanderaient-ils pas le nivellement avec le prix départ des charbons aux États-Unis ou avec celui de l'Afrique du Sud qui est actuellement de 35 FB ? Que diraient alors les producteurs allemands ? » (archives Fédéchar, 547, Annexe au procès-verbal du 15 décembre 1954, « Compte rendu de l'audience accordée par la Haute Autorité à la délégation des producteurs belges de charbon à Luxembourg, le 9 décembre 1954 »).

292 Archives Fédéchar, 259/38, Note de la Fédéchar « Compte rendu d'un entretien avec Monsieur Rey, ministre des Affaires étrangères, le jeudi 24 février 1955 ».

bons industriels, cette perspective n'était pas acceptable. De leur côté, les syndicats avaient annoncé que si aucun accord n'était atteint au 7 mars, ils se mettraient en grève : il fallait que le Gouvernement belge et les producteurs prennent leur responsabilité[293].

Contre l'avis de Rey, la Fédéchar entreprit alors des démarches en urgence auprès de la Haute Autorité, invoquant le risque de grève en Belgique[294]. La Haute Autorité était compétente en matière de prix, c'était donc à elle qu'il revenait de désamorcer la crise. La Haute Autorité refusa de jouer le jeu des charbonniers et répliqua qu'il revenait aux décideurs belges de s'entendre entre eux ; de toute façon, la Haute Autorité devait consulter le Gouvernement belge. Mais les charbonniers avaient d'autres idées en tête : Delville laissa notamment entendre que la solution se trouvait principalement dans le maintien des dispositions de péréquation. Mais la Haute Autorité renvoya les charbonniers à leur Gouvernement : il ne fallait pas renverser le problème. Le lendemain, Louis Dehasse écrivit à Jean Rey : « Nous avons exposé [à la Haute Autorité] la situation tragique dans laquelle l'industrie charbonnière belge se trouvait à la veille d'une grève qui risque de porter un grave préjudice, non seulement à elle-même, mais aussi à l'économie de la Belgique et peut-être à celles des États associés de la CECA ». Dès lors, que le Gouvernement veuille forcer les charbonniers à prendre seuls en charge des hausses salariales que lui-même leur avait imposées, était tout simplement inacceptable : « Avec notre profond regret de ne pouvoir suivre les vues du Gouvernement en ces circonstances, nous vous prions, Monsieur le Ministre, d'agréer l'assurance de notre haute considération »[295].

Un accord fut finalement trouvé, sous forme de contrat de neutralité mutuelle face à la Haute Autorité. Le Gouvernement, ayant réfléchi aux difficultés propres à l'industrie charbonnière, se résigna à l'aménagement de prix sollicité par les charbonnages mais « à la condition formelle qu'il soit lié à la baisse des charbons industriels qui est toujours en discussion avec la Haute Autorité et sur laquelle cette dernière n'a pas encore statué »[296]. Le ministre poursuivait : « Si vous voulez ma neutra-

---

[293] Archives Fédéchar, 259/38, Résolution de la Centrale Syndicale des Travailleurs des Mines de Belgique, le 27 février 1955 ; *idem*, 259/38, Lettre de Dedoyard à Dehasse, le 28 février 1955 ; archives CEAB, 03 124, Télégramme de Fédéchar au président de la Haute Autorité, le 28 février 1955.

[294] Archives CEAB, 03 124, Note du Secrétariat du groupe du travail Marché-Entente-Transports, « Audience des représentants des producteurs de charbon et des mineurs belges, le mardi 1er mars 1955 ».

[295] Archives Fédéchar, 259/38, Lettre de Dehasse à Rey, le 2 mars 1955.

[296] Archives Fédéchar, 259/38, Note de la Fédéchar, « Aide-mémoire de l'entrevue accordée par Messieurs Van Acker, Premier ministre, Rey, ministre des Affaires éco-

lité dans l'aménagement des prix de 3 FB par tonne en moyenne, donnez-moi également la vôtre. [...] Simplifions, je vous prie : le Gouvernement conserve sa position, vous conservez la vôtre. La Haute Autorité tranchera. Peut-être sera-ce le Gouvernement belge qui devra recourir à la Cour de Justice. Qui vivra verra ».

E. Vers un recours en justice

En dépit de l'accord conclu avec le Gouvernement belge, la position des charbonniers quant au réaménagement de la péréquation ne devait pas changer : les modifications sollicitées par le Gouvernement belge étaient tout simplement contraires au Traité CECA. Un redressement des prix s'annonçait dans les principaux pays producteurs de la Communauté, ce qui allait avoir pour avantage de réduire l'écart entre les produits belges et les leurs ; baisser les prix belges précisément à ce moment semblait donc inutile[297]. On se dirigeait de plus en plus clairement vers un recours en justice. Dès le début du mois d'octobre 1954, les charbonniers n'avaient pas caché leur intention de ce recours contre la « note de Vinck » et, à la fin novembre, ils avaient même officiellement prévenu Jean Monnet du risque auquel la Haute Autorité s'exposait : la Fédéchar ainsi que les trois charbonnages campinois touchés par la formule de refonte du Gouvernement belge étaient résolus à traîner la Haute Autorité en justice[298].

Vers la fin du mois de mars 1955, alors qu'elle mettait au point les recommandations à adresser au Gouvernement belge en matière de rationalisation et de modernisation des installations charbonnières, la Haute Autorité entama la phase finale du processus de révision des barèmes de vente du charbon belge. Devant le refus de la Fédéchar à prendre part à des discussions qui devaient inévitablement mener à une baisse des prix, la Division du Marché menaça d'agir sans les charbonniers[299]. Le lendemain, une réunion fut organisée en urgence entre le collège de la Haute Autorité et une délégation de la Fédéchar[300]. La Haute Autorité se devait de tenir compte des conditions du marché mais,

---

nomiques et Troclet, ministre du Travail et de la Prévoyance sociale à une délégation charbonnière le vendredi 4 mars 1955 ».

297 Les patrons charbonniers iront jusqu'à demander à la Haute Autorité d'accélérer le mouvement, lui suggérant de s'intéresser un peu aux prix de Ruhr, beaucoup trop bas selon eux (archives Fédéchar, 259/40, Note de la Fédéchar « Avis de la Fédéchar à la Haute Autorité de la CECA » (s.d.)).

298 Archives Fédéchar, 291/71, Lettre de Dehasse à Monnet, le 24 novembre 1954.

299 Archives Fédéchar, 259/39, Note de la Fédéchar « Copie des télégrammes échangés le 24 mars 1955 ».

300 Archives Fédéchar, 259/39, Note de la Fédéchar « Compte rendu de l'entretien accordé par la Haute Autorité à la délégation des producteurs, le vendredi 25 mars 1955 ».

compte tenu de ce que l'intégration européenne n'était que partielle, elle devait également harmoniser sa politique avec celles des États-membres : « Or, le Gouvernement belge a pris clairement position en faveur de la baisse de prix et le ministre des Affaires économiques de Belgique a insisté avec énormément de fermeté, dans ce sens, au cours de plusieurs exposés faits à la Haute Autorité ». Cependant, histoire de donner aux charbonniers le temps d'y réfléchir et de s'associer de leur plein gré à la décision finale, la Haute Autorité accepta de proroger le barème belge jusqu'au 30 avril prochain[301]. Un mois plus tard, nouvelle invitation de la Haute Autorité, nouveau refus de la Fédéchar[302]. La patience de Jean Rey était à bout : il fit signe à la Haute Autorité de ne plus attendre la Fédéchar et de poursuivre le processus avec le Gouvernement belge.

En vue de la publication du nouveau barème des charbons belges, début mai, le collège de la Haute Autorité devait encore se prononcer, le 26 avril, sur le niveau auquel les prix devraient être fixés. À la position du Gouvernement belge, appuyée par François Vinck, qui voulait pouvoir utiliser la totalité des sommes récupérées sur la péréquation à la baisse des prix (soit 380 millions de FB), fut préférée un usage plus modéré des sommes récupérées évitant que le barème de compte ne soit fixé au-dessous de ceux du marché commun (soit à concurrence de 240 millions de FB seulement sur les 380 millions disponibles)[303]. À la suite de ce vote, François Vinck transmit au Président de la Haute Autorité une note dans laquelle il exposait son désaccord. « La décision que vous venez de faire prendre à la Haute Autorité est la plus mauvaise [...] » : elle mécontentait tous les intéressés (gouvernement, producteurs et consommateurs) ; elle remettait en cause l'ensemble des changements structurels qui sont nécessaires pour intégrer l'industrie charbonnière belge ; elle partait de considérations conjoncturelles, ce que l'on refuse de faire lorsqu'il s'agit des charbons de la Ruhr ; elle n'était pas conforme au § 26 qui prévoyait une baisse des prix pour les consommateurs belges dès le début de la période de transition ; elle pouvait être attaquée devant la Cour de Justice par tous les intéressés ; et enfin, elle semblait être surtout le résultat de manœuvres et d'obstructions délibé-

[301] Archives Fédéchar, 259/42, Note de la Fédéchar « Procès-verbal de la séance du 7 avril 1955 du Comité Consultatif auprès de la Fédéchar », le 14 avril 1955.

[302] Archives Fédéchar, 260/43, Lettre de Daum au président de la Fédéchar, le 18 avril 1955.

[303] Archives CEAB, 02 726, Procès-verbal du collège de la Haute Autorité, le 26 avril 1955.

rées « [...] dont la circulation, hier en séance, du petit billet provenant de la Fédéchar n'est qu'une illustration »[304].

Début mai, des contacts entre les autorités nationales et communautaires ainsi qu'entre administrations débouchaient sur un nouveau projet de barème. Cette fois, Jean Rey était parvenu à y faire intégrer une baisse des fines à coke. Il disait craindre que, compte tenu de charges salariales nouvelles, récemment décidées, les prix de ces fines soient amenés à augmenter plutôt que de baisser[305]. Cette opération impliquait d'utiliser 300 millions de FB au lieu des 240 convenus le 26 avril dernier. Consultés par la Division du Marché sur la base de ce nouveau projet de barème, les délégués de la Fédéchar restèrent camper sur leurs positions n'acceptant aucune baisse et réclamant le maintien intégral du barème actuel aménagé d'une hausse linéaire de 3 FB/tonne pour compenser les récentes hausses salariales[306].

Alors qu'au sein de la Fédéchar, la fracture traditionnelle entre bassins et entre producteurs de charbon maigres et ¼ gras refaisait surface, amenant le président à faire appel à la solidarité[307], on commençait à reprendre de l'optimisme. À Luxembourg, on semblait s'activer pour trouver un compromis avec les charbonniers : un délégué charbonnier témoignait ainsi de ce qu'au cours d'une réunion à Luxembourg, il avait « recueilli l'impression que le souci de la Haute Autorité était d'éviter un recours des charbonnages belges devant la Cour de Justice [...] » : « il semble que ce soit la raison pour laquelle la Haute Autorité rechercherait un accord avec les producteurs charbonniers »[308]. Compte tenu des arguments invoqués par les producteurs, Hermann Dehnen, directeur-adjoint de la Division du Marché, avait en effet préparé et soumis à la Haute Autorité un nouveau projet de barème comportant un nombre restreint de baisses n'absorbant plus que 90 millions de FB.

Cependant, dans le même temps, la Haute Autorité s'était surtout renseignée auprès du service juridique quant à savoir si elle pouvait

---

304 Archives Jean Monnet, AMH, 20/9/1, Note personnelle de Vinck à Monnet, le 27 avril 1955. François Vinck considérait par ailleurs que « les conséquences politiques pouvaient en être très considérables et néfastes pour la Communauté ainsi que pour l'intégration future. [...] Mon but est de réaliser avec le concours d'un gouvernement compréhensif et courageux une partie difficile et délicate de l'œuvre de la Communauté. L'échec de cet essai causerait pour moi un cas de conscience [...] ».

305 Archives CEAB, 02 726, Procès-verbal du collège de la Haute Autorité, le 4 mai 1955 ; *idem*, 02, 726, Procès-verbal du collège de la Haute Autorité, le 10 mai 1955.

306 Archives CEAB, 02 726, Procès-verbal du collège de la Haute Autorité, le 28 mai 1955 ; archives Fédéchar, 259/41, Note de la Fédéchar « Mémorandum remis par la Fédération Charbonnière de Belgique à la Haute Autorité sur l'opportunité de maintenir le barème actuel des prix de vente du charbon belge (17 mai 1955) ».

307 Archives Fédéchar, 548, Procès-verbal du Comité de direction, le 25 mai 1955.

308 *Idem*.

légalement fixer le nouveau barème belge sans attendre la bénédiction de la Fédéchar. La réponse était affirmative. D'ailleurs, le refus constant des charbonniers belges à déposer un nouveau barème en baisse menait à une situation absurde puisqu'il « aurait pour résultat d'enrayer tout le mécanisme de péréquation, le prélèvement de péréquation étant lui-même dégressif »[309] En conclusion, si certes il convenait de consulter les producteurs, il n'était pas indispensable d'obtenir leur accord. On s'apprêta donc à voter entre les deux derniers barèmes proposés : celui incluant des baisses pour les fines à coke et celui, nettement plus modéré, présenté par Dehnen. Favorable à ce dernier, Albert Coppé monta une toute dernière fois au créneau pour dénoncer toute l'injustice et l'incohérence qu'il voyait dans le barème soutenu par la plupart de ses collègues[310]. Dès après ce vote, Jean Monnet envoya une lettre à Louis Dehasse et au Gouvernement belge leur signifiant sans cérémonie que la Haute Autorité ne s'était pas ralliée au point de vue des producteurs et que décision était prise[311].

Dès lors, les producteurs se préparèrent à la confrontation juridique avec la Haute Autorité. Le 23 juin, la Fédéchar et les trois charbonnages de Campine introduisaient officiellement un recours en annulation devant la Cour de Justice[312]. Ce recours qui allait déboucher après plus d'un an de procédure sur le déboutement des charbonniers, devait surtout avoir pour résultat de retarder les changements convenus entre le Gouvernement belge et la Haute Autorité en termes de péréquation, et par conséquent d'affaiblir le levier financier que Luxembourg avait espéré gagner pour accélérer l'assainissement du secteur charbonnier belge[313].

V. Conclusion

Le premier constat que nous pouvons faire est qu'en dépit des enjeux objectifs de la refonte de la péréquation pour l'avenir de leur secteur, la décision s'est largement faite sans les charbonniers belges. Court-circuitée par les charbonniers de la SGB au cours de l'automne 1953, minée par des dissensions internes et paralysée par l'individualisme de

[309] Archives CEAB, 02 726, Procès-verbal du collège de la Haute Autorité, 28 mai 1955.

[310] *Idem.*

[311] Archives Fédéchar, 259/41, Lettre de Monnet à Rey, le 28 mai 1955 ; *idem*, 259/41, Lettre de Monnet à Dehasse, le 28 mai 1955.

[312] Archives Fédéchar, 259/42, Procès-verbal de l'Assemblée Générale extraordinaire de la Fédération charbonnière de Belgique, tenue à Bruxelles le 7 juin 1955 » ; *idem*, 259/42, « Note sur la meilleure façon d'introduire la procédure », le 16 juin 1955 ; *idem*, 259/42, Lettre de Fédéchar aux président et membres de la Cour de Justice de la CECA, le 23 juin 1955.

[313] Milward, *The European Rescue of the Nation-State*, p. 108.

ses affiliés, la Fédéchar vécut la première phase de la refonte de péréquation (de janvier à septembre 1954) sous l'emprise de la vieille obsession des patrons charbonniers, plus préoccupés de ne pas « perdre la face » devant les syndicats et de sauvegarder, coûte que coûte, le statut privé de leurs mines que d'affronter le problème des exploitations marginales.

Au cours des premiers mois, la campagne électorale en vue du scrutin d'avril 1954 joua certainement un grand rôle dans la fixation que se firent les patrons charbonniers belges sur la question des réformes de structure. Mais même au-delà, du moins jusque juin 1955, le sujet ne devait jamais réellement quitter la scène. Tout d'abord parce que dès la fin de l'été 1954, en vue de son congrès, la FGTB relançait de façon très explicite le débat sur la nationalisation des secteurs de l'énergie. Ensuite, parce que les officiels belges, le ministre Jean Rey en tête, se firent un devoir de rappeler régulièrement à leurs interlocuteurs de la Fédéchar ce qui leur pendait au nez en la matière.

Cela nous permet d'ailleurs d'ajouter à l'analyse d'A. S. Milward une dimension supplémentaire, essentielle pour la compréhension de l'attitude de l'État belge face à la Haute Autorité au cours de ce processus de refonte. En apportant une solution au problème de la dispersion des résultats entre mines, la refonte de la péréquation constituait, aux yeux du Gouvernement belge, la seule alternative crédible à opposer aux revendications des syndicats, nettement plus portés sur une réforme radicale de la structure de l'industrie charbonnière belge. Pas plus que les patrons charbonniers mais pour d'autres raisons, le Gouvernement n'était en faveur d'une nationalisation des mines belges.

Mais pour en revenir à la Fédéchar, ce chapitre nous a permis de mettre en évidence l'idée que les patrons charbonniers se faisaient de la CECA et du CEPCEO. Intraitables sur la question d'une compensation interne entre exploitations belges sous prétexte que l'ensemble des mines belges étaient marginales à l'échelle du marché commun, ils firent preuve par contre d'un réel dynamisme à faire porter à charge de la CECA et des producteurs européens tout le poids du problème charbonnier belge. Quitte à adopter, au grand dam de leurs collègues, des positions nettement dirigistes. Au point d'en arriver à la situation inédite d'un patron français, fonctionnaire d'État, dénonçant les errements de son homologue belge et conseillant à celui-ci de s'en tenir aux principes de la libre entreprise ! La solidarité entre charbonniers européens n'était manifestement pas le principal bénéfice à tirer du CEPCEO, au sein de laquelle, ô désillusion, la délégation belge se trouva bien vite isolée.

Lorsqu'en septembre 1954, la Fédéchar se rendit compte que depuis janvier 1954 elle avait prêché dans le désert et que le principe d'une refonte de la péréquation était arrêté, il était déjà trop tard pour y apporter sa touche : les fonctionnaires européens avaient imposé leurs vues ; les fonctionnaires belges leur avaient emboîté le pas ; et les consommateurs de charbon belge en avaient tiré profit. Au cours des mois qui suivirent, les charbonniers belges ne tarirent pas de reproches contre des décisions qu'ils jugeaient économiquement indéfendables et surtout totalement en infraction avec les dispositions anti-discriminatoires du Traité CECA. Sur cette question également, ils tentèrent même de faire jouer la solidarité de leurs collègues européens, dans le sens de la libre entreprise cette fois, mais sans résultat. Ils se montrèrent de plus en plus de découragés et amers face à des autorités publiques largement sourdes à leurs doléances et face à l'indifférence de leurs partenaires du CEPCEO.

CHAPITRE 5

Les renforts ne viendront plus (1956-1959)

Comme souligné dans l'introduction, l'industrie charbonnière belge et la CECA ont été intimement liées dans l'historiographie. Les difficultés éprouvées par la Haute Autorité pour intégrer l'industrie charbonnière belge au marché commun ont ainsi plusieurs fois servi pour illustrer les premiers tâtonnements de la mise en forme d'une politique industrielle et énergétique sur le plan communautaire[1]. De ce point de vue, la grande crise charbonnière de la fin des années 1950 constitue indéniablement un moment-clé : l'échec de l'aide transitoire apportée au bénéfice du charbon belge puis la mise en échec de la Haute Autorité par des États-membres peu enclins à appliquer un programme d'actions réclamé à grands cris par la Belgique, confirment l'un et l'autre combien les deux destins étaient croisés. Il ne faut donc pas s'étonner que, sur cette période 1958-1960, l'histoire de l'industrie charbonnière belge nous soit principalement connue sous l'angle de la CECA.

Ces quelques années constituent cependant un tournant pour l'industrie charbonnière belge sur le plan national, et ce, non seulement en termes économiques – ce qui paraît évident –, mais également en termes politiques. Ainsi, dès 1959, W. Jr. Diebold constatait que la question de l'intégration au marché commun ne constituait qu'un des aspects du problème charbonnier belge, « *operating perhaps more to force other issues than as a focus of major decisions* »[2]. En effet, tout aussi importantes étaient selon lui les implications politiques et idéologiques du problème charbonnier et de la crise qui secouait alors la Belgique : il constatait ainsi que la moindre tentative du Gouvernement belge d'exercer un contrôle sur la production nationale de charbon était dénoncée sous prétexte d'être emprunte de « socialisme ».

À la fin février 1959, soit quelques jours à peine avant que W. Jr. Diebold mette un point final à son ouvrage, l'industrie charbonnière belge franchissait pourtant une étape qui, au regard de la longue

[1] Diebold, *The Schuman Plan. A Study in Economic Cooperation, 1950-1959* ; Meade *et al.*, *Case studies in European Economic Union. The Mechanics of Integration*, p. 288-309 ; Milward, *The European Rescue of the Nation-State*, p. 116-117 ; Spierenburg et Poidevin, *Histoire de la Haute Autorité de la CECA. Une expérience supranationale*.

[2] Diebold, *The Schuman Plan. A Study in Economic Cooperation, 1950-1959*, p. 215.

tradition conservatrice des producteurs charbonniers, fait figure de première : sous la pression de la crise et face aux menaces très concrètes de fermetures, les débats en matière de réformes de structure, relancés dès l'été 1956 suite à la catastrophe minière de Marcinelle, prirent un cours nouveau face auquel l'intransigeance et le conservatisme des charbonniers n'étaient plus de mise. Afin de préserver autant que possible les principes de la libre entreprise et les intérêts de ses affiliés, la FIB s'impliqua comme elle ne l'avait jamais fait depuis la fin de la Seconde Guerre mondiale, bien décidée à forcer sa branche charbonnière à lâcher du lest et à composer avec les organisations syndicales sur la voie d'une réforme structurelle.

Dans ce dernier chapitre, il sera question des circonstances dans lesquelles les patrons charbonniers belges ont été poussés à accepter ce qu'ils avaient si longtemps combattu. À la suite de la catastrophe de Marcinelle en août 1956, les charbonniers apparaissaient de plus en plus isolés dans leur défense du *statu quo* et, dans le contexte de la crise charbonnière, ils n'eurent plus d'autre issue que celle d'accepter de débattre avec les syndicats : sur le plan national, des voix de plus en plus nombreuses et pressantes se faisaient entendre pour dénoncer leur gestion archaïque et sclérosée, largement responsable du désastre en cours ; sur le plan communautaire, au sein du Conseil spécial des Ministres tout comme au sein du CEPCEO, la solidarité, seule susceptible de maintenir un *statu quo*, ne semblait pas devoir l'emporter.

I. Les dernières belles années (1955-1957)

Dans sa thèse de doctorat, Albert Coppé avait observé au cours de l'entre-deux-guerres une certaine régularité des cycles du marché charbonnier, dont il évaluait la longueur à six ou sept ans[3]. Il avait constaté par ailleurs qu'en raison de l'inertie de ses structures de production, l'industrie charbonnière était tributaire d'une certaine régularité dans l'évolution de la demande. Or, l'après-guerre allait être marqué par des cycles économiques de plus en plus courts face auxquels l'industrie charbonnière belge avait de plus en plus de peine à faire face comme le montre la courbe des stocks ci-dessous[4].

---

3 Coppé, *Problèmes d'économie charbonnière. Essai d'orientation politique.*

4 Perron, *Le marché du charbon, un enjeu entre l'Europe et les États-Unis de 1945 à 1958*, p. 41-49.

Figure 4 : Évolution des stocks au producteur dans l'industrie houillère belge (décembre 1948-décembre 1961)

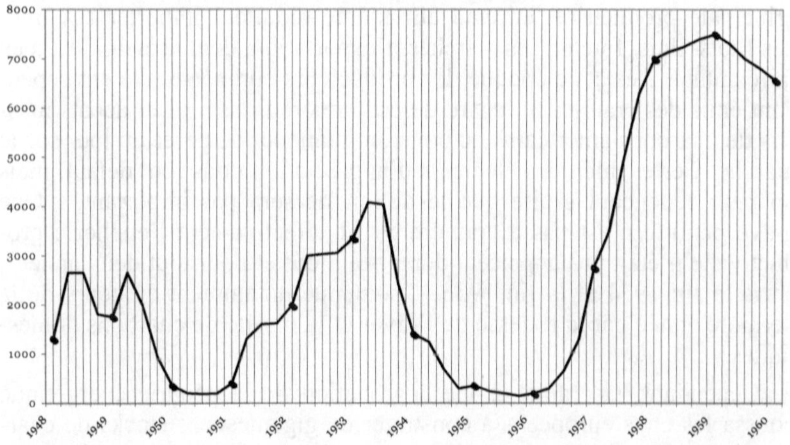

(Sources : Cobéchar, *L'industrie charbonnière en 1957*, Bruxelles : Comptoir belge des charbons, 1958 et de Valschaerts, H., « L'industrie charbonnière belge en 1958 », *Bulletin de l'IRES*, 1959 ; *idem*, « Le charbon, le gaz et l'électricité en 1960 », *Bulletin de l'IRES*, 1961 ; et *idem*, « L'industrie charbonnière, les industries du gaz et de l'électricité en 1961 », *Bulletin de l'IRES*, 1962).

La guerre de Corée marqua le premier coup d'accélérateur en provoquant une brusque montée de fièvre dans la demande de charbon à coke. Et, alors que la substitution des produits pétroliers aux combustibles solides était engagée, à des degrés divers d'un pays à l'autre, cette situation devait avoir des conséquences décisives et à long terme sur le marché charbonnier[5]. En l'espace de dix ans, la Belgique allait ainsi connaître deux cycles quasi complets. En ce qui nous concerne ici, c'est dans le creux du deuxième cycle que tout allait se jouer. Entre euphorie et prudence, entre psychose et confiance, face aux tensions du marché énergétique, les acteurs charbonniers, industriels et publiques, belges et européens, eurent de la peine à se décider pour une politique cohérente.

A. Entre optimisme et prudence (1955-1957)

1. Les années du boom conjoncturel

La reprise économique amorcée vers la fin 1954, précisément alors que la refonte de la péréquation belge était mise sur les rails, s'était confirmée au cours des années 1955 et 1956. La demande de charbon avait fortement augmenté au début de 1955, entraînant une fonte des stocks quasiment partout dans la CECA et allant même jusqu'à provo-

5 *Ibid.*, p. 41-49.

quer un retour de la pénurie. Alors que la production d'acier atteignait en 1955 des niveaux totalement inespérés deux ans plus tôt, c'est principalement les fines à coke qui commençaient à manquer. L'Allemagne, principale productrice, en était elle-même réduite à importer ces fines des États-Unis, forçant ses marchés d'exportation, dont la Belgique, à en faire autant. Dès cette époque, les producteurs européens avaient cependant émis des craintes à l'égard de ces importations : « Les achats massifs de charbons américains ne pourront manquer de peser un jour sur le marché. Certes, bien des éléments d'appréciation nous font défaut, mais on peut cependant croire que le déficit ne sera pas important... Une grave pénurie n'est pas à craindre »[6]. Et effectivement l'euphorie productiviste n'était pas appelée à durer – en tout et pour tout deux années, entre la fin 1954 et la fin 1956 –, soutenue notamment au cours de la dernière année par la rudesse de l'hiver et la disette de charbons domestiques.

Cependant, la crainte d'une aggravation de la pénurie énergétique poussa les pays européens à constituer de gigantesques stocks de charbon à titre de réserves stratégiques (ainsi, les plus de 4,5 millions de tonnes de stocks au consommateur en Belgique à la fin 1957) et à intensifier les importations de charbons américains, principalement à usage industriel : contre environ 5 millions de tonnes importées en 1953 et 1954 et 10 en 1955, 25 millions de tonnes entrèrent ainsi sur le marché communautaire en 1956. À partir de 1955, suivant des recommandations de la Haute Autorité, des contrats d'importations de charbon américain furent fixés pour des périodes allant jusque trois ans et même jusque quatre ans, l'année suivante : outre qu'ils assuraient un approvisionnement adéquat, de tels contrats devaient, selon Luxembourg, permettre d'éviter les inconvénients de la fluctuation des taux de fret transatlantique qui, à cette même époque, atteignaient des sommets[7].

En Belgique, les difficultés pour satisfaire la demande étaient dues à la réduction du temps de travail dans les mines (début de 1956), mais plus globalement à une régression importante du nombre d'ouvriers tant belges qu'étrangers. À partir du mois d'août 1956, ce problème allait s'aggraver plus encore suite à la catastrophe minière de Marcinelle dans

6 Archives CEPCEO, Compte rendu de la réunion de la Commission du Marché du CEPCEO, le 29 décembre 1955.

7 Perron, *Le marché du charbon, un enjeu entre l'Europe et les États-Unis de 1945 à 1958*, p. 242-243. Sous l'effet de la spéculation notamment, les taux de fret allaient cependant fortement augmenter entre 1954 et 1956 (de 4,85 à 10,4 %) pour baisser légèrement en 1957 (9,97 %) ; Diebold, *The Schuman Plan. A Study in Economic Cooperation, 1950-1959*, p. 536.

le bassin de Charleroi[8]. Alors que le Gouvernement rétablissait les licences d'importation, producteurs et consommateurs avaient commencé de se rencontrer régulièrement à partir du mois de mai au sein d'une *Commission de contact* afin de s'organiser face à la pénurie[9] : ces contacts devaient notamment les mener à œuvrer de concert en vue de la mise en concession des réserves de Campine. Vers la fin de l'année, la nationalisation du Canal de Suez et la première crise pétrolière exacerbèrent encore davantage le marché, faisant craindre en Belgique une aggravation du déficit pour 1957.

Plus largement sur le plan de la CECA, la crise de Suez provoqua un climat de psychose poussant la Haute Autorité à envisager de déclarer la pénurie et à appeler le Conseil spécial des Ministres à entériner une demande de mise en application de l'art. 59 du Traité CECA[10]. Cependant, pour les charbonniers belges, l'heure était plutôt à la prudence. À leurs yeux, toutes ces mesures préventives, si elles se prêtaient au contexte de boom conjoncturel, risquaient d'avoir des effets désastreux en cas de récession. À la mi-novembre, ils tentèrent ainsi de tempérer leurs homologues européens quant à l'accroissement des besoins prévus par l'administration communautaire : ils étaient d'avis que les prévisions ne tenaient pas compte des progrès techniques effectués permettant une économie d'énergie, notamment dans la sidérurgie. Ils désapprouvaient par ailleurs l'attitude, dangereuse selon eux, qui consistait à gonfler au maximum les besoins futurs au seul dessein de créer un climat favorable pour l'industrie charbonnière : cela ne pouvait qu'amplifier les craintes des gouvernements et des consommateurs et les faire s'engager dans de nouveaux contrats à long terme ou dans le développement de sources d'énergie alternatives ; « Il faut être prudent lorsqu'on avance des chiffres déterminés à partir de la période d'euphorie que nous connaissons en ce moment »[11]. Mais ils ne semblent pas avoir été très écoutés par leurs homologues, plutôt d'avis qu'il n'était pas dans leur intérêt de mettre en doute les chiffres avancés par l'administration de Luxembourg.

Notons d'ailleurs que, sur le plan national, lorsqu'il s'agissait de s'adresser aux « élites de la Nation », les charbonniers belges ne mon-

---

8 Dumoulin, M. et Dassetto, F., *Mémoires d'une catastrophe. Marcinelle, 8 août 1956*, Louvain-la Neuve : CIACO, 1986 ; Tilly, P., *De Rome à Marcinelle*, Bruxelles : Le Cri, 2006.

9 Archives Fédéchar, 548, Procès-verbal du Comité de direction, le 15 mai 1956.

10 Un tel recours eût autorisé la Haute Autorité à agir directement sur le marché pour répartir les quantités disponibles entre consommateurs. Finalement, la Haute Autorité renonça à cette mesure.

11 Archives CEPCEO, Compte rendu du Comité central, à Valkenburg, le 19 novembre 1956.

traient pas la même prudence. Dans un article du premier numéro de sa revue *L'Industrie Charbonnière*, la Fédéchar s'employait bien au contraire à battre en brèche le pessimisme qui avait prévalu au cours des dernières années, en Belgique mais également au sein de la CECA, et auquel l'association elle-même avait contribué : les récentes études prévisionnelles permettaient de préciser les données du problème et toutes concourraient à appeler au développement des ressources énergétiques, dont le charbon[12]. Il faut dire que depuis la catastrophe de Marcinelle, la Fédéchar devait faire face à un scepticisme grandissant au sein de l'opinion publique quant à l'opportunité de maintenir à n'importe quel prix des mines marginales ou dangereuses et, dans ce contexte, il n'était pas question pour elle d'exprimer des doutes quant à l'ampleur des perspectives nouvelles comme elle le faisait au sein du CEPCEO.

La chute des taux de fret transatlantique aggrava la tendance en encourageant les importateurs de charbon américain à compenser les coûts élevés des contrats à long terme par de nouvelles importations à bas prix : contre les 25 millions de tonnes en 1956, ce sont près 35 qui affluèrent dans la CECA au cours de l'année suivante. Mais face à la pression des importations, les producteurs européens se montraient divisés quant aux responsabilités que la Haute Autorité devait pouvoir assumer : dès l'automne 1954, les délégations belges et françaises, en faveur d'une intervention supranationale sur le marché afin de limiter les importations ou de financer les stocks, avaient dû faire face aux deux autres délégations, plus libérales et opposées à toute extension des pouvoirs de l'exécutif communautaire au dépens des gouvernements nationaux[13]. Au plus fort du boom conjoncturel, alors que des contrats à long terme étaient conclus auprès des producteurs américains, le débat prit de l'ampleur. Ces désaccords permanents entre délégations, qui finirent d'ailleurs par entraîner des entorses à la règle du vote à l'unanimité, ne pouvaient pas rester sans conséquence quant à l'efficacité des démarches du CEPCEO auprès de la Haute Autorité. C'est sur ces questions générales et vagues que les délégations nationales au sein du CEPCEO purent bâtir certaines formes de consensus.

---

12 Masoin, M., « Perspectives nouvelles du Charbon », *L'Industrie Charbonnière*, n° 1, décembre 1956, p. 7-9.

13 Perron, « Divergences, front uni : l'organisation européenne des producteurs de charbon face à la Haute Autorité de la CECA », p. 252-257.

Figure 5 : Importations de charbons en provenance de pays tiers et courbe des stocks au sein de la CECA (en milliers de tonnes)

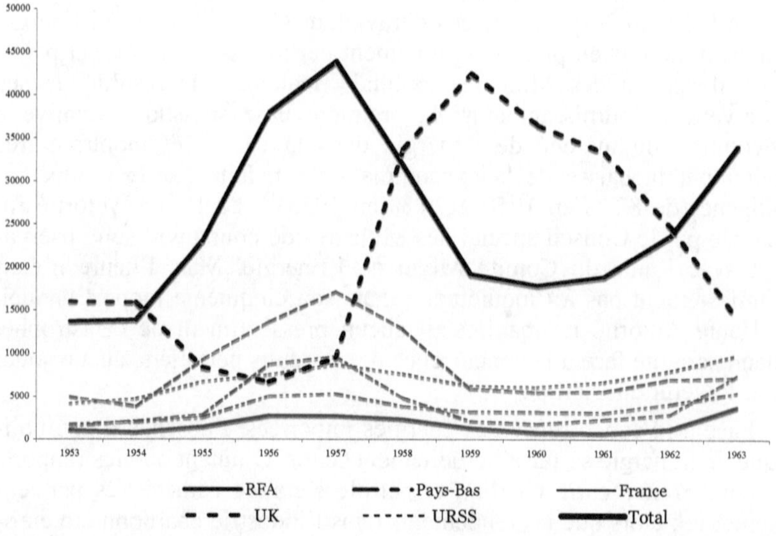

(Source : Perron, *Le marché du charbon, un enjeu entre l'Europe et les États-Unis de 1945 à 1958*, p. 47 ; *25 ans de marché commun du charbon*, Luxembourg : Office des Publications Officielles des Communautés Européennes, 1977, tables 32 et 37, p. 178 et 183).

Ainsi en fut-il, par exemple, de la nécessité d'une politique coordonnée de l'énergie que, depuis son entrée en fonction, la Haute Autorité s'était montrée incapable de formuler. Les études et les initiatives sur lesquelles baser une telle politique s'étaient pourtant accumulées depuis[14]. Même le processus de la relance européenne, dans le cadre de laquelle les questions énergétiques avaient fait l'objet d'une attention particulière, ne mena à rien de concret dans le sens d'une politique énergétique générale qui fût à cheval sur la CECA, la CEE et Euratom.

14 Ainsi, le mémorandum des Gouvernements de Benelux, présenté en juin 1955, lors de la Conférence de Messine ; en juillet 1955, « *Quelques aspects du problème européen de l'énergie* », rapport de l'expert énergétique auprès de l'OECE, Louis Armand ; en mai 1956, « *L'Europe face à ses besoins énergétiques croissants* », rapport de la commission Hartley ; en juin 1956, le rapport du Comité Spaak, adopté à la Conférence de Venise, en septembre 1956. Quelques mois plus tard, en septembre 1956, paraissait un nouveau rapport commandité par l'OECE (« *Oil-the outlook of Europe* ») ; en mai 1957, « *Target for Euratom* », rapport sur le nucléaire par le Comité des Trois Sages (Lucas, N. J. D., *Energy and the European Communities*, London : The David Davies Memorial Institute of International Studies. Europa Publications, 1977, p. 12-19).

Les Traités de Rome revenaient d'ailleurs à distribuer les compétences en matière énergétique entre les trois exécutifs, rendant illusoire le moindre progrès en la matière.

En 1957, après quatre année de travail, un Comité Mixte de l'Énergie qui avait été mis en place conjointement par la Haute Autorité et par le Conseil spécial des Ministres, publiait finalement le résultat de ses observations fournissant ainsi la première base statistique relative à l'évolution du marché de l'énergie dans la CECA et montrant très clairement la baisse de la consommation satisfaite par le production indigène (de 82 % en 1950 à 70 % en 1955)[15]. La Haute Autorité fut chargée par le Conseil spécial des Ministres de poursuivre son observation avec l'aide du Comité Mixte de l'Énergie. Mais l'heure n'était manifestement pas à l'inquiétude : dans son cinquième rapport annuel, la Haute Autorité ne manifestait aucun pressentiment de catastrophe, aucune crainte face à la concurrence des produits pétroliers, aucun souci pour l'avenir du charbon.

Face à la concurrence des énergies importées, l'absence d'une politique de l'énergie se faisait cruellement sentir. D'autant que les rapports de concurrence entre charbon et pétrole s'étaient caractérisés par leur asymétrie : alors que les rendements dans l'industrie charbonnière européenne avaient atteint leur limite, ceux de l'industrie pétrolière n'avaient cessé d'augmenter par voie d'investissements massifs et grâce à la baisse de ses coûts salariaux. Et alors que les prix du charbon n'avaient cessé de croître, les produits pétroliers étaient de moins en moins chers[16]. À la faveur du boom conjoncturel et de la pénurie, aussi réelle que redoutée, les produits pétroliers s'étaient ménagés une place plus confortable sur le marché énergétique communautaire. Dès 1954, le CEPCEO avait milité pour que la Haute Autorité élabore une politique digne de ce nom pour faire face à un péril commun à toutes les branches de l'industrie charbonnière européenne.

De plus, les charbonniers européens se mirent en peine d'envisager ces questions avec pragmatisme, de façon à dépasser leurs divergences de vue en matière idéologique ou politique. Face aux difficultés du marché charbonnier, ni la concurrence illimitée ni le dirigisme rigide ne constituaient une réponse valable[17]. Ils se contentèrent donc d'appeler la Haute Autorité à mettre fin aux discordances entre d'une part sa politique à long terme encourageant le développement des capacités de production et d'autre part celle à court terme engageant les industries à

[15] *Ibid.*, p. 28.

[16] Röndigs, *Globalisierung und europäische Integration. Der Strukturwandel des Energiesektors und die Politik der Montanunion, 1952-1962*, p. 151-182.

[17] CEPCEO, *Charbon et politique de l'énergie*, juillet 1955.

conclure des contrats d'importations de charbon à longue durée[18]. L'inertie des traditions nationales et la crise de 1958-1959 allait cependant avoir raison de cette première voie de consensus entre producteurs du CEPCEO[19].

Une deuxième voie fut celle d'une opposition sans faille des charbonniers européens face à toute législation sociale européenne. Alors qu'en décembre 1954, le Comité Consultatif auprès de la Haute Autorité avait approuvé à l'unanimité l'idée de mettre à l'étude les possibilités d'harmoniser certains bénéfices extrasalariaux des ouvriers de la CECA, les charbonniers européens prirent la tête d'un mouvement de résistance des employeurs contre ce projet[20]. En mars 1956, la Fédéchar refusa ainsi d'entrer dans quelque discussion que ce fût concernant l'opportunité de constituer des commissions paritaires dans le cadre de la CECA, projet sur lequel une commission du Comité Consultatif auprès de la Haute Autorité travaillait depuis l'automne 1955. Pour les charbonniers belges, le Traité CECA était clair (art. 68, 1) en ne reconnaissant aucune compétence à la Haute Autorité en matière de fixation des salaires ou des prestations sociales au sein des États membres. Par ailleurs, la CNMM, qui existait depuis trente-cinq années en Belgique, remplissait toutes les tâches nécessaires à ce sujet[21]. Sur le plan communautaire, la discussion allait s'intensifier avec la convocation, en mars 1957, par la Haute Autorité d'une conférence bipartite entre ouvriers et employeurs de l'industrie charbonnière afin de discuter non seulement d'une harmonisation des bénéfices extrasalariaux mais, plus fondamentalement, d'un « statut du mineur ». À l'unanimité, le CEPCEO refusa de négocier, en dépit du fait que les charbonniers belges et français avaient plutôt intérêt à voir les conditions de vie et de travail de leurs homologues néerlandais et allemands rejoindre celles auxquelles eux étaient soumis. Comme l'a écrit W. Jr. Diebold à ce sujet, l'opposition des producteurs charbonniers européens au principe de négociations sociales sur le plan communautaire était manifestement plus forte que l'envie d'affirmer leurs différences économiques nationales[22].

---

18 Archives Fédéchar, 548, Procès-verbal du Comité de direction, le 29 mai 1957.

19 Perron, « Divergences, front uni : l'organisation européenne des producteurs de charbon face à la Haute Autorité de la CECA », p. 257-259.

20 Haas, *The Uniting of Europe : Political, Social, and Economic Forces 1950-1957*, p. 343.

21 Archives Fédéchar, 548, Procès-verbal du Comité de direction, les 18 et 25 avril 1956 ; *idem*, 260/55, Note de la Fédéchar « CECA. Création de commissions paritaires », avril 1956.

22 Haas, *The Uniting of Europe : Political, Social, and Economic Forces 1950-1957*, p. 343.

2. Une intégration de plus en plus compromise

Au regard du programme de rationalisation et de modernisation recommandé par la Haute Autorité au Gouvernement belge au cours du printemps 1955 (voir Chapitre 4) et surtout compte tenu des conditions imposées par elle pour assurer la mise en application effective de ce programme, les résultats concrets sur le terrain ne furent pas remarquables[23]. Sur les huit fermetures qui avaient été finalement prévues par le CNC au printemps 1955, trois furent partiellement réalisées au cours de l'année 1956 et une quatrième, au début de l'année suivante. Et alors que les chiffres de la main-d'œuvre ne cessaient de croître, par le biais de recrutements à l'étranger, les chiffres de la productivité étaient eux marqués par la stagnation, en dépit de investissements les plus élevés par tonne produite sur le marché communautaire entre 1956 et 1959[24].

A. S. Milward a expliqué cet état des choses par le manque de volonté politique manifesté par le Gouvernement Van Acker dans l'application du programme de rationalisation des mines belges convenu en avril 1955 dans le cadre de la refonte de la péréquation. Alors qu'ils auraient dû avoir pour effet de lui faire porter une part plus grande des responsabilités dans le processus d'assainissement, les accords conclus avec la Haute Autorité furent de plus en plus considérés, selon Milward, « *as committing supranational management to going at Belgium's own speed, dictated by domestic politics* »[25]. Nous avons cependant toutes les raisons de penser que le Gouvernement belge n'était pas le seul à manquer de la volonté politique nécessaire pour mener à bien l'assainissement.

Il convient de se rappeler tout d'abord que Pierre Delville a lui-même déclaré avoir fait face à la résistance de ses aînés lorsqu'en tant que président du Comité, il tâcha d'introduire la notion d'assainissement dans les débats au sein de la Fédéchar[26]. Dans une note d'avril 1958 rédigée au sein de la SGB, on se félicitait d'ailleurs de constater que : « [...] la politique charbonnière des gouvernements belges a réussi jusqu'ici à sauvegarder, contre vents et marées, la quasi-totalité de la capacité belge ». L'auteur de la note se réjouissait même de ce que le point de vue défendu par les charbonniers belges l'avait généralement

23 Milward, *The European Rescue of the Nation-State*, p. 108.

24 *25 ans de marché commun du charbon*, Table 19, p. 163. Au cours de ces trois années, les investissements charbonniers en Belgique dépassèrent de plus de 20 % la moyenne communautaire.

25 *Ibid.*, p. 103-104.

26 Archives Coppée, 9651, Lettre de Delville à Wemmers, le 6 février 1961. Delville faisait vraisemblablement référence à sa présidence de la Fédéchar entre 1957 et 1958.

emporté face aux pressions s'exerçant sur leur secteur : « Ceci ne signifie certes pas que les thèses des producteurs aient constamment et entièrement prévalu – ce qui eut été excessif – mais explique peut-être une large part de l'animosité des critiques adressées publiquement aux responsables de l'industrie charbonnière »[27]. L'attitude des gouvernements belges se justifiait, selon la note, « essentiellement par les rigidités économiques et sociales qui contiennent de toutes parts l'industrie charbonnière et la contraignent de n'évoluer que très lentement et dans des limites très étroites » ; « Au-delà des controverses théoriques, cette 'force des choses' demeurera dans l'avenir, comme elle l'a été dans le passé, le guide le plus sûr de la gestion du secteur charbonnier et, en même temps, à n'en pas douter, la plus sûre garantie de la vitalité de ce secteur »[28].

Entre juin 1956 et mars 1957, le prix du charbon belge connut quatre hausses successives[29]. La première (24 FB) faisait suite à une augmentation salariale octroyée sur la base de la Convention de 1951 sur l'indexation des salaires, mais était également motivée par l'augmentation des prix de vente du charbon américain[30]. En octobre 1956, la deuxième, beaucoup plus importante (76 FB), fut décidée dans le sillage de revendications syndicales qu'à la suite de la catastrophe de Marcinelle, il eût été difficile de repousser[31]. La troisième date de janvier 1957 : de moindre ampleur, elle découlait également de hausses salariales revendiquées sur la base de la Convention de 1951 (15,70 FB). Enfin, une quatrième hausse, à nouveau fort importante (45 FB), fut décidée en mars 1957 suite à une nouvelle convention sur la réduction du temps de travail à partir du 1er janvier 1957.

Face à la lenteur des résultats, s'entend la persistance de la dispersion des coûts de revient au sein de l'industrie charbonnière belge, mais aussi du fait que les prélèvements de péréquation n'allaient bientôt plus

---

27 Archives SGB, 740, « Aspects sociaux et politiques du problème charbonnier belge », le 18 avril 1958, p. 11.

28 *Idem*, p. 11-12. En marge, un autre patron faisait remarquer : « juste mais s'offre en cible à ceux qui disent : "il faut oser changer radicalement" (sans dire quoi ni comment… mais c'est une autre histoire) ».

29 Pour le détail de ces hausses, voir archives Fédéchar, 261/79, Note de la Fédéchar « Éléments pris en considération par la Haute Autorité pour la détermination des hausses du prix moyen de vente du charbon belge depuis juillet 1954 ».

30 Milward, *The European Rescue of the Nation-State*, p. 89.

31 Il est à noter cependant que ces revendications salariales avaient été posées dès juillet 1956 et que la catastrophe de Marcinelle avait surtout eu pour effet de rendre impossible l'opposition d'un refus des patrons (archives IEV, Aide-mémoire de la CNMM, le 7 septembre 1956).

incomber qu'aux producteurs allemands[32], il fut décidé de procéder à une nouvelle refonte de la péréquation à dater du 1er janvier 1957[33]. Celle-ci fut élaborée par la Haute Autorité en accord avec le Gouvernement belge mais cette fois également avec la collaboration des producteurs, pressés par Luxembourg d'apporter une solution permanente au problème de la dispersion des résultats entre charbonnages[34].

Le fait que cette refonte ne provoqua pas autant de remous qu'en 1954-1955 s'explique de diverses manières. Premièrement, au terme d'une longue procédure judiciaire, la Cour de Justice de Luxembourg avait fini par donner gain de cause à la Haute Autorité, suite au recours des charbonniers belges, laissant celle-ci libre dorénavant de répartir la péréquation comme elle l'entendait[35]. Deuxièmement, cette refonte, à la différence de la première, n'était pas accompagnée d'une baisse barémique. Enfin, troisièmement, il n'est pas invraisemblable qu'à la suite de la catastrophe de Marcinelle (voir ci-dessous), les charbonniers étaient bien assez conscients qu'il ne pouvait être question pour eux de faire trop de tapage.

Les exploitants de Campine acceptèrent donc de renoncer à leur part de subsides de péréquation pour en faire profiter d'autres, plus nécessiteux. Tout en accueillant positivement cette première initiative, les fonctionnaires de la Haute Autorité insistèrent à nouveau pour qu'une solution permanente soit apportée ; une solution qui s'appuyât sur les fonds propres des charbonnages, indépendamment des dispositions transitoires. Les discussions, sur lesquelles nous ne pouvons nous étendre ici[36], menèrent à distinguer trois ensembles de charbonnages sur la base de leur rentabilité et de leur chance d'intégration au marché commun en fin de transition : premièrement, vingt-et-une exploitations furent consi-

32 La réduction de la production néerlandaise eut pour effet de modifier la moyenne des coûts de production communautaire et de faire passer les producteurs néerlandais au-dessus de cette moyenne.

33 Kurgan-Van Hentenryk and Puissant, « Industrial Relations in the Belgian Coal Industry since the End of the Nineteenth Century », p. 268. Voir à ce sujet : archives AM, 2e versement, 385, Lettre de Coppé à Rey, le 7 janvier 1956 ; archives CEAB, 03 124, Lettre de Canivet à Etzel de la Division du Marché, le 12 novembre 1956 ; *idem*, 04 457, Note de la Division du Marché à l'attention du groupe de travail Marché-Ententes-Transports « Rapport sur les résultats de la réunion du groupe de travail Charbonnages belges, le 19 novembre au sujet du système de péréquation applicable au charbon belge », le 20 novembre 1956 ; *idem*, 07 365, Lettre de la Division du Marché aux charbonnages belges, le 24 novembre 1956.

34 Archives Fédéchar, 548, Procès-verbaux du Comité de direction, les 17 octobre, 7, 14 et 21 novembre 1956.

35 Archives Fédéchar, 261/70, Procès-verbal du Comité Consultatif auprès de la Fédéchar, le 14 février 1957.

36 À ce sujet, nous renvoyons le lecteur principalement aux archives CEAB, 04 657.

dérées d'emblée comme intégrables et ne nécessitaient donc plus d'aide en vue de leur intégration au marché commun ; deuxièmement, trente autres pouvaient encore être intégrées à condition d'être soutenues adéquatement jusqu'à l'échéance du 10 février 1958 ; enfin, troisièmement, les quatre mines marginales du Borinage ainsi que deux mines du bassin de Liège, considérées comme perdues d'avance, furent mises à charge de l'État belge et invitées à demander l'octroi d'une aide de réadaptation (§ 23 de la CDT) « en vue d'assurer une cessation honorable de leur activité »[37]. En ce qui concerne les subsides de péréquation, payés désormais aux seuls charbonnages de la deuxième catégorie, ils ne devaient donc plus être basés sur les quantités écoulées et les pertes subies comme cela avait été le cas depuis mars 1953, mais ils devraient être attribuées forfaitairement, en fonction d'une perte de référence conventionnelle.

Début janvier 1957, le ministre des Affaires économiques Jean Rey montra un dynamisme tout particulier pour préparer l'intégration des charbonnages belges. Il invita tout d'abord la Haute Autorité à examiner la possibilité d'instaurer en fin de transition un mécanisme nouveau de péréquation, alimenté par un prélèvement à charge des utilisateurs de charbon belge, destiné à remplacer le régime actuel. Il envisageait un mécanisme gouvernemental (une *Caisse autonome de l'industrie charbonnière*[38]) mais avant cela, il imaginait un mécanisme volontaire (dans le cadre des art. 62 et 53 a) du Traité CECA)[39]. En avril, alors que la situation des coûts du charbon belge semblait s'aggraver encore, le ministre voulut intensifier la réflexion. La Haute Autorité lui signifia qu'elle n'envisageait pas de faire plus qu'apporter ses bons offices aux négociations entre Gouvernement belge et producteurs[40]. Ce n'est qu'au cours de l'automne 1957 que le projet allait être concrètement envisagé.

---

37 Un débat eut lieu quant à savoir si l'État belge pouvait ou non reprendre ces charbonnages à sa charge, sans devoir attendre l'aval de la Haute Autorité, une solution fondée, selon les dirigeants des charbonnages marginaux du Borinage, sur le statut spécial dont ils jouissaient en vertu des conventions de février 1950 (archives SGB, 818, Compte rendu d'une réunion entre Martens et les mines marginales, le 30 novembre 1956 ; *idem*, 818, Compte rendu d'une réunion entre Ledru et Martens, le 19 décembre 1956). La Haute Autorité donna finalement à l'État belge l'autorisation de soutenir ces mines (archives CEAB, 07 399, Note de la Division du Marché pour le groupe Marché-Entente-Transports, le 7 janvier 1957).

38 Archives Fédéchar, 262/88, « Projet de loi instituant une caisse autonome de l'industrie charbonnière », le 18 février 1957.

39 Archives Fédéchar, 261/74, Lettre de Rey à Mayer, le 10 janvier 1957. La Haute Autorité se déclara prête à coopérer (*idem*, 261/74, Lettre de Coppé à Rey, le 7 mars 1957).

40 Archives Fédéchar, 261/73, Lettre de Rey à Coppé, le 16 avril 1957 ; *idem*, 261/73, Lettre de Coppé à Rey, le 29 avril 1957.

Vers la mi-février 1957, Jean Rey prit par ailleurs l'initiative de créer un Conseil Consultatif de l'Énergie[41]. Ce conseil, constitué sur le mode paritaire, serait habilité à donner des avis sur les problèmes généraux de l'énergie et notamment sur la politique à recommander en vue de satisfaire aux besoins énergétiques du pays. Ayant été consulté sur la question, le Conseil Central de l'Économie (CCE) émit l'avis que l'opportunité d'un tel organisme ne faisait « aucun doute » et que celui-ci devait être intégré à l'organisation de l'économie régie par la loi du 20 septembre 1948.

Enfin, dans le prolongement direct de la refonte de la péréquation, Jean Rey invita la Haute Autorité à mettre en place, conjointement avec le Gouvernement belge, un groupe de travail chargé d'étudier les questions les plus pressantes que posait la situation des charbonnages de la troisième catégorie, appelés désormais *infra-marginaux*. Bâti sur le modèle de la Commission d'experts indépendants de 1954 mais composé cette fois de membres des administrations belge et communautaire et sans intervention d'experts internationaux, ce groupe, bientôt appelé Commission d'étude pour l'intégration des charbonnages belges dans le Marché commun, devait étudier les moyens de rationaliser ces charbonnages afin notamment de guider les travaux du CNC[42].

On aurait tort de voir dans ces initiatives, le signe d'une véritable prise de conscience quant à l'avenir incertain des mines belges. Certes, le dynamisme de Rey s'explique sans aucun doute par la proximité du terme de la transition, le 10 février 1958. En février 1957, le ministère des Affaires économiques publiait *Le problème de l'énergie en Belgique* qui prévoyait qu'en 1965, une production de 30 à 34 millions de tonnes serait nécessaire pour faire face aux besoins nationaux sans cesse croissants (32 à 36 millions en 1975). À ce titre, l'urgence d'une mise en

---

41 Archives Fédéchar, 261/73, Rapport du Conseil Central de l'Économie « Avis relatif à la création d'un Conseil Consultatif de l'Énergie », le 10 avril 1957. Suite au rapport d'un groupe de travail qui avait été mis en place par Rey pour étudier les besoins de la Belgique en énergies entre 1955-1975. Voir à ce sujet : archives FIB, CD N 1957-1, Lettre de Rey à De Smaele, président du Conseil Central de l'Économie, le 8 février 1957 ; *idem*, CD N 1957-1, Procès-verbal du Comité de direction, le 26 février 1957 ; archives Van Acker, 1258, Procès-verbal du Conseil des ministres, le 1er mars 1957 ; archives FIB, CD N 1957-2, « Avant-projet d'avis relatif à la création d'un Conseil Consultatif de l'Énergie », le 21 mars 1957 ; archives Van Acker, 1258, Procès-verbal du Conseil des ministres, le 5 juillet 1957.

42 Il y a peu d'informations sur les travaux de cette commission. Voir à ce sujet : archives Fédéchar, 261/81 et 261/73. Cette commission fut également appelée à se prononcer sur la poursuite du plan d'assainissement des mines du Borinage, tel qu'il avait été convenu entre le Gouvernement belge et la Haute Autorité depuis 1955 (archives Van Acker, 1259, Procès-verbal du Conseil des ministres, le 17 mai 1959 ; archives Fédéchar, 548, Procès-verbal du Comité de direction, le 22 mai 1957 ; archives CEAB, 04 657, Lettre de Etzel à Rey, le 29 juillet 1957).

concession des réserves de Campine fut plus d'une fois rappelée par les producteurs, par les utilisateurs, dans une certaine mesure, par le Gouvernement, avec les encouragements appuyés de la Haute Autorité[43]. Dans ce contexte, les travaux du CNC concernant les possibilités d'assainissement furent plusieurs fois remis en cause soit par le Gouvernement lui-même, soit par des exploitants, mais surtout par les syndicats[44]. Et ce n'est qu'au début de l'automne 1957 que le CNC commença véritablement de douter de l'opportunité de maintenir les mines marginales boraines[45].

Les charbonniers belges, quant à eux, ne cachaient pas une certaine inquiétude face au marché, et ce tout particulièrement lorsqu'il s'agissait de refuser aux syndicats une nouvelle réduction du temps de travail. Se basant sur des avertissements de la Haute Autorité, ils déclaraient ainsi : « La période transitoire va prendre fin dans quelques mois et, depuis un an, on a trop cédé en matière de salaires et accumulé les charges. Les ouvriers veulent-ils mettre l'industrie charbonnière par terre tout de suite ? C'est [leur] problème [...]. Quant aux patrons, ils ne veulent pas en être les fossoyeurs »[46]. Face aux charges nouvelles, en constante augmentation et qui venaient annihiler leurs efforts, les charbonniers se disaient totalement découragés[47]. Mais c'est vrai : dès le début de l'année 1957, les signes avant-coureurs d'un fléchissement de la conjoncture étaient perceptibles et les charbonniers belges attendaient avec inquiétude que le Gouvernement belge et la Haute Autorité prennent des mesures en vue d'un financement des stocks ou contre les importations de charbons américains, dont le caractère excessif paraissait de plus en plus évident.

Certes, début mars, le ministre Jean Rey avait établi un projet de loi favorisant le financement des stocks des charbonnages mais annonçait fin juillet que la question n'était « pas encore mûre à l'heure actuelle »[48].

---

43 Archives CEAB, 04 657, Projet de lettre de Daum à Rey, le 6 avril 1957.

44 Archives Fédéchar, 261/74, Lettre de Lucion à Canivet, le 3 mai 1957 ; *idem*, 261/74, Lettre de Ledru à Rey, le 26 août 1957 ; archives IEV, Aide-mémoire de la CNMM, le 25 juin 1957.

45 Archives Fédéchar, 262/84, Note de la Fédéchar « Point II de l'ordre du jour de la réunion du CNC tenue en date du 19 septembre 1957 » ; *idem*, 262/85, « Réunion du CNC en date du 17 octobre 1957 », le 14 octobre 1957.

46 Archives IEV, Aide-mémoire de la CNMM, le 19 avril 1957. Lors de cette séance du CNMM, les mineurs présentèrent de nouvelles revendications en termes de réduction du temps de travail.

47 Archives Fédéchar, 260/80, Compte rendu de l'entretien accordé par Rey à la délégation des producteurs, le 31 juillet 1957.

48 Archives Fédéchar, 262/88, « Projet de loi favorisant le financement des stocks des charbonnages. Exposé des motifs », le 5 mars 1957 ; *idem*, 260/80, Compte rendu de l'entretien accordé par Rey à la délégation des producteurs, le 31 juillet 1957.

Il se disait prêt à supprimer les licences d'importations (c'est-à-dire empêcher que de nouvelles fournitures soient commandées), mais une telle mesure semblait d'emblée compromise par les engagements internationaux de la Belgique (tout particulièrement les dispositions du GATT). De son côté, la politique menée par la Haute Autorité en matière charbonnière, telle qu'elle apparaissait dans son cinquième rapport annuel, semblait inadéquate aux charbonniers belges : elle avait un « caractère trop absolu » en ce qui concernait la liberté d'importation et un « caractère trop timide et par là décevant » en termes de financement des stocks[49].

Vers la fin du mois de septembre 1957, le Directeur-général du Cobéchar déclarait : « [...] dans la confusion et l'indécision qui caractérisent la situation actuelle, il serait extrêmement hasardeux d'aller plus loin [que les trois prochains mois] dans le domaine de la conjecture »[50]. Les prix élevés du charbon belge avaient pour conséquence d'attirer en Belgique les invendus des pays voisins et il fallait s'attendre à devoir supporter lourdement les conséquences de « la contraction éventuelle des débouchés » dans la CECA. Or, à l'instar des autres États-membres, la Belgique se devait d'assurer en toutes circonstances le plein emploi de sa main-d'œuvre minière : « Il n'est pas de l'intérêt de la nation d'aliéner sans raison majeure son indépendance économique ». Les seules solutions étaient d'une part un soutien des utilisateurs et d'autre part un financement des stocks, mais il fallait malheureusement constater « que si la Haute Autorité n'a cessé de témoigner d'excellentes dispositions, elle n'a jusqu'à présent apporté aucune contribution tangible à la solution du problème posé. [...] le marché charbonnier belge demeure structurellement très vulnérable et [...] il faut le concours de tous pour le sauvegarder. »

B. Marcinelle relance les réformes de structure

Au cours de l'année 1955, pour rappel, la FGTB avait commencé d'intensifier la pression en matière de réformes structurelles, partant du principe qu'une planification souple de l'économie nationale, envisagée lors de son Congrès de 1954, passait par une nationalisation d'industries aussi essentielles que la production et la distribution d'énergie. Constatant le faible levier d'influence dont disposaient les ouvriers au sein des organismes où ils étaient représentés, la FGTB se lança au cours des années 1955 et 1956 dans une analyse critique du rôle des holdings et de leur emprise sur l'activité économique du pays en dénonçant les abus

[49] Archives Fédéchar, 261/76, Communication au Comité Consultatif de Laffineuse, directeur général du Cobéchar, le 25 juin 1957.

[50] Archives Fédéchar, 262/83, Communication de Laffineuse au Comité Consultatif auprès de la Fédéchar, le 26 septembre 1957.

d'un système tenu par les magnats de la finance et toléré par un État de plus en plus endetté auprès de leurs banques[51]. Dans le cadre de ce discours, la nationalisation des secteurs de l'énergie demeurait une étape inévitable pour la FGTB.

Alors que les déclarations dans ce sens s'étaient encore accumulées depuis la fin de l'année 1955[52], l'année suivante devait marquer une étape importante dans l'évolution des discours sur les réformes de structure dans l'industrie charbonnière belge. Le 8 août 1956, la Belgique connut une des dernières grandes catastrophes de son histoire charbonnière : pris au piège dans un incendie souterrain du Charbonnage du Bois-du-Cazier, à Marcinelle, 262 mineurs vinrent s'ajouter ce jour-là à la longue liste des victimes du travail de la mine[53]. Dès le lendemain, alors que l'émotion suscitée n'était pas encore à son comble, le Premier ministre Achille Van Acker avait entrevu les répercussions de la catastrophe sur le plan économique, social et politique : le contexte risquait de faire naître de nouvelles revendications sociales et en termes de réforme structurelle[54].

1. Les premières semaines après la catastrophe

Dès sa première entrevue avec les charbonniers à la suite de la catastrophe, Jean Rey, les mit en garde : le contexte ne leur laissait qu'une faible marge de manœuvre. Outre que les organisations syndicales (la FGTB mais également la CSC) soulevaient à nouveau la question d'une nationalisation, la polémique enflait jusqu'à atteindre des « personnalités dans certains milieux bourgeois »[55]. À tout le moins, il existait un problème de disparité des résultats auquel une solution devait être apportée et, à défaut de pouvoir ou de vouloir faire partager aux exploitations leurs pertes et bénéfices par un système de compensation, il fallait envisager de partager le poids des responsabilités face à une exploitation non rentable comme celle du Bois-du-Cazier.

Rey était donc d'avis que le centre de gravité de la gestion de l'industrie charbonnière devait être déplacé du niveau de l'industrie au bassin. Pour justifier cet objectif, il invoquait d'une part les résultats obtenus dans le Borinage, qui n'avaient été rendus possibles que grâce aux pouvoirs conférés au Gouvernement, et d'autre part la nécessité pour les gérants de prendre leurs décisions avec davantage de recul et de

---

51 Tilly, *André Renard. Biographie*, p. 383-388.

52 *Ibid.*, p. 567.

53 Dumoulin et Dassetto, *Mémoires d'une catastrophe. Marcinelle, 8 août 1956* ; Tilly, *De Rome à Marcinelle*.

54 Archives Van Acker, 1258, Procès-verbal du Conseil des ministres, le 9 août 1956.

55 Archives Fédéchar, 261/61, Compte rendu de l'exposé fait par Rey, ministre des Affaires économiques, à la délégation des producteurs, le 21 août 1956.

souplesse. Plus précisément, il entendait épargner ou retirer à ceux qui ne géraient qu'un seul charbonnage la lourde charge de décider ou non de mettre la clef sous le paillasson :

> [...] il me semble qu'il n'est pas normal pour un conseil d'administration qui ne possède [...] qu'un seul puits de décider lui-même qu'il faut supprimer ce puits, qu'il faut en cesser l'exploitation. C'est le cas du Bois-du-Cazier. [...] N'est-ce pas trop lui demander que de se mettre dans une position où il doit se faire lui-même juge de son exploitation – laquelle existe depuis cent ans et qui n'est pas sensiblement plus dangereuse qu'une autre, qui n'est pas plus mal gérée ou administrée qu'une autre [...] ?[56].

Quelques jours plus tard, il allait demander à ses collègues du Conseil des ministres de pouvoir porter la question d'une concentration par bassin au-devant du CNC[57], ce qui n'allait pas sans une certaine réserve de sa part. Vers la fin octobre, Rey allait ainsi déclarer : « Il est assez malaisé à un ministre libéral de faire l'apologie du collectivisme »[58]. Mais il était, selon lui, indispensable d'appliquer à l'ensemble des bassins le même type de mesures que dans le Borinage : « L'État décidera, comme il se préoccupe de certains secteurs défaillants où (rien n'ayant été fait par suite d'un individualisme respectable mais périmé) la collectivité doit intervenir ». Aux charbonniers, il assurait vouloir ménager la liberté d'entreprise, mais si eux tenaient à éviter que le Gouvernement soit amené à prendre des mesures radicales, sous la pression de l'opinion et du Parlement[59], il était impératif qu'ils fassent eux-mêmes un pas vers les syndicats. Et à cet égard, disait-il, il était grand temps de combler le retard qu'ils avaient pris sur l'industrie électrique. Vers la fin de l'année 1955, il avait déjà tenté de pousser les charbonniers sur cette voie mais sans succès[60].

---

56 Jean Rey, devant la Chambre des Représentants dans *Annales Parlementaires. Chambre des Représentants*, le 14 novembre 1956. Un avis corroboré dans une note de la SGB : archives SGB, 740, « Aspects sociaux et politiques du problème charbonnier belge », le 18 avril 1958, p. 2-3 : « Il est normal que les dirigeants ne se convainquent pas aisément de la 'désutilité' d'un siège non épuisé et de la vanité des efforts accomplis pour le maintenir en activité ».

57 Archives Van Acker, 1258, Procès-verbal du Conseil des ministres, le 24 août 1956.

58 Archives Rey, 23, Article de *Agence Économique et Financière* « M. Jean Rey à la Société Belge d'Études et d'Expansion ».

59 Lors du Conseil des ministres du 24 août, Jean Rey s'était déjà montré inquiet des réactions à venir au sein du Parlement (archives Van Acker, 1258, Procès-verbal du Conseil des ministres, le 24 août 1956).

60 Archives Fédéchar, 262/90, Note de la Fédéchar « Conférence de M. Rey, ministre des Affaires économiques, faite le 11 décembre 1957, Section d'économie politique de la Chambre de Commerce de Bruxelles, sur les aspects économiques des projets charbonniers actuellement en discussion devant le Parlement ».

La réaction des patrons charbonniers ne fut pas dénuée d'ambiguïté : peu enthousiastes, ils ne pouvaient pas non plus faire la sourde oreille, trop conscients des conséquences d'un manque de bonne volonté de leur part. Ils s'engagèrent donc à étudier la question, « sans désemparer »[61]. Un groupe de travail fut créé au sein de Fédéchar, appelé très sobrement groupe de travail sur l'organisation générale[62]. Rappelant au ministre leur attachement à la sacro-sainte libre entreprise, ils fondaient leur raisonnement sur la nécessité de ne pas mélanger ni comparer abusivement les choses. Outre que les questions de structure n'avaient rien à voir avec la sécurité des mineurs, l'industrie charbonnière avait sa spécificité qui interdisait tout parallèle avec le secteur électrique : l'existence d'un CNC, aux travaux desquels les syndicats étaient déjà associés mais aussi le fait de se trouver sous le contrôle de la CECA constituaient, pour la Fédéchar, autant de bonnes raisons pour exclure d'appliquer au secteur charbonnier les mêmes réformes que celles appliquées au secteur de l'électricité. Quant à collaborer avec les syndicats, ils s'y disaient disposés, mais cela s'entendait « avec des hommes appartenant ou ayant appartenu à la profession »[63]. Ils craignaient qu'accepter la discussion avec les syndicats soit perçu comme un signe de faiblesse de leur part et ait pour conséquence d'ouvrir la boîte de Pandore en menant l'industrie charbonnière tout droit à la cogestion ou, pire encore, à la nationalisation. Aussi, ils ne rejoignaient véritablement les vues du ministre que sur un seul point : celui de centraliser davantage la gestion au niveau des bassins au sein de Comités de coordination. Mais compte tenu de ce que les syndicats avaient déjà une place réservée au sein du CNC, les patrons entendaient les maintenir en-dehors de ces comités[64].

Du côté des syndicats, le contexte était effectivement propice à monter au créneau. À la mi-septembre, de la *Tribune libre syndicale*, sur les ondes de la radio nationale, André Renard appelait explicitement à la nationalisation des mines. Quant à la solution préconisée par le syndicat social-chrétien, la cogestion, il la trouvait dépassée. Et si, comme la Fédéchar, il excluait une réforme du type de ce qui avait été fait pour le

---

61 Archives Fédéchar, 261/60, Note de la Fédéchar, « Communication faite par le président de la Fédéchar à M. Rey, ministre des Affaires économiques, le 30 août 1956 ».

62 Archives Fédéchar, 261/60, Lettre de Van Lander aux associations charbonnières, le 25 août 1956.

63 « Il est cependant symptomatique que les leaders des doctrines visant à réformer les structures de l'industrie charbonnières n'appartiennent pas au secteur en cause. Les syndicats des mineurs ont également perdu d'initiative dans leur propre domaine » (archives SGB, 740, « Aspects sociaux et politiques du problème charbonnier belge », le 18 avril 1958, p. 9).

64 Archives Fédéchar, 261/60, Compte rendu de l'entretien de la délégation des producteurs avec Rey, ministre des Affaires économiques, le 30 août 1956.

secteur électrique, c'était au profit d'une solution plus radicale : « Il faut une refonte totale de la structure technique »[65]. Il entendait réunir toutes les unités de production en une seule, la Société Nationale des Charbonnages Belges, dont le statut précis devrait être déterminé plus tard : « Ce qui est certain dans l'immédiat, c'est que les intérêts privés ne peuvent être majoritaires ni dans le capital ni dans la gestion. Nous voulons réaliser une nationalisation sans centralisation administrative de la gestion ». Cette réforme se justifiait, selon lui, par le seul impératif de la sécurité dans les mines. Nicolas Dethier, à la tête de la Centrale des Mineurs FGTB, s'exclamait devant la CNMM : « La politique charbonnière de notre pays doit sauter, sinon les ouvriers se mettront à la place des patrons »[66]. Dans les jours qui suivirent, c'était au tour de la CSC de faire entendre sa voix : la Centrale des Francs Mineurs exigeait la constitution d'un Office National de l'Industrie Charbonnière, sous forme d'établissement public, où siègeraient des représentants des employeurs, des travailleurs, des autorités publiques, ainsi que des techniciens et qui serait compétent pour la gestion générale de l'industrie charbonnière. Le lendemain, Legiest entendait d'ailleurs discuter ouvertement de la question avec les patrons au sein de la CNMM[67].

Il semble que l'inquiétude ressentie dans les milieux dirigeants était bien réelle. Rey disait craindre que le débat au Parlement ne dérape et surtout que les organisations syndicales ne se livrent à une surenchère en matière de réformes. Aussi, tout en se disant compréhensif à l'égard des charbonniers lorsque ceux-ci disaient craindre que le moindre geste de bonne volonté ne les emportent bien au-delà de leurs intentions réelles, le ministre regrettait qu'ils ne fassent pas preuve de davantage d'ouverture envers les syndicats. Mais les implications d'une réforme de structure dans l'industrie charbonnière ne s'arrêtaient pas au secteur houiller et la catastrophe de Marcinelle suscitait une crainte et une nervosité générales parmi les industriels belges.

Ceux-ci s'en ouvrirent d'ailleurs à leurs homologues charbonniers[68]. On aurait d'ailleurs tort d'y voir une démarche de pure solidarité, comme a pu l'affirmer le CRISP[69]. Ce n'était certes pas la première fois

---

65 Archives Fédéchar, 261/60, « Tribune libre syndicale de l'INR occupée par André Renard, le 15 septembre 1956 ».

66 Archives Fédéchar, 261/60, « Commission Nationale Mixte des Mines. Aide-mémoire de la réunion du 21 septembre 1956 ». Nicolas Dethier (1888-1968), ouvrier-mineur liégeois, syndicaliste au sein de la Centrale des Mineurs FGTB.

67 Archives Fédéchar, 261/60, « Commission Nationale Mixte des Mines. Aide-mémoire de la réunion du 18 octobre 1956 ».

68 Archives FIB, CD N 1956, Procès-verbal du Comité de direction, le 28 août 1956.

69 CRISP, « La crise charbonnière en Belgique. Les avatars d'une institution : le Conseil National des Charbonnages », *Courrier hebdomadaire du CRISP*, 65, 27 mai 1960, p. 3.

que la FIB s'exprimait sur la question des réformes structurelles : au cours de l'automne 1955, elle avait réagi aux attaques de plus en plus nombreuses et de plus en plus explicites de la FGTB depuis son congrès de 1954 par la publication du livre blanc *Pour une politique d'expansion* pour battre en brèche le principe de la planification souple, si cher à André Renard. Mais le patronat industriel belge n'avait pas toujours donné de lui une image monolithique au cours des années de l'après-guerre et, à ce titre, rappelons la situation d'isolement dans laquelle les secteurs traditionnels, s'entend les charbonnages et la sidérurgie, s'étaient placés face à des secteurs plus jeunes et moins caractérisés par le conservatisme de leurs dirigeants. Et cette fracture, illustrée en novembre 1954 par l'ouverture relative dont avait fait preuve l'entrepreneur flamand Léon Bekaert face aux propositions de la FGTB[70], permet de penser qu'en août 1956, il s'agissait pour certains industriels au sein de la FIB de rappeler les charbonniers à l'ordre.

Alors que la FGTB préparait un nouveau rapport contre les holdings et la gestion privée de l'économie belge[71], les remous de la catastrophe de Marcinelle n'avaient rien de rassurant. Craignant de voir les revendications en matière de structure déborder sur d'autres secteurs de l'économie, les patrons industriels tenaient à s'assurer de la capacité de leurs collègues charbonniers à répondre adéquatement à la pression des syndicats. Par la voix de leur délégué Léon Canivet, ceux-ci entendirent rassurer leurs homologues : ils tenaient tout sous contrôle et feraient appel à eux dès que les discussions dépasseraient le cadre de l'industrie charbonnière. La FIB, tout en refusant de considérer les questions de sécurité, brandies par Léon Canivet comme s'il voulait noyer le poisson, accepta cependant de se tenir en retrait et de laisser aux charbonniers leurs responsabilités. En dépit d'une préoccupation non dissimulée en septembre 1956, ce n'est donc qu'en novembre de l'année suivante que la FIB allait se décider à intervenir dans les débats.

Les charbonniers quant à eux firent mine de prendre au sérieux les mises en garde : dès septembre, le groupe de travail Organisation générale de la Fédéchar se réunissait deux fois par semaine afin de préparer des mesures constructives à présenter au Gouvernement[72]. Mais au regard de cet investissement de temps, les résultats concrets devaient s'avérer plutôt frileux comme l'illustre le contenu du mémorandum

---

70 *Holdings et démocratie économique*, à publier lors du congrès syndical d'octobre 1956. Au sujet de ce rapport, voir Tilly, *André Renard. Biographie*, p. 380-381.

71 Au sujet de ce rapport et du congrès de la FGTB d'octobre 1956, voir : *Holdings et démocratie économique* ; Brion et Moreau, *La Société Générale de Belgique. 1822-1997*, p. 381 ; Tilly, *André Renard. Biographie*, p. 384-387.

72 Archives Fédéchar, 261/62, « Aide-mémoire de l'entrevue de la délégation des producteurs avec M. Rey, ministre des Affaires économiques », le 11 octobre 1956.

remis fin octobre au ministre Jean Rey et tenu confidentiel à la demande de ce dernier[73]. De ce texte, nous ne disposons malheureusement que de la partie consacrée aux propositions faites par les charbonniers au ministre ; leur perspective sur les circonstances dans lesquelles ils se sentaient amenés à fournir un tel effort de réflexion n'aurait pas été sans intérêt pour comprendre leur état d'esprit. Quoi qu'il en soit, leurs propositions étaient de deux ordres : celui de l'entreprise et celui des groupements de producteurs.

Concernant l'entreprise, « la cogestion étant exclue [...] et l'organisation interne des entreprises restant ce qu'elle est », la collaboration des travailleurs à l'étude et à la solution des problèmes qui se posaient à l'industrie ne pouvait être trouvée que dans « le fonctionnement efficace des conseils d'entreprise ». La loi de 1948 portant sur l'organisation de l'économie avait conféré à ces conseils des compétences étendues[74] et l'expérience faite depuis lors avait déjà donné des « résultats positifs appréciables ». Cependant, poursuivait la note, « on doit admettre qu'elle a laissé quelques déceptions dans l'esprit aussi bien de certains milieux de travailleurs que de milieux patronaux ». En fait, les conseils d'entreprise n'avaient que rarement abordé des questions générales pour se concentrer plutôt sur des aspects de portée individuelle. « Cette situation n'est-elle pas elle-même imputable à deux circonstances : à la confusion de personne qui s'est manifestée entre les membres des Délégations syndicales (organismes à caractère revendicatif) et les membres syndicalistes des Conseils d'entreprise (organisme qui devrait être d'esprit constructif) d'une part, et à la formation insuffisante des représentants des travailleurs au Conseil d'entreprise, d'autre part ? ». Concernant le premier problème, la solution appartenait aux travailleurs ; concernant le second, les milieux patronaux étaient prêts à participer à une solution, dans la mesure de leurs moyens[75].

Quant aux groupements de producteurs, la Fédéchar proposait une structure similaire à celle qu'elle connaissait déjà pour elle-même, en s'efforçant de lui trouver des dénominations dignes d'un organisme d'État : cinq Comités Techniques Régionaux (un par bassin) chapeautés d'un Comité de Coordination Nationale. Ces organismes réuniraient

---

73 Le mémorandum était annexé à une lettre de Henri Goudaillier, secrétaire général de la Fédéchar (archives Fédéchar, 261/79, Lettre de Goudaillier, le 19 juillet 1957).

74 Il s'agissait en réalité essentiellement de questions sociales ou de questions liées à l'organisation du travail, soit les conditions de vie et de travail des ouvriers.

75 Les charbonniers plaidaient pour que les conseils d'entreprise soient le reflet plus exact de la composition de leur personnel, composé dans une forte proportion d'étrangers. Ne pouvaient-on pas modifier la loi de 1948 de façon à rendre ces hommes éligibles ? Avaient-ils en tête d'affaiblir la présence des syndicats, les étrangers étant moins syndiqués que les Belges ?

l'ensemble des producteurs et auraient pour fonction « d'assumer la promotion de l'industrie charbonnière dans ses intérêts communs, en disposant par le fait même de l'autorité voulue ». Il était également question d'un Conseil Supérieur du Charbon, mais il ne semble pas que ce dernier était appelé à jouer un rôle considérable dans l'esprit de ses concepteurs, compte tenu des compétences déjà dévolues aux organes cités.

Pour élaborer cette structure, la Fédéchar s'était explicitement inspirée des dispositions d'un arrêté royal datant de janvier 1935 qui, dans le cadre de la crise économique, devait permettre d'imposer à tout un secteur économique des obligations déjà assumées librement par une large majorité d'intéressés[76]. Ainsi, en l'occurrence, cela impliquait qu'en cas de litige au sein d'un comité technique régional et en cas de non-résolution de ce litige par le comité de coordination nationale, la question devait être portée au-devant du ministre des Affaires économiques, qui lui-même devait faire appel à un arbitrage ou en cas d'échec à un Conseil de Contentieux Économique. Outre qu'elle assurait une certaine assise à leurs propositions, cette référence juridique permettait de cantonner l'État à un rôle d'arbitrage dans l'éventualité d'un litige. L'une dans l'autre, toutes ces propositions revenaient à laisser aux producteurs la haute main dans l'organisation de leur industrie, tant en termes de production qu'en termes de distribution. Dès novembre 1954, dans sa déclaration ministérielle devant le Parlement, Jean Rey avait annoncé son intention de réformer le CNC en y réservant davantage de place pour le Gouvernement et la catastrophe de Marcinelle lui en donnait soudain l'occasion. Était-il prêt à négocier un projet dans lequel si peu de place lui était faite[77] ?

On imagine mal que les charbonniers aient effectivement travaillé à raison de deux séances par semaine pendant deux mois pour arriver à un tel résultat. À la même époque, la Fédéchar semble avoir été davantage intéressée à soigner son image que la catastrophe de Marcinelle avait contribué à écorner encore un peu plus. Elle se mit ainsi en peine de publier une nouvelle revue, *L'Industrie Charbonnière*, destinée à vanter au-devant des « élites de la Nation »[78] les mérites des producteurs, leurs « ingéniosité créatrice », leur « esprit d'organisation et de labeur », face

---

76 Cet arrêté royal fut surtout appliqué à des mesures conjoncturelles et de durée limitée, tels que la fixation de quotas de production (http://www.juradmin.eu /colloquia/1986/belgium.pdf).

77 Fin juin 1957, Roger Van de Putte s'interrogeait : pourquoi avoir remis ce projet au Gouvernement et ne pas l'avoir directement négocié avec les syndicats ? En effet, il lui semblait évident que le Gouvernement ne pouvait pas négocier un projet lui offrant si peu de place (archives SGB, 648, Réunion du groupe de travail de la politique économique et sociale du PSC, le 27 juin 1957).

78 « Éditorial. Nous présentons... », *L'Industrie Charbonnière*, n° 1, décembre 1956, p. 5-6.

à des exigences croissantes auxquelles ils s'étaient efforcés de faire face « dans l'intérêt de la Nation » : « [Ils] l'ont fait peut-être avec trop de discrétion, dans la satisfaction du devoir accompli. Ainsi règne dans l'opinion une regrettable ignorance des conditions de vie de notre industrie n° 1. Cette ignorance a pu susciter des malveillances injustifiées vis-à-vis de ceux qui, à l'admiration des techniciens étrangers, conduisent la perpétuelle évolution de nos exploitations houillères ». Et l'éditorialiste de conclure, au sujet de la nouvelle revue : « Il ne s'agit pas là d'une entreprise de justification car l'industrie charbonnière n'a aucunement à se justifier, mais il s'agit d'une œuvre d'information qui rapprochera l'opinion publique du monde de la mine tout entier ». Mais plus explicitement, la Fédéchar entendait montrer la multitude des « activités et [des] initiatives » que le secteur abritait en son sein ; un défi à peine voilé lancé à l'adresse de ceux qui s'élevaient pour réclamer une réforme dans la gestion des mines. « L'avenir énergétique de l'Europe occidentale ne peut se jouer dans l'aventure d'un débat politique »[79], était-il écrit dans un article de ce même premier numéro.

2. *La réforme du Conseil National des Charbonnages*

Suite au demi-échec du CNC dans le processus de rationalisation des mines wallonnes, rappelons qu'au cours de l'été 1953, une réforme de l'institution avait été envisagée visant à en faire un organisme public. Cette première proposition était restée lettre morte sans amélioration à attendre pour le CNC, d'où la détermination de Jean Rey à revenir sur la question[80].

Vers la fin septembre 1956, relativement bien disposé à l'égard des patrons charbonniers en tant que libéral mais sévère dans le bilan qu'il dressait de leurs réalisations, soucieux par ailleurs de garder un œil vigilant sur le feu des revendications syndicales, Jean Rey présentait ses vues au sein du Conseil des ministres. Conformément aux *desiderata* de la Fédéchar, il se disait d'accord pour que les comités de bassin restent purement patronaux, à l'instar du régime existant dans le secteur électrique ; cela présentait d'ailleurs l'avantage de simplifier la procédure. Mais en tout état de cause, les décisions de ces comités devraient, selon lui, être soumises à l'approbation d'une instance supérieure, le CNC : celui-ci devait donc voir sa composition élargie en faveur de représentants à l'État, perdre son caractère purement consultatif et être doté de prérogatives concrètes. « Sans enlever à l'industrie charbonnière son caractère privé et sa responsabilité », concluait Jean Rey, « on aurait

---

79 Masoin, M., « Perspectives nouvelles du Charbon », *L'Industrie Charbonnière*, n° 1, décembre 1956, p. 9.

80 Toubeau, « Problèmes charbonniers », p. 623.

ainsi créé, au sommet, un organisme jouissant d'une véritable autorité et à même de promouvoir les réformes nécessaires »[81].

Le CNC, dans sa première forme, avait été présenté par ses concepteurs davantage comme un instrument de la réforme que comme la réforme proprement dite. En cela, son principal mérite avait donc été de dépasser la polémique et les débats idéologiques pour une analyse plus détendue des idées en présence. Jean Rey entendit procéder de la même manière : ainsi, lorsqu'il déposa son projet de loi à la fin juin 1957, il le présenta comme une voie médiane entre des positions inconciliables et qu'il ne plût à aucun des deux extrêmes – tenants de l'étatisation et tenants du laisser-faire – constituait, selon lui, la preuve de la juste mesure de sa réforme.

Car, en fait de projet de loi, il s'agissait en réalité de deux projets que le ministre entendait défendre de façon conjointe. En contrepartie de la réforme du CNC, il entendait réaliser une vieille promesse plusieurs fois faite aux producteurs : la mise en concession des réserves de Campine[82]. Ainsi qu'il a été dit précédemment, le printemps 1957 avait été l'occasion d'appels répétés dans ce sens de la part des producteurs et des utilisateurs de charbon mais aussi de la part de la Haute Autorité. Du côté syndical, par contre, cette mise en concession était considérée de façon contrastée : si la CSC, majoritaire dans le Limbourg, applaudissait des deux mains, du côté francophone et de la Centrale des Mineurs FGTB, on ne voyait pas la chose d'un bon œil[83]. Tout au plus, les syndicats étaient-ils unanimes à réclamer une plus grande participation des ouvriers dans la gestion des nouvelles concessions[84]. Au sein du Gouvernement, pour les mêmes raisons, on s'était d'emblée montré prudent face à ce projet de loi : pour le Premier ministre Achille Van Acker, il valait mieux ne pas présenter cette mise en concession comme étant destinée à compenser la baisse de production dans le sud[85]. Mais pour Jean Rey, on avait assez perdu de temps et d'argent pour attendre encore davantage cette mise en concession et, en présentant deux projets de loi en même temps, il entendait bien réussir là où son prédécesseur Jean Duvieusart avait échoué : il s'agissait de susciter des concessions hon-

81 Archives Van Acker, 1258, Procès-verbal du Conseil des ministres, le 21 septembre 1956.

82 Archives Fédéchar, 262/70, Procès-verbal du Comité Consultatif auprès de la Fédéchar, le 14 février 1957.

83 Voir aussi à ce sujet : Tilly, *André Renard. Biographie*, p. 569.

84 *Idem*. Répondant à la remarque d'un patron selon laquelle le CNC avait déjà approuvé cette mise en concession, Gillot, représentant de la Centrale des Mineurs FGTB, répliquait : « à l'époque où le CNC a formulé son avis, il n'y avait eu ni catastrophe de Marcinelle ni le dernier congrès de la FGTB ».

85 Archives Van Acker, 1259, Procès-verbal du Conseil des ministres, le 17 mai 1957.

nêtes de part et d'autre de l'éventail politique. Mais c'est tout particulièrement de la réforme du CNC qu'il fit une question personnelle, allant jusqu'à engager sa fonction politique en cas d'échec[86]. La suite du processus ne se fit pas sans mal[87].

Dès la mi-mars 1957, le projet de loi avait fait l'objet de critiques au sein du patronat charbonnier. Le premier grief allait au caractère tripartite et donc à une expansion des prérogatives de l'État que Rey entendait intégrer au fonctionnement du CNC. Depuis la loi portant sur l'organisation de l'économie de 1948, les conseils professionnels de secteurs importants de l'industrie belge se caractérisaient par leur composition paritaire et par des pouvoirs consultatifs. Dès lors, se demandait-on au sein de la SGB[88], était-il indiqué de rompre cette harmonie en réservant soudain à l'industrie charbonnière un sort particulier ? Par ailleurs, ce projet de loi risquait de provoquer pour le Gouvernement une situation singulière : compte tenu des pouvoirs que l'on octroyait dans le même temps au CNC, celui-ci serait nécessairement placé sous la tutelle de la Haute Autorité ; compte tenu de la place que l'on entendait donner au Gouvernement, celui-ci risquait donc de se trouver soumis aux décisions de la Haute Autorité, perdant ainsi toute possibilité d'adopter vis-à-vis du pouvoir communautaire une position de repli et de remplir objectivement ses fonctions au sein du Conseil spécial des Ministres (« Faut-il que le Gouvernement renonce à ces avantages appréciables ? »[89]).

Outre que le projet de Rey s'écartait des propositions faites à la fin octobre 1956, la Fédéchar mettait quant à elle le doigt sur des problèmes juridiques liés aux rapports du futur CNC avec les pouvoirs publics nationaux d'une part et communautaires d'autre part : le projet de loi de Rey ne semblait conforme ni à la Constitution belge ni au Traité CECA[90]. Mais le problème charbonnier n'était pas « un problème insti-

86 Ce qui, notons-le bien, ne voulut plus dire grand chose à partir d'un certain moment puisque Jean Rey s'apprêtait à quitter la vie politique belge pour prendre place au sein de la Commission de la Communauté économique européenne.

87 Nous renvoyons le lecteur aux *Annales parlementaires. Chambre des représentants*, les 14, 20, 21 et 28 novembre 1956 ; le 18 décembre 1957.

88 Archives SGB, 743, « Critique du projet de loi portant réforme du CNC », le 15 mars 1957.

89 *Idem*.

90 Tout d'abord, l'existence du CNC n'étant pas consacrée par les principes de la Constitution, il ne pouvait lui être octroyé le moindre pouvoir de réglementation ou de juridiction sanctionné pénalement. Quant à l'incompatibilité avec le Traité CECA, elle tenait au fait qu'une série de pouvoirs octroyés au CNC (décision en termes de remembrements, fusions, concentrations, fermetures, aides financières, subsides et crédits d'investissement) comptaient parmi les compétences de la Haute Autorité, avec tous les risques de conflits de compétence et de contradictions que cela présentait (archives Fédéchar, 261/78, Note de la Fédéchar « CNC. Projet de loi 762 », le 13 juillet 1957 ; *idem*, 261/80, Lettre de Mertens de Wilmars, avocat, à la Fédéchar,

tutionnel »[91], disait Pierre Delville ; « Sa solution doit être recherchée surtout dans le domaine de la technique, dans l'instauration de méthodes d'exploitation, dans l'équipement des entreprises charbonnières ».

En tout état de cause, pour les charbonniers, la vraie urgence ne résidait pas dans une réforme du CNC : ce qui réellement importait en juillet 1957, c'était la mise en concession des mines de Campine qu'on lui promettait depuis des mois et qui n'avait toujours pas vu le jour. Aussi la Fédéchar demandait-elle à Jean Rey de ne pas lier les deux projets de loi qu'il avait déposés. À cela, le ministre répondit que ces projets de loi n'étaient pas juridiquement liés mais qu'il n'était « pas politiquement souhaitable de les séparer »[92]. Il disait souhaiter que l'industrie charbonnière fût en mesure de « se déclarer *self-supporting* », ce qui eût signifié qu'elle puisse se passer de l'ingérence de l'État. Celle-ci résultait cependant « dans une certaine mesure de ce que les charbonnages n'[avaient] pas fait » ; « Si les charbonnages avaient à l'époque, agi comme les Électriciens, et avaient créé la table ronde, il n'y aurait pas lieu, aujourd'hui à réforme de structure dans l'industrie charbonnière »[93]. Tout en rendant hommage à « la ténacité des Producteurs devant les problèmes d'exploitation d'un gisement difficile » mais déplorant que « cette ténacité se double d'un individualisme qui a conduit les chefs d'entreprises de ce secteur à négliger de prendre en temps opportun des mesures d'ensemble qui s'avéraient indispensables », il estimait qu'il était difficile de trouver un projet de loi « qui satisfasse les impératifs d'intérêt général tout en préservant la liberté individuelle des entreprises ».

Mais l'opposition des charbonniers concernait encore une autre dimension du projet de loi de Rey : les pouvoirs de décision alloués au futur CNC en matière de fermeture d'un siège mais surtout en matière de déchéance d'une concession, et ce sur simple décision de sa part[94]. Cette disposition était repoussée à plus d'un titre : elle était « hautement

---

le 30 juillet 1957 ; *idem*, 261/80, Compte rendu d'un entretien de la délégation des producteurs avec Rey, ministre des Affaires économique, le 31 juillet 1957).

91 Archives Fédéchar, 260/80, Compte rendu d'un entretien de la délégation des producteurs avec Rey, ministre des Affaires économique, le 31 juillet 1957.

92 *Idem*.

93 *Idem*. Notons que pour les charbonniers, les électriciens n'avaient fait que combler leur retard à eux, puisque les charbonniers avaient déjà le CNC.

94 Archives SGB, 743, « Critique du projet de loi portant réforme du CNC », le 15 mars 1957 ; archives Fédéchar, 261/78, Note de la Fédéchar « CNC. Projet de loi 762 », le 13 juillet 1957 ; *idem*, 261/80, Lettre de Mertens de Wilmars, avocat, à la Fédéchar, le 30 juillet 1957 ; *idem*, 261/80, Compte rendu d'un entretien de la délégation des producteurs avec Rey, ministre des Affaires économique, le 31 juillet 1957. Le projet de loi donnait la possibilité au CNC de décider de la fermeture d'un siège lorsque ce siège ne présentait plus les garanties suffisantes de sécurité et de rentabilité.

inéquitable », d'autant plus injustifiable que les charbonniers se trouveraient en minorité au sein du CNC face à des gens qui n'auraient pas forcément les compétences techniques requises pour se prononcer ; l'atteinte au droit de la propriété et l'absence d'un droit de recours élémentaire pour les entreprises achevaient de rendre cette disposition anticonstitutionnelle ; enfin, susceptible de jeter arbitrairement le discrédit sur un concessionnaire déchu, elle avait un « certain caractère infamant ».

Jean Rey reconnaissait volontiers que la solution au problème charbonnier belge ne devait pas se résoudre par le seul domaine institutionnel mais dans le même temps, il se disait convaincu que les problèmes de productivité dans les charbonnages belges n'avaient pas que des raisons techniques. Il y avait, selon lui, un problème de mentalité : « Certains charbonnages manifestent une louable vitalité en vue de l'accroissement de la productivité, mais [...] il faut bien constater qu'il y a certains charbonnages 'où l'on dort' »[95]. Jean Rey se disait déterminé à aller jusqu'au bout de son raisonnement, surtout en matière de déchéance, et à trouver un moyen de sanctionner le non-respect des recommandations du CNC.

C'est lorsque le projet de loi de Rey fut mis à l'étude au sein du Parlement que le débat tourna à la polémique[96]. Le député socialiste Roger Toubeau posa un amendement suggérant de retirer du projet de loi l'obligation de se référer à l'intérêt général pour chaque décision du CNC, amendement aussitôt repris à son compte par le Gouvernement. Or, il s'agissait là de l'unique garde-fou présent dans le texte pour éviter aux charbonniers l'arbitraire des décisions de déchéance et de fermeture. Le texte, marquant déjà une « 'entorse' grave à la théorie de la liberté individuelle et de ce qui constitue la base même du *libéralisme économique* », se trouvait d'un seul coup décapité de son « *idée maîtresse* »[97], sous le « fallacieux prétexte, suivant Mr. Toubeau, qu'il n'est pas concevable que le CNC, présidé par le ministre des Affaires économiques, puisse ne pas tenir compte de l'intérêt général dans l'accomplissement de sa mission ».

---

95 Archives Fédéchar, 260/80, Compte rendu d'un entretien de la délégation des producteurs avec Rey, ministre des Affaires économique, le 31 juillet 1957.

96 Archives Fédéchar, 262/82, Amendements proposés au projet de loi n° 762 modifiant et complétant la loi du 13 août 1947, instituant le Conseil National des Charbonnages ainsi que les lois coordonnées sur les mines, minières et carrières, le 12 septembre 1957 ; *idem*, 262/82, Considérations générales sur le projet de loi n° 762 modifiant et complétant la loi du 13 août 1947...

97 Archives Fédéchar, 262/87, « Projet de loi modifiant et complétant la loi du 13 août 1947.... Note établie par Me Léon Julsonnet, avocat à Liège » (souligné dans le texte).

Cet amendement poussa la FIB à sortir de la réserve qu'elle avait montrée jusque-là. Son intervention tardive, très sévèrement critiquée par le ministre Jean Rey comme étant une manœuvre politique faisant le jeu de l'opposition[98], peut d'ailleurs être mise sur le compte de l'accord intervenu avec les charbonniers en septembre 1956. La FIB, quant à elle, justifia la manœuvre par la relative satisfaction que lui avait inspirée tout d'abord la mise en concession des réserves de Campine. Quant aux modalités de réorganisation du CNC, telles que proposées dans le projet, elles lui étaient apparues comme un moindre mal ; « Le sacrifice lui paraissait acceptable »[99]. Mais un vote favorable de l'amendement Toubeau avait forcé la FIB à revoir ses calculs : « On conçoit, dans notre droit public, que le pouvoir exécutif puisse être lié par la sentence ou la décision d'un organe de caractère juridictionnel, non par l'avis d'un collège semi-corporatif, tel que le CNC ». L'appréciation de la carence de l'initiative privée était à la merci de tous les *a priori.* « Il n'entre pas, sans doute, dans les intentions du Gouvernement de faire de l'État un exploitant, même par personne interposée. Elles ne sont certainement pas celles du présent Gouvernement et plus particulièrement de son ministre des Affaires économiques. Force est, toutefois, de constater que le projet de loi n° 762 crée l'instrument virtuel par lequel un Gouvernement autre pourrait, par le truchement du CNC, nationaliser progressivement l'ensemble de l'industrie charbonnière. Il serait aisé d'atteindre cet objectif. Il suffirait que le CNC imposât aux entreprises concessionnaires des programmes pratiquement irréalisables ».

Ce projet de loi n'était donc rien d'autre qu'un chemin de traverse vers l'étatisation des charbonnages ; le CNC, selon le charbonnier Édouard Leblanc, risquait de devenir un « instrument dangereux entre les mains d'un ministre mal intentionné »[100]. Et « si les amendements de l'opposition, tendant à instaurer la cogestion dans l'industrie minière, avaient reçu l'agrément que le Gouvernement a donné à ceux de

---

98 La FIB écrivit une lettre à Jean Rey (archives Rey, 24-25, Lettre de De Staercke à Rey, le 19 novembre 1957) et un communiqué à la presse (*idem*, 24-25, « La position de la FIB à l'égard du projet de loi réformant le CNC », le 19 novembre 1957). Cette démarche tardive provoqua l'ire de Rey qui reprocha à la FIB de faire le jeu de l'opposition et d'avoir été embrigadée par celle-ci (archives Van Acker, 1875, Lettre de Rey à De Staercke, le 21 novembre 1957 ; archives Rey, 24-25, note manuscrite de Rey en vue du comité permanent du Parti Liberal, le 23 novembre 1957). À la mi-décembre, De Staercke présentait ses excuses au ministre pour la démarche qui tenait, selon lui, à son seul mandat de président de la FIB (*idem*, 24-25, Lettre de De Staercke à Rey, le 13 décembre 1957).

99 Archives Fédéchar, 262/89, Note de la FIB « Note sur le projet de loi n° 762 réformant le Conseil National des Charbonnages », le 3 décembre 1957.

100 Archives Fédéchar, 262/92, Compte rendu d'un entretien entre Rey et une délégation des charbonniers, le 10 janvier 1958.

M. Toubeau, l'hostilité de la FIB eut été aussi vive et aussi radicale ». Roger De Staercke, administrateur-délégué de la FIB, écrivait ainsi au ministre : « Faut-il vraiment payer d'un tel prix la revanche des partisans de la nationalisation des industries de base qui, pour déguisée qu'elle soit, n'en est pas moins inscrite en filigrane dans le projet »[101].

En dépit d'appels répétés à une nationalisation des mines de la part d'André Renard mais aussi des députés communistes[102], ni la FIB ni les charbonniers ne pouvaient ignorer que la nationalisation, au point où en étaient les choses, n'était pas à l'ordre du jour[103]. Dans le camp de l'opposition sociale-chrétienne, elle n'avait aucune chance de passer : sans même parler des dirigeants chrétiens, la CSC, sous l'impulsion d'André Oleffe, s'était résolument engagée en faveur de la cogestion dans la perspective d'une mise en concession des réserves de Campine où elle était majoritaire[104]. Au sein de la majorité, même les socialistes étaient divisés. Quant aux députés proches de la FGTB, dont Roger Toubeau, partisans d'une ligne dure, il en avait été tenu compte précisément dans l'attribution au CNC de pouvoirs élargis, sorte de monnaie d'échange afin de les faire renoncer à leur ligne dure consistant à réclamer une nationalisation[105]. Les deux projets de loi furent finalement votés au cours de l'hiver 1957-1958, alors que la crise charbonnière s'installait et que la CECA s'apprêtait à entrer dans sa phase de fonctionnement définitive.

Les élections législatives de juin 1958 allaient porter au pouvoir une majorité sociale-chrétienne et, de la part du parti socialiste retombé dans l'opposition et de sa branche syndicale, on allait observer un durcissement de position sur le sujet des réformes de structure dans l'industrie charbonnière[106]. À partir de son installation, le 25 juin 1958, pas plus que sous sa forme précédente, le nouveau CNC ne fut à même d'épuiser

---

101 Archives Rey, 24-25, Lettre de De Staercke à Rey, le 19 novembre 1957 ; voir aussi l'article de l'*Echo de la Bourse* « Notes et réflexions. Menace de nationalisation », les 22 et 23 novembre 1957, article auquel Jean Rey réagit vivement en écrivant au président-directeur du quotidien Henriquet (projet de lettre dans les mêmes archives).

102 Ainsi, en avril 1957, les députés communistes avaient redéposé devant le Parlement leur proposition de loi de la fin août 1945, portant sur la nationalisation des industries charbonnières (CRISP, « Les projets de réformes structurelles dans les mines belges », p. 5).

103 Tilly, *André Renard. Biographie*, p. 569.

104 Dès le mois de mai 1957, une note d'André Oleffe faisait l'objet de discussions au sein des holdings (pour plus d'informations sur ces discussions voir les archives SGB, 648).

105 CRISP, « La crise charbonnière en Belgique. Les avatars d'une institution : le Conseil National des Charbonnages ».

106 *Ibid.*, p. 6.

les débats. Cette fois, ce ne serait pas tant son impuissance qui devait prolonger la polémique mais bien plutôt le contexte économique qui s'était profondément modifié : alors que le nouveau CNC avait été élaboré dans une perspective d'expansion[107], l'annonce de mise en exploitation prochaine des mines de Campine (à partir de début 1959[108]) ne changeait rien au fait que le charbon belge s'était brusquement réveillé dans un contexte de crise, ramené à la réalité du marché depuis le 10 février 1958. Compte tenu de la montée vertigineuse des stocks, le problème des réformes de structure était plus que jamais lié à celui d'un assainissement de la production ou du financement des stocks, de plus en plus présentés comme étant de caractère structurel.

II. La grande crise charbonnière (1958-1960)

Les tenants et aboutissants de la crise charbonnière sont vastes et il n'est malheureusement pas possible ici de les aborder tous. L'objectif est avant tout de décrire dans quelles circonstances économiques, sociales et surtout politiques les charbonniers belges se sont trouvés au cours de ces années.

A. La crise économique

À partir de la seconde moitié de 1957, la situation du marché de l'énergie s'inversa avec une stupéfiante rapidité : le marché charbonnier communautaire se trouva dans un état critique, caractérisé par une concentration sur lui des importations européennes et américaines et par un quasi-délaissement des marchés extérieurs. L'utilisation des stocks par les utilisateurs, la clémence des hivers entre 1956 et 1958, le ralentissement de l'expansion économique, les progrès techniques permettant des économies d'énergie, ainsi que le remplacement progressif des combustibles solides par les énergies de substitution se conjuguaient dans une baisse sans précédent de la demande (près de 11 % entre fin 1957 et fin 1958 et plus de 6 % entre fin 1958 et fin 1959)[109]. L'accroissement des rendements mais surtout l'entrée massive de charbons

[107] *Ibid.*, p. 4. Les différentes études publiées au cours de l'année 1957 par le Gouvernement belge ou dans le cadre de la CECA, de l'OECE, appelant à une expansion des capacités, furent invoquées pour justifier le projet de loi, lié à une mise en concession des réserves de Campine.

[108] Archives Fédéchar, 262/102, « Exposé de Monsieur le ministre Scheyven à l'ouverture de la séance du Conseil National des Charbonnages du 14 juillet 1958 ».

[109] Spierenburg et Poidevin, *Histoire de la Haute Autorité de la CECA. Une expérience supranationale*, p. 529.

américains sur le marché communautaire, que rien ne semblait pouvoir contrer[110], faisaient quant à eux exploser l'offre.

Tableau 8 : Situation des stocks dans la CECA en mai 1958 (en t)

	Stocks totaux	Production moyenne par jour ouvré	Nombre de jours de production en stock
Allemagne	7 826 487	469 357	16,67
Sarre	539 248	56 227	9,59
Belgique	4 248 424	105 822	40,15
France	6 020 471	200 561	30,02
Italie	135 000	3 261	41,40
Pays-Bas	508 660	39 826	12,94
CECA	19 278 290	875 054	22,03

(Source : archives IEV, Aide-mémoire de la CNMM, le 29 mai 1958).

Le retour du charbon sur le carreau des mines n'eut pas le même effet partout dans la CECA. Les pays non producteurs et importateurs de charbon, tels que le Luxembourg et l'Italie, avaient bien entendu tout à gagner de la situation. Quant aux quatre pays producteurs, le problème des stocks n'atteignait pas partout le même degré de gravité. En France et aux Pays-Bas, la demande du charbon domestique ne diminua pas assez pour inquiéter la production. Les Pays-Bas, pour leur part, étaient surtout inquiets pour l'activité du port de Rotterdam et pour les secteurs liés à l'acheminement du charbon américain vers l'Allemagne, sur lesquels la diminution des importations des charbons américains risquait d'avoir un effet défavorable. C'est surtout en République fédérale allemande et en Belgique que la crise se fit sentir et devint rapidement intenable. Entre janvier 1958 et avril 1959, les stocks allemands explosèrent littéralement de 1,6 millions à 20 millions de tonnes (soit 15 % de la production de 1958) ; en Belgique, sur la même période, ils passèrent de 1,7 millions à 8 millions de tonnes, représentant alors près d'un tiers de la production de 1958[111]. Non seulement la proportion des stocks belges était nettement plus élevée que partout ailleurs, mais également leur qualité n'était pas la même puisqu'ils contenaient en grande partie des charbons de basse qualité, plus difficile à écouler.

Pour l'industrie charbonnière belge, ce retournement de la conjoncture était d'autant plus fâcheux qu'à partir du 10 février 1958, les subsides de péréquation devaient arriver à terme, la production se trouvant dès lors sans protection sur le marché commun. L'industrie charbon-

[110] Le maintien de ces importations s'explique par la difficulté de résilier les contrats à long terme passés au plus fort de la pénurie mais également pas une baisse inattendue des taux de fret dont les importateurs entendirent profiter.

[111] Meade *et al.*, *Case studies in European Economic Union. The Mechanics of Integration*, p. 249.

nière belge, pour une large part du moins, n'était manifestement pas prête. On ne peut pas dire pourtant que la perspective de la fin de la transition n'avait pas été anticipée. Les réformes de la péréquation ainsi que le plan d'assainissement, élaboré et conclu entre le Gouvernement belge et la Haute Autorité entre l'automne 1954 et le printemps 1955, le prouvent à suffisance. Mais personne n'avait vraisemblablement imaginé que la crise viendrait aussi tôt et serait d'une telle ampleur. Il faut dire que des grèves multiples, sectorielles ou générales, provoquèrent un ralentissement prématuré de la production industrielle nationale au cours du deuxième semestre de 1957 et que, par ailleurs, les produits pétroliers avaient pu se ménager en Belgique une place plus importante que chez ses voisins.

La progression des stocks atteignit une cadence sans précédent : alors que lors de la précédente crise, en 1953-1954, le chiffre de 4 millions de tonnes avait été atteint en deux années et demi de mise en stocks, en juillet 1958, la barre des 5 millions était dépassée. Rapidement, le chômage économique dut être appliqué dans la plupart des mines, mais sans parvenir à infléchir la progression des stocks. Confrontés à des frais de stockage et des allocations de chômage allant croissant, certains charbonnages virent leur situation financière s'aggraver de façon catastrophique. Notons à ce sujet que, compte tenu des différentes qualités produites en Belgique d'un bassin à l'autre, la crise charbonnière ne pouvait pas avoir un impact homogène. Comme le montre le tableau ci-dessous, le bassin de Liège se distinguait des autres par des stocks moins importants au regard de la production annuelle (2,8 % contre 4,9 de moyenne en 1957 et 14,3 % contre 25,6 de moyenne en 1958). Si l'on considère l'évolution entre 1957 et 1958, ce sont cependant les bassins du Centre et du Borinage qui affichaient les plus faibles progressions de stocks (respectivement + 377 % et + 320 % contre + 390 % de moyenne). Cela s'explique, en contrepartie, par les plus fortes réductions de production (respectivement -15,4 % et -10 % contre une moyenne de -7 %), provoquées par la fermeture de sièges ainsi que par un grand nombre de jours chômés. Avec une diminution relativement plus faible de sa production, le bassin de Campine confortait quant à lui sa position de premier producteur belge. C'est donc à Charleroi et à Liège que les stocks connurent la plus forte augmentation. Pour expliquer ces différences, il convient de tenir compte des qualités stockées. Le phénomène avait en effet tendance à se concentrer sur les extrêmes de l'échelle, c'est-à-dire d'un côté les gras B et de l'autre l'anthracite (dont Charleroi et Liège étaient de gros producteurs). Nous verrons plus loin que ces différences entre bassins et entre qualités avaient des implications dans les rapports entre charbonniers et dans les contacts avec les autres secteurs.

Tableau 9 : Différences de stocks entre bassins belges (par 1000 t) (1957-1958)

	Production			Stocks en fin d'année			%	%
	1957	1958		1957	1958		**1957**	**1958**
Campine	10 331	9 973,2	(-3,5 %)	500,1	2 505,8	(+401 %)	**4,8**	**25,1**
Centre	3 471	2 936,2	(-15,4 %)	182,6	871	(+377 %)	**5,3**	**29,7**
Charleroi	6 957,9	6 449,4	(-7,6 %)	369,2	1 898,3	(+414 %)	**5,3**	**29,4**
Liège	4 322,6	4 068,9	(-5,9 %)	107,0	583,7	(+445 %)	**2,8**	**14,3**
Borinage	4 004	3 605,4	(-10 %)	254,1	1 068,9	(+321 %)	**6,3**	**29,6**
BELGIQUE	29 086,4	27 033	(-7 %)	1 413	6 927,7	(+390 %)	**4,9**	**25,6**

(Source : Valschaerts, H., « L'industrie charbonnière en 1958 », *Bulletin de l'Institut de Recherches Économiques et Sociales de Louvain*, 1959, p. 280 et 283).

En dépit des cinq années de transition, à la fin de l'année 1957, les prix de revient à la tonne tant en Campine (835 FB) que dans les bassins du sud (855 FB) étaient encore bien plus élevés que ceux affichés aux Pays-Bas (762 FB) ou dans la Ruhr (724 FB). Les rendements journaliers par homme de fond non plus n'étaient pas parvenus à combler l'écart : contre les 1 710 kg en France, les 1 646 kg en Allemagne et les 1 550 kg aux Pays-Bas, le travailleur du fond de Campine parvenait à peine à un rendement de 1 450 kg et celui de Wallonie à peine à 1 027 kg[112]. Les programmes d'investissements exécutés depuis la Libération avait permis une augmentation des rendements fond et surface d'à peine 9 kg par rapport à ceux d'avant la Seconde Guerre mondiale. Outre les 40 milliards de FB de subsides officiels payés pour compenser les pertes subies par le contrôle des prix depuis 1945, les 2,3 milliards de FB payés par la CECA, dans le cadre de la péréquation au cours des cinq années de péréquation, n'avaient pas suffi à rattraper le retard des mines belges sur la concurrence européenne.

B. Les charbonniers belges commencent à énerver

Au regard du rythme auquel les stocks s'accumulaient sur le carreau des mines, la lenteur avec laquelle les mesures furent prises pour inverser ou tout au moins pour freiner le courant est remarquable. Les raisons sont multiples et tiennent autant à des obstacles juridiques que politiques. Les patrons charbonniers belges partaient du principe que, tant que le Gouvernement belge, la Haute Autorité, les utilisateurs et les producteurs européens n'avaient pas apporté leur part de solution, rien ne pouvait leur être demandé. Dans un contexte purement national, compte tenu de la main-d'œuvre qu'elle représentait, la Fédéchar eût pu se permettre un tel discours. Dans un contexte communautaire au sein

[112] CRISP, « L'organisation du patronat charbonnier belge et son influence politique », p. 2.

duquel, cinq années durant, le charbon belge avait bénéficié d'un régime spécial sans trouver le moyen d'en tirer profit, le succès d'une telle position était nettement plus improbable. Citons le ministre Roger Motz, remplaçant de Jean Rey, qui, pour pousser les charbonniers à faire un effort, déclarait : « [La Haute Autorité] a été fort mal impressionnée par l'aventure du Borinage. Des rapports, des contre-rapports et les interventions successives de divers groupes d'experts, n'ont abouti finalement qu'à une situation plus mauvaise qu'il y a cinq ans »[113].

1. Les charbonniers rechignent à la caisse autonome

Il faut rappeler tout d'abord que Jean Rey avait, dès le début 1957, songé à l'après-péréquation, c'est-à-dire à partir du 10 février 1958 : son projet de caisse autonome avait refait son apparition au début du mois d'octobre[114]. Compte tenu du caractère non différentiel des barèmes du charbon belge, il voyait comme seule solution un système de compensation entre producteurs. Mais comme il ne pouvait être question d'une compensation croisée similaire à celle imposée après la Seconde Guerre mondiale – et Rey prenait grand soin d'insister sur cette différence –, il envisageait un système comparable à la nouvelle répartition de la péréquation décidée fin 1956 mais à charge de la production nationale, de façon plus ou moins ciblée. Il se disait très optimiste quant aux avantages de cette caisse d'autonome en termes financiers, en termes sociaux mais également en ce qui concernait le financement des stocks.

Une nouvelle fois, dès qu'ils furent informés des intentions du ministre, les charbonniers belges exclurent d'emblée un effort de leur part : « Il ne semble pas que le salut du charbon belge puisse être réalisé par un mécanisme de compensation basé sur le charbon belge. Il faut, ou bien se baser sur le charbon mais alors sur un plan plus étendu que la Belgique, ou bien demeurer sur le plan belge mais rechercher une base autre que le charbon »[115].

Quelques jours plus tard, alors qu'un neuvième barème était négocié suite à de nouvelles charges sociales, Delville annonçait que, de leur côté, les charbonnages de Campine avaient décidé de renoncer à la couverture de ces charges en échange d'un barème différentiel, s'entend une baisse de leurs prix par rapport aux autres producteurs belges de

---

113 Archives Fédéchar, 262/95, Compte rendu d'un entretien entre Motz et une délégation des charbonniers, le 4 mars 1958. Roger Motz (1904-1964), ingénieur des mines et homme d'affaires ; homme politique libéral, il dirigea notamment après guerre le Parti Libéral et succéda à Jean Rey au ministère des Affaires économiques.

114 Archives Fédéchar, 262/88, « Projet de loi instituant une caisse autonome de l'industrie charbonnière. Exposé des motifs », le 11 octobre 1957.

115 Archives Fédéchar, 262/86, Compte rendu d'un entretien accordé par Rey, ministre des Affaires économiques, à une délégation de la Fédéchar, le 24 octobre 1957.

mêmes catégories. Rendant hommage au geste des producteurs de Campine, « geste qu'il qualifie d'intelligent et élégant », Jean Rey ajouta : « [Je] suppose que les producteurs de la Campine font cette proposition en vue d'éviter l'instauration d'une péréquation interne ». Après avoir exprimé ses réserves, compte tenu du risque pour les mines wallonnes, il annonça bientôt l'accord du Gouvernement pour autant que la différence barémique ne menace pas leurs voisines du sud[116].

Mais la question de la caisse de péréquation n'était pas abandonnée pour autant. Alors que Rey s'apprêtait à la soumettre au Conseil des ministres et s'attendait aux réactions des charbonniers, il les pressa d'apporter des propositions concrètes permettant un résultat équivalent[117]. Aussitôt, la Fédéchar rédigea une note rejetant formellement le mécanisme tel qu'il était prévu par le ministre[118] : à moins de deux mois de la fin de la transition, il n'était plus permis de nier que l'ensemble de l'industrie charbonnière belge était marginale face à la CECA et que, par conséquent, même les meilleures mines belges, situées en Campine, devaient pouvoir mettre toutes les chances de leur côté si elles voulaient survivre. Par contre, ils étaient tout prêts à envisager une solution fondée sur les art. 53 et 62 du Traité CECA permettant à la Haute Autorité de mettre en place des mécanismes s'étendant aux entreprises de la CECA dans son ensemble : cela permettait d'ailleurs de limiter les coûts par entreprise.

Jean Rey ne rejeta pas d'emblée cette idée : dans le fond, le principe d'une diminution de la production rencontrait une opposition dans tous les bassins de la CECA et il ne lui semblait donc pas absurde de porter la question sur le plan communautaire[119]. Les discussions allaient se prolonger, Jean Rey laissant à son remplaçant Roger Motz la tâche de mener à bien ce projet[120], projet que la gravité de la crise eut pour conséquence de faire passer aux oubliettes : la caisse autonome n'était pas le

[116] Milward, *The European Rescue of the Nation-State*, p. 107. Contrairement à ce qu'avance A. S. Milward, c'est bien plus des charbonniers que du Gouvernement belge que venait le refus de mettre les charbonnages borains en danger (archives Fédéchar, 262/86, Lettre de Rey à Delville, le 29 octobre 1957).

[117] Archives Fédéchar, 262/91, Lettre de Rey à Delville, le 20 décembre 1957.

[118] Archives Fédéchar, 262/91, Note de la Fédéchar « Réflexions à propos de l'avant-projet de loi instituant une caisse autonome de l'industrie charbonnière », le 23 décembre 1957.

[119] Archives Fédéchar, 262/92, Compte rendu d'un entretien entre Rey et une délégation des charbonniers, le 10 janvier 1958.

[120] Archives Fédéchar, 262/92, « Collège des Présidents. Résumé de l'entretien du 16 janvier 1958 avec Monsieur Martens, Inspecteur Général des Mines », le 20 janvier 1958 ; *idem*, 262/94, « Projet de loi instituant une caisse autonome de l'industrie charbonnière. Exposé des motifs », le 20 février 1958.

seul enjeu face auxquels les charbonniers montraient de la mauvaise volonté.

2. *Les charbonniers contraints à une baisse de leurs tarifs*

Depuis plusieurs mois déjà, les patrons charbonniers s'alarmaient des changements sur le marché charbonnier et avaient commencé de presser le Gouvernement belge et la Haute Autorité pour qu'ils prennent des initiatives. Leur salut, disaient-ils, exigeait des autorités publiques qu'elles prennent diverses mesures. Il s'agissait principalement d'agir contre la concurrence des charbons importés et des produits pétroliers ; de faire pression sur les consommateurs, en général, pour que ceux-ci maintiennent leurs achats et sur les électriciens, en particulier, pour qu'ils cessent d'exploiter les terrils[121] ; et apporter leur aide financière ou légale pour réduire le poids des stocks. Quant à baisser la production, il ne fallait pas y songer puisque la Haute Autorité elle-même s'était encore prononcée quelques mois auparavant pour une expansion[122].

Quant à eux, le Gouvernement belge et la Haute Autorité considéraient qu'aussi longtemps que les charbonniers belges n'avaient pas pris les mesures les plus élémentaires pour faire face à la situation, ils ne pourraient leur être d'aucune aide. Tant pour le financement des stocks que pour lutter efficacement contre les importations, il allait falloir passer par le Conseil spécial des Ministres. Dans un premier temps, ils pressèrent les charbonniers de réduire leurs tarifs à un niveau adapté à la situation du marché ; s'entend : le plus proche possible des tarifs de la Ruhr. Au sujet du financement des stocks, les membres de la Haute Autorité, Paul Finet et Albert Coppé en tête, se montrèrent limpides : sans baisse des prix dans les tout prochains jours, la question était perdue d'avance. « Ne nous demandez pas de perdre la face en proposant une solution à un problème alors que les données actuelles en font un problème désespéré ». Dirk Spierenburg apportait, quant à lui, le point de vue des bailleurs de fonds de la péréquation :

> […], le Gouvernement des Pays-Bas n'a jamais compris pour quelle raison les Pays-Bas avaient dû, par le truchement de la péréquation, et au cours de la période de transition, contribuer au paiement de salaires plus élevés aux ouvriers mineurs belges. *A fortiori*, le Gouvernement des Pays-Bas ne comprendrait-il pas qu'il fût appelé à contribuer sur le plan de la Communauté à la solution du problème des mines belges, alors que l'on persiste à maintenir

---

[121] La production d'électricité dans les centrales minières ne nécessitait pas de qualité spécifique de charbon. L'exploitation des déchets, récoltés sur les terrils, permettait donc aux électriciens de se fournir en combustible à moindre coût.

[122] Archives Fédéchar, 262/92, Compte rendu d'un entretien entre Rey et une délégation des charbonniers, le 10 janvier 1958.

leurs prix, y compris ceux de la Campine, à un niveau commercialement insupportable, déterminés par les coûts élevés dans d'autres bassins belges[123].

Après avoir tenté de faire admettre qu'une telle mesure, c'était la mort assurée des charbonnages, non seulement wallons mais également campinois et que, tout au moins, pratiquer des prix différentiels, en limitant la baisse au charbon campinois, ne faisait que déplacer le problème vers les mines wallonnes en l'aggravant, la Fédéchar finit par accepter. À condition que les autorités publiques fassent un effort en contrepartie ; « L'effort ne peut pas être que structurel », justifiait-elle.

Il n'est pas exclu qu'à ce stade des discussions, les charbonniers prirent soudain conscience qu'ils se trouvaient en terrain glissant. Albert Coppé s'était en effet mis à soupçonner le Cobéchar de quelque pratique illégale susceptible d'expliquer la mauvaise volonté des charbonniers en matière tarifaire. « La Haute Autorité doit-elle en conclure que le net décrochage qu'elle préconise serait entravé par les règlements de Cobéchar ? », demandait-il. Si tel était le cas, la Haute Autorité serait amenée à revoir sa position quant à l'autorisation donnée quelques années plus tôt au comptoir[124]. Dans la presse, ce qui apparut comme une admonestation des charbonniers fut relaté dans le détail, offrant l'occasion de dénoncer à nouveau les pratiques monopolistiques du Cobéchar, auxquelles la CECA n'avait rien changé et qui étaient seules responsables du charbon cher en Belgique.

> Profitant sans doute de la mollesse que la Haute Autorité a montrée à dissoudre complètement le 'Georg' [...], il apparaît que Cobéchar s'apprête à présenter un nouveau barème en très légère baisse pour tous les charbonnages belges. Ce serait une fois de plus, la négation des réalités économiques. Rien ne justifie en effet pareille politique. Les charbonnages belges offrent les conditions de production les plus variées. Il n'y a aucune raison qu'ils adoptent un barème commun[125].

De telles pratiques, dénonçait-on, revenaient à donner des armes aux tenants de la nationalisation. Et, pour les charbonniers, ce n'était pas le moment d'affronter les autorités publiques sur ce terrain.

Lorsque début mars, les producteurs annoncèrent une baisse de 30 FB/tonne, applicable à partir du 1er avril, ils s'empressèrent de pré-

---

123 Archives Fédéchar, 262/94, Compte rendu d'un entretien entre une délégation des producteurs et le collège de la Haute Autorité, le 28 février 1958.

124 *Idem.*

125 Articles de *La Libre Belgique :* « Le monopole de vente des charbons. Un régime néfaste et contraire aux statuts de la CECA », le 19 mars 1958 ; « Le comptoir belge des charbons. Répond-il aux exigences du Traité de la CECA ? », le 20 mars 1958 ; « La question charbonnière. L'existence du comptoir belge des charbons se justifie-t-elle ? », le 23 mars 1958.

senter la situation difficile à laquelle les mines wallonnes risquaient d'être désormais confrontés : si certains exploitants allaient tâcher d'aligner leurs prix, d'autres en étaient incapables et réclamaient une subvention ; « les producteurs », redoutait Albert Coppé, « espèrent encore pouvoir résoudre le problème qui se pose par des décisions qui ne sont pas à la mesure de la situation catastrophique à laquelle ils ont à faire face »[126]. Au Premier ministre Van Acker, cette baisse de 30 FB/tonne paraissait ridicule et quant à aider les mines wallonnes, que la Haute Autorité ait ou non marqué son accord, cela lui était parfaitement égal : « Il n'est pas question de mettre un franc à charge du Trésor »[127]. Cela présentait-il un risque pour les bassins wallons ? « C'est mon affaire ! » Et coupant la parole à un autre patron : « Vous n'avez qu'à faire la compensation entre vous ». L'énervement est palpable.

3. *Finalement un plan d'assainissement*

Du raisonnement des charbonniers belges, une conclusion s'imposait : si les mines wallonnes ne pouvaient pas suivre, il fallait en tirer les conséquences. Au sein de la Haute Autorité, Dirk Spierenburg se montra intransigeant : une fois prises des mesures pour adapter les prix du charbon de Campine, l'assainissement suivrait automatiquement. Après cinq années gaspillées, il était grand temps pour la Belgique et pour les producteurs, de présenter un plan concret. Paul Finet était du même avis : les subsides compensatoires réclamés par les charbonniers pour venir en aide aux mines wallonnes ne feraient que cacher un problème pourtant évident.

Et il était inutile de compter sur le CNC pour faire le boulot ou pour justifier le retard creusé, ainsi que Pierre Delville semblait le faire. De l'avis de Spierenburg : « Dans le cadre de l'entreprise libre et de l'entreprise privée », disait Spierenburg,

> c'est aux producteurs qu'il appartient de faire un plan d'adaptation des capacités de production. C'est aux producteurs belges qu'il appartient de savoir quelles sont les entreprises qui peuvent supporter un prix de vente compétitif dans le marché commun ; [...] En d'autres termes, c'est aux producteurs belges de dire ce qu'ils estiment être nécessaire et possible pour assurer l'avenir de leur industrie. Il convient qu'ils proposent un plan et non qu'ils posent des questions à la Haute Autorité et au Gouvernement belge[128].

---

[126] Archives Fédéchar, 262/96, Compte rendu de l'entretien entre délégation des charbonniers et collège de la Haute Autorité, le 13 mars 1958.

[127] Archives Fédéchar, 262/97, Compte rendu de l'entretien entre Van Acker et une délégation des producteurs, le 4 mars 1958.

[128] Archives Fédéchar, 262/96, Compte rendu de l'entretien entre délégation des charbonniers et collège de la Haute Autorité, le 13 mars 1958.

On ne peut s'empêcher de penser que Dirk Spierenburg savait pertinemment bien à qui il adressait ses remontrances. Sans plan d'ensemble, les demandes de subventions que la Fédéchar entendait soumettre risquaient d'être formulées dans le vide et, sur ce point, le collège de la Haute Autorité était unanime.

Après avoir encore dénoncé l'injustice de ces propos (« L'assainissement se poursuit de manière constante dans l'industrie charbonnière belge »[129]), après avoir prévenu des risques de « grands remous sociaux » interdisant d'y aller trop brusquement, munis des promesses d'Albert Coppé qu'une fois ce plan établi, la Haute Autorité ne « lésinerait » ni sur le montant ni sur la durée des aides, les charbonniers se déclarèrent prêts à réaliser ce plan. Face au Premier ministre et au ministre des Affaires économiques, ils ajoutèrent cependant que sans financement des stocks, la situation était sans issue. « Non, d'abord le plan, ensuite, on verra »[130], répondait Van Acker. « Que les producteurs disent la vérité, au point de vue économique, même si cette vérité est pénible », encourageait Roger Motz. Et puis, les charbonniers avaient-ils bien fait tout ce qu'ils pouvaient en matière de prix ? Aux yeux de Van Acker, 30 FB/tonne, c'était dérisoire pour les mines de Campine. Il fut finalement conclu que les charbonniers mettraient au point une déclaration d'intention, à remettre au Gouvernement pour le 24 mars au plus tard, soit la veille d'une rencontre qui devait se tenir entre les autorités nationales et communautaires.

Après avoir présenté le Programme d'action pour l'industrie charbonnière belge[131] à la Haute Autorité, Van Acker se montra optimiste quant aux suites qui y seraient données : « Les discussions [...] se sont passées dans une excellente atmosphère. Le problème charbonnier est engagé dans une bonne voie »[132]. Mais à ce stade, le plan des charbonniers portait sur un total de 2 à 3 millions de tonnes ; la Haute Autorité, elle, attendait un programme concret de 4 à 5 millions de tonnes. C'est encore Spierenburg qui se montrait le plus pressant : le programme devait venir rapidement, en une pièce et ne devait pas permettre de prolonger artificiellement les mines jusqu'au 10 février 1960, date limite au-delà de laquelle il ne serait plus possible de demander des aides de réadaptation ; par ailleurs, le 29 avril prochain, il ne donnerait son accord pour un financement de stocks que si ce programme était présen-

[129] Paul Culot dans *idem.*

[130] Archives Fédéchar, 262/96, Compte rendu de l'entretien entre délégation des charbonniers et Van Acker et Motz, le 20 mars 1958.

[131] Archives Fédéchar, 262/94, Note de la Fédéchar « Programme d'action pour l'industrie charbonnière belge », mars 1958.

[132] Archives Fédéchar, 262/96, Compte rendu de l'entretien entre représentants des producteurs et Van Acker et Motz, le 26 mars 1958

té. Pour les charbonniers, il n'était pas possible de procéder trop brusquement à des fermetures massives, pour des « raisons politiques ». Notons que la Belgique se trouvait à nouveau en pleine période électorale.

Les charbonniers appelèrent à la mise en place d'un groupe de travail : pour atteindre le niveau requis de 4 à 5 millions de tonnes, il allait falloir convaincre une série d'exploitants de l'intérêt à fermer ; il fallait pour cela que la Haute Autorité donne une idée des aides qu'elle pouvait apporter principalement à titre de réadaptation. Les charbonniers pressaient la Haute Autorité de donner une large interprétation au § 23 de la CDT, sans quoi aucun plan de fermetures ne pouvait être envisagé. Paul Finet rappela cependant que depuis la fin de la transition, la liberté d'action de la Haute Autorité face au problème belge n'était plus la même : elle devait justifier ses choix devant le Conseil spécial des Ministres et il était exclu de lui demander un blanc-seing[133]. Luxembourg donna son feu vert pour un groupe de travail, au sein duquel trois fonctionnaires européens se joindraient (dont François Vinck) et deux fonctionnaires belges (Joseph Martens et Paul Hatry).

Au terme de consultations auprès de ses affiliés, la Fédéchar put annoncer que 3 260 300 tonnes seraient abandonnées, soit vingt-sept sièges en tout, fermés par tiers (dont un pour la seule année 1958) avant 1965[134]. Pendant ce temps, la Haute Autorité se penchait sur les possibilités d'application du § 23 de la CDT : au début du mois de juin 1958, elle reconnut la possibilité de faire courir les paiements de réadaptation au-delà du 9 février 1960, mais à condition que les activités d'extraction soient effectivement arrêtées à cette date[135]. Lorsque le nouveau CNC fut mis en place en juin 1958, ce programme d'assainissement fut mis à sa charge. Dès le 27 juin 1958, le Parlement votait une résolution constatant l'échec de la transition et, par conséquent, la nécessité de mettre en œuvre un programme d'adaptation et d'assainissement.

4. *Et de la part des autorités publiques ?*

Du côté des autorités publiques, une aide concrète, telle que celle réclamée par la Fédéchar, c'est-à-dire un financement des stocks et une limitation des importations, semblait de plus en plus éloignée. Un projet de loi avait été préparé par Rey pour assurer un financement des stocks,

133 Archives Fédéchar, 262/97, Compte rendu d'un entretien entre une délégation des charbonniers et le collège de la Haute Autorité, le 1er avril 1958.

134 Archives Fédéchar, 262/98, Lettre de Delville à Finet, le 25 avril 1958. Un premier tiers pour la seule année 1958 ; un second tiers entre début 1959 et 1960/1961 ; et un troisième tiers, entre 1962 et 1965.

135 Spierenburg et Poidevin, *Histoire de la Haute Autorité de la CECA. Une expérience supranationale*, p. 623.

au début du mois de mars 1957. Cependant, en dépit des nombreux appels des charbonniers, mais également des syndicats et des utilisateurs, ce n'est que dans le courant du mois d'avril 1958 que certaines avancées purent être réalisées. Et le long bras de fer entre les charbonniers belges et les autorités publiques ne suffit pas pour expliquer le délai. Sur le plan national, la Banque Nationale de Belgique (BNB) se montrait prudente face au rôle qu'on lui demandait de jouer dans ce financement.

Sur la base d'un document émanant de l'Administration des Mines, une banque pouvait faire un prêt à un charbonnage, en prenant en gage une part de ses stocks. Comme il était illusoire de vouloir transporter ces stocks, une loi de warrantage charbonnier devait être votée, qui avait pour but de permettre la mise en gage de ces stocks sans qu'ils ne doivent être mis sous la garde du prêteur. Mais le principal problème tenait au risque de ce prêt : comme la banque avait des engagements à long terme sur les capitaux dont elle disposait, elle devait avoir une certitude que les capitaux prêtés aux charbonnages lui soient remboursés à temps pour faire face à ses obligations. Si entretemps la marchandise n'était pas vendue, la banque risquait de se trouver insolvable. Dès lors, pour être disposée à prêter sur gage, la banque privée devait pouvoir escompter ce gage auprès de la BNB.

L'un dans l'autre, c'était donc la BNB qui, au final, serait amenée à prendre en charge les surplus de production : tant qu'il s'agissait de stocks saisonniers, elle n'y voyait aucun obstacle ; par contre, elle n'entendait pas se charger de stocks conjoncturels. Et la récession n'était pas susceptible de lui faire changer d'avis sur ce point. Il appartenait au Gouvernement de permettre à la BNB de procéder à une telle opération. Mais il fallait pour cela que l'État belge et la Haute Autorité, de façon conjointe, offrent une garantie de bonne fin. Or, en dépit de certaines avancées sur le plan national[136], un succès sur le plan communautaire s'avérait de plus en plus compromis, principalement du fait des Pays-Bas et de l'Allemagne qui réclamaient d'abord un programme efficace d'assainissement charbonnier en Belgique. Le principe ne fut pas accepté au sein du Conseil spécial des Ministres avant l'automne 1958 et encore était-ce sous certaines conditions.

Quant à une limitation des importations, les charbonniers réclamaient deux choses : une limitation drastique, sinon un arrêt total des importations de charbon en provenance des pays tiers ; et, puisque cela seul ne pouvait pas suffire compte tenu de la liberté du commerce de charbon au sein de la CECA, un appel de la Haute Autorité aux États-membres afin

[136] Archives Fédéchar, 262/104, Compte rendu d'une entretien entre Scheyen et une délégation des charbonniers, le 22 août 1958.

qu'ils se prêtent un « concours mutuel »[137]. Vers la fin février 1958, le Gouvernement belge accepta de mettre sous régime de licences les importations de charbons quelle qu'en fût la provenance. Cette mesure unilatérale, interdite par le Traité CECA, portait un premier coup à la crédibilité de la Haute Autorité[138]. Mais celle-ci maintenait son opposition à toute intervention sur le marché extérieur de la CECA, se fondant sur le principe de la compétence exclusive des gouvernements. À partir du mois d'avril, les charbonniers belges se mirent à brandir la menace d'un isolement de leur marché, tel que semblait le leur permettre la CDT, tout au moins encore pour deux années[139]. Mais, en dépit des demandes répétées et des promesses du Gouvernement belge, le problème des importations devait rester entier. Et à partir de septembre, les charbonniers se mirent à envisager concrètement le recours aux dispositions les plus dirigistes contenues par le Traité CECA : les articles de la crise manifeste dont il sera maintenant question.

C. L'état de crise manifeste

Si l'épisode de la crise manifeste[140] n'est pas resté dans les mémoires comme l'une des crises majeures du processus d'intégration européenne, au même titre par exemple que l'échec de la Communauté européenne de Défense en 1954 ou la crise de la chaise vide au milieu des années 1960, c'est sans doute parce que, depuis la signature des Traités de Rome en mars 1957, la CECA avait déjà cessé d'être l'organisation phare de l'Europe en construction. Et le principe de supranationalité, sur la base duquel le processus avait bon an mal an été lancé et qui faisait l'originalité de la CECA, avait depuis lors été laissé sur le bord du

---

137 Archives Fédéchar, 262/92, Compte rendu d'un entretien entre Rey et une délégation des charbonniers, le 10 janvier 1958. L'appel au *concours mutuel* était un des rares pouvoirs de la Haute Autorité en matière de commerce extérieur des États-membres (art. 71 du Traité CECA) : il s'agissait de prier ces États de s'entendre autour d'une politique commerciale cohérente.

138 Archives Fédéchar, 262/94, Lettre de Motz à Finet, le 20 février 1958.

139 Archives Fédéchar, 262/97, Compte rendu d'un entretien entre une délégation des producteurs de charbon et le collège de la Haute Autorité, le 1er avril 1958.

140 Sur cette question, voir principalement : Meade *et al.*, *Case studies in European Economic Union. The Mechanics of Integration* ; Sexter, « The Belgian Coal Mines in the European Coal and Steel Community » ; Spierenburg et Poidevin, *Histoire de la Haute Autorité de la CECA. Une expérience supranationale* et Röndigs, *Globalisierung und europäische Integration. Der Strukturwandel des Energiesektors und die Politik der Montanunion, 1952-1962*. Mais également : Lucas, *Energy and the European Communities*, p. 30-32 ; Kocher-Marbœuf, E., *Le Patricien et le Général. Jean-Marcel Jeanneney et Charles de Gaulle. 1958-1969.* I, Paris : Comité pour l'histoire économique et financière de la France, 2003. Voir également : Mény et Wright (dir.), *La crise de la sidérurgie européenne. 1974-1984* qui se penche sur les circonstances de l'application de la crise manifeste lors de la crise de la sidérurgie dans les années 1980.

chemin. Cependant, cet épisode a été justement présenté par U. Röndigs comme le moment pour la soi-disant solidarité européenne de se montrer sous son vrai visage.

La raison pour revenir ici sur ces événements est double. Premièrement, la lecture faite ici des archives du CEPCEO a permis de découvrir une dimension technique aux débats sur la crise manifeste, outre les dimensions politiques et économiques mieux connues jusqu'à ce jour : c'est sur ces questions notamment que les charbonniers belges se trouvèrent isolés au sein de l'association européenne. Deuxièmement, à nouveau, force est de constater que les histoires du charbon belge et de la CECA sont intimement liées : ce sont des troubles sociaux dans les bassins wallons qui, finalement, forcèrent la Haute Autorité à engager la procédure en dépit d'un échec annoncé. Mais il convient avant tout de se pencher sur la base légale de la crise manifeste.

1. *Les articles de la crise manifeste*

Pour assurer un approvisionnement régulier et équilibré du marché, la Haute Autorité avait à sa disposition différents outils et moyens d'intervention. À côté de moyens dits *indirects* en ce qu'ils impliquaient le truchement des États-membres (art. 57), les négociateurs à Paris avaient, par réalisme économique, envisagé deux types de crise pouvant nécessiter des moyens d'intervention directs : (1) la *crise manifeste*, face à laquelle la Haute Autorité devait établir des quotas de production (art. 58 du Traité CECA) ; et (2) la *pénurie sérieuse*, face à laquelle la Haute Autorité devait élaborer des priorités d'utilisation et des plans de répartition des ressources disponibles (art. 59). Deux conditions avaient été posées à l'application de ces mesures directes : premièrement, avant de pouvoir invoquer ces articles, la Haute Autorité devait avoir épuisé tous les moyens d'action indirecte ; deuxièmement, après avoir constaté l'existence d'une crise manifeste ou d'une pénurie sérieuse, la Haute Autorité devait, pour pouvoir agir en conséquence, consulter le Comité Consultatif et obtenir l'aval du Conseil spécial des Ministres. Notons que cet aval était décisif, c'est-à-dire qu'une fois le feu vert donné par les six ministres, la Haute Autorité se devait d'agir en appliquant les mesures prescrites par le Traité. Par ailleurs, notons qu'un État-membre pouvait également prendre l'initiative de soumettre le constat de crise manifeste au sein du Conseil spécial des Ministres : dans ce cas, pour que la Haute Autorité soit habilitée à passer à l'action, les ministres devaient donner leur accord à l'unanimité et non plus à la majorité qualifiée. Un État-membre avait donc tout intérêt à attendre que la Haute Autorité se charge d'introduire la requête.

L'établissement de quotas de production, comme le prévoyait l'art. 58, n'était pas une mesure anodine puisqu'il signifiait pour la Haute Autorité de disposer d'un levier d'influence décisif sur le marché.

Par ailleurs, par les allocations de chômage qu'il nécessiterait, il risquait d'entraîner des coûts élevés. Moins coûteuse en termes sociaux et en termes politiques, une simple limitation des importations avait donc plus de chance d'obtenir les faveurs des États membres. Il convient de rappeler ici que la politique commerciale extérieure avait été laissée à la seule compétence des États-membres et qu'en la matière, la Haute Autorité était donc globalement confinée à agir indirectement en veillant au respect du Traité, en appelant éventuellement les gouvernements à se prêter un *concours mutuel* (art. 71) et en leur suggérant des mesures allant dans ce sens. Une exception venait cependant compliquer considérablement le tableau : dans l'éventualité d'importations excessives, la Haute Autorité pouvait agir directement en leur imposant des restrictions quantitatives, en vertu du troisième alinéa de l'art. 74. Mais pour pouvoir invoquer ce point, il était spécifié de façon très explicite qu'il fallait que l'application de l'art. 58 eût été au préalable reconnue nécessaire par le Conseil spécial des Ministres sur la base d'un constat de la crise manifeste.

Dès avant l'entrée en vigueur du Traité CECA, rappelons-le, les difficultés, voire l'impossibilité de faire appliquer l'art. 58 avaient été clairement pressenties par les patrons charbonniers belges. Fritz Michotte van den Berck, chef du service Études et Documentation du Cobéchar, avait ainsi constaté que la Haute Autorité était à la merci du bon vouloir du Conseil spécial des Ministres et que, par conséquent, la décision serait immanquablement prise en fonction des intérêts nationaux et non ceux de la CECA[141]. Dans les grandes lignes, il avait vu juste. Mais il n'était pas en mesure, en janvier 1952, de percevoir les vecteurs qui, six ou sept années plus tard, allaient concrètement causer l'échec de la Haute Autorité sur la question de la crise manifeste. Le fait de séparer les partenaires du Benelux et de placer les intérêts français tout naturellement au côté des intérêts belges face à cette question est symptomatique d'une erreur d'appréciation consistant à considérer la question comme relevant du domaine purement économique. Michotte van den Berck n'avait d'ailleurs pas été le seul à commettre cette erreur puisque, plus ou moins à la même époque, une note avait circulé au sein du ministère belge des Affaires étrangères qui, sur la base du même principe, était parvenu à la conclusion inverse que le constat d'une crise manifeste ne pourrait jamais faire l'objet de longues controverses[142] : les économies nationales avaient atteint un tel degré d'interdépendance

[141] Archives Eisden, 709, Conférence de Michotte van den Berck, le 28 janvier 1952 (voir à ce sujet dans le chapitre 2).

[142] Archives MAECE, 5219, Note anonyme « La Belgique peut-elle être assurée en période de crise que le Conseil [spécial] des Ministres émettra un avis favorable en faveur de l'institution de quotas de production ? » (s.d.).

qu'une crise locale apparaîtrait presque simultanément partout ailleurs et mettrait chaque gouvernement aux prises avec les mêmes problèmes à résoudre.

Or, de la description faite ici des deux articles de la crise manifeste (les art. 58 et 74), il ressort clairement que leur application était surtout une question d'interprétation et de volonté politique. À défaut de celle-ci, la moindre incertitude, la moindre ambiguïté, la moindre imperfection laissées dans le Traité CECA risquaient d'être mises à profit pour justifier un refus qu'il eût été délicat de signifier et de défendre plus ouvertement sur la scène diplomatique. Ainsi qu'il a été souligné dans le chapitre précédent, plus précisément au sujet de la CDT, les textes fondateurs de la CECA n'étaient pas des chefs d'œuvre de cohérence ni de précision.

Ainsi, première difficulté : l'art. 58 semblait prévoir un critère de l'étendue géographique de la crise : « [...], si la Haute Autorité estime que la *Communauté* se trouve en présence d'une période de crise manifeste [...] ». Or, si l'on s'en tient au problème du stockage, deux pays seulement étaient réellement touchés par la crise : la Belgique et l'Allemagne, parmi lesquels seule la Belgique appela à un constat de la crise manifeste. Il n'était donc pas difficile, pour les opposants au principe mais également pour l'Allemagne (comme on le verra), d'invoquer le caractère purement national de la crise et de plaider, par conséquent, pour qu'une solution soit étudiée sur le seul plan national belge. N'est-il pas révélateur qu'en septembre 1957, soit plus d'un an avant que les débats sur la crise manifeste aient été engagés, le Néerlandais Dirk Spierenburg, Vice-président de la Haute Autorité, ait invité Pierre Delville à « ne pas se faire certaines illusions : une crise locale ne pourra jamais être considérée comme une crise de la Communauté »[143] ? Ces mots, qui sonnent comme un procès d'intention, laissent également entendre que le caractère local de la crise à venir était une affaire entendue d'avance.

Lorsqu'à partir de l'automne 1958, la question fut débattue de savoir si, oui ou non, il convenait de constater la crise manifeste, on ne peut pourtant pas dire que le caractère belgo-belge de la crise fut établi sans la moindre ambiguïté. Premièrement, l'Allemagne devait supporter des stocks qui, en chiffres absolus, étaient nettement supérieurs à ceux constatés en Belgique. Deuxièmement, la direction que prirent les débats laisse entendre qu'une partie du problème au moins, fut perçue comme concernant la CECA tout entière : il s'agit du rythme préoccupant des importations de charbon des pays tiers. Mais alors que l'urgence de la

[143] Archives CEPCEO, Compte rendu d'un entretien entre le CEPCEO et la Haute Autorité, le 17 septembre 1957.

situation semblait commander de fixer des quotas d'importations par le biais de l'art. 74, les États-membres se montraient frileux à l'idée de voir limiter leurs productions respectives par la Haute Autorité en vertu de l'art. 58.

Or, une ambiguïté semblait exister quant à savoir s'il était possible ou non d'appliquer l'art. 74 sans passer par l'art. 58. En vertu de la version française du Traité CECA, il était évident que le seul constat de crise manifeste entraînait pour la Haute Autorité un devoir d'agir et donc d'imposer des quotas sur la production, la version néerlandaise semble avoir « [donné] lieu à des difficultés d'interprétation » en statuant que « les mesures prévues à l'art. 58 (fixation de quotas de production) doivent précéder l'application des mesures de restrictions de l'art. 74 »[144]. Si, en termes juridiques, le texte français du Traité était le seul à faire loi, en termes politiques, une telle différence d'interprétation ne pouvait pas demeurer sans effet. Ainsi, Franz Blücher[145] poursuivait :

> […] l'art. 58 est une disposition très compliquée. Il faut avoir épuisé les moyens indirects de l'art. 57. Ceci vise-t-il aussi la mise en œuvre des art. 71 à 73 ? Il faudrait aussi être d'accord sur la définition de la crise manifeste. Il n'y a pas de crise manifeste en Italie, en France et aux Pays-Bas. La situation est très délicate et il faudrait mettre en œuvre beaucoup de diplomatie pour obtenir quelque chose des gouvernements.

La confusion des textes et la gravité de la situation menèrent d'ailleurs certains à prendre des positions indéfendables juridiquement. Ainsi Albert Coppé, Vice-président de la Haute Autorité, déclara fin novembre 1958 que, s'il était impossible d'appliquer l'art. 74 sans constat préalable de la crise manifeste, il n'était pas obligatoire de passer par l'art. 58 pour appliquer l'art. 74 al. 3. Compte tenu de ce que l'art. 58 était le seul à parler de crise manifeste dans le Traité CECA, on imagine mal comment justifier ce raisonnement[146]. Celui-ci allait cependant être repris à leur compte par les charbonniers belges face à leurs homologues du CEPCEO. La Haute Autorité, quant à elle, ne devait jamais parvenir à résoudre totalement ce problème : à partir de la fin février 1959, elle s'engagea sur la voix de la crise manifeste tout en

---

144 Franz Blücher, dans archives CEPCEO, Compte rendu d'une réunion entre une délégation du CEPCEO et le collège de la Haute Autorité, le 28 novembre 1958.

145 Franz Blücher (1896-1959), homme politique allemand, député au Bundestag, plusieurs fois ministres, il fut aussi vice-chancelier de la République allemande de 1949 à 1957. Il finit sa carrière en tant que membre du collège de la Haute Autorité entre janvier 1958 et sa mort en mars 1959.

146 Archives CEPCEO, Compte rendu d'une réunion entre une délégation du CEPCEO et le collège de la Haute Autorité, le 28 novembre 1958. Du reste, Coppé considérait encore à cette époque qu'il fallait « essayer de faire agir les gouvernements sans passer par la crise manifeste » et donc de ne pas passer par l'art. 74.

tâchant de rassurer les sceptiques qu'elle ne comptait pas recourir aux quotas de production[147].

2. *La Belgique réclame le constat d'une crise manifeste*

Une note rédigée en avril 1958 au sein de la SGB laisse penser qu'au sein du patronat charbonnier, tout restait encore possible :

> On peut [...] sans risque présumer que le problème charbonnier belge ne constitue pas le moindre des soucis de la Haute Autorité, car il met en cause des principes importants que le Traité n'a peut-être pas jaugés à leur juste valeur et aussi parce que la solution du problème charbonnier peut constituer dans les faits une pierre de touche de la réalité de la solidarité européenne[148].

Ils n'imaginaient donc pas la Haute Autorité se risquer à faillir à sa mission de conciliation et d'arbitrage[149]. Du reste, on pouvait s'attendre à ce que la « force des circonstances » entraîne la CECA sur la voie d'une coordination des six politiques énergétiques nationales, favorable à la défense du secteur charbonnier belge. Défense « qui, de prime abord, ne paraissait peut-être pas inscrite dans le Traité CECA mais qui était présente, si l'on accepte de prendre exhaustivement les choses, dans les principes de solidarité européenne auxquels ont adhéré les six membres de la Communauté ».

Ceci étant dit, il ne fallait pas se faire trop d'illusions non plus :

> [...] la Belgique charbonnière occupe incontestablement et est destinée à garder, au sein de la communauté européenne des Six, une position politique de faiblesse, l'exposant *a priori* à subir d'une façon permanente la pression ('*bargaining power*') de ses co-associés. Aucun encouragement ne devra être attendu des autres partenaires européens, en vue d'une défense appropriée de notre industrie charbonnière.

Dans le meilleur des cas, les partenaires européens refuseraient d'être entraînés dans des mécanismes communautaires de soutien au charbon belge ; dans le pire des cas, il fallait s'attendre à ce qu'ils réclament un assainissement des mines belges[150]. Autant de raisons donc de se montrer optimiste que de se montrer prudent.

---

147 Archives Coppée, 3172, Conclusions des échanges de vue du Comité central du CEPCEO, le 5 février 1959 ; archives CEAB, 15 68, Compte rendu de la 15e réunion de la Commission Marché et Prix du Comité Consultatif auprès de la Haute Autorité, le 16 mars 1959.

148 Archives SGB, 740, « Aspects sociaux et politique du problème charbonnier belge », le 18 avril 1958, p. 19.

149 Archives SGB, 740, « Aspects sociaux et politique du problème charbonnier belge », le 18 avril 1958, p. 19.

150 *Idem*, p. 13.

C'est en septembre 1958 que, pour la première fois, Pierre Delville pressa la Haute Autorité d'agir : « On peut dire que la CECA se trouve en état de crise manifeste ». Et parlant d'une « question de vie ou de mort pour l'industrie charbonnière, spécialement en Belgique », il avertissait : « les Belges seront obligés d'agir sans [la CECA] et, au besoin, en opposition avec elle. Certes, ils sont partisans de l'intégration européenne, mais il faut que de leur côté, les institutions européennes montrent qu'elles sont capables d'agir. [...] Il faut agir vite, sinon on le regrettera »[151]. Les charbonniers belges n'entendaient certainement pas faire limiter la production et assuraient ne viser que les importations par le biais de l'art. 74 (seul moyen, selon eux, d'« éviter la catastrophe en Belgique »[152]). Mais d'emblée, le fonctionnaire Joseph Martens leur avait signalé la difficulté qui risquait de se poser quant à la possibilité de limiter les importations sans devoir du même coup limiter la production, « ce qui, à n'en pas douter provoquerait l'opposition de la France »[153]. En tout état de cause, à défaut d'une action efficace de la Haute Autorité, les charbonniers menaçaient de faire des démarches en vue d'isoler leur marché[154]. À cet égard, il ne faisait aucun doute à leurs yeux qu'en ultime recours, ils pouvaient compter sur leur Gouvernement :

> Si [l'industrie charbonnière] venait à être soumise à des sollicitations intolérables et disproportionnées, il est prévisible que le Gouvernement belge arbitrerait le litige en isolant plus ou moins complètement son marché intérieur du reste de la Communauté[155].

Et, de fait, dès la mi-octobre, ces menaces commencèrent d'être officiellement relayées par les autorités belges[156].

---

[151] Archives Coppée, 3171, Compte rendu d'un entretien entre le CEPCEO et la Haute Autorité, le 23 septembre 1958.

[152] Archives Fédéchar, 263-111, Note de la Fédéchar « Entretien avec Monsieur le ministre des Affaires économiques », le 3 février 1959.

[153] Archives Fédéchar, 262/105, Compte rendu de l'entretien entre Scheyven et une délégation des producteurs, le 25 septembre 1958.

[154] Rappelons que l'isolement du marché charbonnier belge constituait une des trois mesures de sauvegarde octroyées à la Belgique vers la fin des négociations du Traité de Paris (§ 26, 3 de la CDT) : le Gouvernement belge avait ainsi le droit d'instituer des mécanismes permettant d'isoler le marché belge du reste du marché commun et de soumettre ses importations en provenance des pays tiers à l'approbation de la Haute Autorité.

[155] Archives SGB, 740, « Aspects sociaux et politiques du problème charbonnier belge », le 18 avril 1958, p. 15.

[156] Le 14 juillet 1958, le ministre des Affaires économiques, Raymond Scheyven, avait explicitement écarté la perspective d'un isolement du marché belge et du protectionnisme étroit qu'il impliquait (CRISP, « La crise charbonnière en Belgique. Les avatars d'une institution : le Conseil National des Charbonnages », p. 7). Lui et son successeur, Jacques Van der Schueren (respectivement en octobre 1958 et février 1959)

a) La crise n'est pas communautaire

La Haute Autorité entendait s'en tenir aux moyens prévus à l'art. 57 et se contenter dans un premier temps de pousser les États-membres à stabiliser la consommation, maintenir la production et réduire l'utilisation de charbons importés. Mais confrontée d'une part à la mauvaise volonté de certains gouvernements et mise d'autre part devant le fait accompli de mesures unilatérales prises dès février 1958 par les États les plus touchés par la crise (la Belgique, imitée par l'Allemagne en septembre 1958)[157], la Haute Autorité ne put que constater son impuissance. L'appel au concours mutuel, s'il était appuyé par les pays producteurs, était rejeté par les pays importateurs, les Pays-Bas et l'Italie. Quant à l'instauration d'un régime de financement de stocks, réclamée à grands cris par les producteurs belges, elle ne fut acceptée par le Conseil spécial des Ministres qu'au milieu de l'automne 1958, à la condition que la Haute Autorité en prenne seule la charge. Par deux fois depuis le début de la crise, la France, l'Allemagne, les Pays-Bas et l'Italie avaient marqué un refus conjugué, prétextant que les stocks étaient concentrés en Belgique.

En novembre 1958, pour la première fois, le recours aux mesures directes de l'art. 58 fut envisagée au sein du collège de la Haute Autorité mais aussi vite écartée sur le conseil de la Division du Marché, convaincue que, ce faisant, elle irait droit dans le mur (« même les producteurs de la Ruhr n'en veulent pas »[158]). Le fait qu'au sein du Conseil spécial des Ministres, la Belgique se trouvait déjà isolée sur la question face à ses cinq partenaires, était un signe qui ne trompait pas. L'Allemand Franz Blücher déclarait ainsi, au nom de la Haute Autorité, ne pas croire qu'« en sortant de sa réserve, [elle] puisse rencontrer beaucoup de compréhension »[159].

Il convient de noter ici que la Haute Autorité traversait à cette époque une véritable crise identitaire[160]. Laissée à l'écart des discussions du processus de la relance européenne, délaissée depuis les Traités de

---

allaient reprendre à leur compte les exigences patronales au-devant du Conseil spécial des Ministres à Luxembourg.

157 Ainsi, en février 1958, la Belgique avait pris des mesures pour limiter les importations de charbon américain et pour tenter de décourager les consommateurs à délaisser trop vite le charbon pour le pétrole, suivie, dès septembre 1958, par l'Allemagne.

158 Archives CEAB, 02 1307, Procès-verbal du collège de la Haute Autorité, le 24 octobre 1958. Ce qui, compte tenu des stocks en Allemagne, signifiait que la question était manifestement davantage plus politique qu'économique.

159 Archives CEPCEO, Compte rendu d'une réunion entre une délégation du CEPCEO et le collège de la Haute Autorité, le 28 novembre 1958.

160 Spierenburg et Poidevin, *Histoire de la Haute Autorité de la CECA. Une expérience supranationale*, p. 459-464.

Rome au profit de la CEE et de l'Euratom, de plus en plus confrontée à une indifférence proche du dénigrement de la part de certains États-membres (dont, en première ligne, la France), affaiblie par des démissions successives au cours de l'année 1957, la Haute Autorité se trouvait soudain à devoir gérer pour le mieux une crise économique sans précédent sur le marché charbonnier. Elle était d'ailleurs soumise à d'intenses pressions, toutes plus contradictoires les unes que les autres : d'une part, elle était sommée de faire la preuve de son utilité ; d'autre part, elle était strictement confinée à son domaine de compétence[161]. La Haute Autorité entendit se montrer intransigeante, tenir bon, faire confiance au temps et ne pas perdre définitivement la face aux yeux de l'opinion : il était donc indispensable pour elle de ne pas trop s'exposer, d'agir de telle sorte que toute voie de solution puisse être mise à son actif et désamorcer ainsi toute forme de critique à son égard établissant sa responsabilité dans la crise[162].

Aux yeux des producteurs charbonniers belges, les scrupules de la Haute Autorité n'avaient aucune raison d'être ; le simple poids de la réalité devait suffire à convaincre tout le monde du bien-fondé de leurs attentes et à lever les éventuels « obstacles d'ordre juridique »[163]. Même l'Allemagne donnait raison à l'argumentation belge en réclamant le concours mutuel de ses voisins et en instaurant des droits de douane[164]. La Haute Autorité, gardienne du Traité, se devait d'imposer sa vision des choses aux États-membres et ceux-ci n'avaient pas d'autre choix que de la suivre. En tout état de cause, la situation catastrophique des mines belges légitimait à leurs yeux une mesure d'exception : la possibilité d'isoler le marché belge devait pouvoir servir à poser un ultimatum envers les autres pays ou envers la Haute Autorité et constituait une façon de réagir contre l'inefficacité des discussions au niveau européen.

b) Les charbonniers belges isolés au sein du CEPCEO

Lorsque la crise manifeste avait été évoquée au sein du CEPCEO en janvier 1958, il semblait clair à tous ses membres que la priorité était de

---

161 Voir à ce sujet : archives Coppée, 3171, Compte rendu d'un entretien entre CEPCEO et la Haute Autorité, le 11 septembre 1958 ; archives CEPCEO, Compte rendu du Comité central, le 11 novembre 1958 ; archives Coppée, 3172, Conclusions des échanges de vue du Comité central du CEPCEO, le 5 février 1959.

162 Archives CEAB, 02 1307, Procès-verbal du collège de la Haute Autorité, 24 octobre 1958 ; *idem*, 02 1306, Procès-verbal du collège de la Haute Autorité, les 1er et 2 octobre 1958.

163 Archives Fédéchar, 263/111, Compte rendu succinct de l'entretien de la délégation des producteurs de charbon avec Paul Hatry, chef de cabinet-adjoint du ministre Jacques Van der Schueren, le 8 janvier 1959.

164 Archives Coppée, 3172, Note de la Fédéchar à Delville et Leblanc, le 9 févier 1959.

s'attaquer aux importations pour rétablir l'équilibre sur le marché[165]. Et jusqu'à l'échec final de la procédure engagée par la Haute Autorité en mai 1959, il semble que les charbonniers européens se soient accordés sur ce point. Quant à savoir quels moyens mettre en place, les positions étaient par contre nettement plus divisées. D'emblée, on avait mis en évidence la confusion qui régnait au sujet de l'art. 58 ainsi que de l'articulation entre les art. 58 et 74. De l'automne 1958 au printemps 1959, c'est principalement autour de ces deux aspects que les débats entre producteurs européens allaient se concentrer.

De même, si tout le monde s'accordait à pointer du doigt les manquements et l'impuissance de la Haute Autorité, ainsi que le caractère évasif de ses intentions, tous n'en tiraient pas les mêmes conclusions. L'Allemand Heinrich Kost considérait ainsi que le problème du charbon américain ne pourrait jamais être résolu de façon satisfaisante par la Haute Autorité : « Il s'agit plutôt d'un problème dont la solution est dans les mains des gouvernements, qui doivent prendre des responsabilités tant vis-à-vis de la production que vis-à-vis des consommateurs [...] »[166]. L'exécutif européen interviendrait utilement, par contre, en usant de son influence vis-à-vis des gouvernements pour faire valoir l'intérêt des consommateurs de « maintenir certaines capacités ». Pour le Français Pierre Couture, souligner les carences de la Haute Autorité constituait même une stratégie de communication en donnant au CEPCEO d'autant plus de légitimité et de force. Son compatriote Paul Gardent, par contre, se démarquait en reconnaissant que : « S'il n'est pas possible aujourd'hui de dégager une solution communautaire, il faudrait cependant être unanimes à reconnaître que le problème a ce caractère ». Seuls les producteurs belges étaient prêts à suivre un tel discours.

Au cours de l'automne 1958, à mesure que la crise s'aggravait, l'association européenne se prononça de plus en plus explicitement pour l'application de l'art. 74. Mais plus que jamais, il s'agissait de clarifier les responsabilités : la Haute Autorité devrait assumer son impuissance face au Conseil spécial des Ministres et limiter son action à un rôle d'analyse en établissant des prévisions de production, de consommation, d'importation et d'exportation non seulement pour le premier trimestre mais également pour tout 1959 et 1960. De telles prévisions semblaient indispensables si l'on voulait permettre à l'industrie charbonnière de

---

165 Seul l'Allemand Helmut Burckhardt, craignant les effets indésirés d'une politique de stockage et jugeant illusoire une intervention des États pour annuler les contrats d'importation, conclut : « Il semble que nous devrons diminuer notre production » (archives CEPCEO, Compte rendu du Comité central, le 13 janvier 1958).

166 Archives CEPCEO, Compte rendu du Comité central, le 13 janvier 1958.

s'adapter à la situation[167]. L'exaspération grandissait et les critiques commençaient à fuser.

Alors que les charbonniers belges écartaient d'un geste les scrupules que la Haute Autorité se faisait au sujet d'une application de l'art. 74 (« Leblanc s'est renseigné »[168]), leurs homologues pressaient la Haute Autorité de prendre ses responsabilités, c'est-à-dire soit agir pour rééquilibrer le marché charbonnier, soit reconnaître son impuissance une bonne fois pour toutes[169]. Si, comme semblait l'entendre Franz Blücher, au nom de la Haute Autorité, celle-ci « ne [pouvait] rien faire dans les deux domaines essentiels », c'est-à-dire les importations des pays tiers et la concurrence des produits pétroliers, au moins se devait-elle de prendre « des mesures dans le sens d'une coopération européenne dans l'intérêt même de cette coopération ». Le Français Paul Baseilhac, quant à lui, appelait la Haute Autorité à « sortir enfin de son mutisme » : « Il faut que l'opinion sache que la Haute Autorité manifeste une volonté très nette. Si les gouvernements ne la suivent pas, on pourra au moins dire que les organes chargés en premier lieu de la politique charbonnière ont fait leur devoir »[170]. Pour le Néerlandais H. H. Wemmers, informer l'opinion permettrait de lui faire voir que « [...] les producteurs de charbon n'ont pas tort de s'alarmer et chacun pourra alors tirer des conclusions ». Fin novembre 1958, les producteurs européens se trouvaient donc globalement sur la même longueur d'ondes, les Français affichant leur soutien aux requêtes pressantes de leurs collègues belges et allemands « par esprit communautaire ».

La confusion qui subsistait quant à l'application de l'art. 74 avec ou sans quotas sur la production allait cependant bientôt gâter ce relatif consensus au sein du CEPCEO. Dès février 1959, Pierre Delville dut ainsi assurer ses homologues que, contrairement à certaines informations parues dans la presse, jamais il ne s'était prononcé pour l'établissement de quotas sur la production, prévu par l'art. 58. Certes, il avait parlé d'une crise manifeste dans la CECA et, précisément pour cette raison, attendait de la Haute Autorité qu'elle agisse. Mais les charbonniers belges, assurait-il, entendaient bel et bien s'en tenir à l'art. 74, tout comme la Haute Autorité d'ailleurs[171]. Ce qui était sûr, selon Delville,

[167] Archives Fédéchar, 548, Procès-verbal du Comité de direction, le 12 novembre 1958 ; archives CEPCEO, Compte rendu du Comité central, le 10 novembre 1950.

[168] Archives CEPCEO, Compte rendu d'une réunion entre une délégation du CEPCEO et le collège de la Haute Autorité, le 28 novembre 1958.

[169] *Idem.*

[170] *Idem.*

[171] Archives CEPCEO, Compte rendu du Comité central, le 5 février 1959 ; archives Coppée, 3172, Conclusions des échanges de vue du Comité central du CEPCEO, le 16 mars 1959.

c'était que sans la crise manifeste, rien, pas même invoquer l'art. 74, ne serait possible. Or, parmi les autres producteurs, on ne semblait plus sûr du tout du caractère inoffensif de ce raisonnement. Même Édouard Leblanc n'entendait pas se montrer aussi optimiste que son compatriote.

En tout état de cause, disait Burckhardt, « la solution préconisée par Coppé est dépassée, et les juristes de la Haute Autorité ont découvert depuis quelques jours que la dernier alinéa de l'art. 74 permettait à la Haute Autorité d'adresser aux gouvernements des recommandations en vue d'établir des restrictions *autres que quantitatives* (droits de douane, par exemple) sans avoir besoin de l'avis conforme du Conseil, mais aboutissant aux mêmes effets que le contingentement »[172]. Pour Baseilhac, le problème n'était pas lié à une réduction de la demande (ainsi que prévu dans l'art. 58 relatif à la crise manifeste) mais à « la politique commerciale déraisonnable pratiquée par certains pays en matière d'importations ».

Renforçant encore l'isolement des charbonniers belges au sein du CEPCEO, la question des subsides de péréquation, enterrée depuis février 1958, allait bientôt refaire surface. Alors que la Haute Autorité s'engageait concrètement sur la voie de la crise manifeste, causant une large désapprobation au sein du CEPCEO[173], les charbonniers belges devaient se défendre d'avoir abusé de la solidarité européenne. Rappelons qu'en 1954 déjà, ils s'étaient vu reprocher par leurs homologues néerlandais et allemands de ne pas utiliser les fonds de péréquation aux fins pour lesquelles ils étaient prévus, soupçonnés même de les attribuer sous formes de dividendes. À nouveau, ils répétaient que les fonds n'avaient jamais bénéficié qu'aux utilisateurs. « Quant à l'effort d'investissement fait, il semble qu'il soit parfois ignoré, ou en tout cas minimisé ». Et de citer des chiffres : alors qu'en 1945 et 1952, l'investissement moyen par tonne avait été de 44,24 FB, il était passé depuis l'ouverture du marché commun jusqu'à 1957 à 82,31 FB « ce qui le situe à un niveau très élevé par rapport à la majorité des pays de la CECA »[174]. En termes d'assainissement, 31 puits avaient été fermés en Belgique entre 1953 et 1958 pour une capacité totale de 3 226 000 tonnes (soit environ 11 % de la production d'une année normale). Rien que pour l'année 1958, 1 500 000 tonnes (soit 5 %) et il en serait de même pour 1959. « Il s'agit là d'un mouvement irréversible qui portera au total sur 4 ou 5 millions de tonnes ». Mais, souligne la délégation

[172] Archives CEPCEO, Compte rendu du Comité central, le 5 février 1959 (souligné dans le texte).

[173] Archives Coppée, 3172, Conclusions des échanges de vue du Comité central du CEPCEO, le 16 mars 1959.

[174] *Idem*. En 1957, les Belges affirmaient avoir procédé à un investissement moyen de 1,57 $/tonne contre une moyenne communautaire de 1,17 $/tonne.

belge, « le problème de la crise qui touche l'Europe actuellement a une autre dimension. La meilleure preuve, c'est qu'elle atteint de grands pays producteurs comme la Grande-Bretagne et l'Allemagne »[175].

c) Les grèves du Borinage

Au cours du mois de février 1959, les événements allaient cependant se précipiter. Le 5 de ce mois, Jacques Van der Schueren, ministre belge des Affaires économiques, invoqua une situation « devenue 'explosive' »[176] dans le bassin du Borinage pour menacer de recourir à l'isolement du marché charbonnier belge. Quatre jours plus tard, le CNC devait rendre public un programme d'assainissement dudit bassin. La colère avec laquelle les mineurs wallons accueillirent ce plan de fermetures et l'embarras dans lequel elle mettait le Gouvernement belge autant que les producteurs charbonniers jouèrent le rôle de catalyseur, poussant la Haute Autorité à faire le pas[177].

S'agissait-il pour elle de mettre à profit les troubles du Borinage pour imposer une solution aux ministres européens, ainsi que l'écrit E. Kocher-Marbœuf ? Son objectif final était-il « de [se] faire [...] l'embryon d'un pouvoir fédéral imposant ses décisions aux gouvernements en matière de charbon et d'acier [...] »[178] ? Compte tenu de la position inconfortable de la Haute Autorité, une instrumentalisation par elle des troubles au Borinage semble peu vraisemblable. Précisément dans ce contexte, il n'eût pas été réaliste de vouloir forcer la main des gouvernements – et certainement pas en se servant de l'art. 58 comme d'un épouvantail. Mais surtout, on imagine mal la Haute Autorité vouloir tirer parti d'une crise locale pour justifier une action supranationale alors que, tant du point de vue juridique que du point de vue politique, le caractère local de la crise avait précisément toutes les chances d'invalider sa démarche. D'autant que, quatre jours à peine avant la publication du programme d'assainissement, le ministre belge des Affaires économiques avait à nouveau échoué à obtenir de ses homologues européens un constat immédiat de la crise manifeste, comme le lui avaient demandé les patrons charbonniers belges[179].

Il apparaît plutôt que ce qui fit réagir la Haute Autorité, c'était la menace de plus en plus précise de voir le Gouvernement belge, confron-

175 *Idem.*

176 Archives Coppée, 3172, Note de la Fédéchar à Delville et Leblanc, le 9 février 1959.

177 Archives CEAB, 02 1308, Procès-verbal du collège de la Haute Autorité, le 13 février 1959.

178 Kocher-Marbœuf, *Le Patricien et le Général. Jean-Marcel Jeanneney et Charles de Gaulle. 1958-1969. I*, p. 78-79.

179 Archives Fédéchar, 263/111, Note de la Fédéchar, « Entretien avec Monsieur le ministre des Affaires économiques », le 3 février 1959.

té cette fois à des troubles sociaux dans la quasi-totalité de ces bassins industriels wallons, prendre unilatéralement des mesures pour isoler le marché belge. Certes, en vertu du Traité CECA, l'État belge avait déjà perdu son droit à l'isolement[180]. Mais cela importait-il ? La situation en Belgique était assez grave pour pouvoir imaginer son Gouvernement passer outre un point parmi tant d'autres dans un traité dont les confusions et les incohérences étaient apparues les unes après les autres depuis son entrée en vigueur. Par ailleurs, la Belgique mais également et surtout l'Allemagne avaient déjà brisé le tabou en s'engageant résolument sur la voie des mesures unilatérales. À peine une semaine après l'échec de Raymond Scheyven face au Conseil spécial des Ministres de la mi-octobre 1958, des discussions bilatérales avaient déjà eu lieu entre la Belgique et la République fédérale allemande au cours desquelles le chancelier allemand avait laissé entendre qu'outre une réduction du tonnage de fines à coke exportées vers la Belgique, il se disait prêt à admettre une « certaine protection du marché belge » jusqu'au 10 février 1960[181].

Lorsqu'à la mi-février, Paul Finet s'enquit auprès du Premier ministre belge Gaston Eyskens de ce qu'il convenait de faire, celui-ci réclama à nouveau une intervention directe de la Haute Autorité et posa cette fois un ultimatum : si rien n'était fait dans les quinze jours, la Belgique se réservait de droit d'isoler son marché charbonnier. Et c'est sans plus attendre que Paul Finet s'engagea à mettre en route la procédure de la crise manifeste, à la condition que la Belgique renonce à toute mesure

180 Archives CEAB, 02 1307, Procès-verbal du collège de la Haute Autorité, le 13 octobre 1958. En réalité, l'enclenchement d'une telle procédure, en octobre 1958, semblait se heurter à deux obstacles juridiques, mis en lumière un peu plus tard par un conseiller au ministère belge du Commerce extérieur. Premièrement, « [la] doctrine estime que cet isolement ne peut intervenir qu'en cas de baisse de la production de plus de 3 % par rapport à l'année précédente » ; dans le texte du § 26, les dispositions relatives à l'isolement suivent en effet sans transition les dispositions relatives à la réduction de production. Deuxièmement, « le § 1 de la Convention prévoit que, sauf exceptions expressément prévues, les mesures dérogatoires de la Convention [dont l'isolement] cessent d'être applicables à l'expiration de la période de transition. Dans le présent cas, il semble que la forclusion pour le Gouvernement belge résulte de ce qu'il n'a pas demandé avant le 10 février un premier délai additionnel d'un an. Au surplus, le maintien de la faculté d'isolement au-delà du 10 février 1958 est subordonné à la constatation par la Haute Autorité de circonstances exceptionnelles qui le rendent nécessaire et au surplus, à la consultation du Comité Consultatif et l'avis conforme du Conseil. Il semble logique que cette constatation eût du intervenir avant la date extrême du 10 février 1958 » (archives MAECE, 7521, Note de Wendelen, conseiller au ministre du Commerce extérieur, le 6 décembre 1958). Voir aussi à ce sujet : Meade *et al.*, *Case studies in European Economic Union. The Mechanics of Integration*, p. 292, n° 1.

181 Archives Fédéchar, 548, Procès-verbal du Comité de direction, le 22 octobre 1958 ; *idem*, 548, Procès-verbal du Comité de direction, le 29 octobre 1958.

unilatérale[182]. Dès le 20 février 1959, au-devant de l'Assemblée commune, puis le 2 mars suivant, en séance du Conseil spécial des Ministres, la Haute Autorité engageait le processus.

3. *Vers un échec de la Haute Autorité*

Les débats, menés par la suite au sein des différentes institutions de la CECA ou, en coulisses, dans les capitales européennes, devaient aboutir à la mi-mai 1959 à la mise en échec de la Haute Autorité par le Conseil spécial des Ministres. En dépit de nombreux réaménagements, en dépit d'un vote positif de l'Assemblée commune à la mi-avril (laborieusement obtenu, il faut le dire), en dépit aussi des garanties données (la réorganisation par la Belgique de son secteur ; la flexibilité des quotas de production consécutifs au constat de la crise manifeste), le programme d'action proposé fut rejeté par la France, l'Allemagne et l'Italie. En réalité, les jeux étaient faits dès le 22 février 1959, lorsque la France et de l'Allemagne s'étaient engagées mutuellement à refuser tout constat de la crise manifeste, ce qui, compte tenu des règles de vote à la majorité qualifiée, excluait d'emblée une issue favorable[183]. Un deuxième tournant devait se produire au début du mois d'avril lorsque la présidence du Conseil spécial des Ministres passa à la France. La Belgique, qui avait jusque-là occupé cette position, perdait ainsi la précieuse initiative dans l'organisation des séances[184].

Derrière des arguments économiques invoqués avec plus ou moins de sincérité par la France et par l'Allemagne, l'extension des pouvoirs qu'eût entraînée pour la Haute Autorité un constat de crise manifeste se heurtait d'une part au souverainisme des autorités françaises et d'autre part à un libéralisme à tout crins du patronat allemand et à sa vigilance féroce contre toute forme de dirigisme[185]. Les pays importateurs, principalement les Pays-Bas et l'Italie, n'avaient quant à eux rien à gagner de la mise en place de quotas à l'importation, et ce d'autant moins qu'ils entendaient bien profiter pleinement de la chute des taux de fret observée à cette même époque. Si le Gouvernement néerlandais avait fini par modifier sa position, pour appuyer avec le Luxembourg et la Belgique, le programme de la Haute Autorité, c'était sans doute par solidarité avec

---

182 Archives CEAB, 02 1307, Procès-verbal de la Haute Autorité, le 18 février 1959.

183 Cet engagement était décisif puisqu'en vertu du règlement de vote à la majorité, au minimum un des deux grands États devait donner son accord. Kocher-Marbœuf, *Le Patricien et le Général. Jean-Marcel Jeanneney et Charles de Gaulle. 1958-1969*. I, p. 76-77. Ainsi, vers la fin février, Jeanneney et Westrick confirmèrent l'un à l'autre leur refus de voir la crise manifeste proclamée

184 *Ibid.*, p. 78.

185 En matière d'importations, le ministre allemand des Affaires économiques, Ludwig Ehrard était opposé à toute mesure contre les importations : par atlantisme, selon E. Kocher-Marbœuf (*ibid.*, p. 86).

ses partenaires du Benelux mais également parce qu'il espérait voir mis un terme aux mesures unilatérales allemandes à son grand désavantage.

Il convient de constater enfin qu'alors qu'il n'était question que de mesures indirectes, un clivage était apparu déjà au sein du collège de la Haute Autorité : face aux deux membres belges, Paul Finet et Albert Coppé, qui se prononçaient sans équivoque en faveur de mesures indirectes puis directes, leurs collègues se montrèrent beaucoup plus frileux, réticents et indécis, chacun mettant ainsi à découvert à sa façon ses attaches nationales[186].

4. *La déception des charbonniers belges*

À la fin du printemps 1959, une certaine gêne planait au sein du CEPCEO : les membres belges semblaient vouloir soudain remettre en question un accord tacite qui avait prévalu jusque-là quant à l'identification des responsabilités de la crise charbonnière et de son aggravation. Alors que l'échec de la Haute Autorité semblait laisser leurs homologues indifférents, les patrons belges se disaient amers. L'éditorial de *L'Industrie Charbonnière* de juin 1959 était très explicite : en refusant de constater l'état de crise manifeste et d'entériner l'application supranationale d'un programme d'action communautaire, le Conseil spécial des Ministres, « organe suprême de la CECA »[187], avait fait preuve d'« un total mépris des réalités et des contingents ». Et très vraisemblablement, selon les charbonniers belges, la décision finale avait été dictée par des considérations purement partisanes. L'éditorialiste ajoutait : « L'édification d'une Europe unie, si elle reste un thème propice aux envolées lyriques, a subi un choc qui l'a profondément ébranlée, et dont les répercussions sont imprévisibles. Dans l'immédiat, chacun doit pourvoir à son propre salut, et cette obligation est particulièrement impérieuse pour notre pays dont la situation est quasi désespérée ».

Alors qu'au sein du CEPCEO, délégation belge comprise, on s'était entendu pour faire de la Haute Autorité la principale sinon la seule responsable de la crise charbonnière, tant par action que par omission, de tels propos ne pouvaient être laissés sans réponse. À la première occasion, le président Helmut Burckhardt se déclara surpris par cette « critique acerbe de l'action du Conseil [spécial] des ministres »[188] : « Il est [...] regrettable qu'un producteur défende, en des termes aussi vifs, un point de vue différent de celui qui avait été adopté par le CEPCEO ». Selon le Français Baseilhac, puisqu'il était à prévoir – et hautement

[186] Röndigs, *Globalisierung und europäische Integration. Der Strukturwandel des Energiesektors und die Politik der Montanunion, 1952-1962*, p. 363 ; Milward, *The European Rescue of the Nation-State*, p. 110-111.

[187] « Après le verdict de Strasbourg... », *L'Industrie Charbonnière*, juin 1959.

[188] Archives CEPCEO, Compte rendu du Comité central, le 29 juin 1959.

souhaitable, au vu des circonstances – que les producteurs européens continuent de se côtoyer, il eût mieux valu s'abstenir de semer la zizanie entre eux. En déniant à la crise charbonnière le moindre caractère communautaire et, à la Haute Autorité, le pouvoir d'intervenir, les délégations néerlandaises, allemandes et françaises avaient imposé une position commune au CEPCEO dont il s'agissait désormais de sauvegarder la cohérence, quitte à refuser aux premiers déçus la liberté d'exprimer leur amertume. En accablant le Conseil spécial des Ministres et, derrière lui, les trois gouvernements récalcitrants, les producteurs belges déforçaient la position des charbonniers européens : pointer du doigt les égoïsmes nationaux revenait à approuver un plan qui, proposé par la Haute Autorité, avait été jugé inefficace et contre-productif au sein du CEPCEO.

De cette mise en échec de la Haute Autorité, il eût été logique pour les industriels de la CECA de conclure que désormais ce qui se disait à Luxembourg n'avait pour l'avenir de leur secteur plus autant d'importance que ce qui se disait dans leurs capitales respectives. Tel est en tous les cas l'avis de Ph. Mioche et l'attitude des charbonniers européens, à la veille et au lendemain de cette affaire de la crise manifeste, tend à confirmer cette vision des choses. L'attitude des charbonniers belges interpelle davantage car cette question de savoir où se trouvait le véritable centre de pouvoir était manifestement plus essentielle à leurs yeux qu'à ceux de leurs partenaires. Certes, la fin des riches heures du charbon belge était une affaire entendue (ou presque), à Luxembourg comme à Bruxelles. La question de savoir quels intérêts ses producteurs parviendraient à sauvegarder en tant que propriétaires et entrepreneurs privés constituait, par contre, un aspect des choses nettement plus inquiétant. L'espoir qu'ils avaient nourri de voir les pouvoirs d'intervention de la Haute Autorité venir à la rescousse du charbon belge et du *statu quo* dans la structure de gestion et de propriété des mines belges s'était définitivement évanoui en séance du Conseil spécial des Ministres.

Sur le plan national, les choses avaient évolué plus vite que prévu et, depuis février 1959, les enjeux d'un succès de la Haute Autorité avaient déjà été diminués de moitié. Car tout en précipitant la discussion sur la crise manifeste, les grèves du Borinage avaient eu pour effet de précipiter les débats relatifs aux réformes structurelles.

D. Les charbonniers belges acceptent l'inacceptable

En avril 1958, le ministre libéral Roger Motz prévint pour la énième fois les charbonniers : s'ils persistaient à réclamer sans cesse des subventions volumineuses, ils allaient droit à la nationalisation. Il les invitait d'ailleurs à associer les syndicats aux études en cours au sujet des abandons de capacités ; « si les syndicats font échouer l'assainissement envisagé, la nationalisation sera inévitable. Tout rapprochement avec les ouvriers est essentiel »[189]. Une note rédigée le même jour, au sein de la SGB, attirait l'attention sur la possibilité d'« un rapprochement entre le patronat et les représentants des mineurs, en vue de la défense de certains intérêts vitaux de leur secteur »[190]. Cependant, la même note constatait à regret le manque d'information de l'opinion publique nationale : « L'animosité et l'irréalisme des interventions très fréquentes qui abordent ces problèmes [lui] enlèvent la majeure partie de leur utilité en vue de la recherche des solutions concrètes »[191].

Alors que l'industrie charbonnière ne cessait de s'enfoncer, l'attitude des patrons charbonniers, en matière de barèmes notamment, laissait de moins en moins de marge de manœuvre à la Fédéchar. Embarrassée dans de graves querelles internes plus précisément au sein du Cobéchar (1), elle fut pressée par les consommateurs de prendre ses responsabilités face aux syndicats (2). Mais c'est la publication par le CNC d'un plan d'assainissement en février 1959 qui devait mener les charbonniers à accepter des discussions qu'ils s'étaient longtemps promis de ne jamais engager avec les syndicats (3).

1. La discipline se perd au sein du Comptoir belge des charbons

Une analyse plus poussée du Cobéchar s'imposerait assurément pour comprendre la politique menée par les charbonniers tout au long des années 1950 mais compte tenu de la perspective davantage politique qu'économique optée pour cette analyse, une priorité a été donnée à la Fédéchar. Les événements de la fin des années 1950 justifient cependant de se pencher davantage sur les activités du comptoir sur lesquelles le contexte de crise pesait lourdement.

Dès la fin de l'été 1953, le Cobéchar avait soumis à la Haute Autorité une demande d'autorisation. La Division Ententes et Concentrations avait porté un jugement sans appel. Il ne faisait aucun doute que le comptoir belge, tel qu'il existait, n'était pas conforme au Traité CECA : « 1) empêche, restreint ou fausse le jeu de la concurrence ; 2) fixe ou détermine les prix ; 3) peut restreindre et contrôler la production ; 4) répartir les marchés, produits et clients »[192]. L'administration commu-

189 Archives Fédéchar, 262/97, Compte rendu de l'entretien entre représentants des producteurs et Motz, le 18 avril 1958.

190 Archives SGB, 740, « Aspects sociaux et politiques du problème charbonnier belge », le 18 avril 1958, p. 9.

191 *Idem.*

192 Archives CEAB, 04 93, Note de Jäger de la Division Ententes et Concentration « Étude faite sur la base des renseignements fournis par Cobéchar », le 12 septembre 1953 ; *idem*, 04 93, Note de Hamburger de la Division Ententes et Concentrations à la Division de l'Économie, la Division du Marché et au Service Juridique de la Haute

nautaire considérait qu'à deux égards, le Cobéchar détenait une position monopolistique : compte tenu des liens personnels et financiers entre charbonnages belges et compte tenu de son statut de vendeur unique pour les produits à l'exportation vers la CECA. À la mi-mars 1954, alors que la Haute Autorité s'était nettement engagée dans une lutte contre les cartels, un de ses fonctionnaires jugeait même que : « les activités et pouvoirs de Cobéchar dans le domaine de la production ont un caractère plus restrictif que les activités et pouvoirs correspondants du cartel charbonnier de la Ruhr »[193]. Or, quelques semaines plus tôt, la *Gemeinschaftsorganisation Ruhrkohle* (GEORG), sans conteste le plus gros cartel de la CECA, s'était vu refuser, par la Haute Autorité, l'autorisation de demeurer en l'état[194]. À la mi-mai, le Cobéchar se vit signifier à son tour qu'il allait devoir modifier ses statuts et règlement intérieur s'il voulait pouvoir fonctionner au sein de la CECA.

En novembre 1955, au terme de longs entretiens entre représentants du comptoir et fonctionnaires de la Division Ententes et Concentrations[195], la Haute Autorité annonça qu'elle était prête à donner son autorisation au Cobéchar pour autant qu'il modifiât les points suivants : 1) il devait cesser toute influence en droit et en fait sur le niveau de la production ; 2) afin d'éviter toute forme de discrimination à cet égard, il devait définir clairement les utilisateurs qui seraient directement approvisionnés par lui ; 3) il ne pourrait plus être vendeur unique pour l'exportation vers les pays de la CECA ; 4) il devait assurer une gestion équitable en période de pénurie ou de pléthore. Un cinquième point concernait certains mécanismes internes de péréquation mis en place par le Cobéchar et était tenu sous réserve de l'acceptation du Comité Consultatif auprès de la Haute Autorité et du Conseil spécial des Ministres. En octobre 1956, le comptoir, s'étant conformé aux modifications demandées, recevait une autorisation de Luxembourg[196]. Voici donc *grosso modo* où en était le Cobéchar lorsque la crise charbonnière

Autorité, le 30 septembre 1953 ; *idem*, 04 93, Addendum au rapport de Jäger, le 10 décembre 1953.

193 Archives CEAB, 07 200, Note de Jäger de la Division Ententes et Concentration « Les activités et pouvoirs de Cobéchar dans le domaine de la production ont un caractère plus restrictif que les activités et pouvoirs correspondants du cartel charbonnier de la Ruhr », le 13 mars 1954.

194 Spierenburg et Poidevin, *Histoire de la Haute Autorité de la CECA. Une expérience supranationale*, p. 120-121.

195 Archives CEAB, 02 1430, Compte rendu d'un entretien entre la Division Ententes et Concentrations et le Cobéchar, le 25 juillet 1955 ; archives CEAB, 07 201, Note de Hamburger de la Division Ententes et Concentrations au groupe de travail Marché-Ententes-Transports, le 16 août 1955.

196 Spierenburg et Poidevin, *Histoire de la Haute Autorité de la CECA. Une expérience supranationale*, p. 359-360.

surgit. En février 1958, les charbonniers furent nettement suspectés, voire accusés, de pratiquer, au travers de leur comptoir, des pratiques illégales et totalement déraisonnables dans le contexte de récession. Le Cobéchar eut beau s'empresser de répondre aux accusations, réaffirmant sa « raison d'être »[197], il était déjà trop tard : la Haute Autorité l'avait désormais dans le collimateur[198]. Mais les véritables ennuis, qui ne faisaient que commencer pour le comptoir, étaient d'une autre nature.

Depuis plusieurs mois déjà, des discussions avaient lieu au sein du Cobéchar concernant la répartition des marchés entre charbonnages. Cette répartition s'opérait au travers d'un système qu'il ne convient pas de présenter ici dans le détail mais qui en gros consistait à mettre à disposition du comptoir, pour une durée de trois ans, ses quantités de charbon sous trois catégories : des tonnages dits *de bases*, des tonnages *complémentaires* et des tonnages *supplémentaires*. Dans la répartition des marchés, les tonnages de bases avaient la priorité et ainsi de suite. Mais en contrepartie, les tonnages supplémentaires offraient davantage de souplesse dans la livraison. Libre à chaque exploitant de répartir sa production comme il l'entendait entre ces trois catégories, en fonction de ses possibilités propres ou en fonction de ses prévisions conjoncturelles. Le risque d'une récession telle que celle de 1958 était naturellement que les tonnages complémentaires et supplémentaires restent sur le carreau. Or, depuis juillet 1957, même les tonnages de base n'avaient pas pu être écoulés à 100 %[199].

Par ailleurs, il valait mieux ne pas se tromper dans ses prévisions puisqu'en vertu des règlements, les stocks accumulés entretemps ne pouvaient pas intervenir dans une nouvelle répartition avant qu'une nouvelle mise à disposition soit arrêtée. La récession avait amené certains patrons à remettre en question ce principe : les charbonnages de Limbourg-Meuse et de Helchteren-Zolder, en Campine, se plaignaient ainsi de stocker relativement plus que les autres charbonnages produisant les mêmes catégories de charbon (ainsi le premier disait stocker trop de gras A et Helchteren-Zolder, trop de gras B)[200]. En février 1958, un groupe de travail décidait que rien ne pourrait être modifié au sys-

[197] Archives Cobéchar, 245/11, « Raison d'être du Comptoir Belge des Charbons », le 20 mars 1958, destiné à paraître dans *La Libre Belgique :* « Une note de Cobéchar », le 23 mars 1958.

[198] Discours de Finet devant l'AP, le 13 mai 1958.

[199] Archives Cobéchar, 245/10, « Cas des Charbonnages de Limbourg-Meuse et de Helchteren-Zolder », le 7 octobre 1958.

[200] Ces plaintes furent relayées par les syndicats, ceux-ci craignant que les pratiques du Cobéchar ait un impact sur l'emploi : « L'industrie charbonnière a la responsabilité des répartitions faites par Cobéchar, sans le concours des ouvriers. Ces répartitions ne peuvent aboutir à créer la misère chez les ouvriers » (archives IEV, Aide-mémoire du CNMM, le 25 avril 1958).

tème en place avant le 31 décembre suivant, à moins qu'une unanimité se dégage au sein de l'AG, ce qui était perdu d'avance. En octobre, les deux charbonnages annoncèrent qu'ils comptaient se désolidariser du comptoir, comme les statuts leur en donnaient le droit à chaque renouvellement des mises à disposition.

Des menaces similaires avaient souvent été posées mais, pour la première fois dans l'histoire du Cobéchar, elles semblaient cette fois devoir être mises à exécution. Le risque semblait sérieux pour l'industrie charbonnière dans son ensemble puisque dès le 1er janvier 1959, les dissidents allaient baisser leur prix. On espérait encore les voir changer d'avis et finalement rentrer au bercail « déçus par l'expérience »[201] mais il semblait bien plus vraisemblable que tous les charbonnages finissent par présenter leur démission. Et dans ce cas, on craignait le pire : « On doit s'attendre dès lors au déchaînement d'une concurrence sauvage, que les acheteurs mettront à profit [...] en faisant état d'offres réelles ou même imaginaires »[202]. Les charbonnages se verraient entraînés dans une « course à l'abîme », au dépens des plus faibles, et seraient bientôt soumis à une remise en ordre par les pouvoirs publics. « Il ne restera d'autre issue qu'un règlement par voie autoritaire qui, s'il répond au vœu de certains milieux politiques, ne semble pas souhaité par les entreprises ». Et inutile de dire que, face aux concurrents européens, une telle désorganisation achèverait de ruiner l'industrie charbonnière belge. En conclusion, « si elle est maintenue, la décision des deux charbonnages campinois est de nature à entraîner des conséquences incalculables, mettant en jeu la structure même de l'industrie charbonnière belge ».

Du coup, au sein du Cobéchar, on s'était activé pour que soit donné raison aux dissidents dès le 1er janvier 1959[203], mais bien en vain. Non seulement les deux charbonnages réfractaires ne changèrent pas leur position, mais en plus ils furent rejoints par un troisième charbonnage (Beringen, également en Campine)[204]. Par le biais d'un protocole signé entre le comptoir et les trois dissidents, des contacts furent maintenus, de manière à collaborer notamment sur le plan des marchés internationaux mais également à convaincre les charbonnages démissionnaires à

---

201 Archives Cobéchar, 245/10, « Visite à Mr. Renders, le 2/10/1958 »

202 Archives Cobéchar, 245/10, « Cas des Charbonnages de Limbourg-Meuse et de Helchteren-Zolder », le 7 octobre 1958.

203 *Idem*.

204 Archives Cobéchar, 245/10, « Entrevue à Cobéchar avec les Charbonnages dissidents, le 11 décembre 1958 » ; *idem*, 245/10, « Statuts des Associés démissionnaires, le 1er janvier 1959. Entrevue à Cobéchar, le 24 décembre 1958 » ; *idem*, 245/10, « Statuts des Associés démissionnaires, le 1er janvier 1959. Entrevue à Cobéchar, le 26 décembre 1958 » ; *idem*, 245/10, « Statuts des Associés démissionnaires, le 1er janvier 1959. Entrevue à Cobéchar, le 6 janvier 1959 ».

revenir sur leur décision. Mais leur refus devait persister et pour ne rien arranger à son affaire, le Cobéchar fut pressé par le Haute Autorité de revoir son règlement interne et plus particulièrement son système de vote en matière de fixation des prix[205].

Cette crise du Cobéchar ne devait rien arranger, ni pour assurer le redressement du secteur charbonnier, ni pour soigner l'image des producteurs. Elle ne profitait qu'aux consommateurs et aux négociants de charbon, qui avaient longtemps reproché au comptoir, de maintenir des prix abusivement élevés et de manquer de souplesse commerciale. Quelques mois après l'entrée en dissidence des trois charbonnages campinois, au sein du Cobéchar, on faisait ce terrible constat : « Le marché charbonnier est en pleine anarchie »[206].

2. *Les charbonniers pressés par la FIB*

Depuis la remise d'un mémorandum par la Fédéchar au ministre des Affaires économiques Jean Rey, à la fin du mois d'octobre 1956, plus grand-chose ne s'était produit. L'année 1957 avait été dominée par la mise en forme d'un nouveau CNC puis par un retour fulgurant de la crise sur marché charbonnier. Pour les producteurs, il était commode de tempérer les velléités réformatrices et en appeler à plus de sérénité : « Les opinions outrancières généralement exprimées au sujet des problèmes charbonniers ne contribuent certes pas à atteindre cet idéal »[207]. La tâche du Gouvernement belge était déjà assez difficile comme ça pour devoir en rajouter. Mais le contexte s'aggravant, il ne fut bientôt plus possible pour les charbonniers de reculer : leur attitude commençait à exaspérer, autant à Luxembourg qu'à Bruxelles, et au sein du patronat, elle devenait embarrassante. Au sein du CCE, au terme d'une discussion sur le financement des stocks, Léon Canivet, représentant charbonnier, se vit ainsi rappelé à l'ordre par Roger De Staercke, administrateur-délégué de la FIB : « Tant l'avis qui vient d'être émis que celui du Comité Consultatif de l'Énergie soulignent l'importance de la réadaptation structurelle et déclarent que le financement des stocks ne peut en aucune manière servir de prétexte à retarder ou atténuer les mesures de réorganisation auxquelles se sont engagés les représentants de l'industrie charbonnière »[208].

Le jour même, lors d'une réunion avec des dirigeants de la FIB, Pierre Delville fut invité à négocier, avec les syndicats et sous l'œil d'un

---

205 Nous renvoyons le chercheur aux archives Cobéchar, 245/10 et 243//11.

206 Archives Cobéchar, 245/10, Note du service commercial du Cobéchar, « Note pour Monsieur Laffineuse », le 29 octobre 1959.

207 Archives SGB, 740, « Aspects sociaux et politiques du problème charbonnier belge », le 18 avril 1958, p. 11.

208 Archives CCE, Procès-verbal de la réunion du Bureau, le 18 juin 1958.

membre de la fédération intersectorielle, pour l'organisation de son industrie, une démarche que la Fédéchar avait jusqu'alors refusée ou, tout au moins, évitée[209]. Compte tenu des circonstances, selon la FIB, il ne fallait pas abandonner trop vite l'étude de projets de réforme susceptibles de désamorcer le risque de nationalisation.

Une note avait ainsi été rédigée au sein de la FIB afin d'encourager les charbonniers à reprendre leur travail laissé en suspens depuis octobre 1956 : les principes permanents auxquels ils étaient parvenus, dans leur mémorandum, constituaient un « témoignage positif des intentions des producteurs, telles qu'elles se présentaient il y a près de deux ans »[210]. La réforme du CNC ne devait pas servir de prétexte pour abandonner la réflexion : « l'industrie charbonnière aurait grand intérêt à se donner l'organisation et la discipline qui sont prévues dans le mémorandum ». Tout au contraire, cette réforme rendait impératif que « les producteurs conservent au CNC l'initiative et le contrôle des solutions ». Jacques, auteur de la note, engageait donc la Fédéchar à reconsidérer sa position à l'égard de la cogestion : une réforme semblait inévitable et, à choisir, la cogestion était préférable à la nationalisation « car elle laisse tout au moins subsister le principe et le fait de l'entreprise et de la responsabilité de la gestion ». Plutôt que d'ouvrir la voie à la nationalisation, elle l'éloignait « car les représentants des travailleurs associés à la gestion deviennent autant d'alliés contre la nationalisation [...] ».

Les propositions qui avaient été faites au cours de la réunion avec Pierre Delville, Jacques les disait « regrettables » : « On ne ferait certainement pas ces propositions pour d'autres industries, ni pour les charbonnages si la question charbonnière n'était pas détériorée comme elle l'est actuellement. Je pense que ces propositions pourraient être acceptées par les organisations syndicales et, compte tenu de la situation actuelle des charbonnages, pourraient être également acceptées par les représentants patronaux, parce qu'elles constituent, croyons-nous, le moindre mal, et pour les sociétés de charbonnages et pour le principe de l'entreprise libre ».

Il semblait évident que, si au cours des négociations avec les représentants syndicaux, on s'apercevait qu'il était possible d'éviter le principe de certaines décisions à prendre par le CNC (au sujet des investissements importants, par exemple), « on ne devrait pas manquer de le faire » mais ces propositions devaient mener à la mise en œuvre « des moyens d'organisation, qui sont absolument indispensables si l'on veut

---

209 Archives Fédéchar, 262/61, Lettre de Jacques à Delville, le 19 juin 1958.

210 Archives Fédéchar, 262/101, Note de Jacques « Observations sur le mémorandum sur l'organisation de l'industrie charbonnière », le 16 juin 1958.

améliorer radicalement à plus ou moins brève échéance la situation des charbonnages »[211].

Pressée par la FIB, mais très vraisemblablement aussi par la situation de plus en plus dramatique des charbonnages, la Fédéchar remit donc sur le métier son mémorandum d'octobre 1956 et à la fin octobre 1958, alors qu'André Renard venait tout juste de lancer un nouvel appel à la nationalisation des charbonnages[212], elle mettait un point final à sa note de « suggestions en vue de l'organisation de l'industrie charbonnière belge ». Une note qui, il faut le dire, semble avoir été rédigée pour convaincre les plus frileux parmi les charbonniers de l'opportunité d'une réforme.

L'organisation de l'industrie charbonnière en place apparaissant « dès à présent, pléthorique », pourquoi en fallait-il une nouvelle ?, se demandait-on tout d'abord. Il y avait à cela de multiples raisons parmi lesquelles : « a) L'opinion publique s'étonne de ce que 'l'industrie charbonnière belge n'ait rien fait' en matière de réformes de structure auxquelles se sont livrés d'autres secteurs et notamment celui de l'électricité. Ce point de vue de l'opinion publique ne doit pas être méprisé, ni négligé en ce moment, ce facteur étant prépondérant du point de vue de l'ambiance politique qui entoure l'évolution du problème charbonnier ; b) Il est notoire que certains partis politiques envisagent des projets de réorganisation institutionnelle de l'industrie charbonnière. Il est très certain que si l'industrie charbonnière ne prend pas à cet égard les devants, elle sera placée devant certains faits accomplis ». Mais aussi, l'existence du CNC au sommet de l'organisation rendait la mise sur pied d'une organisation propre des producteurs d'autant plus nécessaire :

> Il est indispensable que, vis-à-vis de cet organe, les producteurs, non seulement puissent faire état d'une position doctrinale unique, mais également d'une action coordonnée. Si l'organisation des producteurs se révélait négative, voire même inefficace devant les autres parties siégeant au CNC, celles-ci auraient facile de conclure à la nécessité d'imposer aux producteurs un type d'organisation qui, probablement, n'aurait pas la faveur de ces derniers.

Tout le problème était de concilier quatre considérations : 1) compte tenu de la responsabilité finale de son comportement, l'entreprise devait conserver sa liberté d'initiative et d'action ; 2) cette liberté ne pouvait s'exercer dans l'anarchie, d'où la nécessité de groupements de producteurs ; 3) les travailleurs devaient être associés à l'élaboration de la politique charbonnière ; 4) l'État était, par sa fonction de gardien de

[211] Archives Fédéchar, 262/101, Lettre de Jacques à Delville, le 19 juin 1958.

[212] Tilly, *André Renard. Biographie*, p. 573.

l'intérêt général, désigné pour exercer un droit de tutelle sur l'ensemble de cette organisation. Ces quatre considérations impliquaient d'exclure d'emblée deux régimes : la nationalisation du secteur autant qu'un régime de libéralisme intégral[213]. Mais elles excluaient également le « système de cogestion proprement dit » : en effet, outre de « graves objections juridiques »[214], le système de cogestion impliquait, aux yeux des charbonniers, de diluer les responsabilités et de restreindre les initiatives ; de plus, « il énerve l'autorité du chef d'entreprise et nuit par ce fait même à la cohésion de l'entreprise et à sa productivité ». Ceci étant posé, le reste de la note reprenait un à un les éléments du mémorandum d'octobre 1956.

Le projet était présenté comme un complément indispensable au CNC « et non pas comme une solution de rechange prise par les producteurs en vue [de lui] opposer le front commun des entreprises ». Il était avant tout destiné à contrer les effets de sa nouvelle structure tripartite en assurant aux producteurs un rôle de premier ordre dans la gestion de leur industrie. Des groupements régionaux des producteurs devraient ainsi faire au niveau régional ce que Rey avait entendu faire faire par le CNC. En compensation de ce rééquilibrage des responsabilités, les charbonniers se disaient favorables à une plus grande participation des syndicats au sein des conseils d'entreprise.

Ces suggestions devaient permettre de rapprocher le statut de l'industrie charbonnière de celui de l'industrie électrique : le CNC serait à l'industrie charbonnière ce que le Comité de Contrôle était à l'industrie électrique ; le Comité de coordination nationale charbonnier, avec ses prolongements dans les Comités Techniques Régionaux, constituait dans le domaine charbonnier la transposition de ce qu'était le Comité de gestion électrique. Alors qu'on ne cessait de réclamer des charbonniers les mêmes efforts que ceux consentis jadis par les électriciens, ce parallélisme semblait tout indiqué pour légitimer la réforme proposée.

Enfin, la note prévoyait des « prolongements éventuels » : si la pression de « certains groupement sociaux » en vue d'introduire la cogestion dans le secteur devait prendre un « caractère pressant », la note mettait en avant la possibilité de trouver dans les propositions qu'elle avançait « une alternative et des possibilités de compromis » en transportant la formule du conseil d'entreprise au niveau régional, au sein des Comités Techniques Régionaux. Il s'agirait alors d'une synthèse générale des

---

213 Est-il utile de préciser que les raisons pour rejeter le premier extrême étaient nettement plus développées que pour le second ?

214 Premièrement, « [il] n'est pas question, supposons-nous, de modifier [...] le statut de la société anonyme elle-même [...] ». Deuxièmement, « [les] syndicats n'ont pas de statut juridique ni de personnalité civile, et n'ont pas, que l'on sache, l'intention d'en acquérir ».

Conseils d'entreprise des charbonnages de la région, une sorte de Conseil Régional d'entreprise, par le biais duquel les travailleurs seraient associés, dans une certaine mesure, à la responsabilité de la gestion du secteur charbonnier régional en tout ce qui concerne les problèmes « réels ». Dans cette note, les charbonniers avaient donc suivi la voie indiquée par la FIB en juin 1958 mais en prenant bien garde de n'aller ni trop loin ni trop vite.

Tableau 10 : Réforme de l'industrie charbonnière belge telle que proposée en janvier 1959 par la Fédéchar

	Organisation sociale	Institutions sociales de droit public	Organisations patronales		
			Économique et technique	Professionnelle	Commerciale
Niveau national	Commission Nationale Mixte des Mines	Conseil National des Charbonnages	Comité Central de l'Industrie Charbonnière[215]	Fédéchar - Collège des Présidents	Cobéchar
Niveau régional	Commission Régionale Mixte des Mines	Conseils Consultatifs Régionaux	Comités Techniques Régionaux	Associations de bassin	–
Niveau des entreprises	Délégations syndicales	Conseils d'entreprises	Entreprises	Entreprises	–

Deux mois plus tard, vers la fin janvier 1959, un projet de convention était rédigé consacrant les derniers mois de réflexion (voir tableau ci-dessus) : les entreprises charbonnières, se déclarant conscientes que les circonstances difficiles qu'elles rencontraient appelaient des solutions d'ensemble dans l'intérêt des travailleurs, des producteurs et des consommateurs et se disant convaincues également que ces solutions devaient être recherchées dans la collaboration de tous les intéressés en cause ainsi que dans la discipline des intérêts particuliers, renouvelaient « leur intention d'apporter leur contribution sans réserve aux travaux [du CNC] » et entendaient donner à ceux-ci « leur pleine efficacité, en organisant entre elles leur propre collaboration tant pour assurer la préparation des travaux du conseil que pour aider aux mesures d'application de ses recommandations et décisions ; […] »[216] Notez que le domaine commercial demeurait la chasse gardée des patrons et que nulle

[215] Dans le mémorandum d'octobre 1956, le Comité Central de l'Industrie Charbonnière était intitulé *Comité de Coordination Nationale.*

[216] Archives Fédéchar, 262/110, note confidentielle de Fédéchar, « Projet de convention à conclure par les entreprises charbonnières », le 22 janvier 1959.

part dans les notes cet organisme ou ses compétences propres ne sont-elles évoquées d'une quelconque manière que ce soit.

3. *Un moindre mal pour les charbonniers*

Au début de l'été, le CNC s'était vu transmettre la charge d'étudier les plans d'assainissement du secteur charbonnier. En son sein, un groupe d'experts fut mis en place pour élaborer un programme de reconversion régionale, destiné tout particulièrement au cas le plus préoccupant des bassins wallons : le Borinage. Celui-ci n'en était pas à ses premières fermetures (cinq sièges d'exploitation mais également des entreprises de secteurs connexes comme la faïencerie, la céramique, la fabrique de chaussures ou le textile) et différentes initiatives avaient déjà été prises, au cours des années 1950, en vue d'assurer à la région une reconversion économique.

a) La résistance s'organise dans le Borinage

Vers la fin du mois d'octobre 1958, les salariés des Charbonnages du Levant et Produits de Flénu, au nom du personnel des quatre mines marginales qui avaient fait l'objet d'enquête en 1954-1955, firent appel à Paul Finet, le nouveau président de la Haute Autorité, afin d'obtenir de la CECA que les quatre fermetures de sièges programmées pour la fin 1958 soient retardées. La démarche allait peu à peu s'amplifier et rassembler de plus en plus de monde (syndicalistes ou représentants parlementaires des quatre partis) et le 4 novembre 1958, un Comité de défense du Borinage (CDB) fut mis en place, dont le but était de retarder ou d'empêcher les fermetures prévues pour la fin décembre. Peu à peu ce CDB allait intégrer toutes les forces sociopolitiques régionales préexistantes (partis ou syndicats, autorités communales, associations des classes moyennes, organisations wallonnes). Sous la pression de ce mouvement, auquel le CRISP a consacré différentes études, le processus de fermetures des sièges menacés fut partiellement remis en question tant au sein du Gouvernement belge qu'au sein du CNC[217], ce dernier réclamant un nouveau rapport d'experts avant de trancher.

Du côté patronal, le mouvement n'était soutenu ni par la Fédéchar, ni par l'Association charbonnière de Mons. Et au niveau des entreprises, les Charbonnages Belges ne comptaient pas maintenir leurs sièges. En réalité, seuls les Charbonnages du Levant et Produits de Flénu et son directeur-gérant Pierre Ledru semblaient emboîter le pas au CDB, soutenu selon le CRISP par Paul Renders[218]. Ledru fut d'ailleurs explicitement pointé du doigt pour avoir donné sa bénédiction à l'initiative.

---

217 CRISP, « Un groupe de pression. Le Comité de Défense du Borinage », *Courrier hebdomadaire du CRISP*, 8, 23 janvier 1959, p. 6.

218 *Ibid.*, p. 6 et 8.

Cette accusation, il convient de le noter ici, fut reprise à son compte par Albert Coppé, celui-ci regrettant de voir ainsi ternie l'image de la SGB[219].

En dépit des fermetures exécutées comme prévu au 31 décembre, la situation demeura plutôt calme. Même la grande manifestation du 17 janvier 1959 ne fut l'occasion d'aucun débordement significatif. Il faut dire que la veille, le Gouvernement belge s'était empressé d'annoncer, sur les ondes de la radio nationale, des mesures concrètes en vue de la reconversion économique du Borinage, dont la mise en place d'une Société coopérative d'études et d'assistance pour la reconversion des régions touchées par les fermetures de charbonnages, financée en partie par les holdings, ainsi qu'une aide de 800 millions de FB pour les mines en difficulté. Le mot d'ordre des manifestants se résuma à exiger un plan concret de reconversion avant d'envisager le moindre licenciement : ceci incluait des fusions, des concentrations, des subsides publics, ainsi que les « réformes de structure qui seraient de nature à apporter un remède définitif à la situation existant dans l'industrie charbonnière ».

b) La grève éclate

Deux jours plus tard, le CNC devait se prononcer au sujet de la poursuite de l'exploitation des mines boraines[220]. Deux projets étaient alors sur la table : le premier, plus radical en termes d'abandon de capacités, avait été élaboré par l'Administration des Mines et jouissait du soutien des autorités belges et communautaires (plan Martens ou d'assainissement) ; le second, beaucoup plus optimiste, avait été élaboré au sein de la SGB et était appuyé par le holding (plan Dessales). Le plan Martens, qui allait finalement obtenir la majorité des votes, prévoyait le regroupement des cinq charbonnages du Borinage en une seule société et impliquait la fermeture de sept sièges sur quatorze et le licenciement d'environ 7 000 mineurs.

Face à ce projet, le camp patronal se montra divisé puisque, parmi les cinq présidents de la Fédéchar, seul Pierre Delville se prononça en faveur du plan d'assainissement. Cette fracture, selon le CRISP, était le reflet de divergences de vue entre holdings, le groupe Évence Coppée

---

219 *Ibid.*, p. 3. En dépit du démenti formel de la SGB, Albert Coppé disait vivement regretter « que Mr. Ledru ait, par son comportement durant les mois difficiles que nous traversons, pu donner l'impression à autant de personnes différentes et qui ne se sont évidemment pas concertées pour avoir cette opinion, de favoriser un mouvement allant aussi manifestement à l'encontre des intérêts du pays » (archives Fédéchar, 281/265, Lettre personnelle et confidentielle de Leblanc à Coppé, le 21 avril 1959 ; *idem*, 281/265, Lettre personnelle de Coppé à Leblanc, le 30 avril 1959 ; *idem*, 281/265, Lettre de Leblanc à Coppé, le 26 mai 1959).

220 « La crise charbonnière en Belgique. Les avatars d'une institution : le Conseil National des Charbonnages », p. 9.

d'un côté, avec Delville, et la SGB de l'autre, avec Édouard Leblanc, pourtant président de l'Association de Campine, théoriquement intéressée à un assainissement borain. Le 9 février 1959, alors que la réunion du CNC avait abouti à une impasse, le plan Martens à peine amendé fut voté, sous la pression du Gouvernement et de la Haute Autorité[221], soutenu par quatre des présidents de Fédéchar, par la FIB et par la majorité flamande des Francs-Mineurs et de la CSC. Par contre, la Centrale des Mineurs FGTB, la FGTB elle-même, ainsi que les Francs-Mineurs francophones se prononcèrent contre.

À la suite d'une interpellation lancée par les députés socialistes à la Chambre, un appel à la grève générale fut lancée pour le 13 février[222], grève qui devait s'étendre au fil des jours. Parmi les revendications des grévistes, figuraient l'abrogation de l'arrêté signifiant les fermetures, l'assurance que des activités industrielles nouvelles seraient rapidement créées, la garantie du plein emploi, et enfin, la nationalisation des charbonnages. Notons que les appels à une réforme structurelle de l'industrie charbonnière s'étaient accumulés au cours des derniers mois, émanant principalement de la Centrale des Mineurs FTGB : en octobre 1958 mais plus récemment lors des débats au sein du CNC, lorsque Nicolas Dethier, secrétaire général de la Centrale, avait vainement tenté de mettre son projet de Société Nationale des Charbonnages, à l'ordre du jour du CNC[223]. Mais c'est André Renard, fidèle à lui-même, qui s'était montré le plus remuant[224] : en réclamant la nationalisation, non seulement des charbonnages mais plus largement des secteurs de l'énergie, menaçant de mettre fin à la trêve qui avait été passée quelques années plus tôt dans le cadre des accords de la Table ronde du secteur de l'électricité. En réalité, comme l'a montré P. Tilly, sur ces questions, les syndicats n'étaient plus à même de montrer un front commun : sous l'impact de la crise et des fermetures, la défense des intérêts des travailleurs avait eu tendance à se régionaliser et à se limiter au secteur touché. Quoi qu'il en soit, face à de telles revendications en vue de la nationalisation, dans le cadre de grèves provoquées par l'annonce de fermetures, le patronat se devait d'agir.

Ce fut à la FIB qu'il revint de prendre le taureau par les cornes : sous son patronage et à la suite d'une demande exprimée par Mathieu

---

221 *Ibid.*, p. 9.

222 Tilly, *André Renard. Biographie*, p. 574-575.

223 Ce projet, inspiré de la réforme d'Albert De Smaele (voir Chapitre 1er), était revenu à l'honneur dans les rangs socialistes. La FGTB allait encore tenter par la suite de faire mettre ce projet à l'étude du CNC mais en vain (Archives Fédéchar, 263/112, Note de la Fédéchar « Projet de déclaration gouvernementale en vue de mettre fin à la grève », le 23 février 1959).

224 Tilly, *André Renard. Biographie*, p. 570-573.

Thomassen, secrétaire général des Francs-Mineurs (CSC), des conversations paritaires furent organisées fin février pour mettre un terme à la crise. La brusque aggravation de la situation mena les acteurs sociaux, FIB et les deux organisations syndicales, à se rencontrer pour une réunion de contact, le 17 février, afin, selon les termes du président de la fédération, de « créer un climat de confiance »[225]. Les dirigeants syndicaux soulignèrent « qu'il était impossible à aucun Belge de prévoir l'évolution de ce conflit, qu'il y aurait un danger à ce que chacun reste sur ses positions et qu'ils étaient tout disposés à se mettre autour de la table avec les producteurs ». Léon Bekaert s'engagea à provoquer des négociations, tout en ajoutant, sans doute pour la forme, « si l'industrie charbonnière en exprimait le désir ». À partir du 20 février, une série de rencontres eurent donc lieu : auprès du Gouvernement belge, afin de trouver une issue à la grève, mais également auprès de la FIB, afin de reprendre le contrôle de la situation dans les rapports entre syndicats et patronat charbonniers.

c) Un *Protocole sur la structure de l'industrie charbonnière belge*

Cette rencontre, qui devait s'étendre sur trois longues journées les 20, 21 et 23 février, fut tout d'abord l'occasion d'un règlement de comptes entre syndicalistes et charbonniers : les premiers reprochèrent notamment aux seconds d'« avoir beaucoup bavardé mais sans plus », d'avoir rompus les contacts établis deux ans auparavant après Marcinelle, de ne pas parvenir à s'entendre entre eux (en ce compris, les banques) ou encore de ne toujours pas reconnaître les syndicats ; à l'inverse, les producteurs se défendirent d'avoir jamais négligé les syndicats, preuve en étant le grand nombre d'organes où ceux-ci étaient présents et invoquèrent l'attitude extrême d'André Renard, première cause de leur défiance.

Une fois passés ces premiers échanges, Léon Bekaert reprit les choses en main, se disant satisfait de voir les liens personnels entre travailleurs et patrons : « Cela facilite les conversations ». Mais « tout aussi impressionné par le manque de confiance des mineurs envers les patrons », il estimait « essentiel de rétablir un climat de confiance », considérant notamment inutile de revenir sur le passé. Alors que, pour leur part, le Gouvernement et la Haute Autorité intervenaient « pour régler les choses » – il faisait référence au replacement des travailleurs licenciés et aux indemnités de réadaptation –, la tâche revenait aux syndicats et aux producteurs d'organiser leur industrie, étant entendu que la nationalisation était à exclure, que la concentration ne constituait pas une solution en soi et que la meilleure option qui subsistait semblait être de faire ce

225 Archives Fédéchar, 263/111, Note de la Fédéchar « Compte rendu de la réunion de contact FIB-organisations syndicales, tenue le 17 février 1959 au siège de la FIB ».

que l'on avait fait, « sans intervention du législateur », dans l'industrie électrique.

En marge de ces conversations, le Premier ministre Gaston Eyskens et son Gouvernement rassemblaient auprès d'eux les dirigeants de la FIB et des organisations syndicales. Un projet de déclaration gouvernementale leur fut soumis dans laquelle il était rappelé les limites auxquelles la Belgique était tenue dans la gestion de la crise charbonnière. Pour rappel, sous la pression du Gouvernement belge, la Haute Autorité s'était résolue quelques jours auparavant à engager la procédure de la crise manifeste, à condition cependant que l'État belge renonce définitivement à toute mesure unilatérale. La déclaration du Gouvernement soulignait par ailleurs que les décisions du CNC allaient devoir être appliquées et que tout ce que l'on pouvait faire, c'était d'assurer un maximum de possibilités de replacement des travailleurs licenciés, notamment en adaptant le calendrier des fermetures. Celui-ci serait établi par le CNC, au plus tard le 31 mai 1959, sur la base des besoins et moyens disponibles[226].

Du côté de la FIB, on était entré dans la dernière phase des discussions, concernant la structure d'organisation de l'industrie charbonnière. Les projets élaborés précédemment par la Fédéchar furent totalement passés sous silence, le débat se concentrant sur des propositions faites par la FIB. On parvint à la signature, le 23 février, d'un Protocole sur la structure de l'industrie charbonnière belge[227]. Celui-ci commençait par aborder les aspects conjoncturels de la crise, appelant le Gouvernement belge à prendre d'urgence les mesures nécessaires pour faciliter l'écoulement du charbon national et réduire le chômage dans les mines et, d'autre part, à poursuivre son action sur le plan communautaire afin de trouver une solution « en particulier par la déclaration de l'état de crise manifeste ». Mais la partie la plus importante était consacrée à la « structure d'organisation » de l'industrie charbonnière belge, le protocole engageant les signataires à « procéder sans délai à l'élaboration en commun de conventions portant sur les nouvelles structures d'organisation, chargée d'exercer efficacement les fonctions économiques, techniques et sociales essentielles de l'industrie charbonnière ».

1) Créer, sur le plan national, un organe où siègeraient les représentants des producteurs, des travailleurs (au niveau professionnel et interprofessionnel) et des utilisateurs et qui serait chargé, dans le cadre d'une

---

[226] Archives Fédéchar, 263/112, Note de la Fédéchar « Projet de déclaration gouvernementale en vue de mettre fin à la grève », le 23 février 1959.

[227] Archives Fédéchar, 263/112, Compte rendu des conversations entre représentants des organisations patronales et syndicales, au siège de la FIB, les 20, 21 et 23 février 1959 ; archives Fédéchar, 263/112, Note de la Fédéchar « Projet de protocole sur la structure de l'industrie charbonnière », le 21 février 1959.

politique générale de l'énergie, d'élaborer la politique charbonnière, de promouvoir et contrôler sa réalisation à l'échelon des bassins et des entreprises ;

2) Créer à l'échelon de chaque bassin, un comité groupant obligatoirement tous les producteurs et chargé de la coordination de décisions à prendre par les entreprises ;

3) Faire attribuer à ces organes, par les entreprises et selon des modalités à arrêter, des pouvoirs de décision en matière de rationalisation des exploitations, coordination des investissements, création et développement d'installations communes à plusieurs entreprises et toutes matières sociales.

4) Créer, à l'échelon de chaque bassin, un comité consultatif où siégeraient des représentants des producteurs et des travailleurs.

5) Pour tous les domaines de compétences énumérés en 3, il était convenu que les producteurs, au sein des comités de bassin, consulteraient d'une part les comités régionaux consultatifs (4) et d'autre part l'organe national (1).

6) Quant à la participation de représentants des pouvoirs publics, elle n'était qu'envisagée et sous la forme uniquement d'observateurs.

Les deux principales innovations du protocole étaient, d'une part, que l'organe national ne serait pas uniquement corporatif, à la différence du CNC et, d'autre part, surtout, que les actuels exploitants des mines étaient appelés à un transfert de souveraineté vers des comités de bassin et vers l'organe national pour la gestion de leur entreprise : « Juridiquement, il s'agira d'amener l'Assemblée Générale des actionnaires à consentir à un abandon d'une partie de leur droit de gestion ». Le protocole ne prévoyait pas de changement de statut pour les actionnaires, mais les exploitants devraient gérer leur entreprise sous l'impulsion d'organes nouveaux. Comme le notait le CRISP, ce changement devait surtout avoir un impact dans les bassins miniers de Charleroi et de Liège, au sein desquels les charbonnages étaient plus souvent indépendants des holdings[228].

Cet accord avec les syndicats était bien plus celui de la FIB que de la Fédéchar. Certes, la FIB semblait agir pour « restaurer l'autorité morale et politique de la Fédéchar et du Cobéchar »[229] mais, depuis juin 1958, elle s'était senti la responsabilité d'« éviter la contagion de l'idée de nationalisation qui s'alimentait à la crise charbonnière ». Par ailleurs,

---

228 CRISP, « Le protocole sur la structure de l'industrie charbonnière belge », *Courrier hebdomadaire du CRISP*, 9, 6 mars 1959, p. 3.

229 « Structure de l'industrie charbonnière belge. Reprise des négociations », *Courrier hebdomadaire du CRISP*, 11, 20 mars 1959, p. 2.

alors que les derniers mois avaient vu se multiplier des échanges aigres-doux entre producteurs et utilisateurs, la fédération intersectorielle en profita pour donner à ses membres consommateurs davantage de pouvoirs dans l'élaboration d'une politique nationale charbonnière.

De leur côté, les patrons charbonniers avaient fait en l'espace de quelques mois bien plus de chemin vers les syndicats qu'ils n'en avaient fait en dix années. Au sein de la Fédéchar, on devait sans doute avoir le sentiment que ce protocole permettait d'éviter le pire et à moindres frais. Il semble que le principal souci des patrons – tous secteurs confondus – fut de maintenir coûte que coûte l'État en-dehors des discussions, quitte à devoir s'arranger à l'amiable avec les syndicats. L'intervention des pouvoirs publics, telle qu'elle était envisagée, restait très limitée, ainsi que la perte de pouvoirs des charbonniers. Les comités de bassin devaient ainsi demeurer comme ils l'avaient toujours entendu, c'est-à-dire composés des seuls producteurs du bassin[230]. Par ailleurs, alors que le secteur était miné par les dissensions, ce protocole permettait de « restaurer une certaine discipline professionnelle dans un secteur où l'individualisme [avait] toujours prévalu »[231]. Alors que les mois à venir s'annonçaient mouvementés, en termes de fermetures d'exploitations, le protocole assurait donc à la Fédéchar un cadre national admis par tous permettant de garder un certain contrôle de la situation.

d) Les enjeux de la crise manifeste

Il nous semble que cet état des choses au printemps 1959 permet de comprendre l'attitude rebelle des charbonniers belges au sein du CEPCEO, à la fin du mois de mai. L'échec de la Haute Autorité risquait de compromettre la sérénité qui, non sans certains sacrifices de leur part, s'était installée depuis février dans leurs rapports avec les syndicats de mineurs[232]. Et il est bien probable qu'en l'absence d'un protocole d'accord, l'issue donnée par le Conseil spécial des Ministres aux débats sur la crise manifeste eût résonné de façon encore plus dramatique pour les charbonniers belges.

Pour la fin mai 1959, le CNC devait être en mesure de présenter un plan d'ensemble pour l'assainissement des charbonnages belges. Tant qu'on n'était pas fixé sur la question de la crise manifeste, un point d'interrogation subsistait quant à la mise en œuvre de mesures de pro-

---

230 Pour rappel, les charbonniers avaient posé la même condition dans le cadre de l'élaboration du CNC par Jean Rey. Compte tenu de ce que les syndicats avaient déjà une place réservée au sein du CNC, les patrons entendaient les maintenir en-dehors de ces comités (archives Fédéchar, 261/60, Compte rendu de l'entretien de la délégation des producteurs avec Rey, ministre des Affaires économiques, le 30 août 1956).

231 CRISP, « Structure de l'industrie charbonnière belge. Reprise des négociations », p. 3.

232 *Ibid.*, p. 4.

tection à attendre à l'échelon européen. On attendait un accord du Conseil spécial des Ministres, au plus tard le 23 mars 1959, pour que ces mesures puissent être invoquées dans l'élaboration du plan d'assainissement. Et plus le temps passait, plus on risquait de voir les syndicats remettre en question les termes du protocole d'accord du 23 février.

Dès le lendemain de la signature de celui-ci, une nouvelle proposition de loi avait été déposée par de jeunes élus socialistes appelant à la nationalisation de tous les secteurs de l'énergie, en ce compris la distribution du pétrole, et à l'interdiction de toute fermeture abusive[233]. Ce qui fut considéré alors comme une fronde des jeunes turcs au sein du parti socialiste fut immédiatement suivi d'une contre-proposition de loi de Max Buset, appelant à la nationalisation du seul secteur charbonnier[234]. Mais qu'importent les dissensions au sein du parti socialiste : ce qui comptait alors pour les charbonniers c'était que le protocole n'avait manifestement pas suffi à exorciser le démon et, dans l'attente d'un constat (de plus en plus improbable) de la crise manifeste, il était à craindre que le temps joue en leur défaveur.

Les propositions de loi socialistes risquaient tôt ou tard de revenir sur le devant la scène. Il suffisait pour cela que d'autres négociations s'enveniment, dans le secteur de l'électricité par exemple, ou que des annonces de fermetures entraînent des remous sociaux et les grèves sauvages comparables à ce qui s'était produit dans le Borinage en février. Les syndicats auraient tôt fait de durcir leurs positions et de gonfler leurs revendications sous la pression de la base. Et le CRISP notait d'ailleurs qu'en l'absence de solution apportée au problème charbonnier belge, dont le constat de crise manifeste, la FGTB ne manquerait pas de mettre à l'honneur ses projets de nationalisation, à l'occasion de son prochain congrès[235].

III. Conclusion

Certains ont vu dans ces événements de la fin février 1959, la preuve que l'industrie charbonnière belge jouissait encore à cette époque, au sein du patronat industriel et des holdings, d'une place honorable justi-

233 Cette proposition, semble-t-il, était en préparation depuis décembre 1958 au lendemain du congrès du Parti Socialiste de Belgique. La situation politique dans le cadre du plan d'assainissement borain et des grèves consécutives avait justifié d'accélérer le processus (*ibid.*, p. 5).

234 *Ibid.*, p. 5 ; archives Fédéchar, 263/112, Note de la Fédéchar « Résumé schématique de la proposition de loi de MM. Buset et consorts relative à l'exploitation des charbonnages dans l'intérêt général », le 6 mars 1959.

235 *Ibid.*, p. 5.

fiant la solidarité de leurs pairs[236]. À partir de l'automne 1957, la FIB, restée discrète sur la question charbonnière depuis les négociations du Plan Schuman, s'était soudain manifestée : tout d'abord au sujet de la réforme du CNC, pour dénoncer certaines dérives interventionnistes auxquelles elle donnait lieu ; ensuite, au sujet d'une réorganisation de l'industrie charbonnière belge, en prêtant main-forte à ses dirigeants face aux revendications syndicales.

En réalité, à force de se montrer inflexibles sur tous les sujets, les charbonniers avaient fini par en exaspérer plus d'un parmi les consommateurs industriels, parmi les autorités publiques nationales et communautaires, parmi leurs collègues du CEPCEO, avec pour conséquence de se trouver de plus en plus seuls. Les soupçons d'entente illégale formulés à l'adresse du Cobéchar mais éclaboussant le patronat charbonnier belge dans son ensemble ne firent très vraisemblablement rien pour sauver son image. Aux reproches de conservatisme, à son manque de courage et d'initiative, dénoncé au sein même des holdings, ces nouveaux soupçons ajoutaient un parfum de scandale en Belgique et plus largement dans la CECA : après avoir gaspillé la transition et les subsides de péréquation, les charbonniers belges semblaient n'en avoir jamais fini de réclamer des aides et de conditionner le moindre effort de leur part aux efforts d'autrui et, par-dessus le marché, ils maintenaient des prix de vente artificiels et anti-commerciaux.

En forçant les charbonniers à reprendre la réflexion, entamée en septembre 1956 suite à la catastrophe minière de Marcinelle mais depuis classée sans suite, au sujet d'une réorganisation de leur industrie, la FIB entendit surtout limiter les dégâts politiques d'une crise économique sans précédent qui semblait ne pas devoir finir de sitôt. Les graves événements du Borinage en février 1959 laissèrent clairement entendre que l'assainissement, devenu désormais inévitable, risquait de ne pas se faire sans heurts. Et il était encore temps pour la FIB d'éviter des dommages collatéraux. C'est à cela, semble-t-il, que se résumait la solidarité envers les charbonniers belges sur le plan national.

Sur le plan européen, la question de la crise manifeste fut l'occasion de nouvelles désillusions face au peu de solidarité manifesté par certaines délégations nationales au sein du CEPCEO et, au-delà, par certains États-membres au sein du Conseil spécial des Ministres. Alors que le Gouvernement belge pressait la Haute Autorité d'agir, menaçant de poursuivre sa politique de gestion de crise sur un mode unilatéral, les charbonniers belges tentaient de convaincre leurs partenaires du

---

[236] « La crise charbonnière en Belgique. Les avatars d'une institution : le Conseil National des Charbonnages », p. 4 ; CRISP, « Structure de l'industrie charbonnière belge. Reprise des négociations », p. 2.

CEPCEO que la crise était bel et bien communautaire et qu'il était temps assurément d'autoriser la Haute Autorité à intervenir sur le marché, par le biais des articles de la crise manifeste. Mais la confusion qui régnait alors sur les modalités d'application de ces articles rendait très malaisée la tâche des délégués belges. Les grèves du Borinage en février 1959 eurent deux effets immédiats contradictoires du point de vue des patrons charbonniers : alors que, d'une part, elles poussèrent la Haute Autorité à prendre son courage à deux mains sur la question de la crise manifeste, d'autre part, elles forcèrent les charbonniers belges à faire l'impensable : s'asseoir autour d'une table pour parler de réformes structurelles avec les syndicats.

Conclusions

Pour retracer l'histoire de la faillite des charbonnages belges et l'échec de leur intégration au marché commun de la CECA dans les années 1950, une multitude de voies auraient pu être envisagées. Ainsi aurait-on pu replacer l'évolution du marché charbonnier belge dans le cadre plus large de la mutation du marché mondial de l'énergie au sein duquel le charbon perdait inexorablement sa position dominante au profit des produits de substitution. On aurait pu imaginer aussi de suivre de près l'évolution de la politique sociale en Belgique en tâchant de déterminer sa part de responsabilité dans l'aggravation de la situation des mines du pays. Ou encore, se concentrer sur les choix posés au sein des holdings en termes de stratégie industrielle en observant les rapports entre branches d'activités. À cet égard, il serait d'ailleurs certainement très utile d'effectuer un jour une recherche au sujet de ces charbonniers-consommateurs auxquels il a été fait plusieurs fois référence au fil de cet ouvrage : incontournables au sein de l'industrie charbonnière belge, ces personnages sont également ceux qui rendaient si confus les contours à donner au patronat charbonnier belge. Une analyse des activités du Cobéchar serait également hautement souhaitable, lui qui fut accusé à la fin des années 1950 de fausser le marché en maintenant artificiellement des tarifs élevés. Enfin, compte tenu des accusations de gaspillage des fonds de péréquation, attachées aujourd'hui encore à l'image que l'on se fait de la gestion du problème charbonnier belge, une recherche plus poussée pourrait être consacrée aux importants flux financiers auxquels il fut procédé dans le cadre de la transition.

Toutes ces voies sont intimement liées et aucune ne permet à elle seule d'atteindre l'objectif idéal. Parler du charbon dans les années 1950, c'est comme parler du trio pétrole-gaz-nucléaire aujourd'hui, avec ses innombrables implications économiques, sociales et politiques. Sans compter qu'avec ses prix de revient, composés à concurrence de 60 % environ des coûts de la main-d'œuvre, le prix du charbon était tributaire des politiques sociales et de leur évolution, à la grande différence des combustibles liquides ou de l'énergie de l'atome. L'exploitation de charbon était loin de constituer une branche marginale du paysage industriel belge : monstre sacré de la révolution industrielle, au même titre que la sidérurgie, premier employeur industriel du pays, facteur majeur du déséquilibre économique entre régions wallonne et flamande, le charbon était voué à occuper une place de choix dans la vie politique belge. « Il suffit de parler charbon pour que ça chauffe ! », ironisait un jour Achille Van Acker (alias *Achille Charbon*), alors Premier ministre et ministre du Charbon, pour commenter la fièvre qui animait habituellement les débats parlementaires sur la question. Pour toutes ces raisons, afin de ne pas faire de la présente recherche un épouvantail de descriptions éparses, il était impératif de limiter les objectifs.

Le chapitre introductif a permis d'expliquer sur quelles bases, historiographiques et méthodologiques, il a été jugé opportun de se concentrer sur la question de la libre entreprise : l'exception belge d'une industrie charbonnière entièrement privée ; la récurrence de la question de la libre entreprise dans l'histoire du charbon belge ; le rôle des charbonniers belges dans la mise en place de l'association charbonnière européenne, le CEPCEO, dont les fondements idéologiques avaient été démontrés préalablement ; mais également, l'opportunité, sinon la nécessité, d'intégrer dans une analyse commune la Fédéchar et le CEPCEO. Procéder de la sorte a permis de mettre en évidence deux aspects nouveaux du fiasco de l'intégration des mines belges dans le marché commun : premièrement, la crainte obsessive des dirigeants charbonniers qu'un assainissement structurel, aussi modeste soit-il, n'entraîne une remise en cause de leur monopole dans la gestion privée de leur mine ; et, deuxièmement, l'illusion de ces mêmes dirigeants que le pouvoir supranational et la solidarité européenne, notamment au sein du CEPCEO, autorise à reporter aux calendes grecques toute réforme structurelle, quitte à devoir faire porter à d'autres les implications financières du *statu quo*.

I. Défendre la libre entreprise privée

Dans l'histoire de l'industrie charbonnière belge, la date du 23 février 1959 marque la fin d'une époque : pour la première fois, les patrons charbonniers acceptaient d'aborder de front la question de réformes structurelles avec les syndicats. Avant cela, chaque occasion, chaque allusion faite avait été promptement écartée par les représentants patronaux sous prétexte de ne pas vouloir mélanger les questions techniques à des questions politiques. Ce faisant, ils étaient surtout soucieux de ne pas donner la moindre prise aux revendications syndicales sur un sujet qui, à force de revenir à la surface, avait fini par servir de toile de fond à toute négociation sociale ou économique dans le secteur. Cet ouvrage apporte les preuves de ce souci, proche de l'obsession, tant dans ses racines que dans ses manifestations.

Il montre tout d'abord qu'en dépit de son hétérogénéité et de la difficulté à en dessiner nettement les contours, le patronat charbonnier belge se caractérisait par son traditionalisme : des gisements exploités, parfois depuis plusieurs siècles, par des entreprises familiales ou par de grands groupes industriels et financiers, dont l'histoire s'identifie quasiment à celle de la Belgique ; l'ancrage géographique des exploitations qui, conjuguant l'obscurité des galeries à la clarté du cadastre, faisait se développer chez les charbonniers un fort esprit de clocher ; mais encore le conservatisme qu'ils montraient à l'égard de toute revendication ouvrière. Ce poids du passé ne prédisposait pas les charbonniers à accepter le Plan Schuman et ses innovations avec beaucoup d'enthousiasme. Face à tant de changement en si peu de temps, ils allaient d'ailleurs manifester leur immobilisme. Le charbonnier Léon Canivet reconnaissait ainsi :

> L'unification de l'Europe est une chose éminemment souhaitable et vers laquelle nous devons tendre de toutes nos forces. Mais on est en droit de se demander si les promoteurs du Plan Schuman ne vont pas trop rapidement en besogne : on ne bouleverse pas impunément, en l'espace de quelques années, ce qui constitue le point d'aboutissement d'une évolution plus que centenaire[1].

Comme le démontre le deuxième chapitre cet ouvrage, la dimension politique de la campagne menée par les patrons charbonniers contre le Plan Schuman n'était pas aussi dénuée de fondement qu'A. S. Milward ne l'a laissé entendre. Si le côté incantatoire de cette campagne, en Belgique mais également ailleurs en Europe, pousserait à mettre en doute la sincérité de certaines accusations portées contre le Traité CECA, telles que celle de « nationalisation déguisée », il n'en est pas moins que la mobilisation des charbonniers belges était fondée sur des inquiétudes bien réelles sur le plan national : la coïncidence, à quelques semaines d'intervalles, de la Déclaration Schuman, du déclenchement de la guerre de Corée, des manifestations insurrectionnelles liées à la Question Royale en Belgique ainsi que de la divulgation des conclusions d'une enquête américaine sur la gestion des mines belges, eut pour effet d'enfermer les charbonniers belges dans une position défensive. Et le fait de voir l'enthousiasme et l'efficacité déployés à cette même époque par les syndicats ainsi que les appels insistants à la nationalisation ou à la cogestion, justifiés parfois très explicitement par l'avènement d'une nouvelle structure politique européenne, ne pouvait que renforcer plus encore le sentiment des charbonniers que, contre tout espoir, le Plan Schuman n'était pas un plan pour les industriels mais bien pour les bureaucrates et pour les ouvriers.

Il apparaît donc que la campagne menée par les charbonniers belges contre le Plan Schuman doit être vue dans le prolongement direct de la lutte qu'ils menaient sur le plan national pour le maintien du *statu quo* dans la gestion libre et privée des charbonnages. Et en cela, le Plan Schuman ne fut pas une étape aussi décisive que l'affirme A. S. Milward

---

[1] Archives Fédéchar, 439/131, « Plan Schuman. Communication au Conseil Central de l'Économie », le 20 janvier 1951.

dans les rapports entre l'État belge et les industries lourdes du pays. Certes, dans la nouvelle structure politique, ces secteurs devraient subir davantage le contrôle du pouvoir étatique, garant de l'intérêt général. Et il est vrai aussi que, dans son appréciation du Traité CECA, le patronat charbonnier eut une attitude équivoque, partagée entre la dénonciation des prérogatives excessives de la Haute Autorité et la réclamation de garanties supplémentaires pour la survie des mines belges. Mais ces deux éléments, bien qu'ils tendent à donner raison à Milward, doivent être nuancés par la détermination, voire la hantise, avec laquelle les patrons charbonniers belges ont défendu, sur le plan national, le maintien du *statu quo* dans la gestion de leurs mines, et ce tout au long des années 1950.

Les recherches effectuées dans le cadre du présent travail suggèrent que les revendications de nationalisation méritent d'être davantage prises en considération que ce qui est apparu jusqu'à présent dans l'historiographie[2]. Si la recherche a largement démontré la persistance de pressions réformatrices en Belgique tout au long de la période considérée ici, elle a eu tendance à relativiser la menace réelle qu'elles faisaient peser. Mais la question ici n'est pas tant de savoir si un plan de nationalisation avait effectivement une chance d'être voté au Parlement que celle de savoir si les menaces prononcées dans ce sens étaient jugées crédibles et constituaient une source d'inquiétude au sein du Gouvernement ou au sein du patronat belge. Or, à trois égards, le présent ouvrage apporte à cette question des éléments de réponse.

Premièrement, les événements analysés ici furent tous, d'une façon plus ou moins intense, accompagnés de la menace et de la crainte de voir les mines belges nationalisées : ainsi, l'annonce de fermetures, les campagnes électorales, les congrès de la FGTB ou encore les suites d'une catastrophe minière. Deuxièmement, le rappel quasi systématique par les fonctionnaires belges de la menace latente d'une nationalisation, afin de houspiller les charbonniers sur la voie des réformes, laisse au minimum penser que l'argument ne semblait pas totalement fantaisiste, ni pour les fonctionnaires, ni pour les patrons. Et, troisièmement, cet ouvrage démontre que les risques de fermeture et les pressions exercées de toutes parts en vue d'un assainissement du secteur charbonnier belge faisaient craindre le pire aux patrons charbonniers : fermer une mine eût été, à leurs yeux, un « aveu d'impuissance », un signal clair lancé aux syndicats pour leur signifier que la voie était libre vers la nationalisation.

2 Kurgan-Van Hentenryk and Puissant, « Industrial Relations in the Belgian Coal Industry since the End of the Nineteenth Century » ; Herrmann, H. W., « Bergrecht und Unternehmensstruktur durch die Jahrhunderte », in Wynants, P. et Herrmann, H. W. (dir.), *Huit siècles de charbonnages*, Namur : CERUNA, 2002.

Ce qui est en tout cas certain, c'est que le risque était jugé suffisamment sérieux par les patrons charbonniers pour dire d'y consacrer des réunions et de mettre en place, au sein de la Fédéchar, des structures spécifiques pour suivre de près l'évolution de ces menaces. Peut-être même au risque de disperser leurs forces et de négliger leur image. C'est du moins ce qu'on admettait volontiers au sein de la SGB au printemps 1958, en constatant la maigre présence des producteurs de charbon dans la grande presse d'information nationale, face aux consommateurs :

> […] il faut bien constater que du côté des producteurs de charbon – travailleurs autant qu'employeurs – un soin suffisant n'est pas toujours accordé à l'entretien d'un tir assez nourri pour assurer l'équilibre nécessaire dans l'information de l'opinion générale. Une cause de cette situation semblerait d'ailleurs devoir être recherchée dans la controverse doctrinale qui, sur le plan de la propriété minière, oppose depuis longtemps les travailleurs et les employeurs des charbonnages et les détourne peut-être, les uns et les autres, de la défense appropriée de leurs intérêts communs[3].

Les conversations tenues à la Fédéchar en janvier 1954 au sujet des risques de nationalisation à la suite de l'annonce de fermeture d'un charbonnage sont essentielles en ce qu'elles permettent d'expliquer l'attitude des charbonniers tout au long des années 1950, de la Déclaration Schuman à la signature du Protocole sur la structure de l'industrie charbonnière en février 1959. Outre les graves conséquences économiques, sociales et politiques du Traité CECA dont la Fédéchar entendit alerter l'opinion publique au début des années 1950, les charbonniers craignaient qu'un processus de fermetures massives ne leur fasse « perdre la face » et n'entraîne la fin d'une industrie charbonnière libre et privée en Belgique. De même, la résignation des charbonniers à discuter ouvertement d'une réforme de structure avec les syndicats, en février 1959, se comprend parfaitement dans un contexte de graves tensions sociales que l'avenir du charbon belge, désormais fait de plans d'assainissement, n'autorisait plus à ignorer.

II. Faire jouer la solidarité européenne

Les résultats de la présente recherche comportent une deuxième dimension. Celle-ci est tirée du constat, fait par R. Perron, d'une attitude contradictoire de la délégation belge au sein du CEPCEO, partagée entre sa déclaration de foi libérale et des prises de position nettement en faveur de l'intervention régulatrice et protectrice du pouvoir supranational sur le marché commun. En réalité, un tel constat ne se justifie que dans une perspective purement communautaire, telle que celle qui est

3 Archives SGB, 740, « Aspects sociaux et politiques du problème charbonnier belge », le 18 avril 1958, p. 7.

adoptée par R. Perron dans son article. Si elle avait voulu être complète, celle-ci aurait d'ailleurs pu établir un lien direct entre la contradiction belge et une contradiction bien plus fondamentale de la CECA : le caractère hybride du texte de son traité-fondateur, lui-même partagé entre libéralisation et régulation du marché. Ainsi, la dénonciation par les charbonniers belges des prérogatives de la Haute Autorité lorsque celles-ci remettaient en question les principes de la libre entreprise dans le cadre national s'accompagnait-elle de leur regret de voir la même Haute Autorité démunie face aux pouvoirs nationaux pour pallier certains déséquilibres, dont celui lié à l'engorgement du marché. Par la suite, la délégation belge devait maintenir, tout au long des années 1950, une attitude équivoque sur la question des pouvoirs d'intervention de la Haute Autorité.

Le constat de R. Perron perd de sa pertinence à partir du moment où l'on décide de décrypter ces contradictions sous l'angle plus étroit des intérêts charbonniers belges dans leur cadre national. Notamment parce que cet angle d'approche met en lumière une toute autre contradiction, pas moins essentielle : dès la mise en place de l'association charbonnière européenne, le dynamisme, la capacité d'adaptation et le sens de la solidarité démontrés par les charbonniers belges dans l'arène européenne tranchèrent avec le conservatisme, les positions doctrinaires et l'individualisme quasi-professionnel dont ils firent preuve sur le plan national, comme si chacun des deux espaces d'action (national et européen) leur avait inspiré un mode d'action distinct.

L'observation faite ici de la mise en place de l'association charbonnière européenne et du rôle des protagonistes belges a permis de mettre ce contraste en évidence. La première étape, consistant à entrer en contact avec les seules mines encore privées et libres de la CECA dans le but explicite de contrer les dérives dirigistes de la Haute Autorité, était encore fortement empreinte d'idéologie et de sectarisme. Mais les charbonniers belges firent preuve de plus en plus de pragmatisme. Ainsi, dans la seconde étape, c'est-à-dire l'ouverture aux mines françaises nationalisées et aux mines d'État néerlandaises, les charbonniers belges, tout à la fois obstacles et facilitateurs de ce revirement, semblaient avoir déjà compris où étaient leurs intérêts : ils entrevoyaient dans l'association en devenir un précieux garant de solidarité. Une solidarité certes quelque peu hétéroclite puisqu'elle était basée tant sur des affinités idéologiques que sur des similitudes géologiques, mais une solidarité qui leur inspirait confiance.

L'analyse du processus de réforme de la péréquation, dans le quatrième chapitre, permet de mettre en évidence les illusions que les patrons charbonniers s'étaient mis à caresser au sujet de la CECA et du CEPCEO : les pouvoirs interventionnistes reconnus par le Traité CECA à la Haute Autorité devaient permettre d'assurer, à moindres frais, la survie des mines belges ; la solidarité entre producteurs européens ferait le reste. Catégoriquement opposés à faire peser sur eux seuls le poids d'une solidarité, sous prétexte qu'à l'échelle du marché commun l'ensemble des mines belges étaient marginales, les charbonniers belges espéraient et militaient pour que tout le poids du problème charbonnier belge soit mis à charge de la CECA et des producteurs européens.

C'est sur la base d'un tel point de vue qu'à l'encontre de leur profession de foi libérale et au grand dam de leurs collègues du CEPCEO, les charbonniers belges se mirent à adopter des positions très nettement dirigistes. Au point d'en arriver à cette situation inédite d'un patron français, fonctionnaire d'État, rappelant aux patrons belges les principes de la libre entreprise. Quelques mois plus tard, la délégation belge allait de nouveau faire appel à la solidarité des producteurs européens mais en dénonçant cette fois les discriminations orchestrées et imposées par la Haute Autorité elle-même aux charbonnages belges et signalant par là un grave précédent pour l'industrie charbonnière européenne dans son ensemble. Au sein du CEPCEO, même les alliés de la première heure, les producteurs néerlandais et allemands, n'étaient pas disposés à suivre les Belges dans leur raisonnement : outre qu'il n'eût pas été difficile de dénoncer leur opportunisme, des soupçons furent clairement adressés aux producteurs belges quant au gaspillage de subsides de péréquation auquel ils se livraient, notamment en excluant *a priori* toute mesure d'assainissement.

La question de la crise manifeste, présentée dans le dernier chapitre, entraîna de nouvelles désillusions pour les charbonniers belges. Alors que le Gouvernement belge pressait la Haute Autorité d'agir contre l'engorgement du marché et la menaçait de poursuivre une politique unilatérale, les charbonniers belges tentèrent vainement de convaincre leurs partenaires du CEPCEO que la crise était bel et bien d'ampleur communautaire et qu'il était assurément temps d'autoriser la Haute Autorité à faire usage de ses pouvoirs d'intervention sur le marché. Mais la confusion qui régnait sur les modalités d'application des articles de crise manifeste rendait très malaisée la tâche des délégués belges, accusés à nouveau d'appuyer les pouvoirs dirigistes de la Haute Autorité. Une fois de plus, il s'agissait, dans le chef des charbonniers belges, d'obtenir sur le plan communautaire les garanties nécessaires pour sauver les apparences sur le plan national, face aux syndicats. Mais l'aggravation soudaine de la situation en Belgique, avec les grèves de février 1959, prit de court les charbonniers belges : certes, la situation permit de pousser la Haute Autorité à prendre son courage à deux mains sur la question de la crise manifeste, mais elle força également les charbonniers belges à discuter en profondeur de l'organisation de leur industrie avec les syndicats.

Concernant le CEPCEO, R. Perron l'a décrit comme étant tout à la fois « chantre de l'entreprise libre, forum européen, antichambre des revendications nationales […] »[4]. Alors que le premier caractère ne se vérifie que pour les tout débuts du CEPCEO, du moins si l'on envisage celui-ci sous un angle international, il faut bien admettre que les deux autres ne nous apprennent pas grand-chose : l'un et l'autre dérivent de la définition même d'un groupe d'intérêts européen. Or, l'usage opportuniste et pragmatique que les patrons charbonniers belges entendirent faire de la solidarité entre producteurs européens suggère de se prononcer plus franchement sur le compte du CEPCEO. Celui-ci apparaît ici comme un instrument finalement bien plus national qu'européen, mis au service d'un intérêt propre aux producteurs belges : la défense de la gestion privée des mines. Il n'est pas improbable d'ailleurs qu'une recherche similaire menée dans les archives néerlandaises, allemandes ou françaises puisse mener à un constat similaire pour chacune des quatre délégations nationales au sein du CEPCEO. Le caractère de forum européen, relevé par R. Perron, n'était qu'un alibi ou un prétexte, brandi par les différentes délégations pour s'assurer les unes les autres de leur bonne foi.

III. La CECA au bénéfice du *statu quo*

Si l'on considère séparément le contexte national et le contexte communautaire, on se trouve en présence de deux champs d'opposition distincts : d'une part, l'opposition entre libre entreprise et économie mixte et, d'autre part, l'opposition entre libéralisme économique et régulation du marché. Ainsi que l'historien Ph. Mioche l'a mis en avant, ces deux champs, s'ils sont indéniablement apparentés, sont bien loin de se recouvrir. Sur la question de savoir si la philosophie du Traité de Paris était libérale ou dirigiste, il écrivait ainsi :

> […] il faut s'entendre sur les mots car ils prennent la pensée de revers. Une philosophie libérale ne veut pas dire une philosophie en accord avec le patronat de la sidérurgie ni avec les dirigeants [privés] des charbonnages dans les six pays membres […]. Dans ces industries d'amont hautement capitalistique, la tradition des ententes est si forte et si ancrée que le libéralisme est une hypothèse d'école. Inversement, le dirigisme plus ou moins connoté, l'interventionnisme, ne renvoient pas au socialisme et encore moins au communisme, mais à un marché régulé par une nouvelle puissance publique (la construction européenne) qui fixe des règles du jeu à l'échelle d'une communauté solidaire[5].

---

4 *Ibid.*, p. 260.

5 Mioche, P., « La déclaration Schuman, le traité de Paris et la CECA : débats historiographiques », in Catala, M. (dir.), *Histoire de la construction européenne : cinquante*

Cet appel à la prudence, si l'on en perçoit bien les fondements et la pertinence, gagnerait incontestablement à être clarifié par la recherche. En mettant en évidence la cohérence des patrons charbonniers belges dans ce que R. Perron a vu au contraire comme une attitude contradictoire, le présent ouvrage apporte à cet égard certains éléments de compréhension.

Il confirme, si besoin en est, qu'il n'est pas toujours opportun, utile ou pertinent de vouloir enfermer un groupe sociologique dans une catégorie idéologique ou politique prédéfinie et, en l'occurrence, de vouloir établir une fois pour toutes ce qui, entre « libéralisme économique », « interventionnisme », « nationalisme économique » ou encore « européisme », caractériserait le mieux l'attitude des patrons charbonniers belges face à la CECA. Ainsi, pas plus que leur activisme dans la mise en place du CEPCEO ne constitue un véritable indice de leur acceptation du « fait européen », leurs velléités protectionnistes ne peuvent être vues comme un rejet de ce même « fait européen ». Cette façon binaire d'appréhender un groupe professionnel relève pourtant d'une approche bien établie du processus d'intégration européenne, dont le politologue E. B. Haas s'est fait le pionnier à la fin des années 1950 en cherchant à établir l'existence d'un phénomène d'européanisation des intérêts nationaux. Il a ainsi recherché, notamment dans l'émergence de solidarités transfrontalières entre groupes économiques, les indices d'un transfert de l'allégeance portée traditionnellement par ces mêmes groupes envers leurs États-nations respectifs, vers le nouveau pouvoir européen. Et tout en constatant que ce transfert était loin d'être réalisé, il se disait assuré de ce que le Plan Schuman avait bel et bien enclenché un processus linéaire entre deux niveaux d'allégeance, le national et l'européen[6].

Pour rappel, c'est précisément contre cette approche binaire, consistant de manière générale à analyser tout ce qui regarde de près ou de loin le processus d'intégration européenne au travers du binôme nationalisation / internationalisation, qu'A. S. Milward entend se positionner dans *The European Rescue of the Nation-State :* selon lui, l'intégration européenne n'a été en rien l'antithèse de l'État-nation et si beaucoup l'ont pensé, c'est parce que les pionniers de la recherche, dont E. B. Haas, ont commis une erreur de jugement en exagérant l'incapacité de l'État[7]. À

ans après la déclaration Schuman. Colloque international de Nantes. 11, 12 et 13 mai 2000, Nantes : Presses Académiques de l'Ouest, 2001, p. 34.

6 Haas, *The Uniting of Europe : Political, Social, and Economic Forces 1950-1957*.

7 Milward, *The European Rescue of the Nation-State*, p. 12. Aux côtés de E. B. Haas, Milward cite Lindberg, L. N., *The Political Dynamics of European Economic Integration*, Stanford : Stanford University Press, 1963 et Deutsch, K. W. *et al.*, *Political Community and the North Atlantic Area : International Organization in the Light of Historical Experience*, New York : Greenwood Press, 1969.

leur tour, dans le présent ouvrage, les patrons charbonniers belges démontrent par leur comportement le caractère inopérant de cette approche binaire. Car en dépit de certaines prises de position qui, à première vue, semblent donner raison à cette approche (d'où la lecture faite par R. Perron), il ne s'agissait pas tant pour ces patrons de se positionner entre deux niveaux d'allégeance – le national et l'européen – que d'en assumer un troisième, bien plus crucial à leurs yeux : l'entreprise privée et leur statut d'entrepreneurs privés. Tout porte à croire, en effet, que face à la crise charbonnière, face à ses enjeux pour la Belgique, les charbonniers belges ne se sont pas embarrassés de questions trop abstraites : assurer au mieux et à moindre frais le *statu quo* dans l'organisation de leur industrie était leur principal objectif.

Trop occupé sans doute à reconsidérer les capacités de l'État-nation Belgique, A. S. Milward commet donc, lui aussi, une erreur de jugement : celle de sous-estimer le poids des patrons dans la façon dont le problème charbonnier belge fut géré dans le cadre de la CECA. Il est indéniable que le Plan Schuman apporta des modifications institutionnelles et politiques importantes pour la gestion de ce problème : notamment, il attribua aux syndicats des prérogatives que les patrons charbonniers belges avaient persisté jusque-là à dénier. Mais face à l'ascension des syndicats, tant sur le plan européen que sur le plan national, les patrons charbonniers belges n'en montrèrent que plus de vigilance et de détermination à défendre leur monopole dans la gestion des mines. Que la survie de celles-ci s'avéra dépendre de plus en plus de l'aide financière de la CECA ne suffit pas à modifier leur position. En effet, le nouveau pouvoir européen, en fixant des tarifs inappropriés et en faussant les jeux du marché, n'était tout compte fait aux yeux des charbonniers belges qu'un empêcheur de tourner en rond au même titre que l'État belge et, ainsi qu'ils se plaisaient à le rappeler, cette aide n'était en rien une fatalité, pas plus que celle du contribuable belge. Ce qui poussa finalement les charbonniers à sortir du maquis et à accepter une remise en cause de leur pouvoir de gestion des mines, ce n'est donc pas, à proprement parler, la mise en place de la CECA, comme l'affirme A. S. Milward, mais bien la crise à la fin des années 1950 et la déconfiture de leur secteur.

Il ne s'agit pas de remettre ici en cause l'entièreté du raisonnement de Milward selon lequel l'État belge aurait voulu, pu ou su tirer profit de la CECA pour s'éviter les affres du cataclysme tant redouté d'une fermeture des mines. Sur ce point, il peut bien avoir raison (encore qu'à elles seules les sources qu'il cite ne suffisent pas pour étayer cette thèse). Il s'agit plutôt de mettre en évidence que ceux qui, tout le long des années 1950, menèrent la danse dans la non-résolution du problème charbonnier belge, ce furent davantage les patrons du secteur que les autorités nationales belges, au grand embarras d'ailleurs de ces dernières.

Il suffit, pour s'en convaincre, de se rappeler comment les officiels belges, ministres ou fonctionnaires, semblaient devoir s'expliquer de ce qu'au sein des institutions européennes mais également en Belgique, on dénonçait volontiers comme des extravagances de la part des charbonniers : l'usage qu'on les soupçonnait de faire des fonds de péréquation, la fixation des tarifs par Cobéchar ou encore les retards dans l'assainissement de leurs mines. Il est fort probable que s'ils avaient montré davantage de courage et de volonté politique face au patronat charbonnier belge, les officiels belges se fussent épargnés de telles humiliations.

S'il n'y avait pas eu de communauté européenne pour lui venir en aide, la Belgique eût vraisemblablement été confrontée à une grave crise économique, sociale et politique, et ce dès les premiers dépôts de bilan dans le secteur charbonnier national. C'est bien grâce à la CECA que le moment de vérité put être repoussé dans le temps, comme le soutient A. S. Milward. Mais ce répit n'eut pas seulement pour effet de sauver l'État belge des dangers immédiats de la mise au chômage et de la contestation sociale, du moins jusqu'à la fin des années 1950. Il épargna également aux patrons charbonniers une remise en cause précipitée de leur monopole de gestion et les encouragea bien au contraire à maintenir sur cette question une attitude conservatrice. La CECA permit donc à chacun de se voiler la face et de se maintenir dans son rôle traditionnel d'État-arbitre pour l'un et d'entrepreneur privé pour les autres, et ce en dépit de la pression de plus en plus pressante des syndicats pour qu'une redistribution des cartes soit finalement décidée[8].

On peut imaginer que si cette redistribution avait été possible et si une gestion concertée des mines, en ce compris un programme d'assainissement, avait été plus rapidement acceptée par les patrons charbonniers belges, l'intégration européenne eût été acceptée en Belgique avec la même dose d'opportunisme. Mais n'est-ce pas précisément faute de pouvoir ou faute de vouloir imposer à ces patrons une application plus étendue des principes de l'économie mixte que l'acceptation du Plan Schuman apparut bien vite aux autorités belges comme étant la plus raisonnable des solutions ?

8 Ce sont désormais les syndicats de mineurs qui font figure de parents pauvres dans l'historiographie du sujet. Il y a fort à parier cependant qu'eux aussi viendront un jour faire de l'ombre à l'État et aux patrons, dans l'explication à donner au fiasco charbonnier belge des années 1950.

Annexes

I. Membres du Comité de direction de Fédéchar entre 1950 et 1959

Cette liste est constituée sur la base des procès-verbaux des réunions du Comité de direction. Pour reconstituer succinctement le parcours professionnel de chacun d'eux, différentes sources ont été utilisées : les annuaires de la FABI, des avis nécrologiques trouvés dans les archives de la Fédéchar, mais également des biographies collectives telles que celles de G. Kurgan-Van Hentenryk, O. Coomans de Brachène, H. Dichgans, P. Legrain, ou encore dans la thèse d'E. Devos[1]. Le personnel administratif est laissé en-dehors de cette liste : les directeurs généraux successifs (Camille Legrand, Edgard Van Lander et Marcel Peeters), le secrétaire général (Henri Goudaillier) ou encore les directeurs généraux successifs du Cobéchar (Herman Capiau et Joseph Laffineuse). Il est à noter enfin qu'un R. Jaumet, administrateur-délégué des Charbonnages de Beringen, fit également partie de ce Comité mais n'a laissé que très peu de traces.

1. Louis Adam (± 64 ans)[2]

Il siège tout au long des années 1950 au Comité des directeurs en tant que *directeur-gérant des Charbonnages de Fontaine-l'Évêque*, une exploitation sous contrôle de la Brufina. Diplômé ingénieur civil des mines en 1910 et ingénieur électricien en 1911, à l'Université de Mons, il entame sa carrière aux Charbonnages Unis de l'Ouest de Mons (1912), puis travaille au sein des Charbonnages de Fontaine-l'Évêque, dont il devient est ingénieur-chef en 1924, directeur-gérant en 1930 et directeur en 1936. Le charbonnage dépend des Aciéries et Minières de la Sambre, au sein desquelles Louis Adam devient directeur général ad-

1 Dichgans, *Montanunion : Menschen u. Institutionen* ; Legrain, P., *Le Dictionnaire des Belges*, Bruxelles, 1981 ; Coomans de Brachène *et al.*, *État présent de la noblesse belge* ; Devos, *Le patronat belge face au Plan Schuman (9 mai 1950-5 février 1952)* ; Kurgan-Van Hentenryk *et al.* (dir.), *Dictionnaire des patrons en Belgique : les hommes, les entreprises, les réseaux* ; annuaires de la Fédération des Associations Belges des Ingénieurs (années consultées : 1912, 1924, 1930, 1936, 1949, 1951, 1957, 1959).

2 L'âge indiqué entre parenthèses est l'âge de l'individu en 1950. Pour certains, nous disposons de la date de naissance exacte, mais pour la plupart il a fallu procéder par déduction sur la base de la date d'obtention du diplôme d'ingénieur (annuaires de la FABI) : en supposant que ce diplôme soit le premier obtenu et en considérant l'âge de 23-24 ans pour l'obtenir, on peut obtenir un grossière estimation de la date de naissance (« ± »). Par ailleurs, il faut également tenir compte pour certains de la Première Guerre mondiale durant laquelle il peut y avoir eu du retard dans le cursus académique et qui justifie une marge d'erreur orientée vers le haut (« voir plus »).

joint (1949) puis administrateur directeur général (1959). Louis Adam fut également administrateur-délégué des Charbonnages de La Louvière et Sars-Longchamps.

2. Anthony Allard (± 62 ans)

Il siège au Comité des directeurs en tant que *directeur-gérant des Charbonnages « Les Liégeois »*, une société sous contrôle majoritaire de la SGB. Diplômé ingénieur civil des mines en 1912 et ingénieur électricien en 1913 à Louvain, il entre dès la fin de ses études aux Charbonnages de Marcinelle-Nord puis devient directeur des travaux dès 1923 aux Charbonnages du Grand Conty et Spinoy. Entre 1925 et 1931, il occupe les mêmes fonctions au sein des Charbonnages André-Dumont. En 1931, il devient directeur-gérant des Charbonnages de Zwartberg (« Les Liégeois »). Il siège pendant deux ans au Comité des directeurs de début 1953 à fin 1954, date à la quelle il semble prendre sa retraite. (Source : avis nécrologique dans le PV du Comité des directeurs, le 8 janvier 1957)

3. Albert Anciaux (± 60 ans)

Il siège au sein du Comité des directeurs en tant qu'*inspecteur des charbonnages patronnés par le groupe de Launoit.* Diplômé ingénieur civil des mines en 1902, à l'Université de Louvain, il apparaît en 1912 comme directeur général des Charbonnages de Bernissart ; il devient ensuite, directeur inspecteur des services commerciaux des charbonnages patronnés par le groupe Évence Coppée, fonction qu'il semble avoir occupée tout au long des années 1950.

4. Albert Bonnet (72 ans, ✝ 1951)

Directeur-gérant des Charbonnages de Noël-Sart-Culpart, une société indépendante, il est diplômé ingénieur des mines en 1901 à l'Université de Louvain, ingénieur aux Charbonnages de Noël-Sart-Culpart (1912), dont il devient directeur-gérant à partir de 1922. Il occupe ses fonctions jusqu'à sa mort en janvier 1951. (Sources : avis nécrologique dans le PV du Comité des directeurs du 17 janvier 1951)

5. Léon Braconier (± 50, voire plus)

Il siège au Comité des directeurs en tant que *directeur-gérant des Charbonnages de la Grande Bracnure*, un charbonnage indépendant. Diplômé ingénieur civil des mines en 1923 à Liège, il apparaît en 1930 comme ingénieur aux Charbonnages de la Grande-Bracnure ; il en deviendra l'administrateur directeur-gérant. Léon Braconier arrive au Comité des directeurs au printemps 1958.

6. Léon Canivet (± 72 ans)

Directeur-gérant des Charbonnages de Monceau-Fontaine, une des plus importantes exploitations de la SGB, il est diplômé ingénieur des mines, en 1902, à l'Université de Mons, il apparaît en 1912 comme directeur des travaux aux Charbonnages de Monceau-Fontaine, ingénieur en chef directeur des travaux en 1924. Il est directeur-gérant des Charbonnages Réunis de Charleroi en 1930 puis devient directeur-gérant des Charbonnages de Monceau-Fontaine (honoraire en 1959). En tant que président de l'Association Charbonnière du Bassin de Charleroi, il vient à occuper de hautes fonctions au sein de la Fédéchar : vice-président en 1950-1951 et 1955-1966 et président en 1951-1952 et 1956-1957). Il est chargé de représenter les intérêts de l'industrie charbonnière belge au sein du CCE. En 1957, il quitte ses fonctions.

7. Joseph Cappellen (± 74 ans, ✝ 1952)

Il siège au Comité des directeurs en tant que *directeur-gérant des Charbonnages d'Amercœur et Bois du Cazier*, contrôlé par le groupe Verhaegen-de Mérode, diplômé ingénieur civil des mines en 1898 à l'Université de Louvain, il entre en 1906 aux Charbonnages d'Amercœur. En 1912 il apparaît comme ingénieur attaché à la direction générale des Charbonnages d'Amercœur et du Bois du Cazier, exploitations dont il devient le directeur-gérant (1936-1949) ; et directeur général (1951). Il fut également président du conseil d'administration du journal *Le Rappel*, ainsi que de plusieurs conseils d'administration notamment dans le domaine social. Il siège à partir de 1929 au Cobéchar, qu'il préside à partir de 1944. Il occupe un tour de présidence de la Fédéchar en 1936, en tant que président de l'Association Charbonnière de Charleroi de 1934 à 1940. Il reste à son siège du Comité des directeurs jusqu'à sa mort au printemps 1952 (Sources : avis nécrologique dans le PV du Comité des directeurs, le 2 mai 1952).

8. Paul Culot (55 ans)

Il siège tout au long des années 1950 en tant qu'*inspecteur des charbonnages patronnés par le groupe de Launoit*. Diplômé ingénieur civil des mines en 1921 et ingénieur électricien en 1923 à l'université de Louvain, il travaille tout d'abord aux Charbonnages Réunis de l'Ouest de Mons ; puis en 1925, aux Charbonnages de Marcinelle-Nord. En 1930, il devient directeur des travaux aux Charbonnages de Hautrage-État puis directeur-gérant. Au cours de ces mêmes années, il va également arriver à la tête des Charbonnages du Hainaut, mais plus largement il reçoit la charge de surveiller les différents charbonnages de la Brufina. Jusque 1966, Paul Culot allait ainsi être à la tête des charbonnages de ce groupe et occuper des fonctions dirigeantes, en tant qu'administrateur délégué de charbonnages situés tant en Campine que dans le sud du pays : Hainaut, Helchteren-Zolder, Limbourg-Meuse, Bernissart, Mariemont-Bascoup, Rieu-du-Cœur, ou encore Anderlues. Il occupa également des fonctions importantes au sein des associations patronales : comme son beau-père Fernand Durez, il arrive à la tête de l'Association houillère du Couchant de Mons et occupe le poste de vice-président de l'Association de Campine (à partir de 1953). (Sources : Kurgan-Van Hentenryk *et al.*, *Dictionnaire des patrons en Belgique : les hommes, les entreprises, les réseaux*, p. 134-135).

9. Louis Dehasse (± 70 ans)

Directeur-gérant des Charbonnages d'Hensies-Pommerœul, contrôlé par les groupes Sofina et Dehasse, il est diplômé ingénieur civil des mines de 1903 à l'Université de Liège, il apparaît en 1912 comme ingénieur honoraire au Corps des Mines, professeur à l'École des Mines du Hainaut et directeur-gérant des Charbonnages d'Hensies-Pommerœul. En 1936, il est administrateur directeur de ces mêmes charbonnages ; et en 1949, administrateur délégué, directeur général. Au printemps 1959, alors qu'il approche des 80 ans, Louis Dehasse est encore membre du Comité des directeurs.

10. Gérard Delarge (± 64 ans)

Il siège au Comité des directeurs en tant que *directeur-gérant des Charbonnages d'Hornu-Wasmes*, une exploitation dans laquelle la SGB a une majorité de contrôle. Diplômé ingénieur civil des mines en 1909 et ingénieur électricien en 1910 à Louvain, il apparaît en 1912 comme ingénieur aux Charbonnages du Bois d'Avroy. Dans les années 1920, il passe aux Charbonnages de Monceau-Fontaine en tant que secrétaire de la Direction, puis ingénieur chef en 1930. En 1936, il est ingénieur-chef aux Charbonnages de Monceau-Fontaine ; en 1949, il est directeur-gérant des Charbonnages de Hornu et Wasmes. En 1952, alors qu'il occupe les fonctions de directeur-gérant des Charbonnages Belges & d'Hornu-Wasmes, il est envoyé à Luxembourg pour occuper les fonctions de directeur adjoint de la Division Production de la Haute Autorité. En 1951, il était encore administrateur des Charbonnages du Bois d'Avroy en 1951. Lorsqu'il s'en va pour Luxembourg, en 1953, Gérard Delarge quitte son poste au Comité des directeurs.

11. Pierre Delville (45 ans)

Il siège tout au long des années 1950 en tant que *directeur général du groupe Évence Coppée*. Diplômé ingénieur civil des mines de l'Université de Louvain en 1929, il entre quelques mois plus tard dans le groupe Évence Coppée. Il apparaît comme ingénieur aux Charbonnages de Ressaix en 1936 puis directeur au sein du groupe Évence Coppée. Après guerre, Pierre Delville occupe des fonctions au sein de la European Coal Organization (ECO) (aux côtés d'Herman Capiau et Édouard Leblanc). En 1950, il est envoyé comme expert charbonnier au sein de la délégation belge à Paris. Il devient à cette époque directeur général du groupe Évence Coppée. Personne prééminente au sein du patronat charbonnier belge, en tant que président de l'Association charbonnière du Centre, tant au sein de la Fédéchar que du Cobéchar, Pierre Delville joue également un rôle au niveau européen, au sein du CEPCEO, l'association patronale charbonnière européenne ainsi qu'en tant que délégué belge au sein du Comité Consultatif auprès de la Haute Autorité. Il est également un membre actif de la FEPAC, la fédération des patrons chrétiens. (Sources : Devos, *Le patronat belge face au Plan Schuman (9 mai 1950-5 février 1952)*, 1989, p. 109 ; Dichgans, *Montanunion : Menschen u. Institutionen*, p. 201-202 ; article dans *La Relève*, n° 43, 27 octobre 1962, p. 1-2).

12. Noël Dessard (68 ans)

Il siège au Comité des directeurs en tant que *directeur-gérant des Charbonnages de Wérister*, une société indépendante. Diplômé ingénieur civil électricien de l'Institut Montefiore (Liège) en 1904, il entre directement au siège de Flémalle des Charbonnages d'Ougrée. Par la suite, il devient directeur des travaux aux Charbonnages de Wérister mais occupe d'autres fonctions actives au sein d'autres exploitations du bassin de Liège (La Haye, puis Gosson, La Haye et Horloz réunis). En 1936, il est administrateur-directeur-général de Wérister. Un an plus tard, il entre à la Fédéchar dont il deviendra à trois reprises président. Il siègera également au sein du Comité de direction du Cobéchar. Noël Dessard représente les intérêts charbonniers au sein du Conseil Économique Wallon (CEW). Mais il ne limite pas ses activités au domaine charbonnier. Il s'investit également dans la production d'électricité (dès 1912) : il devient membre fondateur du CA de l'Association des Centrales électriques industrielles de Belgique dès 1936 ; après guerre, il est vice-président de la Fédération des Producteurs et Distributeurs d'Électricité, puis préside le Comité Permanent de Coordination de l'Autoproduction. Il a par ailleurs des intérêts dans la métallurgie (en tant qu'administrateur de la Vieille-Montagne et de Cockerill) et dans la chimie (en tant que président de la Société des Engrais et des Produits Chimiques de la Meuse (jusque 1956). Il est par ailleurs administrateur de la Fédération belge des Producteurs d'Azote (de 1940 à 1956). Président en 1950-1951 et en 1955-1956 et vice président en 1954-1955, il siège au Comité des directeurs jusqu'au printemps 1958. (Sources : Kurgan-Van Hentenryk *et al.*, *Dictionnaire des patrons en Belgique : les hommes, les entreprises, les réseaux*, p. 226).

13. Nestor Fontaine (± 64 ans, ✝ 1956)

Directeur-gérant des Charbonnages André-Dumont, sous contrôle majoritaire de la SGB, il est diplômé ingénieur civil des mines de Louvain (1909). Il apparaît comme ingénieur à Marcinelle-Nord en 1912 ; ingénieur-chef directeur des travaux en 1924. En 1930, il travaille en Campine comme directeur-gérant des Charbonnages André-Dumont. Il siège au Comité des directeurs au printemps 1951. (Sources : avis nécrologique dans le PV du Comité des directeurs, le 28 mars 1956).

14. Eugène Frisée (72 ans, † 1953)

Il siège au Comité des directeurs jusqu'à sa mort en 1953 en tant que *directeur-gérant des Charbonnages du Hasard*, une société contrôlée par le groupe de Launoit. Diplômé ingénieur civil des mines de l'Université de Liège, en 1901, il apparaît comme directeur des Charbonnages de Belle-Vue et Bien-Venue en 1912. Après fusion, il travaille pour les Charbonnages du Hasard. À partir de 1938, il devient membre du Comité des directeurs de la Fédéchar. (Sources : avis nécrologique dans le PV du Comité des directeurs, le 21 janvier 1953).

15. Auguste Gilbert (± 47 ans)

Directeur-gérant des Charbonnages du Nord de Gilly, il est diplômé ingénieur civil des mines (1926) à Louvain, il apparaît en 1930 comme ingénieur aux Charbonnages Belges. En 1936, il est directeur-gérant des Charbonnages du Nord de Gilly, ce qu'il restera jusqu'au moins la fin des années 1950. Il entre au Comité des directeurs au printemps 1954.

16. Marcel Hulin (± 48 ans)

Diplômé ingénieur civil des mines de Liège en 1925, il est *directeur-gérant des Charbonnages du Hasard*, sous contrôle du groupe de Launoit. Il apparaît en 1930 et 1936 comme ingénieur aux Charbonnages du Hasard. Montant peu à peu les échelons, il devient directeur-gérant de la société, succédant ainsi à Eugène Frisée et prend ainsi un siège au Comité des directeurs suite à la mort de ce dernier au début 1953 (voir ci-dessus).

17. Édouard Leblanc (59 ans)

Il siège au Comité des directeurs en tant qu'*inspecteur des charbonnages patronnés par la SGB*, diplômé ingénieur civil des mines de Louvain en 1913, ingénieur électricien et ingénieur géologue en 1919, il apparaît en 1924 comme ingénieur divisionnaire à Marcinelle-Nord puis directeur des travaux en 1930. Quelques années plus tard, il passe aux services de la direction de la SGB, en devenant inspecteur des Charbonnages patronnés par le groupe. En 1959, il apparaît comme conseiller de la SGB. Il apparaît au Comité des directeurs au printemps 1951. Il est également actif au niveau européen comme membre du Comité Consultatif auprès de la Haute Autorité. En 1962, il occupe par ailleurs la présidence des conseils d'administration de la S.A. Cribla, S.A. Foraky, de la S.A. Union des Centrales électriques de la Campine, il est directeur délégué de la S.A. des Charbonnages de Houthalen, et de la S.A. Société de Recherches et d'exploitation Eelen-Aasch (Source : Devos, *Le patronat belge face au Plan Schuman (9 mai 1950-5 février 1952)*, p. 110 ; Dichgans, *Montanunion : Menschen u. Institutionen*, p. 202 ; *Who's who in Belgium and the Grand-Duchy of Luxembourg*, p. 612 ; annuaires de la FABI, années 1924, 1930, 1936, 1949, 1951, 1957).

18. Pierre Ledru (± 50 ans)

Il est *directeur-gérant des Charbonnages du Levant et Produits de Flénu*, une société sous contrôle de la SGB. Diplômé ingénieur civil des mines de Liège en 1923, il apparaît l'année suivant comme ingénieur aux Charbonnages du Bois d'Avroy. En 1936, il apparaît comme ingénieur divisionnaire aux Charbonnages du Gouffre. Il devient au cours des années 1940 directeur-gérant des Charbonnages du Levant et Produits de Flénu. Il apparaît au Comité des directeurs au tournant de l'année 1954.

19. Philippe le Hodey (36 ans)

Directeur au sein du groupe Évence Coppée, il est le gendre d'Évence Coppée. Entré en 1945 au conseil de gérance du groupe, il veille à la valorisation et à la rationalisation des charbonnages du groupe, dans le Centre et en Campine. Il siège tout au long des années 1950 au sein du Comité des directeurs (force est de constater cependant qu'il est le plus souvent absent des réunions). Il occupe ainsi de nombreux postes d'administrateur dans l'industrie belge : administrateur-délégué de Ressaix, Leval, Péronnes, Sainte-Aldegonde, Genck et Winterslag ; administrateur à Mariemont-Bascoup ; administrateur-délégué de Ammoniaque synthétique et dérivés (ASED) ; président de la S.A. Métallurgique Espérance-Longdoz ; président de la Centrale électrique de Péronnes. Il occupe également des fonctions de parlementaire (PSC) ainsi qu'un poste de délégué au sein de l'Assemblée consultative du Conseil de l'Europe de 1951 à 1958. Entre 1958 et 1961, il est membre du parlement européen et entre 1955 et 1965, il est membre de l'Assemblée de l'UEO. (Sources : Kurgan-Van Hentenryk *et al.*, *Dictionnaire des patrons en Belgique : les hommes, les entreprises, les réseaux*, p. 424-425).

20. Jean Ligny (± 44 ans)

Il est le successeur de Léon Canivet, comme *directeur-gérant des Charbonnages de Monceau-Fontaine*, sous le contrôle de la SGB. Diplômé en 1929 à Louvain comme ingénieur civil des mines, il apparaît comme ingénieur aux Charbonnages de Monceau-Fontaine, en 1936, dont il deviendra plus tard directeur-gérant. Il entre au Comité des directeurs au cours de l'automne 1957.

21. Paul Meilleur (± 41 ans)

Directeur-gérant des Charbonnages de Bonne-Espérance, contrôlés par des intérêts français, il est diplômé ingénieur des mines de Mons (1932). Il apparaît en 1936 comme ingénieur aux Charbonnages de Bonne-Espérance, dont il deviendra le directeur-gérant. Lorsqu'il entre au Comité des directeurs au printemps 1951, il est de loin le plus jeune de ses membres.

22. Joseph Michaux (± 50 ans)

Il siège au Comité des directeurs en tant que *directeur-gérant des Charbonnages Réunis de Roton-Farciennes et Oignies-Aiseau*, société indépendante. Diplômé ingénieur civil des mines de Louvain en 1923, il apparaît en 1930 comme ingénieur aux Charbonnages Réunis de Roton-Fraciennes et Oignies-Aiseau, dont il devient directeur-gérant (déjà en 1951). Il entre au Comité des directeurs dans le courant de l'année 1953.

23. Guy Paquot (± 45 ans)

Il siège tout au long des années 1950 au sein du Comité des directeurs en tant que *directeur-gérant des Charbonnages de Bonne-Espérance, Batterie et Bonne Fin*, un société du groupe Velge. Diplômé ingénieur civil des mines en 1928, à Liège, il apparaît en 1936 comme ingénieur principal du fond aux Charbonnages de l'Espérance et Bonne-Fortune, dont il est directeur-gérant en 1949. Il occupe dans les années 1950 les postes de vice-président puis de président de l'Association houillère de Liège (en 1957, il remplace Noël Dessard à la présidence) et à ce titre occupe un siège au sein du Comité des directeurs de la Fédéchar.

24. Henri Pilette (± 60 ans)

Il est le *directeur-gérant des Charbonnages du Maurage*, sous le contrôle du groupe Solvay. Ingénieur des Mines (1913) et ingénieur électricien (1914) de l'Université de Louvain, il apparaît comme ingénieur divisionnaire aux Charbonnages du Maurage en 1924, exploitation dont il deviendra le directeur-gérant. Il entre au Comité des directeurs au printemps 1959.

25. Joseph Questiaux (± 43 ans)

Il succède à Albert Bonnet à la *direction des Charbonnages de Noël-Sart-Culpart*, charbonnages indépendants. Diplômé ingénieur civil des mines en 1930 de Louvain, il apparaît en 1936 comme ingénieur divisionnaire aux Charbonnages du Nord de Gilly. Il deviendra directeur-gérant des Charbonnages de Noël-Sart-Culpart. Il entre au Comité des directeurs en janvier 1959.

26. Paul Renders (50 ans)

Diplômé ingénieur des mines de l'Université de Mons (1923), il entre l'année suivante comme stagiaire aux Charbonnages du Levant du Flénu. Il est en 1950 ingénieur au service du groupement des Charbonnages patronnés par la SGB et également directeur général des Charbonnages de Monceau-Fontaine. Il occupe au cours de sa carrière différents sièges de président (Carbonisation Centrale, Charbonnages André

Dumont, Société de Recherches et d'Exploitation Eelen-Aasch, Charbonnages Unis de l'Ouest de Mons), de même que des sièges d'administrateur délégué (aux Charbonnages de Monceau-Fontaine ainsi que ceux du Gouffre). (Sources : Devos, *Le patronat belge face au Plan Schuman (9 mai 1950-5 février 1952)*, p. 111 ; Brion and Moreau, *Inventaire des archives du Groupe de la Société Générale de Belgique S.A. Troisième versement. 1834-1992. Inventaires 302*, p. XV).

27. Oscar Seutin (± 65 ans)

Diplômé ingénieur électricien et ingénieur des mines de Mons (1908). Il est *directeur-gérant des Charbonnages de Limbourg-Meuse*, sous le contrôle majoritaire de Sidélor. Il début sa carrière aux Charbonnages de Limbourg-Meuse. En 1912, il apparaît comme ingénieur à Ressaix, Leval, Péronnes, Ste-Aldegonde et Genck en 1912 ; puis directeur-gérant des Charbonnages de Limbourg-Meuse (1936 et 1949). Il occupe un siège au Comité des directeurs jusque 1952-1953.

28. Alphonse Soille (± 59 ans)

Il siège au Comité des directeurs en tant que *directeur-gérant des Charbonnages André-Dumont*, sous contrôle majoritaire de la SGB. Diplômé ingénieur civil des mines de Louvain (1914), il apparaît en 1924 comme ingénieur divisionnaire aux Charbonnages de Marcinelle-Nord, pour passer en 1930 aux Charbonnages André-Dumont dont il deviendra directeur-gérant. Il entre au Comité des directeurs au cours de l'automne 1955 et en sort au printemps 1958.

29. Edgard Stein (72 ans, † 1957)

Jusqu'à près de 79 ans, il siège au Comité des directeurs en tant que *directeur à la SGB*. Diplômé ingénieur civil des mines en 1902 à Liège et ingénieur électricien en 1903 à Mons, il entame sa carrière en 1903 aux Charbonnages du Bois d'Avroy. En 1913, il devient directeur des travaux à Marcinelle-Nord. Quatre ans plus tard, il devient directeur-gérant des Charbonnages de Monceau-Fontaine. Promoteur de la concentration des sièges dans les bassins du sud, Edgard Stein est un des premiers à travailler à la mise en valeur du bassin de Campine, plus particulièrement des Charbonnages de Zwartberg. Dès 1926, en tant que membre de l'Association de Campine, il devient membre du Comité des directeurs de la Fédéchar, dont il sera d'ailleurs plusieurs fois président. Après avoir occupé la fonction d'inspecteur général des charbonnages patronnés par la Société Générale de Belgique, il devient en 1938, directeur au sein du groupe et à ce titre occupe des sièges d'administrateur ou président dans différentes sociétés charbonnières : Monceau-Fontaine, Bois d'Avroy, Levant et Produits de Flénu, Mambourg, Sacré-Madame et Poiriers réunis ; Beringen, André-Dumont, Laura en Vereniging. Edgard Stein est également à la base de l'organisation des Centrales électriques dans le cadre de l'Association des Centrales Électriques Industrielles de Belgique (dont il était administrateur), ainsi que de l'Union Générale Belge de l'Électricité et de l'Union des Centrales Électriques du Hainaut. Il fait également partie du Conseil d'administration de la SA Cockerill (Cockerill-Ougrée). (Sources : avis nécrologique dans le PV du Comité des Directeurs, le 8 janvier 1957).

30. Maurice Therasse (± 53 ans)

Il siège tout au long des années 1950 au Comité des directeurs en tant que *directeur-gérant des Charbonnages de Strépy-Bracquegnies*, du groupe de Launoit. Diplômé ingénieur des mines en 1920 à Mons, il apparaît en 1924 et 1930 comme ingénieur divisionnaire aux Charbonnages du Hainaut ; en 1936 comme ingénieur chef à Strépy-Bracquegnies, dont il est le directeur-gérant en 1949, fonction qu'il occupe tout au long des années 1950.

31. Joseph Van Houche (± 73 ans, † 1953)

Il siège jusque 1952-1953 au Comité des Directeurs en tant que *directeur-gérant des Charbonnages de Helchteren-Zolder*, sous contrôle majoritaire du groupe de Launoit. Diplômé ingénieur des mines et ingénieur mécanicien en 1899 à Mons, il est dès 1902 ingénieur en chef aux Charbonnages d'Helchteren-Zolder. Dix ans plus tard, il apparaît comme directeur des travaux dans ces mêmes charbonnages ; il occupe ensuite, la fonction de directeur-gérant jusque 1934, date à laquelle il semble avoir quitté ses activités d'ingénieur pour prendre des charges plus administratives : Secrétaire de l'Association de Campine ; dès 1936, il entre au Comité des directeurs de la Fédéchar. En 1949, il apparaît comme directeur de la Caisse de Compensation des Allocations familiales des Charbonnages du Limbourg.

32. Paul Vankerkove (± 54 ans)

Il succède à Joseph Van Houche au poste de *directeur-gérant des Charbonnages de Helchteren-Zolder*, sous contrôle majoritaire du groupe de Launoit en ordre principal. Diplômé ingénieur des mines de Mons en 1919, il apparaît en 1924 comme ingénieur aux Charbonnages de Mariemont-Bascoup. En 1936, il est directeur des travaux aux Charbonnages campinois de Helchteren-Zolder. Il entre au Comité des directeurs au printemps 1958.

33. Maurice Van Pel (± 60 ans)

Directeur-gérant des Charbonnages du Bois-du-Luc, charbonnages indépendants, il est diplômé ingénieur des mines (1913) et ingénieur électricien (1914) de l'Université de Mons. Il apparaît en 1924, comme ingénieur divisionnaire aux Charbonnages du Bois du Luc puis comme directeur général de ces mêmes charbonnages en 1949 et comme administrateur. Il occupe ses fonctions pratiquement jusqu'à sa mort en avril

1959. (Sources : avis nécrologique dans le procès-verbal du Comité des directeurs, le 9 avril 1959).

34. Joseph Verdeyen (± 52 ans)

Il succède à Oscar Seutin en tant que *directeur-gérant des* Charbonnages *de Limbourg-Meuse*, contrôlé majoritairement par Sidélor. Diplômé ingénieur civil des mines (1921) de l'Université de Louvain, il apparaît en 1924 comme ingénieur aux Charbonnages Belges. En 1930, il est déjà en Campine comme ingénieur divisionnaire aux Charbonnages de Limbourg-Meuse, dont il devient directeur des travaux (1936), et dont il deviendra directeur-gérant durant les années 1950. Il apparaît au Comité des directeurs en juillet 1955.

II. Physionomie de l'industrie charbonnière belge (1957)

1. Bassin du Borinage

	Production	Main-d'œuvre	Filiations financières
Rieu du Cœur	286 480 t	1 349	**Groupe de Launoit**
Levant et Produits du Flénu	788 700 t	3 863	**Société Générale de Belgique**
Ouest de Mons	647 000 t	3 172	**Société Générale de Belgique**
Charb. Belges & d'Hornu-Wasmes	654 000 t	3 269	**Cockerill-Ougrée** Société Générale de Belgique Groupe de Launoit
Charb. du Hainaut	852 000 t	3 996	**Groupe de Launoit**
Charb. de Bernissart	279 000 t	1 079	**Groupe de Launoit** Groupe Évence Coppée
Hensies-Pommeroeul	495 000 t	2 398	**Sofina** et **Groupe Dehasse**

2. Bassin de Liège

	Production	Main-d'œuvre	Filiations financières
Argenteau	137 000 t	509	Indépendant
Bonnier	149 400 t	781	Indépendant
Gosson-Kessales	744 000 t	4 247	Situation financière dépendante par crédit
Espérance et Bonne Fortune	411 650 t	1 842	Indépendant
Ans-Rocour	110 240 t	518	Indépendant
Patience et Beaujonc	186 300 t	1 127	**Groupe Empain**
Bois d'Avroy	77 270 t	407	**Société Générale de Belgique**
Bonne Espérance, Batterie, Bonne Fin	610 400 t	3 828	**Groupe Velge**
Abhooz et Bonne Foi	93 800 t	604	Indépendant
Grande Bracnure	291 600 t	1 663	Indépendant
Cockerill-Ougrée	132 000 t	590	**Cockerill-Ougrée** Société Générale de Belgique Groupe de Launoit
Quatre Jean de Retine	122 000 t	544	Indépendant
Hasard	105 860 t	595	**Groupe de Launoit**
Minerie	113 100 t	606	Indépendant
Wérister	542 600 t	2 116	Indépendant

3. Bassin de Charleroi

	Production	Main-d'œuvre	Filiations financières
Aiseau-Presles	337 310 t	1 392	Indépendant
Elizabeth	163 300 t	808	Liens avec la Krediet Bank
Le Gouffre	473 000 t	2 248	**Société Générale de Belgique**
Petit Try	280 532 t	980	Indépendant
Noël-Sart-Culpart	100 090 t	536	Indépendant
Trieu-Kaisin	423 902 t	2 187	**Groupe de Launoit**
Nord de Gilly	140 210 t	615	
Bois du Casier	-	-	**Velge**-de Mérode
Boubier	228 000 t	954	Intérêts français
Houillères Unies	331 918 t	1 398	Indépendant
Monceau-Fontaine	1 683 405 t	6 784	**Société Générale de Belgique**
Amercœur	212 698 t	1 139	Velge-de Mérode
Mambourg	715 592 t	3 573	**Société Générale de Belgique**
Fontaine-l'Evêque	256 300 t	1 201	**Groupe de Launoit**
Anderlues	328 270 t	1 509	**Groupe de Launoit,** Groupe Évence Coppée
Centre de Jumet	192 000 t	771	Indépendant
Roton-Farciennes	373 402 t	2 281	Indépendant
Bonne-Espérance	158 800 t	720	Intérêts français
Tamines	225 720 t	1 077	-

4. Bassin de Campine

	Production	Main-d'œuvre	Filiations financières
Les Liégeois	1 300 072 t	4 392	**Cockerill-Ougrée** Société Générale de Belgique Groupe de Launoit
Beeringen	1 889 133 t	5 233	**Groupe De Wendel-Sidélor** Société Générale de Belgique
Houthalen	1 221 500 t	4 403	**Société Générale de Belgique**
Helcheteren-Zolder	1 276 000 t	4 402	**Groupe de Launoit**, ARBED Mariemont-Bascoup La Providence
Winterslag	1 445 031 t	4 961	**Groupe Évence Coppée**
Limbourg-Meuse	1 883 420 t	5 942	Sidélor **Groupe de Launoit** **Groupe Évence Coppée** **Solvay-Boël**
André Dumont	1 315 800 t	4 220	**Société Générale de Belgique** Almanij Solvay Groupe Évence Coppée

5. Bassin du Centre

	Production	Main-d'œuvre	Filiations financières
Strépy-Bracquegnies	402 000 t	1 992	**Groupe de Launoit**
Bois-du-Luc	424 390 t	1 315	Indépendant
Maurage	558 212 t	2 669	**Solvay**
Ressaix-Leval-Peronnes	888 860 t	4 415	**Groupe Évence Coppée**
Mariemont-Bascoup	745 600 t	3 577	**Groupe de Launoit** Groupe Évence Coppée
La Louvière-Sars	226 200 t	1 069	**Groupe de Launoit**

Index

A

B

C

D

I

J

K

L

M

N

O

P

T

U

V

W

Sources

I. Archives patronales

Archives de la Fédération Charbonnières de Belgique (Fédéchar)[1]

Archives du Comptoir Belge des Charbons (Cobéchar)[2]

Archives du Comité d'Études des Producteurs de Charbons d'Europe Occidentale (CEPCEO) (coll. privée de R. Perron, Université Cergy-Pontoise)

Archives de la Société Générale de Belgique (SGB)[3]

Archives du Groupe Évence Coppée[4]

Archives de la Fédération des Industries de Belgique (FIB)

II. Archives publiques

Archives de l'Administration des Mines (AM)

Archives du Conseil Central de l'Économie

Archives du ministère des Affaires étrangères et du Commerce extérieur (Ministère des Affaires étrangères, Bruxelles)

Archives de la Communauté Européenne du Charbon et de l'Acier (IUE, Florence)

III. Archives personnelles

Archives Van Acker (AGR, Brugge)

---

1 Entre le début et la fin de cette recherche, les Archives du Royaume à Hasselt ont procédé à l'inventoriage de ce fonds d'archives. Nous nous sommes donc basés sur un inventaire sommaire et temporaire, remplacé récemment par un nouveau volume des Archives Générales du Royaume. N'ayant pas pu disposé d'une table de correspondance entre les deux inventaires, les informations que nous donnons ci-dessous risquent d'être imprécises, voire incomplètes. Van Der Eycken, M., *Inventaris van het archief van de Fédération des Charbonnages de Belgique (Fédéchar), 1909-1993*, (m.m.v. Vancoppenolle, Ch.), inventaire n° 91, Archives Générales du Royaume, Bruxelles, 2007.

2 Vancoppenolle, Ch. et Van Der Eycken, M., *Inventaris van het archief van Cobéchar (Comptoir Belge des Charbons S.C.-Belgische Kolenbureau S.V). (1929-1983)*, Archives du Royaume à Hasselt, inventaire n° 29, Bruxelles, 1983.

3 Brion, R. et Moreau, J.-L., *Inventaire des archives du Groupe de la Société Générale de Belgique S.A. Troisième versement. 1834-1992*, AGR, 302, Bruxelles, 2001.

4 Dockx, Y., Brion, R., Hoebanx, M., Mertens, D. et Van Der Stappen, J., *Coppée*. tome I et II, AGR, 245, Bruxelles, 1992.

Archives Jean Monnet (Fondation Jean Monnet, Lausanne)

Archives Jean Rey (Archives de l'Université Libre de Bruxelles, Bruxelles)

IV. Sources orales

Monsieur Marcel Peeters : Après avoir travaillé dans le secteur sidérurgique pendant la guerre, entra dès 1945 au sein de Fédéchar, en charge de défendre le secteur privé. En 1947-1948, il se fit remarquer par un rapport sur les charbonnages allemands et, par la Société Générale, il fut promu secrétaire général de la banque italo-belge. Au moment des négociations pour la CECA, il fut chargé de représenter l'industrie charbonnière auprès du Gouvernement. De 1952 à 1958, fort de sa double expérience, il fut chef de cabinet du Vice-président Albert Coppé à Luxembourg. Il devint ensuite directeur-adjoint, puis directeur général de la Fédéchar. Dans ce cadre, il occupa aussi pendant un an la présidence du CEPCEO.

Monsieur Olivier de Crombrugghe : Ingénieur des mines, qui travailla de nombreuses années à Winterslag, avant et après la constitution de la Kempense Steenkolenmijnen. Il enseigna surtout à l'Université de Louvain, mais également quelques temps à l'Université de Liège.

Monsieur Jean Medaets : Ingénieur des mines, fit carrière au sein de l'Administration des Mines. Fin 1946, il entra au Corps des Mines. Il s'occupa donc de la surveillance des travaux miniers de certains charbonnages. Il travailla ainsi, montant dans la hiérarchie, jusque 1972 lorsqu'il fut promu Directeur Général des Mines, fonction qu'il allait occuper jusque 1988.

Monsieur Roger Pâquet : Docteur en droit et licencié en science économique, entra comme chef-adjoint au cabinet de Jean Duvieusart entre 1950 et 1954. Durant la même période, il fut membre du Comité de Coordination du Conseil spécial des Ministres de la CECA, chargé de préparer les réunions des ministres. Il travailla surtout dans le secteur de l'électricité ; à partir de mai 1955, il était directeur général de la Fédération Professionnelle des Producteurs et Distributeurs d'Électricité de Belgique. À la même époque, il fut appelé à devenir membre du Conseil consultatif de la CECA, jusqu'il y a deux ans. Il travailla également à l'Université de Mons : chargé de cours en 1965, il enseigna la politique économique de 1972 à 1985.

Bibliographie

I. Ouvrages sources

Annales parlementaires. Chambre des Représentants et Sénat.

Baudhuin, F., *L'économie belge sous l'occupation. 1940-1944*, Bruxelles : Bruylant, 1945.

—, « L'évolution du problème charbonnier », *Revue Générale Belge*, 1955.

—, *Histoire économique de la Belgique. 1957-1968*, Bruxelles : Bruylant, 1970.

Besson, J. F., *Les groupes industriels et l'Europe. L'expérience de la CECA*, Paris : PUF, 1962.

CECA 1952-1962. *Résultats. Limites. Perspectives*, Haute Autorité de la CECA, Luxembourg : Office des Publications des Communautés européennes, 1963.

Cobéchar, *L'industrie charbonnière en 1957*, Bruxelles : Comptoir belge des charbons, 1958.

Commission européenne, 25 ans de marché commun du charbon, *Luxembourg : Office des Publications Officielles des Communautés Européennes, 1977.*

Coppé, A., *Problèmes d'économie charbonnière. Essai d'orientation politique*, Bruges : Desclée de Brouwer, 1939.

CRISP, « Défense et représentation des intérêts économiques wallons. Le Conseil Économique Wallon », *Courrier hebdomadaire du CRISP*, 34, 2 octobre 1959.

—, « Le protocole sur la structure de l'industrie charbonnière belge », *Courrier hebdomadaire du CRISP*, 9, 6 mars 1959.

—, « Qui contrôle la Société Générale de Belgique ? », *Courrier hebdomadaire du CRISP*, 17, 8 mai 1959.

—, « La réforme de l'industrie charbonnière belge », *Courrier hebdomadaire du CRISP*, 27, 17 juillet 1959.

—, « L'organisation du patronat charbonnier belge et son influence politique », *Courrier hebdomadaire du CRISP*, 7, 20 février 1959.

—, « Structure de l'industrie charbonnière belge. Reprise des négociations », *Courrier hebdomadaire du CRISP*, 11, 20 mars 1959.

—, « Un groupe de pression. Le Comité de Défense du Borinage », *Courrier hebdomadaire du CRISP*, 8, 23 janvier 1959.

—, « La crise charbonnière en Belgique. Les avatars d'une institution : le Conseil National des Charbonnages », *Courrier hebdomadaire du CRISP*, 65, 27 mai 1960.

—, « L'organisation du patronat charbonnier belge et son influence politique », *Courrier hebdomadaire du CRISP*, 9, 1958.

—, « L'organisation du patronat charbonnier belge et son influence politique », *Courrier hebdomadaire du CRISP*, 7, 1959.

—, « Les projets de réformes structurelles dans les mines belges », *Courrier Hebdomadaire du CRISP*, 8, 1959.

—, « Structure de l'industrie charbonnière belge. Reprise des négociations », *Courrier hebdomadaire du CRISP*, 11, 1959.

—, *Morphologie des groupes financiers*, Bruxelles : CRISP, 1962.

—, *Morphologie des groupes financiers*, Bruxelles : CRISP, 1966.

Demeure de Lespaul, C., « Le nouvel aspect du problème charbonnier belge », *Bulletin de l'Institut de Recherches Économiques et Sociales de Louvain*, XII, 3, 1946.

—, « L'avenir de notre production de houille », *Bulletin de l'Institut de Recherches Économiques et Sociales de Louvain*, XIII, 3, 1947.

—, « L'industrie charbonnière belge devant la menace des importations », *Bulletin de l'Institut de Recherches Économiques et Sociales de Louvain*, XV, 1, 1949.

—, « Le freinage des importations de charbons et ses résultats », *Bulletin de l'Institut de Recherches Économiques et Sociales de Louvain*, XVI, 1, 1950.

Diebold, W. Jr., *The Schuman Plan. A Study in Economic Cooperation*, 1950-1959, New York : Praeger, 1959.

Duboscq, A., *Le conflit contemporain des houillères européennes. Perspectives d'ententes*, Paris : Librairie Technique et Économique, 1936.

Duvieusart, J., « Le problème charbonnier », *Revue Générale Belge*, 1956.

European Coal Organisation, *Comité Européen du Charbon. 1945 à 1947*, Londres : European Coal Organisation, 1948.

Fédéchar, *L'industrie charbonnière au service de la Nation*, Bruxelles : Fédération charbonnière de Belgique, 1951.

—, *Les conséquences du Plan Schuman pour la Belgique*, Bruxelles : Fédération charbonnière de Belgique, 1951.

—, *L'industrie charbonnière belge*, Bruxelles : Fédération charbonnière de Belgique, 1959.

FGTB, *Holdings et démocratie économique*, Fédération Générale du Travail de Belgique, Liège, 1956.

Gardent, P., *Le charbon. Panorama économique*, Paris : PUF, 1962.

Martens, J., « Évolution du droit minier et certains aspects de l'industrie charbonnière belge », *Annales des Mines de Belgique*, 1950.

Meade, J. E. *et al.*, *Case studies in European Economic Union. The Mechanics of Integration*, London-New York-Toronto : Oxford University Press, 1962.

Mellery, G., « Le problème charbonnier », *La Revue Nouvelle*, 4, 1949.

Michotte van den Berck, J., « L'économie charbonnière belge en 1953 », *Bulletin de l'Institut de Recherches Économiques et Sociales de Louvain*, 1954.

Les dirigeants de l'industrie belge. Structure quantitative et besoins de formation, Centre de perfectionnement dans la direction des entreprises, Louvain, 1958.

Samuels, N., « The European Coal Organization », *Foreign Affairs*, 26, 1, 1948.

Toubeau, R., « Problèmes charbonniers », *Socialisme*, novembre 1957.

Valschaerts, H., « L'industrie charbonnière en 1958 », *Bulletin de l'Institut de Recherches Économiques et Sociales de Louvain*, 1959.

—, « Le charbon, le gaz et l'électricité en 1960 », *Bulletin de l'Institut de Recherches Économiques et Sociales de Louvain*, 1961.

—, « L'industrie charbonnière, les industries du gaz et de l'électricité en 1961 », *Bulletin de l'Institut de Recherches Économiques et Sociales de Louvain*, 1962.

van der Rest, J. P. et Sauwens, A., « Les milieux patronaux dans la construction européenne », *Studia Diplomatica*, XXXIV, 1-4, 1981.

Vinck, F., « Le problème charbonnier », *Les régions du Borinage et du Centre à l'heure de la reconversion. XXIXe Semaine Sociale Universitaire du 6 au 10 novembre 1961*, 1962.

II. Dictionnaires

Coomans de Brachène, O. *et al.*, *État présent de la noblesse belge*, Bruxelles : Collection « État présent », 1971.

Dugast Rouillé, M., *Le nobiliaire de France*, Nantes, 1975-1976.

Kurgan-Van Hentenryk, G. *et al.* (dir.), *Dictionnaire des patrons en Belgique : les hommes, les entreprises, les réseaux*, Bruxelles : De Boeck Université, 1996.

Who's who in Belgium and the Grand-Duchy of Luxembourg, Bruxelles, 1962.

III. Monographies et articles

Andrieu, C. *et al.*, *Les nationalisations de la Libération. De l'utopie au compromis*, Paris : Presses de la Fondation Nationale des Sciences Politiques, 1987.

Arcq, E. et Marques-Pereira, B., « Néo-corporatisme et concertation sociale en Belgique », *Politiques et Management Public*, 9 (3), 1991.

Ashworth, W., *The History of the British Coal Industry, vol. V : 1946-82, The Nationalized Industry*, Oxford : Clarendon Press, 1986.

Barjot, D., « Un nouveau champ pionnier pour la recherche historique : les cartels internationaux (1880-1970) », *Revue d'Allemagne*, 30, 1998.

Baudet, J.-C., « Pour une histoire de la profession d'ingénieur en Belgique », *Technologia*, 7, 2, 1984.

—, *Les ingénieurs belges. De la machine à vapeur à l'an 2000*, Bruxelles : A.P.P.S., 1986.

Beltran, A., « La question de l'énergie en Europe occidentale », *Histoire, Économie et Société*, 2, 1999.

Bennett, R., « The Impact of European Economic Integration on Business Associations : The UK Case », *West European Politics*, 20, 1997.

Berger, F., « Les patrons de l'acier en France et Allemagne face à l'Europe (1930-1960) », in Bussière, É. et Dumoulin, M. (dir.), *Milieux économiques et intégration européenne en Europe occidentale au XXe siècle*, Arras : Artois Presses Université, 1998.

Berry, J. M., *The Interest Group Society*, New York : Longman, 1997.

Beyers, J., « Gaining and Seeking Access : The European Adaptation of Domestic Interest Associations », *European Journal of Political Research*, 41, 5, 2002.

Bouwen, J., « Corporate Lobbying in the European Union : The Logic of Access », *Journal of European Public Policy*, 9, 2002.

Brion, R., « La querelle des ingénieurs », in Grelon, A. (dir.), *Les ingénieurs de la crise : titre et profession entre les deux guerres*, Paris : Éditions de l'École des Hautes Études en Sciences Sociales, 1986.

Brion, R., Hatry, P., Moreau, J.-L. et Peeters, Th., *Cent ans pour l'entreprise (1895-1995) : La Fédération des Entreprises de Belgique*, Bruxelles : Éditions Racine, 1995.

Brion, R. et Moreau, J.-L., *La Société Générale de Belgique. 1822-1997*, Anvers : Fonds Mercator, 1998.

Brion, R. *et al.*, *La politique monétaire belge dans une Europe en reconstruction (1944-1958)*, Bruxelles : Banque Nationale de Belgique, 2005.

Brouns, G., *Uit de geschiedenis van Laura & Vereniging*, Eygelshoven, 1975.

Bruwier, M., « Que sont devenus les mineurs des charbonnages belges ? Une première approche : problématique et méthodologie », *Revue Belge d'Histoire Contemporaine*, XIX, 1-2, 1988.

Bruwier, M. *et al.*, « Introduction », *Revue Belge d'Histoire Contemporaine*, XIX, 1-2, 1988.

Bussière, É. et Dumoulin, M., « L'émergence de l'idée d'identité économique européenne d'un après-guerre à l'autre », in Girault, R. (dir.), *Identité et consciences européennes au XXe siècle*, Paris : Hachette, 1994.

Bussière, É., Dumoulin, M. et Schirmann, S. (dir.), *Europe organisée, Europe du libre-échange. Fin XIXe siècle-années 1960*, Bruxelles : PIE Peter Lang, 2006.

Byl, P., « La Belgique et la CECA : la phase des négociations (9 mai 1950-18 avril 1951) », mémoire de licence, Université Catholique de Louvain, 1986.

Caulier-Mathy, N., « Les dirigeants de l'industrie houillère belge de 1935 à 1955. Essai d'étude des comportements », *Revue Belge d'Histoire Contemporaine*, XIX, 1-2, 1988.

Chlepner, B. S., *Cent ans d'histoire sociale en Belgique*, Bruxelles : Éditions de l'Université de Bruxelles, 1972.

Conrad, Y., *Jean Monnet et les débuts de la fonction publique européenne : la Haute Autorité de la CECA (1952-1953)*, Louvain-la-Neuve : Ciaco, 1989.

—, « L'administration belge face à la construction européenne (1952-1967). Une première orientation historique », in Heyen, E. V. (ed.), *Die Anfänge der Verwaltung der Europäischen Gemeinschaft – Les débuts de l'administration de la Communauté européenne – Gli inizi dell'amministrazione comunitaria europea – Early European Community Administration*, Baden-Baden : Nomos Verlagsgesellschaft, 1992.

—, « La Communauté Européenne du Charbon et de l'Acier et la situation de ses agents. Du régime contractuel au régime statutaire (1952-1958) », in Heyen, E. V. (ed.), *Die Anfänge der Verwaltung der Europäischen Gemeinschaft – Les débuts de l'administration de la Communauté européenne – Gli inizi dell'amministrazione comunitaria europea – Early European Community Administration*, Baden-Baden : Nomos Verlagsgesellschaft, 1992.

Coppieters, G., « Sociale geschiedenis van de Limburgse mijnen. 2. "Waren we maar Walen of Kongolezen", in Arbeid en lonen, Bruxelles, 1999 », in De Rijck, T. et Van Meulder, G. (eds.), *De ereburgers. Een sociale geschiedenis van Limburgse mijnwerkers*, Berchem : EPO, 2000.

Cvetkov, P., « Le contrôle de la Société Générale sur les principales entreprises belges et ses mécanismes », *La Revue Nouvelle*, LVI, 11, 1972.

Daems, H., *The Holding Company and Corporate Control*, Leiden-Boston : Martinus Nijhoff Social Sciences Division, 1978.

Dard, O. et Deschamps, É., *Les relèves en Europe d'un après-guerre à l'autre : racines, réseaux, projets et postérités*, Bruxelles : PIE Peter Lang, 2005.

Defrecheux, N., « La structure de l'industrie houillère et son évolution économique », in Gaier, C. (dir.), *Huit siècles de houillerie liégeoise. Histoire des hommes et du charbon à Liège*, Liège : Éditions du Perron, 1988.

Delaet, J.-L., « La Centrale Syndicale des Travailleurs des Mines de Belgique et la fermeture des charbonnages wallons (1947-1960) », *Revue Belge d'Histoire Contemporaine*, XIX, 1988.

—, « Les charbonnages du pays de Charleroi aux XIXe et XXe siècles », in Herrmann, H. W. et Wynants, P. (dir.), *Huit siècles de charbonnages*, Namur : CERUNA, 2002.

Delforge, P., « Modifications et compléments aux lois des 21 avril 1810 et 2 mai 1837 sur les mines en Belgique : la loi du 5 juin 1911 », *Les lois de et régissant les concessions de mines en Belgique. Journée d'études organisée à l'occasion du bicentenaire de ces lois fondatrices, Mons, octobre 1991*, Mons : SAICOM, 1993.

Delmer, A., « La houille : moteur du développement de notre pays durant deux siècles », *Bulletin de la Classe des Sciences*, 7-12, 1996.

Deutsch, K. W. *et al.*, *Political Community and the North Atlantic Area : International Organization in the Light of Historical Experience*, New York : Greenwood Press, 1969.

Devos, E., *Le patronat belge face au Plan Schuman (9 mai 1950-5 février 1952)*, Louvain-la-Neuve : Ciaco, 1989.

Dichgans, H., *Montanunion : Menschen u. Institutionen*, Düsseldorf-Wien : Econ-Verlag, 1980.

Dubois, L., *Mémoire de houilleur*, 1943-1959, 2001.

Dujardin, V., *Jean Duvieusart (1900-1977). Europe, Wallonie-Bruxelles, Léopold III*, Gerpinnes : Quorum, 2000.

—, « La Régence. 1944-1950. Les clés d'une Belgique nouvelle », in Dumoulin, M. *et al.* (dir.), *Nouvelle Histoire de Belgique. Volume 2 : 1905-1950*, Bruxelles : Éditions Complexe, 2006.

Dumoulin, M., « La Belgique et les débuts de la construction européenne : zones d'ombre et de lumière », in Dumoulin, M. (dir.), *La Belgique et les débuts de la construction européenne*, Louvain-la-Neuve : Ciaco, 1987.

—, « La Belgique et les débuts du Plan Schuman (mai 1950-février 1952) », in Schwabe, K. (ed.), *Die Anfänge des Schuman-Plans 1950/51. Beiträge des Kolloquiums in Aachen, 28.-30. Mai 1986*, Baden-Baden : Nomos Verlagsgesellschaft, 1988.

—, « Les mineurs italiens en Belgique (1945-1957). Des relations bilatérales à la dimension européenne », *Relations internationales*, 54, été 1988.

Dumoulin, M. et Dassetto, F., *Mémoires d'une catastrophe. Marcinelle, 8 août 1956*, Louvain-la Neuve : Ciaco, 1986.

Eising, R., « Multilevel Governance and Business Interests in the European Union », *Governance : An International Journal of Policy, Administration, and Institutions*, 17, 2, 2004.

Eising, R. et Jabko, N., « Moving Targets : National Interests and European Union Electricity Liberalization », *Comparative Political Studies*, 34, 2001.

Evalenko, R., *Le régime économique de la Belgique*, Bruxelles : Vander, 1968.

Falkner, G., « Policy Networks in a Multi-Level System : Convergence towards Moderate Diversity ? », *West European Policy*, 23, 2000.

Feldman, G. D., « Industrial Relations in Coal Industry in Twentieth-Century Europe and in the USA : A Historical and Comparative Perspective », in Feldman, G. D. and Tenfelde, K. (eds.), *Workers, Owners and Politics in Coal Mining. An International Comparison of Industrial Relations*, New York-Oxford-Munich : Berg, 1990.

Feldman, G. D. and Tenfelde, K. (eds.), *Workers, Owners and Politics in Coal Mining. An International Comparison of Industrial Relations*, New York-Oxford-Munich : Berg, 1990.

Fetzer, T., « Driven towards internationalisation : British trade union politics at Ford and Vauxhall, 1960-2001 », PhD in History and Civilization, European University Institute, 2005.

Funck, C., *Une Europe... un quart de siècle... une sidérurgie... un club (1952-1977)*, Luxembourg, 1977.

Gardent, P., *Souvenirs d'un parcours professionnel*, http://www.annales.org /archives/x/ gardent.html, 2000.

Geerkens, É., « La rationalisation dans les charbonnages belges pendant l'entre-deux-guerres », in Wynants, P. et Herrmann, H. W. (dir.), *Huit siècles de charbonnages*, Namur : CERUNA, 2002.

Gérard, E. et Wynants, P. (dir.), *Histoire du Mouvement Ouvrier Chrétien en Belgique (2 tomes)*, Leuven : Leuven University Press, 1994.

Gérard-Libois, J. et Lewin, R., *La Belgique entre la Guerre Froide et l'Europe, 1947-1953*, Bruxelles : Politique et histoire, 1992.

Gillingham, J. R., *A Case of Continuity : The Cartellization of the Western European Montanindustrie 1933-1945 and the European Coal and Steel Community*, Saint-Louis, Missouri, 1979.

—, *Industry and Politics in the Third Reich*, Stuttgart : Steiner, 1985.

—, « 'Solving the Ruhr problem'. German Heavy Industry and the Schuman Plan », in Schwabe, K. (ed), *Die Anfänge des Schuman-Plans 1950/51. Beiträge des Kolloquiums in Aachen, 28.-30. Mai 1986*, Baden-Baden : Nomos Verlagsgesellschaft, 1988.

—, *Coal, Steel and the Rebirth of Europe, 1945-1955*, Cambridge-New York : Cambridge University Press, 1991.

Girault, R., « Les trois sources de l'identité et de la conscience européennes au XXe siècle », in Girault, R. (dir.), *Identité et consciences européennes au XXe siècle*, Paris : Hachette, 1994.

Gorges, M. J., *Euro-Corporatism ? Interest Intermediation in the EC*, Lanham, Md.: University Press of America, 1996.

Greasley, D., « The coal industry : images and realities on the road to nationalisation », in Millward, R. and Singleton, J. (eds.), *The Political Economy of Nationalisation in Britain. 1920-1950*, Cambridge : Cambridge University Press, 1995.

Griffiths, R. T., « The Schuman Plan Negotiations : the Economic Clauses », in Schwabe, K. (ed.), *Die Anfänge des Schuman-Plans 1950/51. Beiträge des Kolloquiums in Aachen, 28.-30. Mai 1986*, Baden-Baden : Nomos Verlagsgesellschaft, 1988.

—, « De Benelux-landen en het Schuman-Plan », in Bloemen, E. S. A. (ed.), *Het Benelux-effect. Belgë, Nederland en Luxemburg en de Europese integratie, 1945-1957*, Amsterdam : NEHA, 1992.

—, *À la découverte de l'OECE*, Paris : OECE, 1997.

Grosbois, T., « L'influence des groupes patronaux sur la prise de décision au sein du Benelux (1946-1950) », in Dumoulin, M. *et al.* (dir.), *L'Europe du patronat. De la guerre froide aux années 1960. Actes du colloque de Louvain-la-Neuve des 10 et 11 mai 1990*, Bruxelles : PIE Peter Lang, 1993.

—, « L'attitude des syndicats socialistes néerlandais, belge et luxembourgeois à l'égard du Benelux, du Plan Marshall et de l'OECE. 1946-1950 », in Dumoulin, M. et Bussière, É. (dir.), *Milieux économiques et intégration européenne en Europe au XXe siècle*, Arras : Artois Presses Université, 1998.

Grunert, T., « Le processus de décision dans la politique sidérurgique de la CEE : tendances néocorporatistes ou intégrationnistes ? », in Mény, Y. et Wright, V. (dir.), *La crise de la sidérurgie européenne, 1974-1984*, Paris : Presses universitaires de France, 1985.

Guasconi, E., « The International Confederation of Free Trade Union's Policy toward European Integration Process from 1950 to 1957 », in Dumoulin, M. et Bussière, É. (dir.), *Milieux économiques et intégration européenne en Europe au XXe siècle*, Arras : Artois Presses Université, 1998.

Haas, E. B., *The Uniting of Europe : Political, Social, and Economic Forces 1950-1957*, Stanford, Calif.: Stanford University Press, 1958.

Hannecart, R., « La Belgique face au problème charbonnier belge de la Libération à la grande crise de 1958 », mémoire de licence, Université Libre de Bruxelles, 2000.

—, « Le panier ou les œufs du panier ? Albert Coppé entre intégration européenne et charbon belge (1939-1959) », in Tindemans, L. et Cardon de Lichtbuer, D. (dir.), *Hommage à Albert Coppé*, Apeldoorn : Garant, 2006.

Hemblenne, B., « Le genèse du problème du siège des communautés européennes : la candidature de la ville de Liège au siège de la CECA », *Lettre d'information des historiens de l'Europe contemporaine*, 5, 1-2, juin 1990.

Herrmann, H. W., « Bergrecht und Unternehmensstruktur durch die Jahrhunderte », in Wynants, P. et Herrmann, H. W. (dir.), *Huit siècles de charbonnages*, Namur : CERUNA, 2002.

Hoffmann, S. and Maier, C., *The Marshall Plan : a Retrospective*, Boulder, Colo.: Westview Press, 1984.

Hogg, R. L., *Structural Rigidities and Policy Inertia in Inter-War Belgium*, Bruxelles : AWLSK, 1986.

Holter, D., *The Battle For Coal : Miners and The Politics of Nationalization in France, 1940-1950*, DeKalb : Northern Illinois University Press, 1992.

Ippolito, M., *Contribution à l'étude du problème énergétique communautaire*, Paris : Librairie générale de Droit et de Jurisprudence, 1969.

Jaumain, S., *Industrialisation et sociétés, 1830-1970 : La Belgique*, Paris : Ellipses, 1998.

Jensen, W. G. W., *Energy in Europe, 1945-1980*, London : G. T. Foulis & Co Ltd, 1967.

Joly, H., *Patrons d'Allemagne. Sociologie d'une élite industrielle. 1933-1989*, Paris : Presses de la Fondation nationale des Sciences Politiques, 1996.

Kipping, M., « Les tôles avant les casseroles. La compétitivité de l'industrie française et les origines de la construction européenne », *Entreprises et histoire*, 5, 1994.

—, *Zwischen Kartellen und Konkurrenz. Der Schuman-Plan und die Ursprünge der europäischen Einigung 1944-1952*, Berlin : Duncker & Humblot, 1996.

Kirchner, E. J. and Schwaiger, K., *The Role of Interest Groups in the European Community*, Adershot : Gower, 1981.

Kocher-Marbœuf, E., *Le Patricien et le Général. Jean-Marcel Jeanneney et Charles de Gaulle. 1958-1969. I*, Paris : Comité pour l'histoire économique et financière de la France, 2003.

Kohler-Koch, B. and Eising, R., *The Transformation of Governance in the European Union*, London-New York : Routledge, 1999.

Krier, E., « L'industrie lourde luxembourgeoise et le Plan Schuman », in Schwabe, K. (ed.), *Die Anfänge des Schuman-Plans 1950/51. Beiträge des Kolloquiums in Aachen, 28.-30. Mai 1986*, Baden-Baden : Nomos Verlagsgesellschaft, 1988.

Kudo, A. and Hara, T., *International Cartels in Business History : proceedings of the Fuji Conference / International conference on Business History 18*, Tokyo : University of Tokyo Press, 1992.

Kurgan-Van Hentenryk, G., « Les projets d'organisation économique en Belgique et en France : des nationalisations à la reconstruction libérale », *Revue du Nord*, 2, 1987.

—, « La Belgique et le Plan Marshall ou le paradoxe des relations belgo-américaines », *Revue Belge de Philologie et d'Histoire*, 71, 1993.

—, « Le Plan Marshall et le développement économique de la Belgique », in Aerts, E. *et al.* (eds.), *Studia Historica Economica. Liber Amicorum Herman Van der Wee*, Louvain : Universitaire Pers Leuven, 1993.

—, *Gouverner la Générale de Belgique. Essai de biographie collective*, Bruxelles : De Boeck Université, 1996.

—, « Structure and Strategy of Belgian Business Groups (1920-1990) », in Takao, S. and Masahiro, S. (eds.), *Beyond the Firm. Business Groups in International and Historical Perspective*, Oxford : Oxford University Press, 1997.

—, « The Banque Nationale de Belgique and the Belgian Economy in the Twentieth Century », in De Rosa, L. (ed.), *International Banking and Financial Systems : Evolution and Stability* Aldershot, UK ; Burlington, Vt.: Ashgate, 2003.

Kurgan-Van Hentenryk, G. and Puissant, J., « Industrial Relations in the Belgian Coal Industry since the End of the Nineteenth Century », in Feldman, G. D. and Tenfelde, K. (eds.), *Workers, Owners, and Politics in Coal Mining. An International Comparison of Industrial Relations*, New York-Oxford-Munich : Berg, 1990.

Lambert, N., « La féodalité technicienne ou la culture d'entreprises contrôlées par la Société Générale », *La Revue Nouvelle*, LVI, 11, 1972.

Lamfalussy, A., *Investments and Growth in Mature Economies. The Case of Belgium*, London-New York : Macmillan-St Martin's Press, 1961.

Laursen, J., « Les méandres de l'intégration : l'OECE et la Communauté européenne du charbon et de l'acier, 1952-1956 », in Griffiths, R. T. (dir.), *À la découverte de l'OECE*, Paris : OECE, 1997.

Lehmbruch, G., « Liberal Corporatism and Party Government », *Comparative Political Studies*, 10, 1, 1977.

Lehmkuhl, D., *The Importance of Small Differences. The Impact of European Integration on Road Haulage Associations in Germany and the Netherlands*, Den Haag : Thela Thesis, 2000.

Lindberg, L. N., *The Political Dynamics of European Economic Integration*, Stanford : Stanford University Press, 1963.

Lucas, N. J. D., *Energy and the European Communities*, London : The David Davies Memorial Institute of International Studies. Europa Publications, 1977.

Luyten, D., *Sociaal-economisch overleg in België sedert 1918*, Bruxelles : VUBpress, 1995.

—, « Un corporatisme belge, réponse à la crise du libéralisme », *Les relèves en Europe d'un après-guerre à l'autre. Racines, réseaux, projets et postérités*, Bruxelles : PIE Peter Lang, 2005.

Luyten, D. en Vanthemsche, G., *Het Sociaal Pact van 1944 : Oorsprong, betekenis en gevolgen, Acta van het historisch luik van het colloquium '50 Jaar Sociaal Pact', VUB, 8-9 december 1994*, Bruxelles : VUBpress, 1995.

Mabille, X. *et al.*, *La Société Générale de Belgique, 1822-1998 : le pouvoir d'un groupe à travers l'histoire*, Bruxelles : CRISP, 1997.

Marichal, A.-C., « Débuts et réalités de la CECA : les réactions de la sidérurgie belge (10 août 1952-1 mai 1953) », mémoire de licence, Université de Liège, 1989.

Marques-Pereira, B., « Mort du néo-corporatisme ? », in Claeys, P. H. *et al.* (dir.), *Lobbyism, Pluralism and European Integration = Lobbyisme, pluralisme et intégration européenne*, Bruxelles : Presses interuniversitaires européennes, 1998.

Mazey, S., « Conception and Evolution of the High Authority's Administrative Services (1952-1956) : from Supranational Principles to Multinational Practices », in Heyen, E. V. (ed.), *Die Anfänge der Verwaltung der Europäischen Gemeinschaft – Les débuts de l'administration de la Communauté européenne – Gli inizi dell'amministrazione comunitaria europea – Early European Community Administration*, Baden-Baden : Nomos Verlagsgesellschaft, 1992.

Mechi, L., « Le politiche sociali della CECA », in Ranieri, R. e Tosi, L. (eds.), *La Comunità Europea del Carbone e dell'Acciaio (1952-2002)*, Padova : CEDAM, 2004.

Mény, Y. et Wright, V. (dir.), *La crise de la sidérurgie européenne. 1974-1984*, Paris : Presses universitaires de France, 1985.

Meynaud, J. *et al.*, *La décision politique en Belgique*, Paris : Presses de la Fondation nationale des Sciences politiques, 1965.

Michel, J., « Les réactions syndicales à la régression charbonnière en Europe occidentale : France, Grande-Bretagne, Belgique, Allemagne fédérale de 1958 à 1974 », *Revue Belge d'Histoire Contemporaine*, XIX, 1988.

—, « Industrial Relations in French Coal Mining from the Late Nineteenth Century to the 1970s », in Feldman, G. D. and Tenfelde, K. (eds.), *Workers, Owners and Politics in Coal Mining. An International Comparison of Industrial Relations*, New York-Oxford-Munich : Berg, 1990.

Milward, A. S., *The Reconstruction of Western Europe. 1945-1951*, London, 1987.

—, « The Belgian Coal and Steel Industries and the Schuman Plan », in Schwabe, K. (ed.), *Die Anfänge des Schuman-Plans 1950/51. Beiträge des Kolloquiums in Aachen, 28.-30. Mai 1986*, Baden-Baden : Nomos Verlagsgesellschaft, 1988.

—, *The European Rescue of the Nation-State*, London : Routledge, 1992.

—, *The United Kingdom and the European Community*. vol. 1. *The Rise and Fall of the National Strategy. 1945-1963*, London : Franck Cass Publishers, 2002.

Milward, A. S. et Sørensen, V., *The Frontier of National Sovereignty. History and Theory, 1945-1992*, London-New York : Routledge, 1994.

Mioche, P., « Le patronat de la sidérurgie française et le Plan Schuman en 1950-1952 », in Schwabe, K. (ed.), *Die Anfänge des Schuman-Plans 1950/51. Beiträge des Kolloquiums in Aachen, 28.-30. Mai 1986*, Baden-Baden : Nomos Verlagsgesellschaft, 1988.

—, « L'adaptation du patronat de la sidérurgie française à l'intégration européenne de 1945 à 1967 », in Dumoulin, M. *et al.* (dir.), *L'Europe du patronat. De la guerre froide aux années 1960. Actes du colloque de Louvain-la-Neuve des 10 et 11 mai 1990*, Bruxelles : PIE Peter Lang, 1993.

—, « La déclaration Schuman, le traité de Paris et la CECA : débats historiographiques », in Catala, M. (dir.), *Histoire de la construction européenne : cinquante ans après la déclaration Schuman. Colloque international de Nantes. 11, 12 et 13 mai 2000*, Nantes : Presses Académiques de l'Ouest, 2001.

Moe, T. M., « Toward a Broader View of Interest Groups », *Journal of Politics*, 43, 1981.

Mommen, A., *De teloorgang van de Belgische bourgeoisie*, Leuven : Kritak, 1982.

Morelli, A., « L'appel à la main-d'œuvre italienne pour les charbonnages et sa prise en charge à son arrivée en Belgique dans l'immédiat après-guerre », *Revue Belge d'Histoire Contemporaine*, XIX, 1-2, 1988.

Pappi, F. U. and Henning, C. H. C. A., « The Organisation of Influence on The EC's Common Agricultural Policy : A Network Approach », *European Journal of Political Research*, 36, 1999.

Pasture, P., « The April 1944 'Social Pact' in Belgium and its Significance for the Post-War Welfare State », *Journal of Contemporary History*, 58, 1993.

—, « Redressement et expansion (1945-1960) », in Gérard, E. et Wynants, P. (dir.), *Histoire du mouvement ouvrier chrétien en Belgique*, Leuven : University Press Leuven, 1994.

—, « The Fist of the Dwarf. Formation, Organization and Development of the Christian Trade Unions as a European Pressure Group. 1947-1958 », *Journal of European Integration History*, I, 2, 1995.

Pequet, M., « De houding van de vakbonden tegenover de struktuurhervorming van de Kempische steenkoolnijverheid. 1940-1967 », mémoire de licence, Katholieke Universiteit Leuven, 1989.

Perron, R., *Le marché du charbon, un enjeu entre l'Europe et les États-Unis de 1945 à 1958*, Paris : Publications de la Sorbonne, 1996.

—, « Divergences, front uni : l'organisation européenne des producteurs de charbon face à la Haute Autorité de la CECA », in Dumoulin, M. et Bussière, É. (dir.), *Milieux économiques et intégration européenne en Europe au XXe siècle*, Arras : Artois Presses Université, 1998.

Presthus, R., « The pluralist framework », in Kariel, H. S. (ed.), *Frontiers of Democratic Theory*, New York : Random House, 1970.

Puissant, J., « De l'intervention de l'État dans la mise en place des conventions collectives d'industries charbonnières en Belgique », in Kourchid, O. et Trempé, R. (dir.), *Cent ans de conventions collectives. Arras, 1891/1991. Revue du Nord, hors-série, n° 8*, Lille : Université Charles-de-Gaulle, Lille III, 1994.

Ranieri, R., « The Italian Steel Industry and the Schuman Plan Negotiations », in Schwabe, K. (ed.), *Die Anfänge des Schuman-Plans 1950/51. Beiträge des Kolloquiums in Aachen, 28.-30. Mai 1986*, Baden-Baden : Nomos Verlagsgesellschaft, 1988.

Rieben, H., *Des ententes de maîtres de forges au plan Schuman*, Lausanne : Centre de recherches européennes, 1954.

Röndigs, U., *Globalisierung und europäische Integration. Der Strukturwandel des Energiesektors und die Politik der Montanunion, 1952-1962*, Baden-Baden : Nomos Verlagsgesellschaft, 2000.

Roth, F., « Les milieux sidérurgiques lorrains et l'annonce du Plan Schuman », in Schwabe, K. (ed.), *Die Anfänge des Schuman-Plans 1950/51. Beiträge des Kolloquiums in Aachen, 28.-30. Mai 1986*, Baden-Baden : Nomos Verlagsgesellschaft, 1988.

Schmitter, P. C., « Still the Century of Corporatism ? », in Schmitter, P. C. and Lehmbruch, G. (eds.), *Trends Toward Corporatist Intermediation*, London-Beverly Hills : SAGE, 1979.

—, « Neo-Corporatism and the State », in Grant, W. (ed.), *The Political Economy of Corporatism*, London : Macmillan, 1985.

Schröter, H. G. und Wurm, C. A., *Politik, Wirtschaft und internationale Beziehungen : Studien zu ihrem Verhältnis in der Zeit zwischen den Weltkriegen*, Mainz : Verlag Philip von Zabern, 1991.

Scott, J., « Intercorporate structures in Western Europe : a comparative historical analysis », in Mizruchi, M. S. and Schwartz, M. (eds.), *Intercorporate Relations. The Structural Analysis of Business*, Cambridge-New York : Cambridge University Press, 1987.

Sexter, D. A., « The Belgian Coal Mines in the European Coal and Steel Community », PhD in History, University of California, 1969 [Ann Arbor : UMI, 1986].

Slomp, H. en van Mierlo, T., *Arbeidsverhoudingen in België. 1 en 2*, Utrecht-Antwerpen : Spectrum, 1984.

Soete, A., « Le bassin houiller limbourgeois, 1901-1992 », in Herrmann, H. W. et Wynants, P. (dir.), *Huit siècles de charbonnages*, Namur : CERUNA, 2002.

Spierenburg, D. et Poidevin, R., *Histoire de la Haute Autorité de la CECA. Une expérience supranationale*, Bruxelles : Bruylant, 1993.

Sunou, P., *Prisonniers de guerre allemands en Belgique et la bataille du charbon. 1945-1947*, Bruxelles : Musée royal de l'Armée, 1980.

Supple, B., « Ideology and necessity : the nationalisation of coal mining 1916-46 », in McKendrick, N. and Outhwaite, R. B. (eds.), *Business Life and Public Policy*, Cambridge : Cambridge University Press, 1986.

Thuillier, J.-P., « L'Europe du charbon. Entre le marché et les États : l'exemple français », *Revue Belge d'Histoire Contemporaine*, XIX, 1-2, 1988.

Thum, H., *Mitbestimmung in der Montanindustrie : der Mythos vom Sieg der Gewerkschaften*, Stuttgart : Deutsche Verlags-Anstalt, 1982.

Tilly, P., *André Renard. Biographie*, Bruxelles : Le Cri, 2005.

—, *De Rome à Marcinelle*, Bruxelles : Le Cri, 2006.

Trausch, G., « Le Luxembourg face au Plan Schuman : la poids de la sidérurgie », in Catala, M. (dir.), *Histoire de la construction européenne : cinquante ans après la déclaration Schuman. Colloque international de Nantes. 11, 12 et 13 mai 2000*, Nantes : Presses Académiques de l'Ouest, 2001.

Trempé, R., *Les trois batailles du charbon. 1936-1947*, Paris : La Découverte, 1989.

Van den Brande, A., « Neo-corporatism and functional-integral power in Belgium », in Scholten, I. (ed.), *Political Stability and Neo-Corporatism. Corporatist Integration and Societal Cleavages in Western Europe*, London-Beverly Hills : SAGE, 1987.

Van den Wijngaert, M. et Dujardin, V., « La Belgique sans Roi. 1940-1950 », in Dumoulin, M. *et al.* (dir.), *Nouvelle Histoire de Belgique. Volume 2 : 1905-1950*, Bruxelles : Éditions Complexe, 2006.

Van Meulder, G., « Sociale geschiedenis van de Limburgse mijnen, 1917-1985. 1. Arbeidsverhoudingen en syndicalisme », in De Rijck, T. en Van Meulder, G. (ed.), *De ereburgers. Een sociale geschiedenis van de Limburgse mijnen*, Berchem : EPO, 2000.

van Outrive, L. et Moons, A., « Les organisations professionnelles patronales », *Revue Synopsis*, 1969.

Vanderstraeten, A., « Neo-corporatisme en het Belgische sociaal-economisch overlegsysteem », *Res Publica*, 4, 1986.

Vanthemsche, G., « De Belgische overheid en de kartels tijdens het interbellum. Situering en analyse van de wetgeving op de verplichte kartelvorming », *Revue Belge de Philologie et d'Histoire*, 4, 1983.

—, « De economische actie van de Belgische Staat tijdens de crisis van de jaren 1930 », *Res Publica*, 2, 1987.

—, « State, banks and industry in Belgium and the Netherlands, 1919-1939 », in James, H. *et al.* (eds.), *The role of banks in the interwar economy*, Cambridge-New York : Cambridge University Press, 1991.

—, *La sécurité sociale : les origines du système belge, le présent face à son passé*, Bruxelles : De Boeck Université, 1994.

—, « De geschiedenis van de Belgische werkgeversorganisaties », *NEHA-Bulletin*, 9, 1, 1995.

Wauters, P., « De 'Steenkoolslag': Krisis in de Belgische steenkoolindustrie na Wereldoorlog II (1945-1948) », mémoire de licence, Vrije Universiteit Brussel, 1981.

Weisbrod, B., « Entrepreneurial Politics and Industrial Relations in Mining in the Ruhr Region : From Managerial Absolutism to Co-determination », in Feldman, G. D. and Tenfelde, K. (eds.), *Workers, Owners, and Politics in Coal Mining. An International Comparison of Industrial Relations*, New York-Oxford-Munich : Berg, 1990.

Wilkens, A., « L'Europe des ententes ou l'Europe de l'intégration ? Les industries française et allemande et les débuts de la construction européenne (1948-1952) », in Bussière, É. et Dumoulin, M. (dir.), *Milieux économiques et intégration européenne en Europe occidentale au XXe siècle*, Arras : Artois Presses Université, 1998.

Winkler, J. T., « Corporatism », *European Journal of Sociology*, 1976.

Wurm, C. A., *Internationale Kartelle und Auflpolitik. Beitrage zur Zwischenkriegszeit*, Stuttgart : Verlag Philip von Zabern, 1989.

—, « Les cartels internationaux de l'acier de l'entre-deux-guerres : précurseurs du Plan Schuman ? », in Wilkens, A. (dir.), *Le Plan Schuman dans l'Histoire : intérêts nationaux et projet européen*, Bruxelles : Bruylant, 2004.

Zirps, C., « The significance of Belgian coal in the European Coal and Steel Community », PhD The American University, 1965 [Ann Arbor : UMI, 1989].

EUROCLIO – Ouvrages parus

N° 52 – *De l'esprit de la Résistance jusqu'à l'idée de l'Europe. Projets européens et américains pour l'Europe de l'après-guerre (1940-1950).* Veronika HEYDE, 2010.

N° 51 – *Le dernier carré. Les charbonniers belges, libres entrepreneurs face à la CECA (1950-1959).* Roch HANNECART, 2010.

N° 49 – *Le « Congrès de l'Europe » à La Haye (1948-2008).* Jean-Michel GUIEU & Christophe LE DRÉAU (dir.), 2009.

N° 48 – *The Road to a United Europe. Interpretations of the Process of European Integration.* Morten RASMUSSEN & Ann-Christina L. KNUDSEN (eds.), 2010.

N° 47 – *L'Europe au cœur. Études pour Marie-Thérèse Bitsch.* Martial LIBERA et Birte WASSENBERG (dir.), 2009.

N° 46 – *Les deux Europes. Actes du IIIe colloque international RICHIE/ The Two Europes. Proceedings of the 3rd international RICHIE conference.* Michele AFFINITO, Guia MIGANI & Christian WENKEL (eds.), 2009.

N° 45 – *Pardon du passé, Europe unie et défense de l'Occident. Adenauer et Schuman docteurs* honoris causa *de l'Université catholique de Louvain en 1958.* Geneviève DUCHENNE & Gaëlle COURTOIS (dir.), 2009.

N° 44 – *From* Détente *in Europe to European* Détente. Angela ROMANO, 2009.

N° 43 – *L'Espagne et l'Europe. De la dictature de Franco à l'Union européenne.* Matthieu TROUVÉ, 2008.

N° 42 – *La Méditerranée et la culture du dialogue. Lieux de rencontre et de mémoire des européens/El Mediterráneo y la cultura del diálogo. Lugares de encuentro y de memoria de los Europeos/El Mediterrani i la cultura del diàleg. Punts de trobada i de memòria dels Europeus.* María-Luisa VILLANUEVA ALFONSO (dir./ed.), 2008.

N° 41 – *La France et l'Afrique sub-saharienne, 1957-1963. Histoire d'une décolonisation entre idéaux eurafricains et politique de puissance.* Guia MIGANI, 2008.

N° 40 – *Esquisses d'une Europe nouvelle. L'européisme dans la Belgique de l'entre-deux-guerres (1919-1939).* Geneviève DUCHENNE, 2008.

N° 39 – *La construction européenne. Enjeux politiques et choix institutionnels.* Marie-Thérèse BITSCH, 2007.

N° 38 – *Vers une eurorégion ? La coopération transfrontalière franco-germano-suisse dans l'espace du Rhin supérieur de 1975 à 2000.* Birte WASSENBERG, 2007.

N° 37 – *Stratégies d'entreprise et action publique dans l'Europe intégrée (1950-1980). Affrontement et apprentissage des acteurs. Firm Strategies and Public Policy in Integrated Europe (1950-1980). Confrontation and Learning of Economic Actors.* Marine MOGUEN-TOURSEL (ed.), 2007.

N° 36 – *Quelle(s) Europe(s)? Nouvelles approches en histoire de l'intégration européenne / Which Europe (s)? New Approaches in European Integration History.* Katrin RÜCKER & Laurent WARLOUZET (dir.), 2006 (3e tirage 2008).

N° 35 – *Milieux économiques et intégration européenne au XXe siècle. La crise des années 1970. De la conférence de La Haye à la veille de la relance des années 1980.* Éric BUSSIÈRE, Michel DUMOULIN & Sylvain SCHIRMANN (dir.), 2006.

N° 34 – *Europe organisée, Europe du libre-échange ? Fin XIXe siècle - Année 1960.* Éric BUSSIÈRE, Michel DUMOULIN & Sylvain SCHIRMANN (dir.), 2006 (2e tirage 2007).

N° 33 – *Les relèves en Europe d'un après-guerre à l'autre. Racines, réseaux, projets et postérités.* Olivier DARD et Étienne DESCHAMPS (dir.), 2005 (2e tirage 2008).

N° 32 – *L'Europe communautaire au défi de la hiérarchie.* Bernard BRUNETEAU & Youssef CASSIS (dir.), 2007.

N° 31 – *Les administrations nationales et la construction européenne. Une approche historique (1919-1975).* Laurence BADEL, Stanislas JEANNESSON & N. Piers LUDLOW (dir.), 2005.

N° 30 – *Faire l'Europe sans défaire la France. 60 ans de politique d'unité européenne des gouvernements et des présidents de la République française (1943-2003).* Gérard BOSSUAT, 2005 (2e tirage 2006).

N° 29 – *Réseaux économiques et construction européenne – Economic Networks and European Integration.* Michel DUMOULIN (dir.), 2004.

N° 28 – *American Foundations in Europe. Grant-Giving Policies, Cultural Diplomacy and Trans-Atlantic Relations, 1920-1980.* Giuliana GEMELLI and Roy MACLEOD (eds.), 2003.

N° 27 – *Inventer l'Europe. Histoire nouvelle des groupes d'influence et des acteurs de l'unité européenne.* Gérard BOSSUAT (dir.), avec la collaboration de Georges SAUNIER, 2003.

N° 25 – *American Debates on Central European Union, 1942-1944. Documents of the American State Department.* Józef LAPTOS & Mariusz MISZTAL, 2002.

N° 23 – *L'ouverture des frontières européennes dans les années 50. Fruit d'une concertation avec les industriels ?* Marine MOGUEN-TOURSEL, 2002.

N° 22 – *Visions et projets belges pour l'Europe. De la Belle Époque aux Traités de Rome (1900-1957).* Geneviève DUCHENNE, 2001.

N° 21 – *États-Unis, Europe et Union européenne. Histoire et avenir d'un partenariat difficile (1945-1999) – The United States, Europe and the European Union. Uneasy Partnership (1945-1999).* Gérard BOSSUAT & Nicolas VAICBOURDT (eds.), 2001 (2e tirage 2002).

N° 20 – *L'industrie du gaz en Europe aux XIXe et XXe siècles. L'innovation entre marchés privés et collectivités publiques.* Serge PAQUIER et Jean-Pierre WILLIOT (dir.), 2005.

Réseau européen Euroclio

avec le réseau SEGEI

Coordination : Chaire Jean Monnet d'histoire de l'Europe contemporaine (Gehec)
Collège Erasme, 1, place Blaise-Pascal, B-1348 Louvain-la-Neuve

Allemagne

Jürgen Elvert
Wilfried Loth

Belgique

Julie Cailleau
Jocelyne Collonval
Yves Conrad
Gaëlle Courtois
Pascal Deloge
Geneviève Duchenne
Vincent Dujardin
Michel Dumoulin
Roch Hannecart
Pierre-Yves Plasman
Béatrice Roeh
Corine Schröder
Caroline Suzor
Pierre Tilly
Arthe Van Laer
Jérôme Wilson
Natacha Wittorski

Espagne

Enrique Moradiellos
Mercedes Samaniego Boneu

France

Françoise Berger
Marie-Thérèse Bitsch
Gérard Bossuat
Éric Bussière
Jean-François Eck
Catherine Horel
Philippe Mioche
Marine Moguen-Toursel
Sylvain Schirmann
Matthieu Trouvé
Laurent Warlouzet
Emilie Willaert

Hongrie

Gergely Fejérdy

Italie

David Burigana
Elena Calandri
Eleonora Guasconi
Luciano Segreto
Antonio Varsori

Luxembourg

Charles Barthel
Etienne Deschamps
Jean-Marie Kreins
René Leboutte
Robert Philippart
Corine Schröder
Gilbert Trausch

Pays-Bas

Anjo Harryvan
Jan W. Brouwer
Jan van der Herst

Pologne

Józef Laptos
Zdzisiaw Mach

Suisse

Antoine Fleury
Lubor Jilek

FSC
www.fsc.org
MIX
Papier | Fördert gute Waldnutzung
FSC® C083411

Kolibri 360 GmbH
Ferdinand-Jühlke-Straße 7
99095 Erfurt, Deutschland
produktsicherheit@kolibri360.de

Kritik des Eigenkapitalersatzrechts

Frankfurter wirtschaftsrechtliche Studien

Herausgegeben von
Theodor Baums, Andreas Cahn, Friedrich Kübler,
Hans-Joachim Mertens, Eckard Rehbinder
und Gunther Teubner

Band 81

PETER LANG
Frankfurt am Main · Berlin · Bern · Bruxelles · New York · Oxford · Wien